概率论与数理统计

典型题解答指南

主　编　李汉龙　隋　英　李选海
副主编　赵恩良　闫红梅
参　编　孙丽华　刘　丹
　　　　艾　瑛　顾艳丽　付春菊

机械工业出版社

本书是编者结合沈阳建筑大学多年的教学实践编写的. 全书共 9 章，其内容包括：随机事件及其概率、随机变量及其分布、多维随机变量及其分布、随机变量的数字特征、大数定律及中心极限定理、样本及抽样分布、参数估计、假设检验、自测试题及解答. 前 8 章配备了较多的典型例题和同步习题，并对典型例题给出了详细的分析、解答和评注. 第 9 章是自测试题及解答. 在本书附录中给出了“概率统计”课外习题全解.

本书可作为理工科院校本科各专业学生的概率论与数理统计课程学习指导书或考研参考书，也可作为相关课程教学人员的教学参考资料.

图书在版编目(CIP)数据

概率论与数理统计典型题解答指南/李汉龙，隋英，李选海主编. —北京：机械工业出版社，2019.1

ISBN 978-7-111-61686-3

Ⅰ.①概… Ⅱ.①李… ②隋… ③李… Ⅲ.①概率论—高等学校—题解 ②数理统计—高等学校—题解 Ⅳ.①O21-44

中国版本图书馆 CIP 数据核字(2019)第 000634 号

机械工业出版社(北京市百万庄大街 22 号 邮政编码 100037)

策划编辑：韩效杰 责任编辑：韩效杰 李 乐 任正一

责任校对：王明欣 封面设计：鞠 杨

责任印制：张 博

三河市国英印务有限公司印刷

2019 年 2 月第 1 版第 1 次印刷

184mm×260mm・20.25 印张・507 千字

标准书号：ISBN 978-7-111-61686-3

定价：49.90 元

前　言

概率论与数理统计是高等院校一门十分重要的基础课，它对学生综合素质的培养及后续课程的学习起着极其重要的作用. 因此，学好概率论与数理统计至关重要，而概率论与数理统计题海茫茫，变化万千. 许多学生上课能听懂，解题却不知道从何下手或自己想不到，但经别人一点就明白. 究其原因，主要是概率论与数理统计课程内容多、学时少、讲授速度快、班级人数多. 许多学生在学习过程中囫囵吞枣，课堂上没有理解，课后又缺少归纳总结，结果事倍功半. 我们编写本书，旨在帮助读者较好地解决学习中的困难，其特点是针对不同的问题，对分析、解决问题的思路、方法和技巧加以指导. 编者一方面借鉴了国内同类教材的主要优点，另一方面融合了我校众多教师长期讲授该门课程的经验体会. 本书力求思路清晰、推证简洁且可读性强，从而满足广大师生的教学及学习需求.

本书与国内通用的各类优秀的概率论与数理统计课程教材相匹配，可同步使用，同时也可以作为考研辅导教材. 全书共分 9 章，内容包括随机事件及其概率、随机变量及其分布、多维随机变量及其分布、随机变量的数字特征、大数定律及中心极限定理、样本及抽样分布、参数估计、假设检验、自测试题及解答. 前 8 章配备了较多的典型例题和同步习题，并对典型例题给出了详细的分析、解答和评注. 第 9 章是自测试题及解答. 在本书附录中给出了“概率统计”课外习题全解.

本书以概率论与数理统计课程教材的内容为准，按题型归类，进行分析、解答与评注，归纳总结具有共性题目的解题方法，解题简洁、新颖，具有技巧性而又道理显然，期望帮助读者开阔思路，使所学知识融会贯通，灵活运用，达到事半功倍之效. 期望本书成为学生学习概率论与数理统计课程的良师益友.

本书前 8 章每章内容分为四部分：①内容概要，可以使读者了解课程内容；②典型例题分析、解答与评注，通过对例题的详细剖析、细致解答，指导读者掌握解题思路和解题方法；③本章小结，可帮助读者更清楚明了地把握学习要点，更深刻地理解该章的主要学习内容；④同步习题及解答，对本章重点习题进行梳理，帮助读者检验知识的掌握程度. 第 9 章给出了自测试题及解答，供读者自测之用.

本书第 1 章、第 2 章由隋英编写；第 3 章由闫红梅编写；第 4 章由刘丹编写；第 5 章由艾瑛编写；第 6 章由顾艳丽编写；第 7 章由赵恩良编写；第 8 章由孙丽华编写；第 9 章由李汉龙编写；附录由付春菊编写. 全书由李汉龙统稿，李汉龙、隋英、李选海定稿.

本书参考了国内出版的一些教材，见本书所附参考文献. 由于编者水平所限，书中不足之处在所难免，恳请读者、同行和专家批评指正.

编　者

目　录

前　言

第 1 章　随机事件及其概率 …… 1

1.1　内容概要 …… 1

1.1.1　基本概念 …… 1

1.1.2　基本理论 …… 3

1.1.3　基本方法 …… 5

1.2　典型例题分析、解答与评注 …… 5

1.2.1　用事件之间的运算关系表示事件 …… 5

1.2.2　事件概率的计算 …… 6

1.3　本章小结 …… 18

1.4　同步习题及解答 …… 18

1.4.1　同步习题 …… 18

1.4.2　同步习题解答 …… 20

第 2 章　随机变量及其分布 …… 24

2.1　内容概要 …… 24

2.1.1　基本概念 …… 24

2.1.2　基本理论 …… 26

2.1.3　基本方法 …… 27

2.2　典型例题分析、解答与评注 …… 27

2.2.1　一维随机变量的分布函数 …… 27

2.2.2　一维离散型随机变量的计算 …… 30

2.2.3　一维连续型随机变量的计算 …… 34

2.2.4　一维随机变量函数的分布 …… 36

2.3　本章小结 …… 39

2.4　同步习题及解答 …… 39

2.4.1　同步习题 …… 39

2.4.2　同步习题解答 …… 41

第 3 章　多维随机变量及其分布 …… 46

3.1　内容概要 …… 46

3.1.1　基本概念 …… 46

3.1.2　基本理论 …… 48

3.1.3　基本方法 …… 50

3.2　典型例题分析、解答与评注 …… 50

3.2.1　二维随机变量 …… 50

3.2.2　边缘分布 …… 53

3.2.3　条件分布 …… 56

3.2.4　相互独立的随机变量 …… 58

3.2.5　两个随机变量的函数的分布 …… 61

3.3　本章小结 …… 68

3.4　同步习题及解答 …… 69

3.4.1　同步习题 …… 69

3.4.2　同步习题解答 …… 71

第 4 章　随机变量的数字特征 …… 73

4.1　内容概要 …… 73

4.1.1　基本概念 …… 73

4.1.2　基本理论 …… 79

4.1.3　基本方法 …… 80

4.2　典型例题分析、解答与评注 …… 80

4.2.1　求一维随机变量的数字特征 …… 80

4.2.2　求一维随机变量函数的数学期望 …… 83

4.2.3　求二维随机变量及其函数的数字特征 …… 85

4.2.4　求多维随机变量的数学特征［(0—1)分布分解法简介］…… 88

4.2.5 有关数字特征的证明题和应用题 …… 91
4.3 本章小结 …… 94
4.4 同步习题及解答 …… 94
4.4.1 同步习题 …… 94
4.4.2 同步习题解答 …… 97
第5章 大数定律及中心极限定理 …… 99
5.1 内容概要 …… 99
5.1.1 基本概念 …… 99
5.1.2 基本理论 …… 99
5.1.3 基本方法 …… 100
5.2 典型例题分析、解答与评注 …… 101
5.2.1 中心极限定理的应用 …… 101
5.2.2 大数定律的应用 …… 112
5.2.3 切比雪夫不等式的应用 …… 114
5.3 本章小结 …… 116
5.4 同步习题及解答 …… 117
5.4.1 同步习题 …… 117
5.4.2 同步习题解答 …… 119
第6章 样本及抽样分布 …… 122
6.1 内容概要 …… 122
6.1.1 基本概念 …… 122
6.1.2 基本理论 …… 123
6.1.3 基本方法 …… 126
6.2 典型例题分析、解答与评注 …… 126
6.2.1 随机样本 …… 126
6.2.2 直方图和箱线图 …… 128
6.2.3 抽样分布 …… 130
6.3 本章小结 …… 139
6.4 同步习题及解答 …… 140
6.4.1 同步习题 …… 140
6.4.2 同步习题解答 …… 141
第7章 参数估计 …… 144
7.1 内容概要 …… 144
7.1.1 基本概念 …… 144
7.1.2 基本理论 …… 147
7.1.3 基本方法 …… 147
7.2 典型例题分析、解答与评注 …… 147
7.2.1 求矩估计与极大似然估计 …… 147
7.2.2 求点估计量的评选 …… 153
7.2.3 求正态总体均值与方差的置信区间 …… 157
7.3 本章小结 …… 162
7.4 同步习题及解答 …… 162
7.4.1 同步习题 …… 162
7.4.2 同步习题解答 …… 164
第8章 假设检验 …… 167
8.1 内容概要 …… 167
8.1.1 基本概念 …… 167
8.1.2 基本理论 …… 168
8.1.3 基本方法 …… 169
8.2 典型例题分析、解答与评注 …… 170
8.2.1 假设检验 …… 170
8.2.2 正态总体均值的假设检验 …… 173
8.2.3 正态总体方差的假设检验 …… 182
8.3 本章小结 …… 186
8.4 同步习题及解答 …… 186
8.4.1 同步习题 …… 186
8.4.2 同步习题解答 …… 189
第9章 自测试题及解答 …… 195
9.1 自测试题及解答(上) …… 195
9.1.1 自测试题(上) …… 195
9.1.2 自测试题解答(上) …… 212
9.2 自测试题及解答(下) …… 230
9.2.1 自测试题(下) …… 230
9.2.2 自测试题解答(下) …… 247
附录 "概率统计"课外习题全解 …… 267
参考文献 …… 316

第1章 随机事件及其概率

1.1 内容概要

1.1.1 基本概念

1. 随机试验

在概率论中，将满足以下特点的试验称为随机试验：

(1) 可以在相同的条件下重复进行；

(2) 每次试验的可能结果不止一个，并且能事先明确试验的所有可能结果；

(3) 进行一次试验之前不能确定哪一个可能结果会出现.

通常用 E 表示.

2. 样本空间

将随机试验 E 的所有可能结果组成的集合称为 E 的样本空间，记为 S.

3. 样本点

样本空间的元素，即 E 的每个结果，称为样本点.

4. 随机事件

把随机试验 E 的样本空间 S 的子集称为 E 的随机事件，简称为事件，通常记为 $A,B,C,\cdots$. 在每次试验中，当且仅当子集 A 中的一个样本点出现时，称事件 A 发生.

5. 基本事件

由一个样本点组成的单点集，称为基本事件.

6. 必然事件

样本空间 S 包含所有的样本点，它是 S 自身的子集，在每次试验中它总是发生，称为必然事件.

7. 不可能事件

空集 $\varnothing$ 不包含任何样本点，它作为样本空间的子集，在每次试验中都不发生，称为不可能事件.

8. 事件之间的关系及运算

设试验 E 的样本空间为 S，而 $A,B,A_k(k=1,2,\cdots)$ 是 S 的子集.

(1) 事件的包含：事件 A 发生必然导致事件 B 发生，则称事件 B 包含事件 A，记作 $A\subset B$.

(2) 事件的相等：若 $A\subset B$ 且 $B\subset A$，即 $A=B$，则称事件 A 与事件 B 相等.

(3) 和事件：事件 A、B 至少有一个发生，称为事件 A 与事件 B 的和事件，记作 $A\cup B$.

类似地,称$\bigcup_{k=1}^{n} A_k$为n个事件$A_1,A_2,\cdots,A_n$的和事件;称$\bigcup_{k=1}^{\infty} A_k$为可列个事件$A_1,A_2,\cdots$的和事件.

(4) 积事件:事件A,B同时发生,称为事件A与事件B的积事件,记作$A\cap B$或AB.

类似地,称$\bigcap_{k=1}^{n} A_k$为n个事件$A_1,A_2,\cdots,A_n$的积事件;称$\bigcap_{k=1}^{\infty} A_k$为可列个事件$A_1,A_2,\cdots$的积事件.

(5) 差事件:事件A发生、事件B不发生,称为事件A与事件B的差事件,记作$A-B$或$A\overline{B}$.

(6) 互不相容(互斥)事件:事件A,B不能同时发生,称事件A与事件B为互不相容(互斥)事件,记作$A\cap B=\varnothing$.

(7) 对立(逆)事件:对每次试验而言,事件A,B中必有一个发生,且仅有一个发生,称事件A与事件B为对立(逆)事件. A的对立事件,记为$\overline{A}$.

A和$\overline{A}$满足:$A\cup\overline{A}=S, A\overline{A}=\varnothing, \overline{\overline{A}}=A$.

9. 概率

设E是随机试验,S是它的样本空间,对E的每一个事件A赋予一个实数,记为$P(A)$,称为随机事件A的概率,如果集合函数$P(\cdot)$满足下列条件:

(1) 非负性:对于每一个事件A,有$P(A)\geqslant 0$;

(2) 规范性:对于必然事件S,有$P(S)=1$;

(3) 可列可加性:设$A_1,A_2,\cdots$是两两互不相容事件,即对于$i\neq j$, $A_iA_j=\varnothing$, $i,j=1,2,\cdots$,则有

$$P(A_1\cup A_2\cup\cdots)=P(A_1)+P(A_2)+\cdots.$$

10. 等可能概型

如果随机试验E满足下列特点:

(1) 试验的样本空间只包含有限个元素;

(2) 试验中每个基本事件发生的可能性是相同的;

这样的试验称为等可能概型,也称为古典概型.

若古典概型的样本空间S中包含的基本事件的总数是n,事件A包含的基本事件的个数是m,则事件A的概率为

$$P(A)=\frac{m}{n}.$$

11. 几何概型

古典概率是在有限样本空间下进行的,为了克服这种局限性,我们将古典概型推广.

如果一个试验具有以下两个特点:

(1) 样本空间S是一个大小可以计量的几何区域(如线段、平面、立体);

(2) 向区域内任意投一点,落在区域内任意点处都是"等可能的",

那么,事件A的几何概率由下式计算:

$$P(A)=\frac{A\text{ 的计量}}{S\text{ 的计量}}.$$

12. 条件概率

设A,B是两事件,且$P(A)>0$,称

$$P(B|A)=\frac{P(AB)}{P(A)}$$

为在事件 A 发生的条件下，事件 B 发生的概率.

在事件 B 发生的条件下，事件 A 发生的概率为

$$P(A|B)=\frac{P(AB)}{P(B)}\ (P(B)>0).$$

13. 事件的独立性

设 A,B 是两事件，如果满足等式

$$P(AB)=P(A)\cdot P(B),$$

则称事件 A,B 相互独立，简称 A,B 独立.

设 A,B,C 是三个事件，如果满足：

$$P(AB)=P(A)P(B),P(BC)=P(B)P(C),P(AC)=P(A)P(C),$$

则称这三个事件 A,B,C 是两两独立的.

设 A,B,C 是三个事件，如果满足：

$$P(AB)=P(A)P(B),P(BC)=P(B)P(C),P(AC)=P(A)P(C),$$
$$P(ABC)=P(A)P(B)P(C),$$

则称这三个事件 A,B,C 是相互独立的.

设 $A_1,A_2,\cdots,A_n$ 是 n 个事件，若对任意 $k(1<k\leqslant n)$，对任意 $1\leqslant i_1<\cdots<i_k\leqslant n$，

$$P(A_{i_1}A_{i_2}\cdots A_{i_k})=P(A_{i_1})P(A_{i_2})\cdots P(A_{i_k})$$

都成立，则称事件 $A_1,A_2,\cdots,A_n$ 相互独立.

14. 可靠性

一个元件（或系统）能够正常工作的概率称为元件（或系统）的可靠性.

1.1.2 基本理论

1. 事件之间的关系及运算的性质

(1) 交换律：$A\cup B=B\cup A,A\cap B=B\cap A$.

(2) 结合律：$A\cup(B\cup C)=(A\cup B)\cup C,A\cap(B\cap C)=(A\cap B)\cap C$.

(3) 分配律：$A\cup(B\cap C)=(A\cup B)\cap(A\cup C)$,

$A\cap(B\cup C)=(A\cap B)\cup(A\cap C)$.

(4) 德摩根律：$\overline{A\cup B}=\overline{A}\cap\overline{B},\overline{A\cap B}=\overline{A}\cup\overline{B}$.

2. 概率的性质

(1) $P(\varnothing)=0$;

(2) 若 $A_1,A_2,\cdots,A_n$ 是两两互不相容事件，则有

$$P(A_1\cup A_2\cup\cdots\cup A_n)=P(A_1)+P(A_2)+\cdots+P(A_n);$$

(3) 设 A,B 是两事件，若 $A\subset B$，则有

$$P(B-A)=P(B)-P(A),P(B)\geqslant P(A);$$

(4) 对于任一事件 A，有 $P(A)\leqslant 1$;

(5) 对于任一事件 A，有 $P(\overline{A})=1-P(A)$;

(6) 对于任意两个事件 A,B，有

$$P(A\cup B)=P(A)+P(B)-P(AB),$$

对于任意三个事件 A,B,C,有

$$P(A\cup B\cup C)=P(A)+P(B)+P(C)-P(AB)-P(BC)-P(AC)+P(ABC),$$

一般地,对于任意 n 个事件 $A_1,A_2,\cdots,A_n$,则有

$$P(A_1\cup A_2\cup\cdots\cup A_n)=\sum_{i=1}^{n}P(A_i)-\sum_{1\leqslant i<j\leqslant n}P(A_iA_j)+\sum_{1\leqslant i<j<k\leqslant n}P(A_iA_jA_k)+\cdots+(-1)^{n+1}P(A_1A_2\cdots A_n).$$

3. 和事件的概率常用结论

(1) $P(A\cup B)=P(A)+P(B\overline{A})=P(A)+P(B-A)$;

(2) $P(A\cup B)=P(B)+P(A\overline{B})=P(B)+P(A-B)$;

(3) $P(A\cup B)=P(A\overline{B})+P(\overline{A}B)+P(AB)$;

(4) $P(A\cup B)=1-P(\overline{A+B})=1-P(\overline{A}\,\overline{B})=1-P(\overline{A})P(\overline{B})$($A,B$ 独立时).

4. 差事件的概率常用结论

(1) 对任意事件 A,B,有 $P(A-B)=P(A\overline{B})=P(A)-P(AB)$;

(2) 若 $A\supset B$,则 $P(A-B)=P(A)-P(B)$;

(3) 若 $AB=\varnothing$,则 $P(A-B)=P(A)$;

(4) $P(A-B)=P(A)-P(A)P(B)$(A,B 独立时).

5. 实际推断原理

概率很小的事件在一次试验中实际上几乎是不发生的.

6. 乘法定理

设 $P(A)>0$,则有 $P(AB)=P(A)\cdot P(B|A)$,

设 $P(B)>0$,则有 $P(AB)=P(B)\cdot P(A|B)$.

一般地,若 $P(A_1A_2\cdots A_n)>0$,则

$$P(A_1\cdots A_n)=P(A_1)P(A_2|A_1)P(A_3|A_1A_2)\cdots P(A_n|A_1\cdots A_{n-1}).$$

7. 全概率公式

设试验 E 的样本空间 S,A 为 E 的事件,$B_1,B_2,\cdots,B_n$ 为 S 的一个划分,且 $P(B_i)>0(i=1,2,\cdots,n)$,则

$$P(A)=\sum_{i=1}^{n}P(A\mid B_i)P(B_i),$$

称为全概率公式.

8. 贝叶斯公式

设随机试验 E 的样本空间 S,A 为 E 的事件,$B_1,B_2,\cdots,B_n$ 为 S 的一个划分,且 $P(A)>0$,$P(B_i)>0(i=1,2,\cdots,n)$,则

$$P(B_i\mid A)=\frac{P(A\mid B_i)P(B_i)}{\sum_{j=1}^{n}P(A\mid B_j)P(B_j)}(i=1,2,\cdots,n)$$

称为贝叶斯公式.

9. 独立性定理

(1) 定理 1:设 A,B 是两个事件,且 $P(A)>0$,若 A,B 相互独立,则 $P(B|A)=P(B)$,反之亦然.

(2) 定理 2:若事件 A,B 相互独立,则下列各对事件

$$A\text{ 与 }\overline{B},\overline{A}\text{ 与 }B,\overline{A}\text{ 与 }\overline{B}$$

也相互独立.

1.1.3 基本方法

1. 用事件之间的运算关系表示事件.

2. 事件概率的计算：

(1) 利用概率的性质；

(2) 利用等可能概型；

(3) 利用几何概型；

(4) 利用条件概率；

(5) 利用乘法定理；

(6) 利用全概率、贝叶斯公式；

(7) 利用事件的独立性.

1.2 典型例题分析、解答与评注

1.2.1 用事件之间的运算关系表示事件

要想求解一个事件发生的概率，首先要将所求的事件用正确的方式表述出来. 本章正是利用事件之间的运算关系来表示事件，从而利用各种概率计算方法来求解事件的概率.

例 1.1 设 A,B,C 表示三个随机事件，试将下列事件用 A,B,C 表示出来.

(1) A 出现，B,C 不出现；

(2) A,B 都出现，C 不出现；

(3) 三个事件都出现；

(4) 三个事件至少有一个出现；

(5) 三个事件都不出现；

(6) 不多于一个事件出现；

(7) 不多于两个事件出现；

(8) 三个事件至少有两个出现；

(9) A,B 至少有一个出现，C 不出现；

(10) A,B,C 中恰好有两个出现.

分析　利用事件的和、差、积、对立等运算关系来表示事件.

解答　(1) A 出现用 A 表示，B,C 不出现用其对立事件表示，且同时发生，为积事件，所以表示为 $A\overline{B}\,\overline{C}$；

(2) A,B 都出现，C 不出现同时发生，为积事件，所以表示为 $AB\overline{C}$；

(3) 三个事件都出现同时发生，为积事件，所以表示为 ABC；

(4) 三个事件至少有一个出现，为和事件，所以表示为 $A\cup B\cup C$；

(5) 三个事件都不出现同时发生，为积事件，所以表示为 $\overline{A}\,\overline{B}\,\overline{C}$；

(6) 不多于一个事件出现的对立事件是至少出现两个事件，所以表示为 $\overline{(AB)\cup(AC)\cup(BC)}$；

(7) 不多于两个事件出现的情况包含：三个事件都不出现、出现一个事件、出现两个事件，情况复杂；而该事件的对立事件仅有一种情况：三个事件都出现，因此，用简单事件的对立事件来表示，所以表示为$\overline{ABC}$；

(8) 三个事件至少有两个出现是和事件，所以表示为$(AB)\cup(AC)\cup(BC)$；

(9) A,B 至少有一个出现是和事件，同时 C 不出现为积事件，所以表示为$(A\cup B)C$；

(10) 恰好有两个出现有三种互斥的情况，所以表示为$(AB\overline{C})\cup(A\overline{B}C)\cup(\overline{A}BC)$.

评注 要注意各种运算关系的概率描述，正确使用事件的运算. 对于复杂的事件，当其对立事件简单的时候，可用简单事件的对立事件来表示.

例 1.2 一批产品中有合格品和废品，从中有放回地抽取三个产品，每次取一个. 试用事件的运算关系表示下列各个事件：

(1) 第一次、第二次中至少有一次抽到废品；

(2) 只有第一次抽到废品；

(3) 三次都抽到废品；

(4) 至少有一次抽到合格品；

(5) 只有两次抽到废品.

分析 对于具体问题的事件表示，首先要将已知事件用字母表示，然后再利用事件的运算关系来表示事件.

解答 设 A_i 表示事件“第 i 次抽到废品”，

(1) 第一次、第二次中至少有一次抽到废品，为和事件，所以表示为 $A_1\cup A_2$；

(2) 只有第一次抽到废品，第二次、第三次没有抽到废品，三个事件同时发生，为积事件，所以表示为 $A_1\overline{A}_2\overline{A}_3$；

(3) 三次都抽到废品同时发生，为积事件，所以表示为 $A_1A_2A_3$；

(4) 至少有一次抽到合格品，是和事件，所以表示为 $\overline{A}_1\cup\overline{A}_2\cup\overline{A}_3$；或利用对立事件：全部抽到废品，所以表示为$\overline{A_1A_2A_3}$；

(5) 只有两次抽到废品，将所有情况列出，所以表示为$(A_1A_2\overline{A}_3)\cup(A_1\overline{A}_2A_3)\cup(\overline{A}_1A_2A_3)$.

评注 利用事件的运算关系来表示事件，各事件的表示法并不一定唯一.

1.2.2 事件概率的计算

1. 利用概率的性质求概率

例 1.3 设 A,B 是两事件，且 $P(A)=0.6,P(B)=0.7$，问：

(1) 在什么条件下，$P(AB)$取得最大值，最大值是多少？

(2) 在什么条件下，$P(AB)$取得最小值，最小值是多少？

分析 利用和事件的概率公式，推出积事件概率，然后再分情况讨论.

解答 $P(A\cup B)=P(A)+P(B)-P(AB)$，

即

$$P(AB)=P(A)+P(B)-P(A\cup B).$$

(1) 当 $P(A\cup B)$最小时，$P(AB)$取得最大值，

而 $A\subset B$ 时，即 $A\cup B=B$ 时，$P(A\cup B)$最小，

$P(A\cup B)=P(B)=0.7$，此时，

$$P(AB)=P(A)=0.6.$$

(2) 当 $P(A\cup B)$ 最大时，$P(AB)$ 取得最小值，

当 $A\cup B=S$ 时，$P(A\cup B)$ 最大，$P(A\cup B)=1$，此时，

$$P(AB)=P(A)+P(B)-P(A\cup B)=0.6+0.7-1=0.3.$$

评注　$P(A\cup B)$ 是讨论的关键，特别是取最小值的情况要注意，不是 $P(A\cup B)=0$.

例 1.4　已知 A,B 两事件满足条件 $P(AB)=P(\overline{A}\,\overline{B})$，且 $P(A)=p$，求 $P(B)$.

分析　利用德摩根律、对立事件的概率、和事件的概率公式.

解答

$$\begin{aligned}P(\overline{A}\,\overline{B})&=P(\overline{A\cup B})=1-P(A\cup B)\\&=1-[P(A)+P(B)-P(AB)]\\&=1-P(A)-P(B)+P(AB),\end{aligned}$$

且

$$P(AB)=P(\overline{A}\,\overline{B}),$$

故

$$P(B)=1-P(A)=1-p.$$

评注　多个概率的公式和性质的综合应用，要熟练掌握各公式，以免造成混淆.

例 1.5　设 A,B 是两事件，已知 $P(A)=p,P(B)=q,P(A\cup B)=r$，求 $P(A\overline{B})$.

分析　利用和事件和差事件的概率公式.

解答

$$P(A\cup B)=P(A)+P(B)-P(AB),$$

$$\begin{aligned}P(AB)&=P(A)+P(B)-P(A\cup B)\\&=p+q-r;\end{aligned}$$

$$\begin{aligned}P(A\overline{B})&=P(A-B)\\&=P(A)-P(AB)=r-q.\end{aligned}$$

评注　差事件与和事件的概率公式中都含有积事件的概率，通过积事件的概率将两个公式联立使用.

例 1.6　已知 $P(A)=P(B)=P(C)=\frac{1}{4},P(AB)=\frac{1}{6},P(AC)=P(BC)=0$，求 A,B,C 均不发生的概率.

分析　先将所求事件利用事件的运算关系表示出来，再利用德摩根律、对立事件的概率、三个事件的和事件概率公式进行求解.

解答

$$\begin{aligned}P(\overline{A}\,\overline{B}\,\overline{C})&=P(\overline{A\cup B\cup C})\\&=1-P(A\cup B\cup C)\\&=1-[P(A)+P(B)+P(C)-P(AB)-P(BC)-P(AC)+P(ABC)]\\&=1-\frac{7}{12}=\frac{5}{12}.\end{aligned}$$

评注　在三个事件的和事件概率公式中，条件 $P(AC)=P(BC)=0$ 中隐含着条件 $P(ABC)=0$.

例 1.7　设 A,B,C 为随机事件，证明：$P(A-B-C)=P(A)-P(AB)-P(AC)+P(ABC)$.

分析　利用差事件的定义及相关性质证明.

证明　由式 $P(A-B)=P(A\overline{B})=P(A)-P(AB)$，得

$$\begin{aligned}P(A-B-C)&=P(A\overline{B}-C)=P(A\overline{B})-P(A\overline{B}C)=P(A-B)-P(AC-B)\\&=P(A)-P(AB)-[P(AC)-P(ABC)]\\&=P(A)-P(AB)-P(AC)+P(ABC).\end{aligned}$$

评注 对于差事件的概率，重点掌握性质：$P(A-B)=P(A\overline{B})=P(A)-P(AB)$，做题时经常会用到.

2. 利用等可能概型求概率

例 1.8 有 n 个不同的球，每个球都可以同样的概率$\frac{1}{N}$被投到 $N(n\leqslant N)$ 个箱子中的每个箱中，试求下列事件的概率.

(1) 某指定 n 个箱子中各有一个球(A)；

(2) 恰有 n 个箱子，其中各有一个球(B)；

(3) 某指定箱子中恰有 $m(m\leqslant n)$ 个球(C).

分析 先确定样本空间和事件的样本点个数，然后利用等可能概型计算.

解答 样本空间：将 n 个不同的球，投到 N 个箱子去，共有 N^n 种投法.

(1) 事件 A：将 n 个不同的球，在某指定 n 个箱子中各投一个，共有 $n!$ 种投法.
故由等可能概型可得

$$P(A)=\frac{n!}{N^n}.$$

(2) 事件 B：恰有 n 个箱子，其中各有一个球，分两个步骤：

在 N 个箱子中选 n 个箱子，共有 C_N^n 种方法，

将 n 个不同的球恰在 n 个箱子中各投一个，共有 $n!$ 种投法，

则由乘法法则，事件 B 共有 $n!C_N^n$ 种投法，故由等可能概型可得

$$P(B)=\frac{n!C_N^n}{N^n}.$$

(3) 事件 C：某指定箱子中恰有 $m(m\leqslant n)$ 个球，分两个步骤：

首先在 n 个不同的球中选 m 个球放在某指定箱子中，共有 C_n^m 种选法，

然后将其余的 $n-m$ 个球任意地放在剩下的 $N-1$ 个箱子中，共有 $(N-1)^{(n-m)}$ 种放法，所以由乘法法则，事件 C 共有 $C_n^m(N-1)^{(n-m)}$ 种放法，故由等可能概型可得

$$P(C)=\frac{C_n^m(N-1)^{(n-m)}}{N^n}.$$

评注 使用等可能概型首先要明确样本空间和所求事件是什么，然后再利用等可能概型的公式进行求解.

例 1.9 将 15 名新生(其中有 3 名优秀生)随机地分配到三个班级中，其中一班 4 名，二班 5 名，三班 6 名，求：

(1) 每一个班级各分配到一名优秀生的概率；

(2) 3 名优秀生被分配到同一个班级的概率.

分析 先分配新生中的优秀生，然后按要求分配其他新生，注意分配过程中的所有可能性.

解答 15 名新生分别分配给一班 4 名，二班 5 名，三班 6 名的分法有 $C_{15}^4C_{11}^5C_6^6=\frac{15!}{4!5!6!}$种.

(1) 将 3 名优秀生分配给三个班级各一名，共有 $3!$ 种分法，

再将剩余的 12 名新生分配给一班 3 名，二班 4 名，三班 5 名，共有 $C_{12}^3C_9^4C_5^5=\frac{12!}{3!4!5!}$种分

法.根据乘法法则,每个班级分配到一名优秀生的分法有 $3!\frac{12!}{3!4!5!}=\frac{12!}{4!5!}$ 种,故其对应概率为

$$p=\frac{12!}{4!5!}\Big/\frac{15!}{4!5!6!}=\frac{12!6!}{15!}=\frac{24}{91}\approx 0.2637.$$

(2) 设事件 A_i="3 名优秀生全部分配到 i 班"($i=1,2,3$).

A_1 中所含基本事件个数 $m_1=C_{12}^1C_{11}^5=\frac{12!}{5!6!}$,

A_2 中所含基本事件个数 $m_2=C_{12}^2C_{10}^4=\frac{12!}{2!4!6!}$,

A_3 中所含基本事件个数 $m_3=C_{12}^3C_9^4=\frac{12!}{3!4!5!}$,

所以其对应概率为

$$P(A_1)=\frac{m_1}{n}=\frac{12!}{5!6!}\Big/\frac{15!}{4!5!6!}=\frac{4!12!}{15!}\approx 0.00879,$$

$$P(A_2)=\frac{m_2}{n}=\frac{12!}{2!4!6!}\Big/\frac{15!}{4!5!6!}=\frac{12!5!}{2!15!}\approx 0.02198,$$

$$P(A_3)=\frac{m_3}{n}=\frac{12!}{3!4!5!}\Big/\frac{15!}{4!5!6!}=\frac{12!6!}{3!15!}\approx 0.04396,$$

因为 A_1,A_2,A_3 互不相容,所以 3 名优秀生被分配到同一班级的概率为

$$P(A)=P(A_1\cup A_2\cup A_3)=P(A_1)+P(A_2)+P(A_3)\approx 0.07473.$$

评注　实际问题求解概率应先设事件,然后根据所设事件来选择适当的求解方法.

例 1.10　一学生宿舍中有 6 名学生,求下列事件的概率:

(1) 6 名学生的生日都在星期天;

(2) 6 名学生的生日都不在星期天;

(3) 6 名学生的生日不都在星期天.

分析　每个学生的生日可能是 7 天中的任意一天,且等可能,故可使用等可能概型.

解答　设 $A=\{6$ 名学生的生日都在星期天$\}$,

$B=\{6$ 名学生的生日都不在星期天$\}$,

每个学生的生日可能是 7 天中的任意一天,且等可能,于是样本空间样本点的总数是 7^6.

(1) 事件 A:6 名学生的生日都在星期天只有一种情况,故

$$P(A)=\frac{1}{7^6};$$

(2) 事件 B:每个学生的生日可能是星期一至星期六中的任意一天,且等可能,于是事件 B 的基本事件的总数是 6^6,故

$$P(B)=\frac{6^6}{7^6}=\left(\frac{6}{7}\right)^6;$$

(3) 6 名学生的生日不都在星期天的对立事件是事件 A,故所求概率为

$$P(\overline{A})=1-\frac{1}{7^6}.$$

评注　实际问题求解概率应先设事件,然后根据所设事件来选择适当的求解方法.

例 1.11　从 1,2,…,10 这十个数中任取一个,假定各个数都以同样的概率被取中,取后

放回,先后取出 7 个数,求下列事件概率.

(1) 7 个数完全不相同;

(2) 不含有 1 和 10;

(3) 5 恰好出现两次;

(4) 6 至少出现两次;

(5) 取到的最大数恰好为 6.

分析 从 1,2,…,10 这十个数中任取一个,各个数都以同样的概率被取中,故可使用等可能概型.

解答 设 $A_1,A_2,\cdots,A_5$ 分别代表上述五个事件.

样本空间是 10 个不同元素允许重复的 7 个元素排列,所以样本点总数为 10^7.

(1) 事件 A_1 要求所取 7 个数是互不相同的,考虑到各个数取出时有先后顺序之分,所以相当于从 10 个数中每次取出 7 个不同的元素的排列. 因此 A_1 所包含的样本点数为 A_{10}^7,于是事件 A_1 的概率为

$$P(A_1)=\frac{\mathrm{A}_{10}^7}{10^7}.$$

(2) 事件 A_2 所取的 7 个数中不含有 1 和 10. 所以,这 7 个数只能从 2,3,4,5,6,7,8,9 中选取,相当于从 8 个不同元素中允许重复地取 7 个的排列,所以 A_2 所包含样本点数为 8^7,于是事件 A_2 的概率为

$$P(A_2)=\frac{8^7}{10^7}.$$

(3) 事件 A_3 中 5 出现两次,可以是 7 次取数中的任意两次,有 C_7^2 种取法,

其余的 5 次,每次可以取剩下的 9 个数中的任一个,共有 9^5 种取法,于是,A_3 所包含的样本点总数为 $\mathrm{C}_7^2 9^5$. 则事件 A_3 的概率为

$$P(A_3)=\frac{\mathrm{C}_7^2 9^5}{10^7}.$$

(4) 事件 A_4 是 6 个两两互不相容事件"6 恰好出现 k 次"($k=2,3,4,5,6,7$)的和,其逆事件是"6 恰好出现一次或一次也不出现",显然,逆事件比较简单,则事件 A_4 的概率为

$$P(A_4)=1-P(\overline{A}_4)=1-\frac{\mathrm{C}_7^1 9^6+9^7}{10^7}.$$

(5) 事件 A_5 是 6 个不同元素(1,2,3,4,5,6)允许重复的且最大数为 6 的 7 元排列. 这种排列可以分为 6 出现 1 次、2 次、3 次、4 次、5 次、6 次、7 次七类. 它们的排列数依次为 $\mathrm{C}_7^1 5^6$,$\mathrm{C}_7^2 5^5$,$\mathrm{C}_7^3 5^4$,$\mathrm{C}_7^4 5^3$,$\mathrm{C}_7^5 5^2$,$\mathrm{C}_7^6 5^1$,$\mathrm{C}_7^7 5^0$. 于是,

$$P(A_5)=\frac{\sum_{k=1}^{7}\mathrm{C}_7^k 5^{7-k}}{10^7}.$$

事件 A_5 包含的样本点数也可以这样来考虑:最大数字不大于 6 的 7 元重复排列有 6^7 种,它可以分为两类,一类是最大数恰好是 6 的 7 元重复排列,一类是最大数小于 6 的 7 元重复排列,排列数有 5^7 种. 最大数恰好是 6 的 7 元重复排列总数为 6^7-5^7. 故

$$P(A_5)=\frac{6^7-5^7}{10^7}.$$

评注 该题中最关键的问题就是确定事件 A_4 的样本点计算是使用可重复排列还是不可重

复排列.

例 1.12　在1～3000的整数中随机地取1个数，问取到的整数既不能被6整除，又不能被8整除的概率是多少？

分析　先根据等可能概型确定已知事件的概率，然后再利用德摩根律、对立事件的概率、和事件的概率公式进行求解.

解答　设A=｛取到的数能被6整除｝；

B=｛取到的数能被8整除｝；

根据等可能概型可知

$$P(A)=\frac{333}{2000},P(B)=\frac{250}{2000},P(AB)=\frac{83}{2000},$$

则所求概率为

$$\begin{aligned}P(\overline{A}\,\overline{B})&=P(\overline{A\cup B})\\&=1-P(A\cup B)\\&=1-[P(A)+P(B)-P(AB)]\\&=1-\left(\frac{333}{2000}+\frac{250}{2000}-\frac{83}{2000}\right)=\frac{3}{4}.\end{aligned}$$

评注　既不能被6整除，又不能被8整除同时发生，因此是积事件，正确表示所求事件是求解问题的关键.

例 1.13　袋中有a个黑球，b个白球，现将球随机地一个个摸出来，求第k次摸出的球是黑球的概率$(1\leqslant k\leqslant a+b)$.

分析　利用等可能概型求解问题.

解答　将$a+b$个球编号，把球依摸出的先后次序排队，则样本空间样本点总数就是$a+b$个不同元素的全排列$(a+b)!$.

设A_k="第k次摸出黑球"，这相当于在第k个位置放一个黑球，在其余$(a+b-1)$个位置上放另外$(a+b-1)$个球，所以，A_k包含的样本点数为$a(a+b-1)!$，所以，由古典概型A_k的概率为

$$P(A_k)=\frac{a(a+b-1)!}{(a+b)!}=\frac{a}{a+b}.$$

特别地，如果每次抽取完再放回，则第k次摸出的球是黑球的概率仍然是

$$P(A_k)=\frac{a}{a+b}.$$

评注　无论是有放回抽样还是无放回抽样，结果都是一样的：每个人摸出的球是黑球的概率都是一样的，与抽取的先后顺序无关.

例 1.14　设一批零件共有100件，其中合格品95件，次品5件，从中任取10件，求：

(1) 10件全是合格品的概率；

(2) 恰有2件次品的概率.

分析　利用等可能概型求解问题.

解答　样本空间：100件零件从中任取10件，则样本空间样本点总数就是C_{100}^{10}.

(1) 设A=｛10件全是合格品｝；

10件合格品只能从95件合格品任取，共有C_{95}^{10}种取法，故

$$P(A)=\frac{C_{95}^{10}}{C_{100}^{10}}\approx 0.58;$$

(2) 设 $B=\{10$ 件恰有 2 件次品$\}$;

10 件恰有 2 件次品 8 件合格品，2 件次品只能从 5 件次品任取，共有 C_5^2 种取法；8 件合格品只能从 95 件合格品任取，共有 C_{95}^8 种取法，故

$$P(B)=\frac{C_5^2 C_{95}^8}{C_{100}^{10}}\approx 0.07.$$

评注 使用等可能概型要正确地确定样本空间和事件的样本点个数.

3. 利用几何概型求概率

例 1.15 甲、乙二人在 0 到 T 时间内相约于指定地点，先到者等候另一人 t ($t<T$) 时刻后离去. 求二人能会面的概率.

分析 利用几何概型求解问题.

解答 以 x,y 分别表示甲、乙二人到达的时刻，则

样本空间：甲、乙二人在 0 到 T 时间内相约于指定地点，满足：

$$0\leqslant x\leqslant T, 0\leqslant y\leqslant T,$$

因此，样本空间的面积为 T^2.

若二人能会面需要满足：

$$|x-y|\leqslant t,$$

从而，所求概率为(见图 1-1)

$$p=\frac{\text{相会区域面积}}{\text{正方形面积}},$$

即

$$p=\frac{T^2-(T-t)^2}{T^2}=1-\left(1-\frac{t}{T}\right)^2.$$

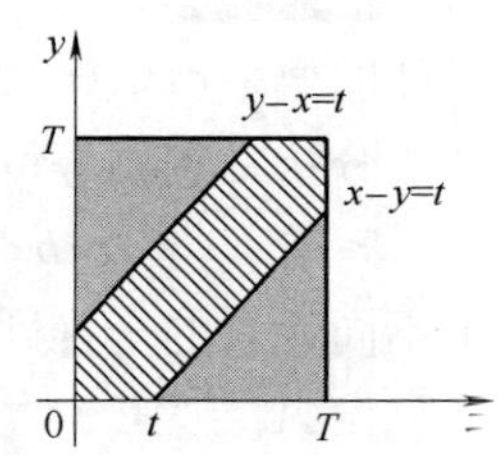

图 1-1

评注 计算几何概型时，要根据具体问题选择恰当的几何度量，该题的度量是面积.

4. 利用条件概率求概率

例 1.16 在 100 个圆柱形零件中有 95 件长度合格，有 93 件直径合格，有 90 件两个指标都合格. 从中任取一件，求在长度合格的前提下，直径也合格的概率.

分析 先利用等可能概型计算已知事件的概率，再利用条件概率求解.

解答 设 $A=\{$任取一件，长度合格$\}$,

$B=\{$任取一件，直径合格$\}$，则

$AB=\{$任取一件，长度、直径都合格$\}$,

由等可能概型可知

$$P(A)=0.95, P(B)=0.93, P(AB)=0.9,$$

由条件概率可求概率为

$$P(B|A)=\frac{P(AB)}{P(A)}=\frac{0.9}{0.95}=\frac{18}{19}.$$

评注 在求条件概率时要注意区分条件概率和积事件的概率，不要混淆.

例 1.17 已知 $P(\overline{A})=0.3, P(B)=0.4, P(A\overline{B})=0.5$，求 $P(B|A\cup\overline{B})$.

分析　利用事件的运算性质、差事件的概率公式、对立事件概率和条件概率公式计算.

解答　$P(A\overline{B})=P(A)-P(AB)$,则

$$P(AB)=P(A)-P(A\overline{B})=0.7-0.5=0.2,$$

$$P(B|A\cup\overline{B})=\frac{P(B\cap(A\cup\overline{B}))}{P(A\cup\overline{B})}=\frac{P(AB)}{P(A)+P(\overline{B})-P(A\overline{B})}=\frac{0.2}{0.7+0.6-0.5}=0.25.$$

评注　对于复杂的条件概率问题,要先将问题化简,然后再进行计算.

5. 利用乘法定理求概率

例 1.18　袋中有一个红球和一个白球,从中随机摸出一个球,如果取出的球是红球,则把此球放回袋中,并加进一个红球,然后从袋中再摸出一个球,如果还是红球则仍把此红球放回袋中并加进一个红球,如此反复进行,直到摸出白球为止,求第 n 次才摸出白球的概率.

分析　利用等可能概型、条件概率、对立事件概率和乘法定理.

解答　设 A_k="第 k 次摸出红球",$k=1,2,\cdots,n$.

$$P(A_1)=\frac{1}{2},P(A_2|A_1)=\frac{1}{3},\cdots,P(A_{n-1}|A_1\cdots A_{n-2})=\frac{n-1}{n},$$

$$P(A_n|A_1\cdots A_{n-1})=\frac{n}{n+1},P(\overline{A_n}|A_1\cdots A_{n-1})=\frac{1}{n+1},$$

故第 n 次才摸出白球的概率为

$$P(A_1A_2\cdots A_{n-1}\overline{A_n})=P(A_1)P(A_2|A_1)\cdots P(A_{n-1}|A_1\cdots A_{n-2})P(\overline{A_n}|A_1\cdots A_{n-1})$$
$$=\frac{1}{2}\times\frac{2}{3}\times\cdots\times\frac{n-1}{n}\times\frac{1}{n+1}=\frac{1}{n(n+1)}.$$

评注　多个事件的乘法定理,要注意条件逐个累加后的概率变化.

例 1.19　某人忘记了电话号码的最后一个数字,因而随意地拨最后一个数,求:

(1) 不超过三次拨通电话的概率;

(2) 已知最后一个数字是奇数,求不超过三次拨通电话的概率.

分析　利用对立事件概率和乘法定理求解.

解答　设 A_i={第 i 次拨通电话};

不超过三次拨通电话的对立事件是超过三次拨通电话,故

(1) $p=1-P(\overline{A_1}\ \overline{A_2}\ \overline{A_3})$,故由乘法定理得

$$p=1-P(\overline{A_1})P(\overline{A_2}|\overline{A_1})P(\overline{A_3}|\overline{A_1}\ \overline{A_2})=1-\frac{9}{10}\frac{8}{9}\frac{7}{8}=0.3;$$

(2) $p=1-P(\overline{A_1}\ \overline{A_2}\ \overline{A_3})$,故由乘法定理得

$$p=1-P(\overline{A_1})P(\overline{A_2}|\overline{A_1})P(\overline{A_3}|\overline{A_1}\ \overline{A_2})=1-\frac{4}{5}\frac{3}{4}\frac{2}{3}=0.6.$$

评注　当条件改变,样本空间发生改变,同一个事件的概率会有所不同.

6. 利用全概率、贝叶斯公式求概率

例 1.20 某仓库有同样规格的产品 6 箱，其中 3 箱、2 箱和 1 箱依次是由甲、乙、丙三个厂生产的，且三厂的次品率分别为$\frac{1}{10},\frac{1}{15},\frac{1}{20}$. 现从这 6 箱中任选一箱，再从该箱中任取一件，试求取得的一件是次品的概率.

分析 利用等可能概型和全概率公式.

解答 设 B_1,B_2,B_3分别表示甲、乙、丙三个厂生产的产品，

A 表示取得的一件产品是次品，

则由已知条件可知

$$P(B_1)=\frac{3}{6},P(B_2)=\frac{2}{6},P(B_3)=\frac{1}{6},$$

$$P(A|B_1)=\frac{1}{10},P(A|B_2)=\frac{1}{15},P(A|B_3)=\frac{1}{20},$$

由全概率公式

$$\begin{aligned}P(A)&=P(B_1)P(A|B_1)+P(B_2)P(A|B_2)+P(B_3)P(A|B_3)\\&=\frac{3}{6}\frac{1}{10}+\frac{2}{6}\frac{1}{15}+\frac{1}{6}\frac{1}{20}=\frac{29}{360}.\end{aligned}$$

评注 在使用全概率公式时，事件组 B_i必须是样本空间 S 的一个完备事件组.

例 1.21 对以往数据进行分析，结果表明：当机器调整良好时，产品的合格率为 90%，而当机器发生某一故障时，产品的合格率为 30%，每天早上机器开动时，机器调整良好的概率为 75%，设某日早上第一件产品是合格品，试问机器调整良好的概率是多少？

分析 利用贝叶斯公式.

解答 设A={第一件产品是合格品}，

B={机器调整良好}，则

$$P(B)=0.75,P(A|B)=0.9,P(A|\overline{B})=0.3,$$

利用贝叶斯公式得所求概率为

$$\begin{aligned}P(B|A)&=\frac{P(A|B)P(B)}{P(A|B)P(B)+P(A|\overline{B})P(\overline{B})}\\&=\frac{0.9\times0.75}{0.9\times0.75+0.3\times0.25}=0.9.\end{aligned}$$

评注 由以往数据分析得到的概率 $P(B)=0.75$ 叫作先验概率，而在得到信息之后(即生产出第一件产品是合格品)之后再重新加以修正得到的概率(0.9)叫作后验概率，有了后验概率就能对机器的情况有更进一步的了解.

例 1.22 已知男性中有 5%是色盲患者，女性中有 0.25%是色盲患者. 今从男女人数相等的人群中随机地挑选一人，

(1) 求此人是色盲患者的概率；

(2) 若已知挑选的人是色盲患者，问此人是男性的概率是多少？

分析 利用全概率公式和贝叶斯公式.

解答 设 B_1,B_2分别表示“男性”“女性”；

A=“挑选到的人是色盲患者”.

(1) 由全概率公式可得

$$P(A)=\sum_{i=1}^{2}P(B_i)P(A\mid B_i)=0.5\times0.05+0.5\times0.0025=0.02625;$$

（2）由贝叶斯公式可得

$$P(B_1|A)=\frac{P(B_1)P(A|B_1)}{P(A)}=\frac{0.5\times0.05}{0.02625}=\frac{20}{21}.$$

评注　在实际问题中经常是成对使用全概率公式和贝叶斯公式.

例 1.23　设有来自三个地区的各 10 名、15 名和 25 名考生的报名表，其中女生的报名表分别为 3 份、7 份和 5 份. 随机地取一个地区的报名表，从中先后抽出两份.

（1）求先抽到的一份是女生表的概率；

（2）已知后抽到的一份是男生表，求先抽到的一份是女生表的概率.

分析　共有三个地区考生的报名表，每个地区考生的报名表中都含有女考生报名表，求先抽到的一份是女生表的概率，显然为全概率问题；已知后抽到的一份是男生表，求先抽到的一份是女生表的概率，显然为条件概率问题，该问题的求解同时使用了全概率公式和贝叶斯公式.

解答　设事件 B_j＝“第 j 次抽到的报名表是女生表”$(j=1,2)$，

A_i＝“报名表是第 i 个地区的”$(i=1,2,3)$.

易见，A_1,A_2,A_3 构成一个完备事件组，且

$$P(A_i)=\frac{1}{3}(i=1,2,3),$$

$$P(B_1|A_1)=\frac{3}{10},P(B_1|A_2)=\frac{7}{15},P(B_1|A_3)=\frac{5}{25}.$$

（1）应用全概率公式，有

$$P(B_1)=\sum_{i=1}^{3}P(A_i)P(B_1|A_i)=\frac{1}{3}\left(\frac{3}{10}+\frac{7}{15}+\frac{5}{25}\right)=\frac{29}{90}.$$

（2）因为

$$\begin{aligned}P(B_1\overline{B}_2)&=\sum_{i=1}^{3}P(A_i)P(B_1\overline{B}_2|A_i)\\&=\frac{1}{3}\left(\frac{3}{10}\times\frac{7}{9}+\frac{7}{15}\times\frac{8}{14}+\frac{5}{25}\times\frac{20}{24}\right)=\frac{20}{90}=\frac{2}{9},\end{aligned}$$

$$\begin{aligned}P(\overline{B}_1\overline{B}_2)&=\sum_{i=1}^{3}P(A_i)P(\overline{B}_1\overline{B}_2|A_i)\\&=\frac{1}{3}\left(\frac{7}{10}\times\frac{6}{9}+\frac{8}{15}\times\frac{7}{14}+\frac{20}{25}\times\frac{19}{24}\right)=\frac{41}{90},\end{aligned}$$

则由全概率公式可得

$$P(\overline{B}_2)=P(B_1\overline{B}_2)+P(\overline{B}_1\overline{B}_2)=\frac{61}{90},$$

从而有

$$P(B_1|\overline{B}_2)=\frac{P(B_1\overline{B}_2)}{P(\overline{B}_2)}=\frac{20}{90}\times\frac{90}{61}=\frac{20}{61}.$$

评注　求解复杂事件的全概率问题时，一定要找出其正确的导致所讨论的事件发生的完备事件组 $A_1,\cdots,A_n$；然后根据题设条件，计算出 $P(A_i)$ 与相应的条件概率；最后应用全概率公式解出所要求的事件的概率.

7. 利用事件的独立性求概率

例 1.24 设事件 A 与 B 相互独立，证明$\overline{A}$与 B 也相互独立.

分析 利用事件独立性的定义、差事件和对立事件的概率公式.

证明 事件 A 与 B 相互独立，则

$$P(AB)=P(A)P(B),$$

$$\begin{aligned}P(\overline{A}B)&=P(B-A)=P(B)-P(AB)\\&=P(B)-P(A)P(B)=P(B)[1-P(A)]\\&=P(B)P(\overline{A}),\end{aligned}$$

即$\overline{A}$与 B 也相互独立.

评注 独立性的证明要从定义出发，积事件的概率等于概率的乘积.

例 1.25 加工某一零件共需经过四道工序，设第一、二、三、四道工序的次品率分别为 0.02，0.03，0.05 和 0.03，假设各道工序是互不影响的，求加工出来的零件的次品率.

分析 利用事件的独立性和概率的性质.

解答 设A_i={第 i 道工序出次品}($i=1,2,3,4$)，

A={零件为次品}，从而

$$\begin{aligned}P(A)&=P(A_1\cup A_2\cup A_3\cup A_4)\\&=1-P(\overline{A_1\cup A_2\cup A_3\cup A_4})\\&=1-P(\overline{A_1}\ \overline{A_2}\ \overline{A_3}\ \overline{A_4})\\&=1-P(\overline{A_1})P(\overline{A_2})P(\overline{A_3})P(\overline{A_4})\\&=1-[1-P(A_1)][1-P(A_2)][1-P(A_3)][1-P(A_4)]\\&=1-0.98\times0.97\times0.95\times0.97\approx0.124.\end{aligned}$$

评注 多个独立事件的和事件的概率可用其对立事件的概率来计算，会极大地简化计算，减少运算量.

例 1.26 一工人看管三台机床，在 1h 中甲、乙、丙三台机床需要工人看管的概率分别是 0.9，0.8，0.85，求在 1h 中，

(1) 没有一台机床需要看管的概率；

(2) 至少有一台机床需要看管的概率；

(3) 至多只有一台机床需要看管的概率.

分析 利用独立性、和事件、对立事件的概率公式.

解答 设 A,B,C 分别表示甲、乙、丙机床需要工人看管，A,B,C 相互独立，且 $P(A)=0.9$，$P(B)=0.8$，$P(C)=0.85$，则

(1) 没有一台机床需要看管表示为$\overline{A}\ \overline{B}\ \overline{C}$，其概率为

$P(\overline{A}\ \overline{B}\ \overline{C})=P(\overline{A})P(\overline{B})P(\overline{C})=(1-0.9)(1-0.8)(1-0.85)=0.003$；

(2) 至少有一台机床需要看管表示为 $A\cup B\cup C$，其概率为

$$\begin{aligned}P(A\cup B\cup C)&=1-P(\overline{A\cup B\cup C})\\&=1-P(\overline{A}\ \overline{B}\ \overline{C})\\&=1-0.003=0.997;\end{aligned}$$

(3) 至多只有一台机床需要看管可表示为 4 个互斥事件的和事件:$\overline{A}\ \overline{B}\ \overline{C}\cup\overline{A}\ \overline{B}C\cup A\overline{B}\ \overline{C}\cup\overline{A}B\overline{C}$，故其概率为

$$
\begin{aligned}
&P(\overline{A}\,\overline{B}\,\overline{C}\cup\overline{A}\,\overline{B}C\cup A\overline{B}\,\overline{C}\cup\overline{A}B\overline{C}) \\
=&P(\overline{A}\,\overline{B}\,\overline{C})+P(\overline{A}\,\overline{B}C)+P(A\overline{B}\,\overline{C})+P(\overline{A}B\overline{C}) \\
=&0.1\times0.2\times0.15+0.1\times0.2\times0.85+0.9\times0.2\times0.15+0.1\times0.8\times0.15=0.059.
\end{aligned}
$$

评注　注意所求事件的表示，利用事件之间的独立性，然后选择正确的运算进行计算.

例 1.27　设有 4 个独立工作的元件 1,2,3,4(见图 1-2)按先串联再并联的方式连接. 设每个元件的可靠性均为 r，试求系统的可靠性.

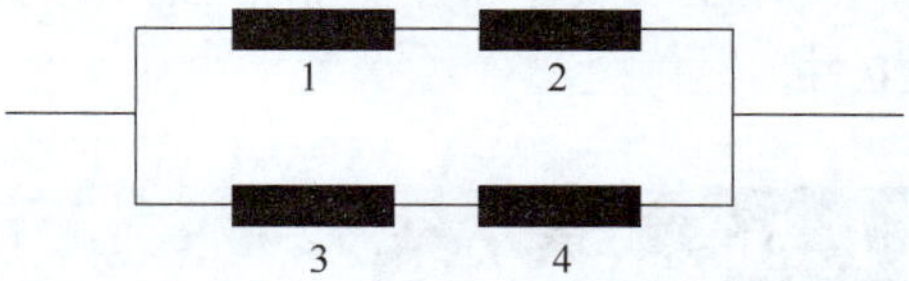

图　1-2

分析　系统的可靠性问题要先用事件的关系来表示，然后利用独立性和相关的概率公式进行计算.

解答　设 $A_i=\{$第 i 个元件正常运行$\}(i=1,2,3,4)$，则 $P(A_i)=r$.

则系统正常运行可表示为 $A_1A_2\cup A_3A_4$.

故系统的可靠性为

$$
\begin{aligned}
P(A_1A_2\cup A_3A_4)&=P(A_1A_2)+P(A_3A_4)-P(A_1A_2A_3A_4) \\
&=r^2+r^2-r^4 \\
&=2r^2-r^4.
\end{aligned}
$$

评注　要求系统的可靠性，必须使系统正常运行，必须满足系统中至少有一条连通这一条件.

例 1.28　转炉炼高级矽钢，每一炉钢的合格率为 0.7，有若干炉同时冶炼，若要以 99% 的把握至少炼出一炉合格钢，问至少要有几个转炉同时炼钢?

分析　利用多个独立事件的和事件公式计算概率，然后求出事件的个数.

解答　设 $A_i=$“第 i 炉炼出合格钢”$(i=1,2,\cdots,n)$，

$B=$“至少炼出一炉合格钢”，则 $B=A_1\cup A_2\cup\cdots\cup A_n$，

因 $A_1,A_2,\cdots,A_n$ 相互独立，故 $\overline{A}_1,\overline{A}_2,\cdots,\overline{A}_n$ 也相互独立，所以

$$
\begin{aligned}
P(B)=P(A_1\cup A_2\cup\cdots\cup A_n)&=1-P(\overline{A}_1)P(\overline{A}_2)\cdots P(\overline{A}_n) \\
&=1-(1-0.7)^n=1-0.3^n\geqslant0.99,
\end{aligned}
$$

即　$0.3^n\leqslant0.01$，取常用对数解得

$$n\lg0.3\leqslant\lg0.01,$$

即　$n\geqslant\dfrac{\lg0.01}{\lg0.3}\approx3.824$，

即至少需要 4 个转炉同时炼钢，才能以 99% 的把握保证炼出一炉合格钢.

评注　最后求解的结果是小数，注意要向上取整.

例 1.29　设 A,B 是两个随机事件，$0<P(A)<1$，$P(A)=0.4$，$P(B|A)+P(\overline{B}|\overline{A})=1$，$P(A\cup B)=0.7$，求 $P(\overline{A}\cup\overline{B})$.

分析　先证明独立性，然后利用独立事件的和事件公式计算概率.

解答　由 $\overline{A}\cup\overline{B}=\overline{AB}$，有

$$P(\overline{A}\cup\overline{B})=P(\overline{AB})=1-P(AB).$$

下证 A,B 相互独立.

由 $P(B|A)+P(\overline{B}|\overline{A})=1$ 及 $P(B|A)+P(\overline{B}|A)=1$，得到

$$P(\overline{B}|\overline{A})=P(\overline{B}|A).$$

由 $P(B|A)=P(B|\overline{A})$ 知 $\overline{B}$ 与 A 相互独立，于是 A,B 相互独立. 由

$$0.7=P(A\cup B)=P(A)+P(B)-P(A)P(B)=0.4+P(B)-0.4P(B),$$

得到 $P(B)=0.5$，

故 $P(\overline{A}\cup\overline{B})=1-P(A)P(B)=1-0.4\times0.5=0.8$.

评注 该题综合性非常强，用到了条件概率、德摩根律、对立事件概率、和事件概率、独立性.

1.3 本章小结

本章是概率论的基础，介绍了概率论的基本概念，从频率的稳定性引出概率的公理化定义，介绍了事件之间的关系与运算和概率的性质、条件概率、概率的乘法定理、全概率公式、贝叶斯公式，要熟练掌握这些定义和性质，它们是进行概率计算的基础.

在等可能概型的计算中还要熟悉排列和组合的方法与相应的概率的加法原理和乘法原理，特别是几何概型的计算要注意度量的选择.

最后介绍了事件的独立性，要注意事件互不相容与事件相互独立之间的关系与区别，对于复杂的多个独立事件的和事件可以利用德摩根律转化成求积事件的概率，从而简化运算.

1.4 同步习题及解答

1.4.1 同步习题

1. 填空题：

(1) 三个随机事件 A,B,C 都不发生记为________.

(2) 设事件 A,B 满足 $P(A)=0.5,P(B)=0.6,P(A|B)=0.8$，则 $P(A\cup B)=$________

(3) 在一标准英语字典中有 55 个由两个不同的字母组成的单词，若从 26 个英文字母中任取 2 个予以排列，求能排成上述单词的概率为________________.

(4) 已知事件 A 发生必导致事件 B 发生，且 $0<P(B)<1$，则 $P(A|\overline{B})=$________.

(5) 一批同样规格的零件是由甲、乙、丙三个工厂生产的，三个工厂的产品数量分别是总量的 20%，40%，40%. 三个工厂的产品次品率分别为 5%，4%，3%. 任选一个零件是次品的概率是________.

(6) 某射手在三次射击中至少命中一次的概率为 0.875，则这射手在一次射击中命中的概率为________.

2. 单项选择题：

(1) 设事件 A,B 相互独立，且 $P(A)=\frac{1}{4},P(B)=\frac{1}{2}$，则 $P(A-B)=(\quad)$.

(A)0.125； (B)0.25； (C)0.375； (D)0.75.

(2) 将一枚均匀的硬币抛掷三次，恰有一次出现正面的概率是(　　).

(A)$\frac{1}{2}$； (B)$\frac{1}{3}$； (C)$\frac{1}{8}$； (D)$\frac{3}{8}$.

(3) 设 $P(A)=0.8,P(B)=0.7,P(A|B)=0.8$，则下列结论正确的是(　　).

(A)事件 A,B 互不相容；　　(B)$A\subset B$；

(C)事件 A,B 相互独立；　　(D)$P(A\cup B)=P(A)+P(B)$.

(4) 袋中有 5 个小球(3 个新的，2 个旧的)，每次取一个，无放回地取两次. 则在第二次取到新球的概率是(　　).

(A)$\frac{3}{5}$；　　(B)$\frac{3}{4}$；　　(C)$\frac{1}{2}$；　　(D)$\frac{3}{10}$.

(5) 设 A_1,A_2,A_3 为三个独立事件，且 $P(A_k)=p(k=1,2,3,0<p<1)$，则这三个事件不全发生的概率是(　　).

(A)$(1-p)^3$；　　(B)$3(1-p)$；

(C)$1-p^3$；　　(D)$3p(1-p)^2+3p^2(1-p)$.

(6) 向单位圆 $x^2+y^2<1$ 内随机地投下 3 点，则这 3 点恰有 2 点落在第一象限中的概率是(　　).

(A)$\frac{1}{16}$；　　(B)$\frac{9}{64}$；　　(C)$\frac{3}{64}$；　　(D)$\frac{1}{4}$.

3. 向指定目标射三枪，观察射中目标的情况. 用 A_i 表示事件“第 i 枪击中目标”，试用 A_1，A_2，A_3 表示以下各事件：

(1) 只击中第一枪；

(2) 只击中一枪；

(3) 三枪都没击中；

(4) 至少击中一枪.

4. 设有 n 个人，每个人都等可能地被分配到 N 个房间的任意一间去住($n\leqslant N$)，求下列事件的概率.

(1) 指定的 n 个房间各住 1 人；

(2) 恰好有 n 个房间，其中各住 1 人.

5. 在不大于 100 的自然数中任取一个数，求它既不能被 2 也不能被 5 整除的概率.

6. 在区间(0,1)上随机地取两个数 u,v，求关于 x 的一元二次方程 $x^2-vx+u=0$ 有实根的概率.

7. 以往资料表明，某三口之家患某种传染病的概率有以下规律：
$P\{$孩子得病$\}=0.6$，$P\{$母亲得病$|$孩子得病$\}=0.5$，$P\{$父亲得病$|$母亲及孩子得病$\}=0.4$，求母亲及孩子得病但父亲未得病的概率.

8. 将两信息分别编码为 A 和 B 传递出去，接收站收到时，A 被误收作 B 的概率为 0.02，而 B 被误收作 A 的概率为 0.01，信息 A 与信息 B 传送的频繁程度比为 2∶1，若接收站收到的信息是 A，问原发信息的确为 A 的概率是多少?

9. 甲、乙两人各独立打靶一次，事件 A 为甲打中靶，事件 B 为乙打中靶，已知 $P(A)=0.9$，$P(B)=0.8$.

(1) 求两人均打中靶的概率；

(2) 求两人至少有一人打中靶的概率；

(3) 求两人都没有打中靶的概率.

10. 设 A,B 是两个随机事件，$0<P(A)<1$，$P(B|A)=P(B|\overline{A})$，求证 A 与 B 相互独立.

11. 一个开关电路如图 1-3 所示，假设开关 a,b,c，d 开或关的概率都是 0.5，且各开关是否关闭相互独立.求灯亮的概率以及如果发现灯亮时,开关 a 与 b 同时关闭的概率.

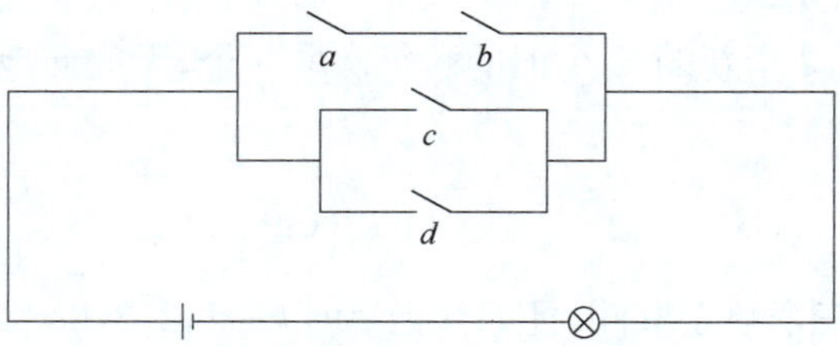

图 1-3

12.设每次射击时命中率为 0.2,问至少必须进行多少次独立射击才能使至少击中一次的概率不小于 0.9?

1.4.2 同步习题解答

1.(1) $\overline{A}\,\overline{B}\,\overline{C}$.

三个随机事件 A,B,C 都不发生,是积事件,表示为$\overline{A}\,\overline{B}\,\overline{C}$.

(2) 0.62.

$P(AB)=P(B)P(A|B)=0.6\times0.8=0.48$.

$P(A\cup B)=P(A)+P(B)-P(AB)=0.5+0.6-0.48=0.62$.

(3) $\frac{11}{130}$.

从 26 个英文字母中任取 2 个予以排列所有可能的结果有 A_{26}^2 种可能,由等可能概型可得 $p=\frac{55}{26\times25}=\frac{11}{130}$.

(4) 0.

事件 A 发生必导致事件 B 发生,则 $A\subset B$,

$$P(A\overline{B})=P(A-B)=P(A)-P(AB)=P(A)-P(A)=0,$$

故 $P(A|\overline{B})=\frac{P(A\overline{B})}{P(\overline{B})}=0$.

(5) 0.038.

设$A=\{$零件是次品$\}$;

$B_1=\{$甲工厂生产的产品$\}$;$B_2=\{$乙工厂生产的产品$\}$;$B_3=\{$丙工厂生产的产品$\}$;

$$P(B_1)=20\%,P(A|B_1)=5\%,P(B_2)=40\%,P(A|B_2)=4\%,$$
$$P(B_3)=40\%,P(A|B_3)=3\%,$$
$$\begin{aligned}P(A)&=P(B_1)P(A|B_1)+P(B_2)P(A|B_2)+P(B_3)P(A|B_3)\\&=20\%\times5\%+40\%\times4\%+40\%\times3\%=0.038.\end{aligned}$$

(6) 0.5.

设事件 A_i表示射手在第 i 次射击中命中,$P(A_i)=p$.

$$P(A_1\cup A_2\cup A_3)=1-P(\overline{A_1\cup A_2\cup A_3})=1-P(\overline{A_1}\,\overline{A_2}\,\overline{A_3})=1-(1-p)^3=0.875,$$

解得 $p=0.5$.

2.(1) (A).

$$P(A-B)=P(A)-P(AB)=P(A)-P(A)P(B)=\frac{1}{4}-\frac{1}{8}=0.125.$$

(2) (D).

设正面 H，反面 T，则

样本空间　　$S=\{HHH,HHT,HTH,THH,HTT,THT,TTH,TTT\}$.

恰有一次出现正面：　　$\{HTT,THT,TTH\}$.

故 $p=\frac{3}{8}$.

(3) (C).

$P(AB)=P(B)P(A|B)=P(A)P(B)$,

所以事件 A,B 相互独立.

(4) (A).

设事件 A_i 表示在第 i 次取到新球，

$$P(A_2)=P(A_1)P(A_2|A_1)+P(\overline{A_1})P(A_2|\overline{A_1})=\frac{3}{5}\frac{2}{4}+\frac{2}{5}\frac{3}{4}=\frac{3}{5}.$$

(5) (C).

$$P(\overline{A_1A_2A_3})=1-P(A_1A_2A_3)=1-p^3.$$

(6) (B).

由几何概型可知：向单位圆 $x^2+y^2<1$ 内随机地投下 1 点，则这点落在第一象限的概率是 $\frac{1}{4}$，设 X 表示落在第一象限点的个数，则 $X\sim B\left(3,\frac{1}{4}\right)$，故 $P\{X=2\}=C_3^2\left(\frac{1}{4}\right)^2\left(\frac{3}{4}\right)^{3-2}=\frac{9}{64}$.

3. (1) 事件“只击中第一枪”，意味着第二枪不中，第三枪也不中. 所以，可以表示成　$A_1\overline{A_2}\ \overline{A_3}$.

(2) 事件“只击中一枪”，并不指定哪一枪击中. 三个事件“只击中第一枪”“只击中第二枪”“只击中第三枪”中，任意一个发生，都意味着事件“只击中一枪”发生. 同时，因为上述三个事件互不相容，所以，可以表示成　$A_1\overline{A_2}\ \overline{A_3}+\overline{A_1}A_2\overline{A_3}+\overline{A_1}\ \overline{A_2}A_3$.

(3) 事件“三枪都没击中”，就是事件“第一、二、三枪都未击中”，所以，可以表示成 $\overline{A_1}\ \overline{A_2}\ \overline{A_3}$.

(4) 事件“至少击中一枪”，就是事件“第一、二、三枪至少有一次击中”，所以，可以表示成 $A_1\cup A_2\cup A_3$ 或 $A_1\overline{A_2}\ \overline{A_3}+\overline{A_1}A_2\overline{A_3}+\overline{A_1}\ \overline{A_2}A_3+A_1A_2\overline{A_3}+A_1\overline{A_2}A_3+\overline{A_1}A_2A_3+A_1A_2A_3$.

4. 设 $A=\{$指定的 n 个房间各住 1 人$\}$，

　　$B=\{$恰好有 n 个房间，其中各住 1 人$\}$，

样本空间：n 个人，每个人都等可能地被分配到 N 个房间的任意一间去住，共有 N^n 种住法.

(1) 事件 A：指定的 n 个房间各住 1 人，共有 $n!$ 种住法，故由等可能概型可求

$$P(A)=\frac{n!}{N^n}.$$

(2) 事件 B：恰好有 n 个房间，其中各住 1 人，分两个步骤：

在 N 个房间中选 n 个房间，共有 C_N^n 种方法，

选定的 n 个房间各住 1 人，共有 $n!$ 种住法，

则由乘法法则，事件 B 共有 $n!C_N^n$ 种住法，故由等可能概型可得

$$P(B)=\frac{n!C_N^n}{N^n}.$$

5. 设 $A=\{$取到的数能被 2 整除$\}$，

$B=\{$取到的数能被 5 整除$\}$，

由于$\frac{100}{2}=50,\frac{100}{5}=20,\frac{100}{10}=10$,则

$P(A)=\frac{50}{100},P(B)=\frac{20}{100},P(AB)=\frac{10}{100}$,

所求的概率为

$$\begin{aligned}P(\overline{A}\,\overline{B})&=P(\overline{A\cup B})=1-P(A\cup B)\\&=1-[P(A)+P(B)-P(AB)]\\&=1-(0.5+0.2-0.1)=0.4.\end{aligned}$$

6. 设事件 $A=$“方程 $x^2-2vx+u=0$ 有实根”,因为 u,v 是从(0,1)中任意取的两个数,因此点 u,v 与正方形区域 D 内的点一一对应,

其中 $D=\{(u,v)\mid 0<u<1,0<v<1\}$,

事件 $A=\{(u,v)\mid (2v)^2-4u\geqslant 0,(u,v)\in D\}$,

事件 A 的样本点区域为图 1-4 中阴影部分

$$D_1=\{(u,v)\mid v^2\geqslant u,0<v<1\}.$$

根据几何概型公式,有

$$P(A)=\frac{S_{D_1}}{S_D}=\frac{\int_0^1 v^2\,\mathrm{d}v}{1}=\frac{1}{3}.$$

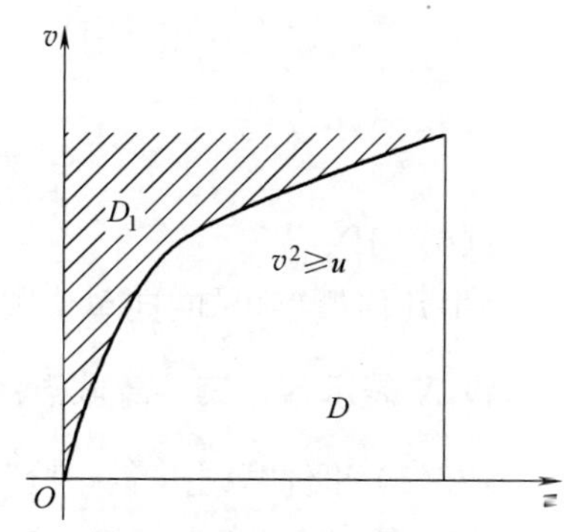

图 1-4

7. 设 $A=\{$孩子得病$\}$,$B=\{$母亲得病$\}$,$C=\{$父亲得病$\}$,

已知 $P(A)=0.6,P(B|A)=0.5,P(C|AB)=0.4$,所求概率为

$$\begin{aligned}P(AB\overline{C})&=P(\overline{C}|AB)P(AB)\\&=P(\overline{C}|AB)P(B|A)P(A)\\&=(1-0.4)\times 0.5\times 0.6=0.18.\end{aligned}$$

8. 设$A=\{$收到的信息是 $A\}$;

$B_1=\{$发出的信息为 $A\}$;

$B_2=\{$发出的信息为 $B\}$;

则 $P(B_1)=\frac{2}{3}$;$P(B_2)=\frac{1}{3}$;$P(A|B_1)=0.98$;$P(A|B_2)=0.01$,

所求概率为

$$\begin{aligned}P(B_1|A)&=\frac{P(A|B_1)P(B_1)}{P(A|B_1)P(B_1)+P(A|B_2)P(B_2)}\\&=\frac{0.98\times\frac{2}{3}}{0.98\times\frac{2}{3}+0.01\times\frac{1}{3}}=\frac{196}{197}.\end{aligned}$$

9. (1) $P(AB)=P(A)P(B)=0.9\times 0.8=0.72$;

(2) $P(A\cup B)=P(A)+P(B)-P(AB)=0.9+0.8-0.72=0.98$;

(3) $P(\overline{A}\,\overline{B})=P(\overline{A})P(\overline{B})=0.1\times 0.2=0.02$.

10. 因为 $P(B|A)=\frac{P(AB)}{P(A)},P(B|\overline{A})=\frac{P(\overline{A}B)}{P(\overline{A})}$,依题设,有

$$\frac{P(AB)}{P(A)}=\frac{P(B)-P(AB)}{1-P(A)},$$

所以 $P(AB)=P(A)P(B)$，因此 A 与 B 相互独立.

11. 设事件 A,B,C,D 分别表示开关 a,b,c,d 关闭，显然 A,B,C,D 相互独立，事件 E 表示灯亮. 则

$$\begin{aligned}P(E)&=P(AB\cup C\cup D)\\&=P(AB)+P(C)+P(D)-P(ABC)-P(ABD)-P(CD)+P(ABCD)\\&=P(A)P(B)+P(C)+P(D)-P(A)P(B)P(C)-P(A)P(B)P(D)-P(C)P(D)+P(A)P(B)P(C)P(D)\\&=0.8125;\end{aligned}$$

$$P(AB\mid E)=\frac{P(AB)}{P(E)}=\frac{0.25}{0.8125}=0.31.$$

12. 设 $A_i=$“第 i 次击中目标”$(i=1,2,\cdots,n)$，

$B=$“至少击中一次目标”，则 $B=A_1\cup A_2\cup\cdots\cup A_n$，

因 $A_1,A_2,\cdots,A_n$ 相互独立，故 $\overline{A}_1,\overline{A}_2,\cdots,\overline{A}_n$ 也相互独立，所以

$$\begin{aligned}P(B)&=P(A_1\cup A_2\cup\cdots\cup A_n)=1-P(\overline{A}_1)P(\overline{A}_2)\cdots P(\overline{A}_n)\\&=1-(1-0.2)^n=1-0.8^n\geqslant 0.9,\end{aligned}$$

解得　$n\geqslant\dfrac{\lg 0.1}{\lg 0.8}\approx 10.32$，

即至少必须进行 11 次射击.

第2章 随机变量及其分布

2.1 内容概要

2.1.1 基本概念

1. 随机变量

设随机试验的样本空间 $S, e\in S$，若 $X=X(e)$ 是定义在样本空间 S 上的实值单值函数，称 $X=X(e)$ 为随机变量.

2. 离散型随机变量

若随机变量全部可能取到的不相同的值是有限个或可列无限多个，这种随机变量称为离散型随机变量.

3. 一维离散型随机变量的分布律

设离散型随机变量 X 所有可能取的值为 $x_1, x_2, \cdots, x_n, \cdots$，$X$ 取各个可能值的概率为 $P\{X_k=x_k\}=p_k \quad (k=1,2,\cdots,n,\cdots)$，则称上述等式为随机变量 X 的概率分布(或分布律).

为了直观起见，有时将 X 的分布律用下表表示：

X	x_1	x_2	$\cdots$	x_n	$\cdots$
p_k	p_1	p_2	$\cdots$	p_n	$\cdots$

4. (0—1)分布

设离散型随机变量 X 只可能取 0 与 1 两个值，它的分布律是

$$P\{X=k\}=p^k(1-p)^{1-k}(k=0,1,0<p<1),$$

则称 X 服从参数为 p 的(0—1)分布或两点分布.

5. 伯努利试验

设试验 E 只有两个可能的结果：A 和 $\overline{A}$，则称 E 为伯努利试验.

6. n 重伯努利试验

将伯努利试验独立重复地进行 n 次，则称这一串重复的独立试验为 n 重伯努利实验.

7. 二项分布

设一次伯努利试验中，A 发生的概率为 $p(0<p<1)$，又设 X 表示 n 重伯努利试验中 A 发生的次数，那么，X 所有可能取的值为 $0,1,2,\cdots,n$，且 X 的分布律为

$$P\{X=k\}=C_n^k p^k q^{n-k}(k=0,1,2,\cdots,n),$$

则称 X 服从参数为 n,p 二项分布，记为 $X\sim B(n,p)$.

当 $n=1$ 时，$P\{X=k\}=p^k(1-p)^{n-k}, k=0,1$ 为 (0—1)分布或两点分布.

8. 几何分布

随机变量 X 可能取的值为 $1,2,3,\cdots$，X 的分布律为

$$P\{X=k\}=(1-p)^{n-1}p(k=1,2,\cdots),$$

称 X 服从参数为 p 的几何分布.

9. 超几何分布

随机变量 X 可能取的值为 $0,1,2,3,\cdots,j$（其中 $j=\min\{M,n\}$），X 的分布律为

$$P\{X=k\}=C_M^k C_{N-M}^{n-k}/C_N^n(k=0,1,2,\cdots,j),$$

则称 X 服从超几何分布.

10. 泊松分布

如果随机变量 X 可能取的值为 $0,1,2,3,\cdots$，则 X 的分布律为

$$P\{X=k\}=\frac{\lambda^k}{k!}e^{-\lambda}(k=0,1,2,\cdots),$$

其中 $\lambda>0$ 是常数，则称 X 服从参数为 λ 的泊松分布，记为 $X\sim\Pi(\lambda)$.

11. 分布函数

设 X 为一个随机变量，x 为任意实数，函数

$$F(x)=P\{X\leqslant x\}$$

称为 X 的分布函数.

12. 连续型随机变量

对于随机变量 X 的分布函数 $F(x)$，存在非负函数 $f(x)$，对于任意实数 x 有

$$F(x)=\int_{-\infty}^{x}f(t)\mathrm{d}t,$$

则称 X 为连续型随机变量，其中函数 $f(x)$ 称为 X 的概率密度函数，简称概率密度.

13. 均匀分布

设连续型随机变量 X 具有概率密度

$$f(x)=\begin{cases}\dfrac{1}{b-a}, & a<x<b,\\ 0, & \text{其他},\end{cases}$$

则称 X 在区间 (a,b) 上服从均匀分布，记为 $X\sim U(a,b)$. 其分布函数为

$$F(x)=\begin{cases}0, & x<a,\\ \dfrac{x-a}{b-a}, & a\leqslant x<b,\\ 1, & x\geqslant b.\end{cases}$$

14. 指数分布

设连续型随机变量 X 的概率密度为

$$f(x)=\begin{cases}\dfrac{1}{\theta}e^{-\frac{x}{\theta}}, & x>0,\\ 0, & \text{其他},\end{cases}$$

其中 $\theta>0$ 为常数，则称 X 服从参数为 θ 的指数分布. 其分布函数为

$$F(x)=\begin{cases}1-\dfrac{1}{\theta}e^{-x/\theta}, & x>0,\\ 0, & x\leqslant 0.\end{cases}$$

15. 正态分布

设连续型随机变量 X 的概率密度为

$$f(x)=\frac{1}{\sqrt{2\pi}\sigma}e^{-\frac{1}{2\sigma^2}(x-\mu)^2}\ (-\infty<x<+\infty),$$

其中 $\sigma>0,\sigma,\mu$ 为常数，则称 X 服从参数为 σ,μ 的正态分布，记为 $X\sim N(\mu,\sigma^2)$. 其分布函数为

$$F(x)=\frac{1}{\sqrt{2\pi}\sigma}\int_{-\infty}^{x}e^{-\frac{1}{2\sigma^2}(x-\mu)^2}dx\ (-\infty<x<+\infty),$$

特别地，当 $\mu=0,\sigma=1$ 时，$X\sim N(0,1)$ 称为标准正态分布，其概率密度为

$$\varphi(x)=\frac{1}{\sqrt{2\pi}}e^{-\frac{1}{2}x^2}\ (-\infty<x<+\infty),$$

其分布函数为

$$\Phi(x)=\frac{1}{\sqrt{2\pi}}\int_{-\infty}^{x}e^{-\frac{1}{2}x^2}dx\ (-\infty<x<+\infty).$$

16. 标准正态分布的上 α 分位点

设随机变量 $X\sim N(0,1)$，对于给定的 $\alpha(0<\alpha<1)$，称满足条件 $P\{X>z_\alpha\}=\int_{z_\alpha}^{+\infty}\varphi(x)dx=\alpha$ 的点 z_α 为标准正态分布的上 α 分位点.

17. 一维离散型随机变量函数的分布

设 X 为离散型随机变量，其分布律为 $P\{X=x_k\}=p_k(k=1,2,\cdots)$，则 $Y=g(X)$ 仍然是离散型随机变量，它的分布律为

$$P\{Y=y_k\}=\sum_{g(x_k)=y_k}P\{X=x_k\}=\sum_{g(x_k)=y_k}p_k(k=1,2,\cdots).$$

2.1.2 基本理论

1. 离散型随机变量 X 的概率分布性质

(1) $p_k\geqslant 0(k=1,2,\cdots)$（非负性）；

(2) $\sum_k p_k=1$（归一性）.

2. 泊松定理

设随机变量 X 服从二项分布 $B(n,p)$，且 $np=\lambda(\lambda>0$ 是常数)，则有

$$\lim_{n\to\infty}P\{X=k\}=\lim_{n\to\infty}C_n^k p^k(1-p)^{n-k}=\frac{\lambda^k}{k!}e^{-\lambda}(k=1,2,\cdots).$$

3. 分布函数的性质

(1) $F(x)$ 是自变量 x 的单调不减函数，当 $x_1<x_2$ 时，必有 $F(x_1)\leqslant F(x_2)$；

(2) $0\leqslant F(x)\leqslant 1$，且 $F(-\infty)=0,F(+\infty)=1$；

(3) $F(x)$ 对自变量 x 右连续，即对任意实数 x，$\lim_{x\to x_0^+}F(x)=F(x_0)$；

(4) $P\{a<X\leqslant b\}=F(b)-F(a)$；

(5) $P\{X>a\}=1-P\{X\leqslant a\}=1-F(a)$；

(6) $P\{X=a\}=F(a^+)-F(a^-)$.

4. 连续型随机变量概率密度的性质

(1) $f(x)\geqslant 0$；

(2) $\int_{-\infty}^{-\infty} f(x)\mathrm{d}x = 1$；

(3) 对于任意实数 $a,b(a\leqslant b)$（a 可以是 $-\infty$，b 也可以是 $+\infty$），有

$$P\{a \leqslant X \leqslant b\} = \int_a^b f(x)\mathrm{d}x = F(b) - F(a);$$

(4) 若 $f(x)$ 在点 x 连续，则有 $F'(x)=f(x)$；

(5) 对于任何一个实数 a，$P\{x=a\}=0$.

5. 引理

若 $X\sim N(\mu,\sigma^2)$，则

$$Z=\frac{X-\mu}{\sigma}\sim N(0,1).$$

6. 标准正态分布的分布函数 $\boldsymbol{\Phi(x)}$ 的性质

(1) $\Phi(-x)=1-\Phi(x)$；

(2) $\Phi(0)=\frac{1}{2}$；

(3) $P\{a<X\leqslant b\}=\Phi(b)-\Phi(a)$；

(4) 若随机变量 $X\sim N(\mu,\sigma^2)$，则对于任意实数 $a,b(a\leqslant b)$，有

$$P\{a<X\leqslant b\}=\Phi\left(\frac{b-\mu}{\sigma}\right)-\Phi\left(\frac{a-\mu}{\sigma}\right).$$

7. 定理

设连续型随机变量 X 的概率密度函数为 $f_X(x)$，又设函数 $g(x)$ 处处可导且恒有 $g'(x)>0$（或 $g'(x)<0$），则 $Y=g(X)$ 是连续型随机变量，其概率密度为

$$f_Y(y)=\begin{cases} f_X[h(y)]\cdot|h'(y)|, & \alpha<y<\beta, \\ 0, & \text{其他}, \end{cases}$$

其中 $\alpha=\min\{g(-\infty),g(+\infty)\}$，$\beta=\max\{g(-\infty),g(+\infty)\}$，$x=h(y)$ 是 $y=g(x)$ 的反函数.

2.1.3　基本方法

1. 一维随机变量的分布函数；
2. 一维离散型随机变量的计算；
3. 一维连续型随机变量的计算；
4. 一维随机变量函数的分布.

2.2　典型例题分析、解答与评注

2.2.1　一维随机变量的分布函数

例 2.1　分析下列函数中，哪个是随机变量 X 的分布函数.

(1) $F_1(x)=\begin{cases} 1, & x<-2, \\ \frac{1}{2}, & -2\leqslant x<0, \\ 2, & x\geqslant 0; \end{cases}$

(2) $F_2(x)=\begin{cases}0, & x<0,\\ \sin x, & 0\leqslant x<\pi,\\ 1, & x\geqslant \pi;\end{cases}$

(3) $F_3(x)=\begin{cases}0, & x<0,\\ x+\dfrac{1}{2}, & 0\leqslant x<\dfrac{1}{2},\\ 1, & x\geqslant \dfrac{1}{2};\end{cases}$

分析 由分布函数的性质来判断什么样的函数可以做分布函数.

解答 (1) 不是分布函数.

因为$\lim\limits_{x\to\infty}F_1(x)=2$,不符合 $0\leqslant F(x)\leqslant 1$.

(2) 不是分布函数.

因为 $F_2(x)=\sin x$ 在$(0,\pi)$不是不减函数.

(3) 是分布函数.

符合分布函数的三条性质,但 $F_3(x)$在 $x=0$ 与 $x=\dfrac{1}{2}$处不可导,且由此得出$\int_{-\infty}^{x}F'(x)\mathrm{d}x\neq f(x)$,故不存在概率密度函数. 同时,$F_3(x)$的图形也不是阶梯形曲线,所以,$F_3(x)$既非连续型也非离散型随机变量的分布函数.

评注 用分布函数的性质逐条去检验得到(3) 是分布函数,但是它既非连续型也非离散型随机变量的分布函数.

例 2.2 设随机变量 X 的分布函数为

$$F(x)=\begin{cases}0, & x<-1,\\ a, & -1\leqslant x<1,\\ \dfrac{2}{3}-a, & 1\leqslant x<2,\\ a+b, & x\geqslant 2,\end{cases}\quad 且\ P\{x=2\}=0.5,$$

求 a,b,X 的分布律.

分析 由离散型随机变量的分布函数是分布律逐步累加的过程,利用该原理和分布函数的性质可求分布律.

解答 由 $F(+\infty)=1$ 可得 $a+b=1$,

$P\{x=2\}=F(2^+)-F(2^-)=1-\left(\dfrac{2}{3}-a\right)=\dfrac{1}{3}+a=\dfrac{1}{2}$,两个方程联立可得

$$a=\frac{1}{6},b=\frac{5}{6}.$$

$$P\{x=-1\}=F(-1^+)-F(-1^-)=\frac{1}{6}-0=\frac{1}{6},$$

$$P\{x=1\}=F(1^+)-F(1^-)=\frac{2}{3}-\frac{1}{6}-\frac{1}{6}=\frac{1}{3},$$

故分布律为

X	-1	1	2
p_k	$\frac{1}{6}$	$\frac{1}{3}$	$\frac{1}{2}$

评注　此题考查的是分布函数的定义与性质，并由分布函数反求分布律.

例 2.3　连续型随机变量 X 的分布函数为 $F(x)=A+B\arctan x,-\infty<x<+\infty$，求：

(1) 系数 A,B；

(2) X 的概率密度；

(3) X 落在区间 $(-1,1)$ 内的概率.

分析　利用连续型随机变量的分布函数的定义和性质求解.

解答　(1) 由分布函数的性质 $F(-\infty)=0,F(+\infty)=1$ 可得

$$F(-\infty)=A-B\frac{\pi}{2}=0,$$

$$F(+\infty)=A+B\frac{\pi}{2}=1,$$

解得

$$A=\frac{1}{2},B=\frac{1}{\pi},$$

所以

$$F(x)=\frac{1}{2}+\frac{1}{\pi}\arctan x,-\infty<x<+\infty.$$

(2) $f(x)=F'(x)=\left[\frac{1}{2}+\frac{1}{\pi}\arctan x\right]'=\frac{1}{\pi(1+x^2)},-\infty<x<+\infty.$

(3) $P\{-1<X<1\}=F(1)-F(-1)=\left(\frac{1}{2}+\frac{1}{\pi}\frac{\pi}{4}\right)-\left(\frac{1}{2}-\frac{1}{\pi}\frac{\pi}{4}\right)=\frac{1}{2}.$

评注　当随机变量 X 的分布函数和概率密度已知时，利用分布函数求 X 落在某区间内的概率要比用概率密度求解简单.

例 2.4　一个靶子是半径为 2 的圆盘，设击中靶上任一同心圆盘上的点的概率与该圆盘的面积成正比，并设射击都能中靶，以 X 表示弹着点与圆心的距离. 试求随机变量 X 的分布函数.

分析　根据“击中靶上任一同心圆盘上的点的概率与该圆盘的面积成正比”“射击都能中靶”的条件确定 X 落在某区域内的概率，利用连续型随机变量分布函数的定义进行求解.

解答　当 $x<0$ 时，X 表示弹着点与圆心的距离，$X\leqslant x$ 是不可能事件，故

$$F(x)=P\{X\leqslant x\}=0;$$

当 $0\leqslant x\leqslant 2$ 时，因击中靶上任一同心圆盘上的点的概率与该圆盘的面积成正比，所以

$$P\{0\leqslant X\leqslant x\}=kx^2;$$

射击都能中靶，$P\{0\leqslant X\leqslant 2\}=1$，得 $k=\frac{1}{4}$. 因而，

$$P\{0\leqslant X\leqslant x\}=\frac{x^2}{4}.$$

于是，$F(x)=P\{X\leqslant x\}=P\{X<0\}+P\{0\leqslant X\leqslant x\}=\frac{x^2}{4}.$

故 X 的分布函数为

$$F(x)=\begin{cases}0, & x<0, \\ \dfrac{x^2}{4}, & 0\leqslant x<2, \\ 1, & x\geqslant 2.\end{cases}$$

其图像如图 2-1 所示.

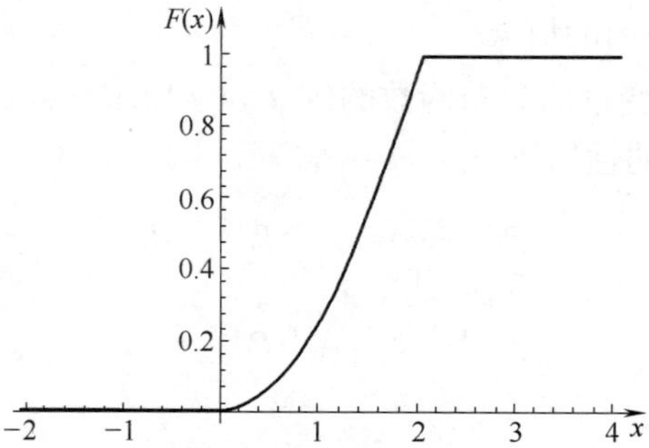

图 2-1

评注 实际问题确定分布函数,应依据实际条件确定各部分的概率后再利用分布函数的定义求解.

2.2.2 一维离散型随机变量的计算

例 2.5 一汽车沿一街道行驶,需要通过三个均设有红绿信号灯的路口,每个信号灯为红或绿与其他信号灯为红或绿相互独立,且红绿两种信号显示的时间相等,以 X 表示该汽车首次遇到红灯已通过的路口的个数,求 X 的概率分布.

分析 此题考查对随机变量概念的理解,首先要弄清楚随机变量代表的意义,用随机变量的取值表示随机事件,然后再正确地确定每个取值的概率,从而确定 X 的分布律.

解答 设 A_i="汽车在第 i 个路口遇到红灯",$i=1,2,3$,且 A_1,A_2,A_3 相互独立.
X 表示该汽车首次遇到红灯已通过的路口的个数,X 的可能取值是 0,1,2,3;
计算 X 取各可能值的概率,具体如下:

$$P\{X=0\}=P\{A_1\}=\frac{1}{2},$$

$$P\{X=1\}=P(\overline{A_1}A_1)=P(\overline{A_1})P(A_1)=\frac{1}{2^2},$$

$$P\{X=2\}=P(\overline{A}_1\overline{A}_2A_3)=P(\overline{A}_1)P(\overline{A}_2)P(A_3)=\frac{1}{2^3},$$

$$P\{X=3\}=P(\overline{A}_1\overline{A}_2\overline{A}_3)=P(\overline{A}_1)P(\overline{A}_2)P(\overline{A}_3)=\frac{1}{2^3},\text{或}$$

$$P\{X=3\}=1-P\{X=0\}-P\{X=1\}-P\{X=2\}=\frac{1}{2^3}.$$

因此 X 的分布律为

X	0	1	2	3
p_k	$\frac{1}{2}$	$\frac{1}{4}$	$\frac{1}{8}$	$\frac{1}{8}$

评注　此题容易犯的一个错误是将 $P\{X=3\}$ 计算为 $\frac{1}{2^4}$，值得注意的是，由于该街道仅有三个设有红绿灯的路口，"$X=3$"仅说明通过的三个路口的信号灯为绿灯，而不存在第 4 个有信号灯的路口问题.

例 2.6　离散型随机变量 X 的分布律为

X	0	1
p_k	$9c^2-c$	$3-8c$

试确定 c 的值.

分析　确定离散型随机变量分布律中的待定常数，利用分布律的性质.

解答　由归一性可知 $9c^2-c+3-8c=1$，即

$9c^2-9c+2=(3c-2)(3c-1)=0$，解得 $c_1=\frac{2}{3}$，$c_2=\frac{1}{3}$.

由非负性：$9c^2-c>0$，$3-8c>0$，得知 $c_1=\frac{2}{3}$ 舍去，故 $c=\frac{1}{3}$.

评注　该题由归一性得出两个结论，还要注意利用非负性进行验证，将不符合条件的解舍掉.

例 2.7　袋中装有 6 个大小相同的球，4 个红色，2 个白色. 现从中连取 5 次，每次取一球，求取得红球的个数 X 的分布律：

(1) 每次取出球观察颜色后，即放回袋中，拌匀后再取下一个球；

(2) 每次取出球观察颜色后，不放回袋中，再取下一个球.

分析　利用二项分布和超几何分布求解.

解答　(1) 随机变量 X 服从二项分布，则 $X\sim B\left(5,\frac{2}{3}\right)$，故

$$P\{X=k\}=C_5^k\left(\frac{2}{3}\right)^k\left(\frac{1}{3}\right)^{5-k},k=0,1,2,3,4,5,$$

因此 X 的分布律为

X	0	1	2	3	4	5
p_k	$\frac{1}{243}$	$\frac{10}{243}$	$\frac{40}{243}$	$\frac{80}{243}$	$\frac{80}{243}$	$\frac{32}{243}$

(2) 随机变量 X 服从超几何分布，故

$$P\{X=k\}=\frac{C_4^kC_{6-4}^{5-k}}{C_6^5},k=3,4$$

因此 X 的分布律为

X	3	4
p_k	$\frac{2}{3}$	$\frac{1}{3}$

评注 由于只有 2 个白球，4 个红球，在(2) 中不放回地取 5 次球，所以红球至少能取到 3 个，最多只能取 4 个(全取到)，因此要注意 k 的取值只能为 3 和 4.

例 2.8 一房间有 3 扇同样大小的窗子，其中只有一扇是打开的. 有一只鸟自开着的窗子飞入房间，它只能从开着的窗子飞出去. 鸟在房子里飞来飞去，试图飞出房间. 鸟飞向各扇窗子都是随机的.

(1) 假定鸟是没有记忆的，以 X 表示鸟为了飞出房间试飞的次数，求 X 的分布律；

(2) 户主称，他养的鸟是有记忆的，它飞向任一窗子的尝试不多于一次. 以 Y 表示这只聪明的鸟为了飞出房间试飞的次数，如户主所说是确实的，试求 Y 的分布律.

分析 利用几何分布和分布律的定义求解.

解答 (1) X 服从几何分布，每次只能从开着的窗子飞出去，飞出去的概率为 $\frac{1}{3}$，因此 X 的分布律为

$$P\{X=k\}=\left(\frac{2}{3}\right)^{k-1}\frac{1}{3}(k=1,2,\cdots).$$

(2) 当鸟是有记忆的时，由题意，Y 的可能取值为 1,2,3.

$\{Y=1\}$表明鸟从 3 扇窗子中选对了 1 扇，因对鸟而言，3 扇窗是等可能的，$P\{Y=1\}=\frac{1}{3}$.

$\{Y=2\}$表明鸟第一次试飞失败概率为 $\frac{2}{3}$，第二次，鸟舍弃已飞过的那扇窗，而从余下的一开一关两扇窗中选一，成功机会为 $\frac{1}{2}$，故 $P\{Y=2\}=\frac{2}{3}\times\frac{1}{2}=\frac{1}{3}$.

$\{Y=3\}$表明鸟第一次试飞失败概率为 $\frac{2}{3}$，第二次，鸟舍弃已飞过的那扇窗，而从余下的一开一关两扇窗中选一，失败概率为 $\frac{1}{2}$，第三次从剩下的唯一开着的窗子飞出，成功的概率为 1，故 $P\{Y=3\}=\frac{2}{3}\times\frac{1}{2}\times 1=\frac{1}{3}$.

因此 Y 的分布律为

Y	1	2	3
p_k	$\frac{1}{3}$	$\frac{1}{3}$	$\frac{1}{3}$

评注 同是求分布律，鸟有记忆与无记忆结果是不一样的，分布律完全不同.

例 2.9 由商店过去的销售记录知道，某商品每月的销售数可以用参数 $\lambda=10$ 的泊松分布来描述，为了以 95%以上的把握保证不脱销，问商店在上一个月底至少应进某种商品多少件？

分析 利用泊松分布求解.

解答 设该商店每月销售某种商品 X 件，X 服从参数 $\lambda=10$ 的泊松分布，故

$$P\{X=k\}=\frac{10^k}{k!}e^{-10}\ (k=0,1,2,\cdots),$$

设月底的进货为 a 件，则当 $X\leqslant a$ 时就不会脱销，因而按题意要求为 $P\{X\leqslant a\}\geqslant 0.95$，

即

$$\sum_{k=0}^{a}\frac{10^k}{k!}e^{-10}>0.95,$$

由泊松分布表可得

$$\sum_{k=0}^{14}\frac{10^k}{k!}e^{-10}\approx 0.9166<0.95,$$

$$\sum_{k=0}^{15}\frac{10^k}{k!}e^{-10}\approx 0.9513>0.95.$$

于是，这家商店只要在月底进货某种商品 15 件（假定上个月没存货），就可以 95%以上的把握保证这种商品在下个月内不脱销.

评注　利用泊松分布求解问题时使用泊松分布表会简化问题的计算.

例 2.10　有一繁忙的汽车站，每天有大量汽车通过，设每辆汽车在一天的某段时间内，出事故的概率为 0.0001，在每天的该段时间内有 1000 辆汽车通过，问出事故的次数不小于 2 的概率是多少?

分析　此题考查二项分布的计算，但是当试验次数 n 较大时，可以用泊松定理近似二项分布.

解答　设用随机变量 X 表示 1000 辆汽车通过出事故的次数，$X\sim B(1000,0.0001)$，则

$$P\{X\geqslant 2\}=1-P\{X=0\}-P\{X=1\},$$

即

$$P\{X\geqslant 2\}=1-0.9999^{1000}-0.1\times 0.9999^{999},$$

此处计算量比较大，因此考虑用泊松定理来求，即用泊松分布来近似二项分布.

$\lambda=np=1000\times 0.0001=0.1$，故

$$P\{X\geqslant 2\}=1-\frac{0.1^0e^{-0.1}}{0!}-\frac{0.1^1e^{-0.1}}{1!},$$

或者

$$P\{X\geqslant 2\}=1-P\{X\leqslant 1\}$$

查表可得 $P\{X\leqslant 1\}=0.9953$. 故

$$P\{X\geqslant 2\}=1-0.9953=0.0047.$$

评注　泊松定理的应用条件，一般地，当 $n\geqslant 20,p\leqslant 0.05$ 时用泊松分布近似二项分布效果更佳.

例 2.11　设有 80 台同类型设备，各台工作是相互独立的，发生故障的概率都是 0.01，且一台设备的故障能由一个人处理. 考虑两种配备维修工人的方法，其一是由 4 人维护，每人负责 20 台；其二是由 3 人共同维护 80 台. 试比较这两种方法在设备发生故障时不能及时维修的概率的大小.

分析　此题考查二项分布的计算，但是当试验次数 n 较大时，可以用泊松定理近似二项分布.

解答　按第一种方法：

设随机变量 X 表示"第 1 个人维护的 20 台中同一时刻发生故障的台数"，则 $X\sim B(20,0.01)$，

以 $A_i(i=1,2,3,4)$ 表示事件"第 i 人维护的 20 台中发生故障不能及时维修"，
则 80 台中发生故障而不能及时维修表示为 $A_1\cup A_2\cup A_3\cup A_4$，
因 $A_1\subset A_1\cup A_2\cup A_3\cup A_4$，故
$P(A_1\cup A_2\cup A_3\cup A_4)\geqslant P(A_1)=P\{X\geqslant 2\}$.
因 $X\geqslant 2$ 情况复杂，而 $X\sim B(20,0.01)$，考虑使用泊松定理，又 $\lambda=np=0.2$，
$P\{X\geqslant 2\}=1-P\{X\leqslant 1\}$，查表可得 $P\{X\leqslant 1\}=0.9825$. 故 $P\{X\geqslant 2\}=1-0.9825=0.0175$.
即有 $P(A_1\cup A_2\cup A_3\cup A_4)\geqslant 0.0175$.
按第二种方法：
以 Y 记 80 台中同一时刻发生故障的台数. 则有 $Y\sim B(80,0.01)$，
故 80 台中发生故障而不能及时维修的概率为 $P\{Y\geqslant 4\}$，利用泊松定理，取 $\lambda=np=0.8$，$P\{Y\geqslant 4\}=1-P\{Y\leqslant 3\}$，查表可得
$P\{Y\leqslant 3\}=0.9909$. 故 $P\{Y\geqslant 4\}=1-0.9909=0.0091$，
$0.0175>0.0091$，因此，第二种方法优于第一种方法.

评注 第一种方法用到了概率的缩小，这是一个很巧妙的解题技巧，要合理地使用.

2.2.3 一维连续型随机变量的计算

例 2.12 设随机变量 X 具有概率密度

$$f(x)=\begin{cases}\dfrac{C}{\sqrt{1-x^2}}, & |x|<1,\\ 0, & \text{其他}.\end{cases}$$

(1) 试确定常数 C；

(2) 求分布函数 $F(x)$；

(3) 求 $P\left\{|X|\leqslant\dfrac{1}{2}\right\}$.

分析 利用连续型随机变量概率密度的性质和分布函数的定义求解.

解答 (1) 由于 $\int_{-\infty}^{+\infty}f(x)\mathrm{d}x=1$，即

$$\int_{-\infty}^{+\infty}f(x)\mathrm{d}x=\int_{-1}^{1}\frac{C}{\sqrt{1-x^2}}\mathrm{d}x=C\arcsin x\Big|_{-1}^{1}=\pi C=1,$$

得 $C=\dfrac{1}{\pi}$. 于是 X 的概率密度为

$$f(x)=\begin{cases}\dfrac{1}{\pi\sqrt{1-x^2}}, & -1<x<1,\\ 0, & \text{其他};\end{cases}$$

(2) $F(x)=\int_{-\infty}^{x}f(x)\mathrm{d}x$

$$=\begin{cases}\int_{-\infty}^{x}0\mathrm{d}x=0, & x<-1,\\ \int_{-\infty}^{-1}0\mathrm{d}x+\int_{-1}^{x}\dfrac{1}{\pi\sqrt{1-x^2}}\mathrm{d}x, & -1\leqslant x<1,\\ \int_{-\infty}^{-1}0\mathrm{d}x+\int_{-1}^{1}\dfrac{1}{\pi\sqrt{1-x^2}}\mathrm{d}x+\int_{1}^{x}0\mathrm{d}x, & 1\leqslant x\end{cases}$$

$$=\begin{cases}0, & x<-1,\\ \dfrac{1}{\pi}\arcsin x+\dfrac{1}{2}, & -1\leqslant x<1,\\ 1, & 1\leqslant x;\end{cases}$$

(3) 方法一：$P\left\{|X|\leqslant\dfrac{1}{2}\right\}=\int_{-\frac{1}{2}}^{\frac{1}{2}}\dfrac{1}{\pi\sqrt{1-x^2}}\mathrm{d}x=\dfrac{1}{\pi}\arcsin x\Big|_{-\frac{1}{2}}^{\frac{1}{2}}=\dfrac{1}{3}$；

方法二：$P\left\{|X|\leqslant\dfrac{1}{2}\right\}=F\left(\dfrac{1}{2}\right)-F\left(-\dfrac{1}{2}\right)=\left[\dfrac{1}{\pi}\arcsin\dfrac{1}{2}+\dfrac{1}{2}\right]-\left[\dfrac{1}{\pi}\arcsin\left(-\dfrac{1}{2}\right)+\dfrac{1}{2}\right]=\dfrac{1}{3}$.

评注　对连续型随机变量求概率时，当分布函数已知时，可用分布函数求解；当分布函数未知、概率密度已知时，利用概率密度求解要简单，不必把分布函数求出再求概率.

例 2.13　设随机变量 $X\sim U(2,5)$，现对 X 进行三次独立观测，试求至少有两次观察值大于 3 的概率.

分析　首先利用均匀分布求出观察值大于 3 的概率，然后再利用二项分布求解.

解答　X 的概率密度为 $f(x)=\begin{cases}\dfrac{1}{3}, & 2\leqslant x\leqslant 5,\\ 0, & 其他,\end{cases}$ 则

$$P\{X>3\}=\int_3^5\frac{1}{3}\mathrm{d}x=\frac{2}{3}.$$

令 Y 表示三次独立观测中观察值大于 3 的次数，则 $Y\sim B\left(3,\dfrac{2}{3}\right)$，则

$$P\{Y\geqslant 2\}=P\{Y=2\}+P\{Y=3\}=C_3^2\left(\frac{2}{3}\right)^2\left(\frac{1}{3}\right)+C_3^3\left(\frac{2}{3}\right)^3\left(\frac{1}{3}\right)^0=\frac{20}{27}.$$

评注　本题的关键是需要搞清楚随机变量是什么型的、都表示什么、服从什么分布.

例 2.14　电子元件的寿命 X(年)服从参数为 3 的指数分布.

(1) 求该电子元件寿命超过 2 年的概率；

(2) 已知该电子元件已使用了 1.5 年，求它还能使用两年的概率.

分析　利用指数分布求解，在已使用了 1.5 年还能使用两年，则该元件实际上是使用了 3.5 年，这是求解问题的关键.

解答　由题意可知 X 的概率密度为

$$f(x)=\begin{cases}3\mathrm{e}^{-3x}, & x>0,\\ 0, & x\leqslant 0.\end{cases}$$

(1) $P\{X\geqslant 2\}=\int_2^{+\infty}f(x)\mathrm{d}x=\int_2^{+\infty}3\mathrm{e}^{-3x}\mathrm{d}x=\mathrm{e}^{-6}$；

(2) $P\{X\geqslant 3.5\mid X\geqslant 1.5\}=\dfrac{P\{(X\geqslant 3.5)\cap(X\geqslant 1.5)\}}{P\{X\geqslant 1.5\}}=\dfrac{P\{X\geqslant 3.5\}}{P\{X\geqslant 1.5\}}=\dfrac{\mathrm{e}^{-10.5}}{\mathrm{e}^{-4.5}}=\mathrm{e}^{-6}$.

评注　已知元件已使用了 s 年，还能使用 t 年的条件概率与用过的 s 年无关，即元件对它已使用过 s 年没有记忆，指数分布的上述性质称为“无记忆性”.

例 2.15　设某城市成年男子的身高 $X\sim N(170,6^2)$ (单位：cm).

(1) 问应如何设计公共汽车车门的高度，使男子与车门顶碰头的概率小于 0.01?

(2) 若车门的高度为 182cm，求 100 个成年男子与车门顶碰头的人数不多于 2 的概率.

分析　使用正态分布，将正态分布标准化后进行求解.

解答 (1) 设车门的高度为 $h$cm,则要使

$$P\{X>h\}=1-P\{X\leqslant h\}=1-P\left\{\frac{X-170}{6}\leqslant\frac{h-170}{6}\right\}=1-\Phi\left(\frac{h-170}{6}\right)\leqslant 0.01,$$

解得
$$\Phi\left(\frac{h-170}{6}\right)\geqslant 0.99,$$

查表可得$\dfrac{h-170}{6}\geqslant 2.33$,故

$$h\geqslant 183.98\text{cm}.$$

(2) 任一男子身高超过 182cm 的概率为

$$P\{X>182\}=1-P\left\{\frac{X-170}{6}\leqslant\frac{182-170}{6}\right\}=1-\Phi(2)=0.0228.$$

设 Y 为 100 个男子中身高超过 182cm 的人数,则 $Y\sim B(100,0.0228)$,
100 个成年男子与车门顶碰头的人数不多于 2 的概率为 $P\{Y\leqslant 2\}$,
利用泊松定理,取 $\lambda=np=2.28$,查表可得

$$P\{Y\leqslant 2\}\approx 0.6013.$$

评注 注意 $\lambda=2.28$ 在泊松分布表中不能直接查到,需通过 $\lambda=2$ 和 $\lambda=2.5$ 的值求得.

例 2.16 设随机变量 $X\sim N(0,1)$,对给定的 $\alpha(0<\alpha<1)$,数 u_α 满足 $P\{X>u_\alpha\}=\alpha$,若 $P\{|X|<x\}=\alpha$,则 x 等于(　　).

(A) $u_{\frac{\alpha}{2}}$; (B) $u_{1-\frac{\alpha}{2}}$; (C) $u_{\frac{1-\alpha}{2}}$; (D) $u_{1-\alpha}$.

分析 利用标准正态分布的上 α 分位点定义求解.

解答 如图 2-2 和图 2-3 所示已知 $P\{X>u_\alpha\}=\alpha$,由标准正态分布概率密度函数的对称生知 $P\{X<-u_\alpha\}=\alpha$,于是,

$$1-\alpha=1-P\{|X|<x\}=P\{|X|\geqslant x\}=P\{X\geqslant x\}+P\{X\leqslant -x\}=2P\{X\geqslant x\},$$

即有 $P\{X\geqslant x\}=\dfrac{1-\alpha}{2}$,

根据标准正态分布的上 α 分位点定义有 $x=u_{\frac{1-\alpha}{2}}$,故应选(C).

也可以通过标准正态分布概率密度函数图像求得.

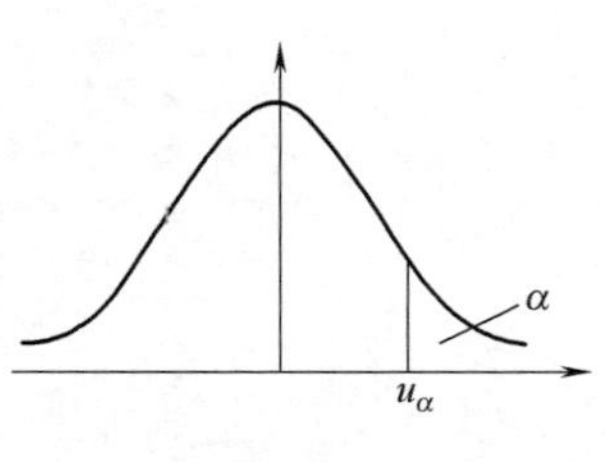

图 2-2

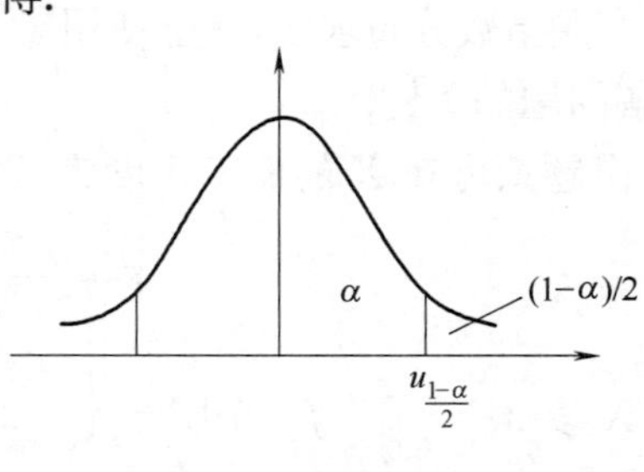

图 2-3

评注 利用图像更加直观.

2.2.4 一维随机变量函数的分布

例 2.17 设随机变量 X 的分布律为

X	-2	$-\frac{1}{2}$	0	2	4
p_k	$\frac{1}{8}$	$\frac{1}{4}$	$\frac{1}{8}$	$\frac{1}{6}$	$\frac{1}{3}$

求下列各函数的分布律：

(1) $X+2$；(2) $-X+1$；(3) X^2.

分析　使用倒表法.

解答　将 X 的分布律中两行对调可以算得下表：

p_k	$\frac{1}{8}$	$\frac{1}{4}$	$\frac{1}{8}$	$\frac{1}{6}$	$\frac{1}{3}$
X	-2	$-\frac{1}{2}$	0	2	4
$X+2$	0	$\frac{3}{2}$	2	4	6
$-X+1$	3	$\frac{3}{2}$	1	-1	-3
X^2	4	$\frac{1}{4}$	0	4	16

因此，可得 $X+2$ 的分布律：

$X+2$	0	$\frac{3}{2}$	2	4	6
p_k	$\frac{1}{8}$	$\frac{1}{4}$	$\frac{1}{8}$	$\frac{1}{6}$	$\frac{1}{3}$

$-X+1$ 的分布律：

$-X+1$	-3	-1	1	$\frac{3}{2}$	3
p_k	$\frac{1}{3}$	$\frac{1}{6}$	$\frac{1}{8}$	$\frac{1}{4}$	$\frac{1}{8}$

X^2 的分布律：

X^2	0	$\frac{1}{4}$	4	16
p_k	$\frac{1}{8}$	$\frac{1}{4}$	$\frac{7}{24}$	$\frac{1}{3}$

评注　在求 X^2 的分布律时函数值相同的点的概率要加在一起.

例 2.18　设 X 是离散型随机变量，其分布函数为

$$F(x)=\begin{cases}0, & x<-2,\\ 0.2, & -2\leqslant x<-1,\\ 0.35, & -1\leqslant x<0,\\ 0.6, & 0\leqslant x<1,\\ 1, & x\geqslant 1,\end{cases}$$

令 $Y=|X+1|$，求随机变量 Y 的分布函数.

分析　X 的分布律易求出，再求 Y 的分布律，由分布律即可求分布函数.

解答　X 的分布律：

X	-2	-1	0	1
p_k	0.2	0.15	0.25	0.4

由 $Y=|X+1|$，可得随机变量 Y 取 0,1,2 三个值.

$P\{Y=0\}=P\{|X+1|=0\}=P\{X=-1\}=0.15$，

$P\{Y=1\}=P\{|X+1|=1\}=P\{X=-2\}+P\{X=0\}=0.2+0.25=0.45$，

$P\{Y=2\}=P\{|X+1|=2\}=P\{X=1\}=0.4$.

因此，随机变量 Y 的分布函数 $F_Y(y)=\sum\limits_{y_i\leqslant y}P\{Y=y_i\}=\sum\limits_{y_i\leqslant y}p_i$ 为

$$F_Y(y)=P\{Y\leqslant y\}=\begin{cases}0, & y<0,\\ 0.15, & 0\leqslant y<1,\\ 0.6, & 1\leqslant y<2,\\ 1, & y\geqslant 2.\end{cases}$$

评注 此题的关键是先求随机变量函数的分布律.

例 2.19 设连续型随机变量 X 的概率密度为

$$f(x)=\begin{cases}\lambda \mathrm{e}^{-\lambda x}, & x>0,\\ 0, & \text{其他},\end{cases}$$

求 $y=x^3$ 的概率密度.

分析 $y=x^3$ 严格单调，其概率密度可用公式法求得.

解答 由于 $y=x^3$ 连续，且 $(x^3)'>0$，函数严格单调，有反函数 $x=h(y)=\sqrt[3]{y}$，且

$$\alpha=\min\{g(0),g(+\infty)\}=0,$$
$$\beta=\max\{g(0),g(+\infty)\}=+\infty,$$
$$h'(y)=\frac{1}{3}y^{-\frac{2}{3}},$$

由公式法可得

$$f_Y(y)=\begin{cases}\lambda \mathrm{e}^{-\lambda\sqrt[3]{y}}\left|\dfrac{1}{3}y^{-\frac{2}{3}}\right|, & y\geqslant 0,\\ 0, & y<0\end{cases}=\begin{cases}\dfrac{\lambda}{3}y^{-\frac{2}{3}}\mathrm{e}^{-\lambda\sqrt[3]{y}}, & y\geqslant 0,\\ 0, & y<0.\end{cases}$$

评注 使用公式法求随机变量函数的概率密度时要注意函数严格单调的条件.

例 2.20 设连续型随机变量 X 的概率密度为

$$f_X(x)=\begin{cases}x^3\mathrm{e}^{-x^2}, & x\geqslant 0,\\ 0, & x<0,\end{cases}$$

试求 $Y=X^2$ 的概率密度.

分析 $Y=X^2$ 在实数域内不是单调函数，不能使用公式法，可采用分布函数法.

解答 当 $y<0$ 时，y 的分布函数为

$$F_Y(y)=P\{Y\leqslant y\}=0,$$

则

$$f_Y(y)=F_Y'(y)=0;$$

当 $y\geqslant 0$ 时，y 的分布函数

$$
\begin{aligned}
F_Y(y) &= P\{Y \leqslant y\} \\
&= P\{-\sqrt{y} \leqslant X \leqslant \sqrt{y}\} \\
&= F_X(\sqrt{y}) - F_X(-\sqrt{y}) \\
&= \int_{-\infty}^{\sqrt{y}} f_X(x)\,\mathrm{d}x - \int_{-\infty}^{-\sqrt{y}} f_X(x)\,\mathrm{d}x.
\end{aligned}
$$

再由分布函数求概率密度

$$
\begin{aligned}
f_Y(y) &= F_Y'(y) \\
&= f_X(\sqrt{y})(\sqrt{y})' - f_X(-\sqrt{y})(-\sqrt{y})' \\
&= \frac{1}{2\sqrt{y}} \cdot (\sqrt{y})^3 \cdot \mathrm{e}^{-(\sqrt{y})^2} + 0 \cdot \frac{1}{2\sqrt{y}} \\
&= \frac{y}{2}\mathrm{e}^{-y}.
\end{aligned}
$$

因此可得 $y=x^3$ 的概率密度为

$$
f_Y(y)=\begin{cases} \dfrac{y}{2}\mathrm{e}^{-y}, & y \geqslant 0, \\ 0, & y<0. \end{cases}
$$

评注　$Y=X^2$ 在实数域内不是单调函数，不能使用公式法，否则会造成错误.

2.3　本章小结

本章首先介绍了随机变量的概念，用随机变量描述随机现象是近代概率中最重要的方法，要习惯于用随机变量来表达随机事件.

对于随机变量，除了要知道它可能取哪些值，更重要的是要知道它以怎样的概率取这些值，本章介绍了表达这种概率分布的几种方法：

离散型	分布律	分布函数
连续型	概率密度	

不论其中哪种方法，都能全面刻画随机变量的概率分布规律，统称为“分布”.

本章介绍了几种常见的分布，其中离散型随机变量的分布包括：(0—1) 分布(两点分布)、二项分布、几何分布、超几何分布、泊松分布；连续型随机变量的分布包括：均匀分布、指数分布、正态分布和标准正态分布.

随机变量的函数分布的推导，在数理统计和概率论的许多应用中都很重要，应当牢固地掌握.

2.4　同步习题及解答

2.4.1　同步习题

1. 填空题：

(1) 设离散型随机变量 X 的分布律为 $P\{X=i\}=p^{i+1}, i=0,1$，则 $p=$________.

(2) 设随机变量 $X \sim B\left(200, \frac{1}{40}\right)$,则 $P\{X=3\}=$________$\approx$________(泊松定理).

(3) 设连续型随机变量 X 的分布函数

$$F(x)=\begin{cases}0, & x<0, \\ x, & 0 \leqslant x<1, \\ 1, & x \geqslant 1.\end{cases}$$

则 X 落在 $\left(-1, \frac{1}{2}\right)$ 内的概率为________.

(4) 设随机变量 $X \sim N(\mu, \sigma^2)$,则 $P\{X=\mu\}=$________,$P\{X \geqslant \mu\}=$________.

(5) 若随机变量 $X \sim N(2, \sigma^2)$,且 $P\{2<X<4\}=0.3$,则 $P\{X<0\}=$________.

(6) 设连续型随机变量 X 的概率密度为 $f(x)$, $-\infty<x<+\infty$,则 $Y=2X$ 的概率密度为 $f_Y(y)=$________.

2. 单项选择题:

(1) 设离散型随机变量 X 的分布律为

X	0	1	2
p_k	0.3	0.5	0.2

其分布函数为 $F(x)$,则 $F(3)=($　　$)$.

(A)0;　　(B)0.3;　　(C)0.8;　　(D)1.

(2) 下列函数中可作为某随机变量概率密度函数的是(　　).

(A) $f_1(x)=\begin{cases}\sin x, & 0 \leqslant x \leqslant \pi, \\ 0, & \text{其他};\end{cases}$　　(B) $f_2(x)=\begin{cases}\sin x, & 0 \leqslant x \leqslant \frac{3\pi}{2}, \\ 0, & \text{其他};\end{cases}$

(C) $f_3(x)=\begin{cases}\sin x, & 0 \leqslant x \leqslant \frac{\pi}{2}, \\ 0, & \text{其他};\end{cases}$　　(D) $f_4(x)=\begin{cases}\sin x, & -\frac{\pi}{2} \leqslant x \leqslant \frac{\pi}{2}, \\ 0, & \text{其他}.\end{cases}$

(3) 设随机变量 X 的概率密度为 $f(x)=\begin{cases}x, & 0 \leqslant x<1, \\ 2-x, & 1 \leqslant x \leqslant 2, \\ 0, & \text{其他},\end{cases}$ 则 $P\{X \leqslant 1.5\}=($　　$)$.

(A) $\int_0^1 x \mathrm{d}x+\int_1^{1.5}(2-x) \mathrm{d}x$;　　(B) $\int_0^{1.5}(2-x) \mathrm{d}x$;

(C) $\int_1^{1.5}(2-x) \mathrm{d}x$;　　(D) $\int_{-\infty}^{1.5}(2-x) \mathrm{d}x$.

(4) 设随机变量 X 的概率密度为 $f(x)=\frac{1}{2\sqrt{\pi}} \mathrm{e}^{-\frac{(x+3)^2}{4}}(-\infty<x<+\infty)$,则 $Y=($　　$) \sim N(0,1)$.

(A) $\frac{X+3}{2}$;　　(B) $\frac{X+3}{\sqrt{2}}$;　　(C) $\frac{X-3}{2}$;　　(D) $\frac{X-3}{\sqrt{2}}$.

(5) 随机变量 $X \sim N(\mu, \sigma^2)$,则随 σ 的增大,概率 $P\{|X-\mu|<\sigma\}$ 是(　　).

(A)单调增加;　　(B)单调减小;　　(C)保持不变;　　(D)增减不定.

(6) 随机变量 $X \sim N(0,1)$,分布函数是 $\Phi(x)=\frac{1}{\sqrt{2\pi}} \int_{-\infty}^x \mathrm{e}^{-\frac{t^2}{2}} \mathrm{d}t$, $-\infty<x<+\infty$,且 $P\{X>x\}=\alpha \in(0,1)$,则 $x=($　　$)$.

(A)$\Phi^{-1}(\alpha)$；　　(B)$\Phi^{-1}\left(1-\frac{\alpha}{2}\right)$；　　(C)$\Phi^{-1}(1-\alpha)$；　　(D)$\Phi^{-1}\left(\frac{\alpha}{2}\right)$.

3. 设随机变量 X 的分布律为

X	-1	2	3
p_k	$\frac{1}{6}$	$\frac{1}{3}$	C

求：(1) 常数 C；(2) X 的分布函数；(3) $P\{2\leqslant X\leqslant 3\}$.

4. 将 3 个球随机地放入 4 个杯子中去，随机变量 X 表示杯子中可能出现的最多的球的个数. 求：

(1) 随机变量 X 的分布律；

(2) 随机变量 X 的分布函数 $F(x)$；

(3) $P\{1<X<3\}$；

(4) 随机变量 X 的函数 $Y=X^2+1$ 的分布律.

5. 某种药品的过敏反应率为 0.0001，今有 20000 人使用此药品，求 20000 人中发生过敏反应的人数不超过 3 的概率.

6. 设随机变量 X 具有概率密度

$$f(x)=\begin{cases}Ke^{-3x}, & x>0,\\ 0, & x\leqslant 0,\end{cases}$$

(1) 试确定常数 K；(2) 求分布函数 $F(x)$；(3) 求 $P\{X>0.1\}$；(4) 求 $P\{-1<X\leqslant 1\}$.

7. 若随机变量 X 在(1,6)上服从均匀分布，求方程 $x^2+Xx+1=0$ 有实根的概率.

8. 设顾客在某银行的窗口等待服务的时间 X(以 min 计)服从指数分布，其概率密度为

$$f(x)=\begin{cases}\frac{1}{5}e^{-\frac{x}{5}}, & x>0,\\ 0, & \text{其他}.\end{cases}$$

某顾客在窗口等待服务，若超过 10min，他就离开，他一个月要到银行 5 次，以 Y 表示一个月内他未等到服务而离开窗口的次数，写出 Y 的分布律，并求 $P\{Y\geqslant 1\}$.

9. 假设某种电池寿命(单位：h)为一随机变量 X，$X\sim N(300,25^2)$，计算：

(1) 这种电池寿命在 250h 以上的概率；

(2) 确定数字 $x(x>0)$，使电池寿命落在区间[$300-x,300+x$]内的概率不低于 90%.

10. 设随机变量 X 的概率密度函数为

$$f_X(x)=\frac{1}{\pi(1+x^2)},$$

求随机变量 $Y=1-\sqrt[3]{X}$的概率密度.

2.4.2 同步习题解答

1. (1) $\frac{-1+\sqrt{5}}{2}$.

$P\{X=0\}=p$，$P\{X=1\}=p^2$，由归一性可得 $p^2+p=1$，解得 $p=\frac{-1\pm\sqrt{5}}{2}$，

由非负性解得 $p=\dfrac{-1+\sqrt{5}}{2}$.

(2) $C_{200}^{3}\left(\dfrac{1}{40}\right)^{3}\left(\dfrac{39}{40}\right)^{197}$, $\dfrac{5^{3}e^{-5}}{3!}$.

$P\{X=3\}=C_{200}^{3}\left(\dfrac{1}{40}\right)^{3}\left(\dfrac{39}{40}\right)^{197}$;

$$\lambda=200\times\frac{1}{40}=5, P\{X=3\}\approx\frac{5^{3}e^{-5}}{3!}$$

(3) $\dfrac{1}{2}$.

$$P\left\{-1<x<\frac{1}{2}\right\}=F\left(\frac{1}{2}\right)-F(-1)=\frac{1}{2}-0=\frac{1}{2}.$$

(4) $0,\dfrac{1}{2}$.

随机变量 $X\sim N(\mu,\sigma^2)$，连续型随机变量在任意一点处的概率为零，则 $P\{X=\mu\}=0$，由正态分布概率密度函数的对称性可得 $P\{X\geqslant\mu\}=\dfrac{1}{2}$.

(5) 0.2.

由正态分布概率密度函数的对称性可得 $P\{X\leqslant 2\}=\dfrac{1}{2}$，且 $P\{0\leqslant X\leqslant 2\}=P\{2<X<4\}=0.3$，故 $P\{X<0\}=P\{X\leqslant 2\}-P\{0\leqslant X\leqslant 2\}=\dfrac{1}{2}-0.3=0.2$.

(6) $\dfrac{1}{2}f\left(\dfrac{y}{2}\right)$.

$$x=\frac{y}{2}, -\infty<y<+\infty,$$

$$f_Y(y)=f_X\left(\frac{y}{2}\right)\cdot\left|\left(\frac{y}{2}\right)'\right|=\frac{1}{2}f\left(\frac{y}{2}\right).$$

2. (1) (D).

$$F(3)=P(X\leqslant 3\}=P\{X=0\}+P(X=1\}+P(X=2)=1.$$

(2) (C).

此题考查概率密度函数的性质，由非负性可知，(D)错误；

由单调不减性，(A)、(B)错误；

$\int_0^{\frac{\pi}{2}}\sin x\mathrm{d}x=1$. 由归一性可知：(C)正确.

(3) (A).

$$\begin{aligned}P\{X\leqslant 1.5\}&=\int_{-\infty}^{1.5}f(x)\mathrm{d}x\\&=\int_{-\infty}^{0}0\mathrm{d}x+\int_0^1 x\mathrm{d}x+\int_1^{1.5}(2-x)\mathrm{d}x=\int_0^1 x\mathrm{d}x+\int_1^{1.5}(2-x)\mathrm{d}x.\end{aligned}$$

(4) (B).

由概率密度 $f(x)=\dfrac{1}{2\sqrt{\pi}}e^{-\frac{(x+3)^2}{4}}(-\infty<x<+\infty)$ 可知 $X\sim N(-3,(\sqrt{2})^2)$，正态分布标准化可

得$\frac{X+3}{\sqrt{2}} \sim N(0,1)$.

(5) (C).

$P\{|X-\mu|<\sigma\}=P\left\{\left|\frac{X-\mu}{\sigma}\right|<1\right\}=P\left\{-1<\frac{X-\mu}{\sigma}<1\right\}=2\Phi(1)-1$,结果与$\mu,\sigma$无关.

(6) (C).

$$P\{X>x\}=\alpha\in(0,1),$$

$$P\{X>x\}=1-P\{X\leqslant x\}=1-\Phi(x)=\alpha,\Phi(x)=1-\alpha,\text{则 } x=\Phi^{-1}(1-\alpha).$$

3. (1) 由于$\frac{1}{6}+\frac{1}{3}+C=1$,得$C=\frac{1}{2}$.

(2) 当$x<-1$时,

$$F(x)=0;$$

当$-1\leqslant x<2$时,

$$F(x)=P\{X\leqslant x\}=P\{X\leqslant -1\}+P\{-1<X\leqslant x\}=P\{X=-1\}+0=\frac{1}{6};$$

当$2\leqslant x<3$时,

$$F(x)=P\{X\leqslant 2\}+P\{2<X\leqslant x\}=P\{X=-1\}+P\{X=2\}=\frac{1}{6}+\frac{1}{3}=\frac{1}{2};$$

当$x\geqslant 3$时,$F(x)=P\{X\leqslant 3\}+P\{3<X\leqslant x\}=1$,

于是

$$F(x)=\begin{cases}0, & x<-1,\\ \frac{1}{6}, & -1\leqslant x<2,\\ \frac{1}{2}, & 2\leqslant x<3,\\ 1, & x\geqslant 3.\end{cases}$$

(3) $P\{2\leqslant X\leqslant 3\}=P\{2<X\leqslant 3\}+P\{X=2\}$

$$=F(3)-F(2)+\frac{1}{3}=1-\frac{1}{2}+\frac{1}{3}=\frac{5}{6}.$$

4. (1) $P\{X=1\}=\frac{4\times 3\times 2}{4^3}=\frac{3}{8}$,$P\{X=2\}=\frac{C_3^2\times 4\times 3}{4^3}=\frac{9}{16}$,$P\{X=3\}=\frac{4}{4^3}=\frac{1}{16}$,

即

X	1	2	3
p_k	$\frac{3}{8}$	$\frac{9}{16}$	$\frac{1}{16}$

(2) $x<1,F(x)=0$,

$$1\leqslant x<2,F(x)=P\{X\leqslant 1\}+P\{1<X<2\}=P\{X=1\}=\frac{3}{8},$$

$$2\leqslant x<3,F(x)=P\{X\leqslant 2\}+P\{2<X<3\}=P\{X=1\}+P\{X=2\}=\frac{15}{16},$$

$$x\geqslant 3,F(x)=P\{X\leqslant 3\}+P\{3<X<+\infty\}=\frac{3}{8}+\frac{9}{16}+\frac{1}{16}=1,$$

所以,

$$F(x)=\begin{cases}0, & x<1,\\ \dfrac{3}{8}, & 1\leqslant x<2,\\ \dfrac{15}{16}, & 2\leqslant x<3,\\ 1, & x\geqslant 3.\end{cases}$$

(3) $P\{1<X<3\}=P\{1<X\leqslant 3\}-P\{X=3\}$

$$=F(3)-F(1)-\frac{1}{16}=1-\frac{3}{8}-\frac{1}{16}=\frac{9}{16}$$

(4) 因为

p_k	$\frac{3}{8}$	$\frac{9}{16}$	$\frac{1}{16}$
X	1	2	3
$Y=X^2+1$	2	5	10

即

$Y=X^2+1$	2	5	10
p_k	$\frac{3}{8}$	$\frac{9}{16}$	$\frac{1}{16}$

5. 以 X 表示 20000 人中发生过敏反应的人数,则 $X\sim B(20000,0.0001)$,

$$P\{X\leqslant 3\}=P\{X=3\}+P\{X=2\}+P\{X=1\}+P\{X=0\},$$

由于数值很大,故用泊松定理进行近似计算,$\lambda=20000\times 0.0001=2$,查表求得

$$P\{X\leqslant 3\}\approx 0.8571.$$

6. (1) 由于 $\int_{-\infty}^{+\infty}f(x)\mathrm{d}x=1$, 即

$$\begin{aligned}\int_{-\infty}^{+\infty}f(x)\mathrm{d}x&=\int_{0}^{+\infty}K\mathrm{e}^{-3x}\mathrm{d}x\\&=\frac{1}{-3}\int_{0}^{+\infty}K\mathrm{e}^{-3x}\mathrm{d}(-3x)=\frac{K}{-3}\mathrm{e}^{-3x}\Big|_{0}^{+\infty}=\frac{K}{3}=1,\end{aligned}$$

得 $K=3$. 于是 X 的概率密度为

$$f(x)=\begin{cases}3\mathrm{e}^{-3x}, & x>0,\\ 0, & x\leqslant 0.\end{cases}$$

(2) $F(x)=\int_{-\infty}^{x}f(x)\mathrm{d}x$

$$=\begin{cases}1-\mathrm{e}^{-3x}, & x>0,\\ 0, & x\leqslant 0.\end{cases}$$

(3) 方法一: $P\{X>0.1\}=\int_{0.1}^{+\infty}f(x)\mathrm{d}x=\int_{0.1}^{+\infty}3\mathrm{e}^{-3x}\mathrm{d}x=\mathrm{e}^{-0.3}$;

方法二: $P\{X>0.1\}=1-P\{X\leqslant 0.1\}=1-F(0.1)=\mathrm{e}^{-0.3}$.

(4) 方法一: $P\{-1<X\leqslant 1\}=\int_{-1}^{1}f(x)\mathrm{d}x=\int_{-1}^{0}0\mathrm{d}x+\int_{0}^{1}3\mathrm{e}^{-3x}\mathrm{d}x=-\mathrm{e}^{-3}+1.$

方法二：$P\{-1<X\leqslant 1\}=F(1)-F(-1)=1-\mathrm{e}^{-3}-0=1-\mathrm{e}^{-3}$.

7. X 的概率密度为 $f(x)=\begin{cases}\dfrac{1}{5}, & 1<x<6,\\ 0, & \text{其他},\end{cases}$

方程 $x^2+Xx+1=0$ 有实根的条件是

$\Delta=X^2-4\geqslant 0$，即 $X^2\geqslant 4$，则 $|X|\geqslant 2$.

$$P\{|X|\geqslant 2\}=P\{(X\leqslant -2)\cup(X\geqslant 2)\}=\int_2^6\frac{1}{5}\mathrm{d}x=\frac{4}{5}=0.8.$$

8. 设顾客未等到服务离开的概率为 p，则 $Y\sim B(5,p)$，而

$$p=P\{X>10\}=\int_{10}^{+\infty}\frac{1}{5}\mathrm{e}^{-\frac{x}{5}}\mathrm{d}x=\mathrm{e}^{-2},$$

即 $Y\sim B(5,\mathrm{e}^{-2})$，

$$P\{Y=k\}=C_5^k\mathrm{e}^{-2k}(1-\mathrm{e}^{-2})^{5-k}\quad(k=0,1,2,\cdots,5),$$

则分布律为

Y	0	1	2	…	5
p_k	$(1-\mathrm{e}^{-2})^5$	$5\mathrm{e}^{-2}(1-\mathrm{e}^{-2})^4$	$C_5^2\mathrm{e}^{-4}(1-\mathrm{e}^{-2})^3$	…	e^{-10}

$$P\{Y\geqslant 1\}=1-P\{Y<1\}=1-P\{Y=0\}=1-(1-\mathrm{e}^{-2})^5\approx 0.5167.$$

9. (1) $P\{X>250\}=1-P\{X\leqslant 250\}=1-\Phi\left(\dfrac{250-300}{35}\right)=1-\Phi\left(-\dfrac{10}{7}\right)=0.9236$；

(2) 要使 $P(300-x<X<300+x)\geqslant 90\%$，即

$$\Phi\left(\frac{300+x-300}{35}\right)-\Phi\left(\frac{300-x-300}{35}\right)\geqslant 90\%,\Phi\left(\frac{x}{35}\right)-\Phi\left(-\frac{x}{35}\right)\geqslant 90\%,$$

解得 $\Phi\left(\dfrac{x}{35}\right)\geqslant 0.95$，查表可得 $\dfrac{x}{35}\geqslant 1.645$，即 $x\geqslant 57.575$.

从而电池寿命落在区间[242.425,357.575]内的概率不低于 90%.

10. $f_X(x)=\dfrac{1}{\pi(1+x^2)}$，$-\infty<x<+\infty$，

$\{Y\leqslant y\}=\{1-\sqrt[3]{X}\leqslant y\}=\{X>(1-y)^3\}$，故

$$F_Y(y)=P\{X>(1-y)^3\}=1-P\{X\leqslant(1-y)^3\}=1-F_X[(1-y)^3],$$

两边对 y 求导，可得 $f_Y(y)=F_Y'(y)=\dfrac{3(1-y)^2}{\pi[1+(1-y)^6]}\quad(-\infty<y<+\infty)$.

第 3 章 多维随机变量及其分布

3.1 内容概要

3.1.1 基本概念

1. 二维随机变量

设随机试验的样本空间为 $S=\{e\}$，设 $X=X(e)$，$Y=Y(e)$ 是定义在 S 上的随机变量，由它们构成的一个向量 (X,Y)，叫作定义在 S 上的二维随机变量或二维随机向量.

2. 二维随机变量的分布函数

设 (X,Y) 是二维随机变量，对任意实数 x,y，二元函数

$$F(x,y)=P\{(X\leqslant x)\cap(Y\leqslant y)\}\xlongequal{\text{记为}}P\{X\leqslant x,Y\leqslant y\}$$

称为二维随机变量 (X,Y) 的分布函数或称为随机变量 X 和 Y 的联合分布函数.

3. n 维随机变量

设随机试验的样本空间为 $S=\{e\}$，$e\in S$ 为样本点，设 $X_1=X_1(e)$，$X_2=X_2(e)$，…，$X_n=X_n(e)$ 是定义在 S 上的随机变量，由它们构成的一个 n 维向量 $(X_1,X_2,\cdots,X_n)$ 叫作 n 维随机变量或 n 维随机向量.

4. n 维随机变量的分布函数

对于任意 n 个实数 $x_1,x_2,\cdots,x_n$，n 元函数

$$F(x_1,x_2,\cdots,x_n)=P\{X_1\leqslant x_1,X_2\leqslant x_2,\cdots,X_n\leqslant x_n\}$$

称为 n 维随机变量 $(X_1,X_2,\cdots,X_n)$ 的分布函数或称为随机变量 $X_1,X_2,\cdots,X_n$ 的联合分布函数.

5. 二维离散型随机变量

如果二维随机变量 (X,Y) 全部可能取到的不同的值是有限对或可列无限多对，则称 (X,Y) 为离散型随机变量.

6. 二维离散型随机变量的分布律

设二维离散型随机变量 (X,Y) 所有可能取的值为 (x_i,y_j)，$i,j=1,2,\cdots$，且满足：

$$p_{ij}\geqslant 0,\sum_{i=1}^{\infty}\sum_{j=1}^{\infty}p_{ij}=1,$$

称 $P\{X=x_i,Y=y_j\}=p_{ij}$，$i,j=1,2,\cdots$ 为二维离散型随机变量 (X,Y) 的分布律，或随机变量 X 和 Y 的联合分布律.

7. 二维连续型随机变量及概率密度

对于二维随机变量 (X,Y) 的分布函数 $F(x,y)$，如果存在非负函数 $f(x,y)$，使对任意实数 x,y，有

$$F(x,y)=\int_{-\infty}^{y}\int_{-\infty}^{x}f(u,v)\mathrm{d}u\mathrm{d}v,$$

则称(X,Y)是二维连续型随机变量，并称 $f(x,y)$为(X,Y)的概率密度，或称随机变量 X 和 Y 的联合概率密度.

8. 边缘分布函数

设 $F(x,y)$为(X,Y)的分布函数，关于 X 和 Y 的边缘分布函数分别记为 $F_X(x)$和 $F_Y(y)$，且有 $F_X(x)=F(x,+\infty)$，$F_Y(y)=F(+\infty,y)$

n 维随机变量$(X_1,X_2,\cdots,X_n)$中每个变量 X_i 的分布函数 $F_{X_i}(x_i)$称为边缘分布函数，$i=1,2,\cdots,n$.

9. 边缘分布律

二维离散型随机变量(X,Y)的分布律为

$$P\{X=x_i,Y=y_j\}=p_{ij},i,j=1,2,\cdots,$$

记

$$p_{i\cdot}=P\{X=x_i\}=\sum_{j=1}^{\infty}P\{X=x_i,Y=y_j\}=\sum_{j=1}^{\infty}p_{ij}\quad(i=1,2,\cdots),$$

$$p_{\cdot j}=P\{Y=y_j\}=\sum_{i=1}^{\infty}P\{X=x_i,Y=y_j\}=\sum_{i=1}^{\infty}p_{ij}\quad(j=1,2,\cdots).$$

分别称 $p_{i\cdot}(i=1,2,\cdots)$和 $p_{\cdot j}(j=1,2,\cdots)$为$(X,Y)$关于 X 和关于 Y 的边缘分布律.

10. 边缘概率密度

设(X,Y)的概率密度为 $f(x,y)$，则 X,Y 的分布函数可表示为

$$F_X(x)=\int_{-\infty}^{x}\left[\int_{-\infty}^{+\infty}f(u,v)\mathrm{d}v\right]\mathrm{d}u,F_Y(y)=\int_{-\infty}^{y}\left[\int_{-\infty}^{+\infty}f(u,v)\mathrm{d}u\right]\mathrm{d}v.$$

它们分别称为(X,Y)关于 X 和关于 Y 的边缘分布函数，而

$$f_X(x)=\int_{-\infty}^{+\infty}f(x,y)\mathrm{d}y,f_Y(y)=\int_{-\infty}^{+\infty}f(x,y)\mathrm{d}x.$$

分别称为(X,Y)关于 X 和关于 Y 的边缘概率密度.

11. 条件分布律

设(X,Y)是二维离散型随机变量，对于固定的 j，若 $p_{\cdot j}=P\{Y=y_j\}>0$，则称

$$p_{i|j}=P\{X=x_i|Y=y_j\}=\frac{P\{X=x_i,Y=y_j\}}{P\{Y=y_j\}}=\frac{p_{ij}}{p_{\cdot j}}\quad(i=1,2,\cdots)$$

为在 $Y=y_j$ 条件下随机变量 X 的条件分布律.

类似地，对于固定的 i，若 $p_{i\cdot}=P\{X=x_i\}>0$，则称

$$p_{j|i}=P\{Y=y_j|X=x_i\}=\frac{P\{X=x_i,Y=y_j\}}{P\{X=x_i\}}=\frac{p_{ij}}{p_{i\cdot}}\quad(j=1,2,\cdots)$$

为在 $X=x_i$ 条件下随机变量 Y 的条件分布律.

12. 条件概率密度

对于固定的 y，若 $f_Y(y)>0$，则称

$$f_{X|Y}(x|y)=\frac{f(x,y)}{f_Y(y)}\quad(-\infty<x<+\infty)$$

为在 $Y=y$ 的条件下 X 的条件概率密度.

类似地，若 $f_X(x)>0$，则称　$f_{Y|X}(y|x)=\dfrac{f(x,y)}{f_X(x)}$　$(-\infty<y<+\infty)$为在 $X=x$ 的条件

下的条件概率密度.

13. 相互独立

设 $F(x,y)$ 及 $F_X(x)$, $F_Y(y)$ 分别是二维随机变量 (X,Y) 的分布函数及边缘分布函数. 若对于所有 x,y 有 $P\{X\leqslant x,Y\leqslant y\}=P\{X\leqslant x\}P\{Y\leqslant y\}$, 即 $F(x,y)=F_X(x)F_Y(y)$, 则称随机变量 X 和 Y 是相互独立的.

14. 设 n 维随机变量 $(X_1,X_2,\cdots,X_n)$ 的分布函数为 $F(x_1,x_2,\cdots,x_n)$, 边缘分布函数, 即 X_i 的分布函数为 $F_{X_i}(x_i)$, $i=1,2,\cdots,n$. 若对于任意实数 $x_1,x_2,\cdots,x_n$, 有

$$F(x_1,x_2,\cdots,x_n)=F_{X_1}(x_1)F_{X_2}(x_2)\cdots F_{X_n}(x_n),$$

则称随机变量 $X_1,X_2,\cdots,X_n$ 相互独立.

15. 二维均匀分布

设 G 是平面上的有界区域, 其面积为 A. 若二维随机变量 (X,Y) 具有概率密度

$$f(x,y)=\begin{cases}\dfrac{1}{A}, & (x,y)\in G,\\ 0, & \text{其他},\end{cases}$$

则称 (X,Y) 在 G 上服从均匀分布, 记为 $(X,Y)\sim U(G)$.

16. 二维正态分布

若二维随机变量 (X,Y) 具有概率密度

$$f(x,y)=\frac{1}{2\pi\sigma_1\sigma_2\sqrt{1-\rho^2}}\exp\left\{\frac{1}{2(1-\rho^2)}\left[\left(\frac{x-\mu_1}{\sigma_1}\right)^2-2\rho\left(\frac{x-\mu_1}{\sigma_1}\right)\left(\frac{y-\mu_2}{\sigma_2}\right)+\left(\frac{y-\mu_2}{\sigma_2}\right)^2\right]\right\}$$

其中 $\mu_1,\mu_2,\sigma_1,\sigma_2,\rho$ 均为常数, 且 $\sigma_1>0,\sigma_2>0,|\rho|<1$, 则称 (X,Y) 服从参数为 $\mu_1,\mu_2,\sigma_1,\sigma_2,\rho$ 的二维正态分布. 记为 $(X,Y)\sim N(\mu_1,\mu_2,\sigma_1^2,\sigma_2^2,\rho)$.

17. 已知二维随机变量 (X,Y) 的概率分布(联合分布函数, 或联合概率密度, 或联合分布律), 而随机变量 $Z=g(X,Y)$, 则 Z 的分布函数为

$$F_Z(z)=P\{Z\leqslant z\}=P\{g(X,Y)\leqslant z\}\qquad(-\infty<z<+\infty),$$

称之为随机变量的函数的分布.

3.1.2 基本理论

1. 二维随机变量的联合分布函数的性质

(1) 非负性、归一性: $0\leqslant F(x,y)\leqslant 1$; 且

对任意固定的 y, $F(-\infty,y)=0$, 对任意固定的 x, $F(x,-\infty)=0$,

$$F(-\infty,-\infty)=0,F(+\infty,+\infty)=1;$$

(2) 单调不减性: $F(x,y)$ 关于 x 和 y 均为单调非减函数, 即对任意固定的 y, 当 $x_2>x_1$, $F(x_2,y)\geqslant F(x_1,y)$, 对任意固定的 x, 当 $y_2>y_1$, $F(x,y_2)\geqslant F(x,y_1)$;

(3) 右连续性: $F(x,y)$ 关于 x 和 y 均为右连续, 即

$$F(x,y)=F(x+0,y),F(x,y)=F(x,y+0).$$

(4) 对于任意 (x_1,y_1), (x_2,y_2), $x_1<x_2$, $y_1<y_2$, 下述不等式

$$F(x_2,y_2)-F(x_2,y_1)-F(x_1,y_2)+F(x_1,y_1)\geqslant 0$$

成立.

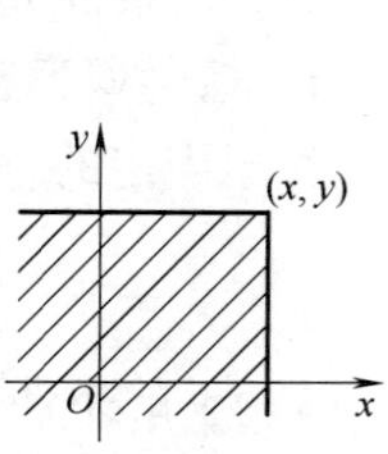

图 3-1

2. 若将二维随机变量 (X,Y) 看成是平面上随机点的坐标, 则分布函数 $F(x,y)$ 在点 (x,y) 处的函数值就是随机点 (X,Y) 落在如图 3-1 所示的, 以

点(x,y)为顶点而位于该点左下方的无穷矩形域内的概率.

3. 联合概率密度 $f(x,y)$ 的性质

(1) 非负性：$f(x,y)\geqslant 0$；

(2) 归一性：$\int_{-\infty}^{+\infty}\int_{-\infty}^{+\infty}f(x,y)\mathrm{d}x\mathrm{d}y=F(+\infty,+\infty)=1$.

4. 二维连续型随机变量的性质

设(X,Y)的分布函数为$F(x,y)$，概率密度函数为$f(x,y)$，则

(1) $F(x,y)$为二元连续函数；

(2) 设G是平面xOy上的区域，点(X,Y)落在G内的概率为$P\{(X,Y)\in G\}=\iint\limits_G f(x,y)\mathrm{d}x\mathrm{d}y$；

(3) 若$f(x,y)$在点(x,y)连续，则有$\dfrac{\partial^2F(x,y)}{\partial x\partial y}=f(x,y)$.

5. 随机变量的独立性的性质

(1) 常数和任何随机变量相互独立.

(2) 随机变量X和Y相互独立的充要条件是X所生成的任何事件和Y所生成的任何事件独立，即对任意实数集A,B，有$P\{X\in A,Y\in B\}=P\{X\in A\}P\{Y\in B\}$.

(3) 若X和Y相互独立，则$f(X)$和$g(Y)$也相互独立，其中$f(x),g(y)$一般为连续函数.

(4) 若$X_1,X_2,\cdots,X_n$相互独立，则$f_1(X_1),f_2(X_2),\cdots,f_n(X_n)$也相互独立.

(5) 若$X_1,X_2,\cdots,X_n$相互独立，则$f(X_1,\cdots,X_m)$和$f(X_{m+1},\cdots,X_n)$也相互独立.

(6) 若$(X_1,X_2,\cdots,X_m)$和$(Y_1,Y_2,\cdots,Y_n)$相互独立，则$X_i(i=1,2,\cdots,m)$和$Y_j(j=1,2,\cdots,n)$相互独立. 又若h,g是连续函数，则$h(X_1,X_2,\cdots,X_m)$和$g(Y_1,Y_2,\cdots,Y_n)$相互独立.

6. 重要结论

(1) 已知离散型随机变量的联合分布律为$P\{X=x_i,Y=y_j\}=p_{ij}$，$Z=g(X,Y)$，则Z的分布律为

$$P\{Z=z_k\}=P\{g(X,Y)=z_k\}=\sum_{g(x_i,y_j)=z_k}P\{X=x_i,Y=y_j\}.$$

(2) 已知连续型随机变量(X,Y)的概率密度为$f(x,y)$，$Z=g(X,Y)$，则Z的分布函数为

$$F_Z(z)=P\{Z\leqslant z\}=P\{g(X,Y)\leqslant z\}=\iint\limits_{g(x,y)\leqslant z}f(x,y)\mathrm{d}x\mathrm{d}y.$$

(3) 和的分布：设(X,Y)的概率密度为$f(x,y)$，则$Z=X+Y$的概率密度为

$$f_Z(z)=\int_{-\infty}^{+\infty}f(x,z-x)\mathrm{d}x=\int_{-\infty}^{+\infty}f(z-y,y)\mathrm{d}y.$$

当X和Y相互独立时，有卷积公式

$$f_Z(z)=\int_{-\infty}^{+\infty}f_X(x)f_Y(z-x)\mathrm{d}x=\int_{-\infty}^{+\infty}f_X(z-y)f_Y(y)\mathrm{d}y.$$

(4) 若$X\sim b(m,p)$，$Y\sim b(n,p)$，且X和Y相互独立，则$X+Y\sim b(m+n,p)$.

(5) 若$X\sim\pi(\lambda_1)$，$Y\sim\pi(\lambda_2)$，且X和Y相互独立，则$X+Y\sim\pi(\lambda_1+\lambda_2)$.

(6) 若$X\sim N(\mu_1,\sigma_1^2)$，$Y\sim N(\mu_2,\sigma_2^2)$，且$X$和$Y$相互独立，则$X+Y\sim N(\mu_1+\mu_2,\sigma_1^2+\sigma_2^2)$.

(7) 若$X_i\sim N(\mu_i,\sigma_i^2)$，$i=1,2,\cdots,n$，且$X_1,X_2,\cdots,X_n$相互独立，则$Y=C_1X_1+C_2X_2+\cdots+C_nX_n+C$仍服从正态分布，且此正态分布为$N\left(\sum\limits_{i=1}^{n}C_i\mu_i+C,\sum\limits_{i=1}^{n}C_i^2\sigma_i^2\right)$，其中$C_1,C_2,\cdots,C_n$为不

全为零的常数.

(8) 商的分布、积的分布：设(X,Y)的概率密度为$f(x,y)$，则$Z=\frac{Y}{X}$，$Z=XY$的概率密度分别为

$$f_{Y/X}(z)=\int_{-\infty}^{+\infty}|x|\ f(x,xz)\mathrm{d}x,f_{XY}(z)=\int_{-\infty}^{+\infty}\frac{1}{|x|}f\left(x,\frac{z}{x}\right)\mathrm{d}x.$$

当X和Y相互独立时，有

$$f_{Y/X}(z)=\int_{-\infty}^{+\infty}|x|\ f_X(x)f_Y(xz)\mathrm{d}x,$$

$$f_{XY}(z)=\int_{-\infty}^{+\infty}\frac{1}{|x|}f_X(x)f_Y\left(\frac{z}{x}\right)\mathrm{d}x.$$

(9) 极大、极小分布：设随机变量X和Y相互独立，其分布函数分别为$F_X(x)$和$F_Y(y)$，则$M=\max\{X,Y\}$的分布函数为$F_{\max}(z)=F_X(z)F_Y(z)$，$N=\min\{X,Y\}$的分布函数为

$$F_{\min}(z)=1-[1-F_X(z)][1-F_Y(z)].$$

(10) 上述结果可推广到n个相互独立的随机变量$X_1,X_2,\cdots,X_n$，此时有

$$F_{\max}(z)=F_{X_1}(z)F_{X_2}(z)\cdots F_{X_n}(z),$$

$$F_{\min}(z)=1-[1-F_{X_1}(z)]\cdot[1-F_{X_2}(z)]\cdot\cdots\cdot[1-F_{X_n}(z)].$$

特别地，若$X_1,X_2,\cdots,X_n$相互独立且具有相同分布函数$F(x)$，则

$$F_{\max}(z)=[F(z)]^n;F_{\min}(z)=1-[1-F(z)]^n.$$

(11) 二维正态分布，X与Y相互独立的充分必要条件是$\rho=0$.

3.1.3 基本方法

1. 求二维离散型随机变量的分布律、分布函数；
2. 求二维离散型随机变量的边缘分布律、条件分布律；
3. 求二维连续型随机变量的概率密度函数、分布函数；
4. 求二维连续型随机变量的边缘概率密度、条件概率密度；
5. 求二维随机变量落在平面某区域内的概率；
6. 判断二维随机变量的两个分量是否相互独立；
7. 求随机变量的函数的分布.

3.2 典型例题分析、解答与评注

3.2.1 二维随机变量

二维随机变量可以看作是一维随机变量的推广，其分布可以通过从分布函数的方面研究，也可以从分布律或概率密度的方面来研究，因随机变量取值的不同特点，分别研究离散型随机变量和连续型随机变量的分布及相应事件的概率.

例 3.1 下列(　　)是二维随机变量的分布函数.

(A) $F(x,y)=\begin{cases}1, & x+y>0.8,\\0, & 其他;\end{cases}$　　(B) $F(x,y)=\int_{-\infty}^{y}\int_{-\infty}^{x}\mathrm{e}^{-s-t}\mathrm{d}s\mathrm{d}t$；

(C) $F(x,y)=\begin{cases}\int_0^y\int_0^x\mathrm{e}^{-s-t}\mathrm{d}s\mathrm{d}t, & x>0,y>0,\\0, & 其他;\end{cases}$　　(D) $F(x,y)=\begin{cases}\mathrm{e}^{-x-y}, & x>0,y>0,\\0, & 其他.\end{cases}$

分析　依据二维随机变量的分布函数的性质判断.

解答　选(C). 此时 $F(x,y)$ 满足分布函数的所有条件. 而(A)中有 $F(1,1)-F(0,1)-F(1,0)+F(0,0)=-1<0$,(B)中 $F(+\infty,+\infty)\neq 1$,(D)中 $F(x,y)$ 非单增,且 $F(+\infty,+\infty)\neq 1$,故(A)(B)(D)都不符合要求.

评注　二维随机变量分布函数的性质有非负性、归一性、单调不减性、右连续性(连续型随机变量的分布函数为连续的)、$F(x_2,y_2)-F(x_2,y_1)-F(x_1,y_2)+F(x_1,y_1)\geqslant 0$.

例 3.2　将三个相同的球等可能地放入编号为 1,2,3 的三个盒子中,记落入第 1 号与第 2 号盒子中球的个数分别为 X 和 Y,试求:(1) (X,Y)的联合概率分布律;(2) $P\{X+Y\leqslant 1\}$.

分析　求二维随机变量的分布律,首先明确 X,Y 的所有可能取值,然后将随机变量取特定值换成随机事件,进而求出这些随机事件发生的概率,再综合就是 X 和 Y 的联合分布律;求二维离散型随机变量落在平面某区域内的概率,即求随机变量取值满足条件要求的相应概率值的和.

解答　(1) X,Y 的可能取值均为 0,1,2,3,于是由古典概型可知

$$P\{X=0,Y=0\}=\frac{1}{3^3},P\{X=0,Y=1\}=\frac{3}{3^3},P\{X=0,Y=2\}=\frac{3}{3^3},$$

$$P\{X=0,Y=3\}=\frac{1}{3^3},P\{X=1,Y=0\}=\frac{3}{3^3},P\{X=1,Y=1\}=\frac{3\times 2}{3^3},$$

$$P\{X=1,Y=2\}=\frac{3}{3^3},P\{X=1,Y=3\}=0,P\{X=2,Y=2\}=0.$$

(X,Y)取其他数值的概率可类似求出,故(X,Y)的分布律为

Y \ X	0	1	2	3
0	$\frac{1}{27}$	$\frac{1}{9}$	$\frac{1}{9}$	$\frac{1}{27}$
1	$\frac{1}{9}$	$\frac{2}{9}$	$\frac{1}{9}$	0
2	$\frac{1}{9}$	$\frac{1}{9}$	0	0
3	$\frac{1}{27}$	0	0	0

(2) $P\{X+Y\leqslant 1\}=P\{(X=0,Y=0)\cup(X=0,Y=1)\cup(X=1,Y=0)\}$

$$=P\{X=0,Y=0\}+P\{X=0,Y=1\}+P\{X=1,Y=0\}=\frac{7}{27}.$$

评注　求离散型随机变量的联合分布律需要借助于古典概型等相关的知识求.

例 3.3　设(X,Y)的分布律为

Y \ X	1	2
1	0.1	a
2	0.2	0.5

(1) 求 a 的值;(2) 求 (X,Y) 的分布函数;(3) 计算概率 $P\{0<X\leqslant 3,1<Y\leqslant 4\}$.

分析 二维随机变量的分布函数 $F(x,y)=P\{X\leqslant x,Y\leqslant y\}$,对任意实数 x,y,通过求事件 $P\{X\leqslant x,Y\leqslant y\}$ 的值得到,通常为分段函数.

解答 (1) 由 $\sum\limits_i\sum\limits_j p_{ij}=1$ 得 $0.1+a+0.2+0.5=1$,则 $a=0.2$.

(2) 过 (X,Y) 的各个可能取值点 $(1,1),(1,2),(2,1),(2,2)$ 分别作平行于 x 轴和 y 轴的直线,这四条直线将全平面分成九个区域,而分布函数 $F(x,y)$ 取不同值的区域只有五个,如图 3-2 所示.

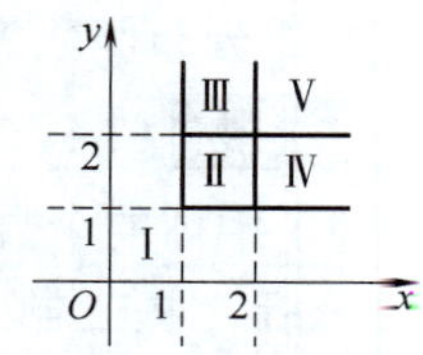

图 3-2

1) 当 $x<1$ 或 $y<1$ 时,$F(x,y)=P\{X\leqslant x,Y\leqslant y\}=P(\varnothing)=0$(即图中Ⅰ区);

2) 当 $1\leqslant x<2,1\leqslant y<2$ 时(即图中Ⅱ区),

$$F(x,y)=P\{X\leqslant x,Y\leqslant y\}=P\{X=1,Y=1\}=0.1;$$

3) 当 $1\leqslant x<2,y\geqslant 2$ 时(即图中Ⅲ区),

$$F(x,y)=P\{X\leqslant x,Y\leqslant y\}=P\{X=1,Y=1\}+P\{X=1,Y=2\}=0.1+0.2=0.3;$$

4) 当 $x\geqslant 2,1\leqslant y<2$ 时(即图中Ⅳ区),

$$F(x,y)=P\{X\leqslant x,Y\leqslant y\}=P\{X=1,Y=1\}+P\{X=2,Y=1\}=0.1+0.2=0.3;$$

5) 当 $x\geqslant 2,y\geqslant 2$ 时(即图中Ⅴ区),$F(x,y)=P\{X\leqslant x,Y\leqslant y\}=P(S)=1$.

所以 (X,Y) 的分布函数 $F(x,y)=\begin{cases}0, & x<1 \text{ 或 } y<1,\\ 0.1, & 1\leqslant x<2,1\leqslant y<2,\\ 0.3, & 1\leqslant x<2,y\geqslant 2,\\ 0.3, & x\geqslant 2,1\leqslant y<2,\\ 1, & x\geqslant 2,y\geqslant 2.\end{cases}$

(3) $P\{0<X\leqslant 3,1<Y\leqslant 4\}=F(3,4)-F(3,1)-F(0,4)+F(0,1)=1-0.3-0+0=0.7$.

评注 多维离散型随机变量的概率分布一般不用联合分布函数描述,而常用联合分布律描述,因为后者既简单又直观.故本题(3)的概率也可通过联合分布律直接计算:

$$P\{0<X\leqslant 3,1<Y\leqslant 4\}=P\{X=1,Y=2\}+P\{X=2,Y=2\}=0.2+0.5=0.7.$$

例 3.4 设二维随机变量 (X,Y) 的概率密度为

$$f(x,y)=\begin{cases}Ae^{-(2x+y)}, & x>0,y>0,\\ 0, & \text{其他}.\end{cases}$$

求:(1) 常数 A;(2) (X,Y) 的分布函数 $F(x,y)$;(3) $P\{-1<X<1,-1<Y<1\}$.

分析 (1) 利用连续型随机变量的概率密度函数的归一性可以求得待定常数;(2) 已知联合概率密度,通过积分可以得到联合分布函数;(3) 求二维连续型随机变量落在某个区域上的概率,就等于联合概率密度在该区域上的二重积分.

解答 (1) 由联合概率密度函数的性质

$$\int_{-\infty}^{+\infty}\int_{-\infty}^{+\infty}f(x,y)\mathrm{d}x\mathrm{d}y=1,$$

有
$$1=\int_{-\infty}^{+\infty}\int_{-\infty}^{+\infty}f(x,y)\mathrm{d}x\mathrm{d}y=A\int_0^{+\infty}e^{-2x}\mathrm{d}x\int_0^{+\infty}e^{-y}\mathrm{d}y=\frac{A}{2},\text{所以 } A=2.$$

因此,

$$f(x,y)=\begin{cases}2e^{-(2x+y)}, & x>0,y>0,\\ 0, & \text{其他}.\end{cases}$$

(2) 当 $x>0, y>0$ 时，(X,Y) 的分布函数为

$$F(x,y)=\int_{-\infty}^{x}\int_{-\infty}^{y}f(u,v)\mathrm{d}u\mathrm{d}v=\int_{0}^{x}\int_{0}^{y}2\,\mathrm{e}^{-(2u+v)}\mathrm{d}u\mathrm{d}v=(1-\mathrm{e}^{-2x})(1-\mathrm{e}^{-y});$$

当 $(x,y)\notin\{(x,y)\mid x>0,y>0\}$ 时，

$$F(x,y)=\int_{-\infty}^{x}\int_{-\infty}^{y}f(u,v)\mathrm{d}u\mathrm{d}v=\int_{-\infty}^{x}\int_{-\infty}^{y}0\mathrm{d}u\mathrm{d}v=0,\text{所以}$$

$$F(x,y)=\begin{cases}(1-\mathrm{e}^{-2x})(1-\mathrm{e}^{-y}), & x>0,y>0,\\ 0, & \text{其他}.\end{cases}$$

(3) $$P\{-1<X<1,-1<Y<1\}=\int_{-1}^{1}\int_{-1}^{1}f(x,y)\mathrm{d}x\mathrm{d}y=\int_{0}^{1}\int_{0}^{1}2\mathrm{e}^{-(2x+y)}\mathrm{d}x\mathrm{d}y$$
$$=\int_{0}^{1}2\mathrm{e}^{-2x}\mathrm{d}x\int_{0}^{1}\mathrm{e}^{-y}\mathrm{d}y=(1-\mathrm{e}^{-2})(1-\mathrm{e}^{-1}).$$

评注　本题中的联合概率密度是分段表示的函数，故需分情况讨论任意实数 x,y 的取值，以求得分布函数. 已知分布函数的情况下，题中的概率也可通过分布函数求，即

$$P\{-1<X<1,-1<Y<1\}=F(1,1)-F(1,-1)-F(-1,1)+F(-1,-1)$$
$$=(1-\mathrm{e}^{-2})(1-\mathrm{e}^{-1})-0-0-0=(1-\mathrm{e}^{-2})(1-\mathrm{e}^{-1}).$$

例 3.5　设 (X,Y) 的分布函数为

$$F(x,y)=\begin{cases}1-\mathrm{e}^{-0.01x}-\mathrm{e}^{-0.01y}+\mathrm{e}^{-0.01(x+y)}, & x\geqslant 0,y\geqslant 0,\\ 0, & \text{其他}.\end{cases}$$

求：(1) (X,Y) 的概率密度函数 $f(x,y)$；(2) $P\{Y\leqslant X\}$.

分析　依据连续型随机变量的分布函数 $F(x,y)$ 和概率密度函数 $f(x,y)$ 的关系求 $f(x,y)$.

解答　(1) (X,Y) 的概率密度函数 $f(x,y)=\dfrac{\partial^2 F(x,y)}{\partial x\partial y}$

$$=\begin{cases}(0.01)^2\mathrm{e}^{-0.01(x+y)}, & x>0,y>0,\\ 0, & \text{其他}.\end{cases}$$

(2) $$P\{Y\leqslant X\}=\iint\limits_{y\leqslant x}f(x,y)\mathrm{d}x\mathrm{d}y=\int_{0}^{+\infty}\mathrm{d}x\int_{0}^{x}(0.01)^2\mathrm{e}^{-0.01(x+y)}\mathrm{d}y$$
$$=(0.01)^2\int_{0}^{+\infty}\mathrm{e}^{-0.01x}\cdot\left(-\frac{1}{0.01}\mathrm{e}^{-0.01y}\Big|_0^x\right)\mathrm{d}x=0.01\int_{0}^{+\infty}(\mathrm{e}^{-0.01x}-\mathrm{e}^{-0.02x})\mathrm{d}x=0.05.$$

评注　当 (X,Y) 是连续型随机变量时，事件的概率 $P\{(X,Y)\in G\}=\iint\limits_{G}f(x,y)\mathrm{d}x\mathrm{d}y$，注意必须正确确定二重积分的积分限. 特别是在区域 G 要分块计算时，不要有遗漏或重复求积分发生.

3.2.2　边缘分布

例 3.6　一整数 X 随机地在 2,3,4 三个整数中取一个值，另一个整数 Y 在 $2\sim X$ 中取一值. 试求 (X,Y) 的边缘分布律.

分析　求 (X,Y) 的边缘分布律必须先知道联合分布律，由于随机变量 Y 的取值与 X 有关，因而在求联合分布律时需使用乘法公式.

解答　X,Y 可能的取值均为 2,3,4，由条件概率公式得

$$P\{X=2,Y=2\}=P\{X=2\}\cdot P\{Y=2|X=2\}=\frac{1}{3}\times 1,$$
$$P\{X=2,Y=k\}=0,k=3,4;$$

同理

$$P\{X=3,Y=2\}=P\{X=3\}\cdot P\{Y=2|X=3\}=\frac{1}{3}\times\frac{1}{2}=\frac{1}{6},$$
$$P\{X=3,Y=3\}=P\{X=3\}\cdot P\{Y=3|X=3\}=\frac{1}{3}\times\frac{1}{2}=\frac{1}{6},$$
$$P\{X=3,Y=4\}=0,$$
$$P\{X=4,Y=k\}==\frac{1}{3}\times\frac{1}{3}=\frac{1}{9},k=2,3,4;$$

故 X 和 Y 的联合概率分布律为

Y \ X	2	3	4
2	$\frac{1}{3}$	$\frac{1}{6}$	$\frac{1}{9}$
3	0	$\frac{1}{6}$	$\frac{1}{9}$
4	0	0	$\frac{1}{9}$

它的边缘分布律为

X	2	3	4
p_k	$\frac{1}{3}$	$\frac{1}{3}$	$\frac{1}{3}$

其中 $P\{X=2\}=P\{X=2,Y=2\}+P\{X=2,Y=3\}+P\{X=2,Y=4\}=\frac{1}{3}+0+0=\frac{1}{3}$,

同理 $P\{X=3\}=\frac{1}{6}+\frac{1}{6}+0=\frac{1}{3}$,$P\{X=4\}=\frac{1}{9}+\frac{1}{9}+\frac{1}{9}=\frac{1}{3}$,

同理,$P\{Y=2\}=P\{X=2,Y=2\}+P\{X=3,Y=2\}+P\{X=4,Y=2\}=\frac{1}{3}+\frac{1}{6}+\frac{1}{9}=\frac{11}{18}$,

同理 $P\{Y=3\}=0+\frac{1}{6}+\frac{1}{9}=\frac{5}{18}$,$P\{Y=4\}=0+0+\frac{1}{9}=\frac{1}{9}$,

故 Y 的分布律为

Y	2	3	4
p_k	$\frac{11}{18}$	$\frac{5}{18}$	$\frac{1}{9}$

评注 对于二维离散型随机变量,用表格的形式将它们的联合分布律表示出来,这便于求边缘分布律及判断相互独立性.

例 3.7 设随机变量 X 和 Y 的概率分布分别为

X	-1	0	1
p_k	$\frac{1}{4}$	$\frac{1}{2}$	$\frac{1}{4}$

Y	-1	0	1
p_k	$\frac{1}{4}$	$\frac{1}{2}$	$\frac{1}{4}$

且 $P\{XY=0\}=1$，(1) 求 (X,Y) 的分布律；(2) 求概率 $P\{X+Y\geqslant1\}$.

分析　虽已知 (X,Y) 的边缘分布，但仅两个边缘分布是不能确定联合分布的. 故应利用题中所给条件 $P\{XY=0\}=1$ 入手.

解答　(1) 从条件 $P\{XY=0\}=1$ 出发，可知 $P\{XY\neq0\}=0$，于是有

$$P\{XY\neq0\}=P\{X=-1,Y=1\}+P\{X=1,Y=1\}+P\{X=-1,Y=-1\}+P\{X=1,Y=-1\},$$

从任何事件概率的非负性及 $P\{XY\neq0\}=0$，可得出上述等式右边的四个概率全为零，即

$$P\{X=-1,Y=1\}=P\{X=1,Y=1\}=P\{X=-1,Y=-1\}=P\{X=1,Y=-1\}=0,$$

于是 X 和 Y 的联合分布及边缘分布如表 3-1 所示.

表　3-1

$Y \backslash X$	-1	0	1	$p_{\cdot j}$
-1	0	p_{12}	0	$\frac{1}{4}$
0	p_{21}	p_{22}	p_{23}	$\frac{1}{2}$
1	0	p_{32}	0	$\frac{1}{4}$
$p_{i\cdot}$	$\frac{1}{4}$	$\frac{1}{2}$	$\frac{1}{4}$	1

表　3-2

$Y \backslash X$	-1	0	1
-1	0	$\frac{1}{4}$	0
0	$\frac{1}{4}$	0	$\frac{1}{4}$
1	0	$\frac{1}{4}$	0

由此可知，$p_{12}=p_{21}=p_{23}=p_{32}=\frac{1}{4}$，进而 $p_{22}=0$，故 X 和 Y 的联合分布律如表 3-2 所示.

(2) 由于 $\{X+Y\geqslant1\}=\{X=0,Y=1\}\cup\{X=1,Y=0\}\cup\{X=1,Y=1\}$，且式中右边的三个事件互斥，所以 $P\{X+Y\geqslant1\}=P\{X=0,Y=1\}+\{X=1,Y=0\}+\{X=1,Y=1\}=\frac{1}{4}+\frac{1}{4}+0=\frac{1}{2}$.

评注　由于边缘分布律不能确定联合分布律，本题在已知条件的情况下，并利用联合分布律与边缘分布律的关系确定联合分布律.

例 3.8　设二维随机变量 (X,Y) 的概率密度函数为

$$f(x,y)=\begin{cases}kx, & 0\leqslant x\leqslant1,0\leqslant y\leqslant x,\\0, & \text{其他},\end{cases}$$

试求常数 k 及边缘概率密度函数 $f_X(x,y)$，$f_Y(x,y)$.

分析　根据概率密度函数的性质求常数 k，使用公式计算边缘概率密度.

解答　$1=\int_{-\infty}^{+\infty}\int_{-\infty}^{+\infty}f(x,y)\mathrm{d}x\mathrm{d}y=\iint\limits_{\substack{0\leqslant x\leqslant1\\0\leqslant y\leqslant x}}kx\,\mathrm{d}x\mathrm{d}y=k\int_0^1\left(\int_0^x x\mathrm{d}y\right)\mathrm{d}x=k\int_0^1x^2\,\mathrm{d}x=\frac{k}{3}$，

所以，得 $k=3$.

由图 3-3，$f_X(x)=\int_{-\infty}^{+\infty}f(x,y)\mathrm{d}y=\begin{cases}\int_0^x 3x\mathrm{d}y, & 0\leqslant x\leqslant1,\\0, & \text{其他}.\end{cases}$

$$=\begin{cases}3x^2, & 0\leqslant x\leqslant1,\\0, & \text{其他}.\end{cases}$$

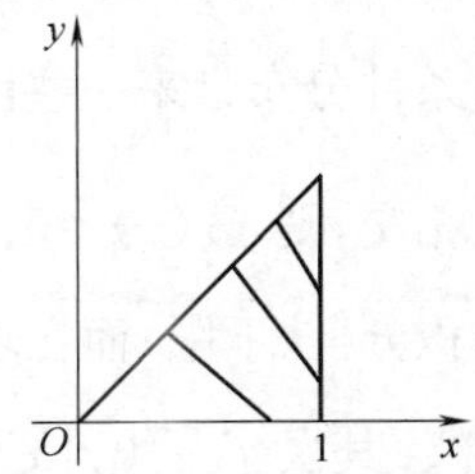

图　3-3

$$f_Y(y)=\int_{-\infty}^{+\infty}f(x,y)\mathrm{d}x=\begin{cases}\int_y^1 3x\mathrm{d}x, & 0\leqslant y\leqslant 1,\\ 0, & \text{其他}\end{cases}=\begin{cases}\frac{3}{2}(1-y^2), & 0\leqslant y\leqslant 1,\\ 0, & \text{其他}.\end{cases}$$

评注 当根据联合概率密度求边缘概率密度时，要特别注意积分区间的选取，即应是使得 $f(x,y)$ 不为零的区间，当 $f(x,y)$ 不为零的区域 D 为多边形或其他较复杂的图形时，求边缘概率密度一般要分段讨论.

3.2.3 条件分布

例 3.9 一射手进行射击，击中目标的概率为 $p(0<p<1)$，射击到击中目标两次为止. 设以 X 表示首次击中目标所进行的射击次数，以 Y 表示总共进行的射击次数. 试求 X 和 Y 的联合分布律及条件分布律.

分析 先求出联合分布律，再由条件分布律公式求条件分布. X 表示首次击中目标所进行的射击次数，Y 表示总共进行的射击次数，即第 1 至第 $n-1$ 次恰有一次击中目标，其概率与 $X=m$ 无关. X 与 Y 的取值可以是任何自然数. 并由题意知，X 至少要比 Y 小 1.

解答 由于各次射击是相互独立的，不管 $m(m<n)$ 是多少，事件 $\{X=m,Y=n\}$ 表示的是第 m 次和第 n 次射中目标，其余 $n-2$ 次都没射中，故联合分布律为

$$P\{X=m,Y=n\}=p^2q^{n-2},q=1-p,n=2,3,\cdots;m=1,2,\cdots,n-1,$$

又 $$P\{X=m\}=\sum_{n=m+1}^{\infty}P\{X=m,Y=n\}=\sum_{n=m+1}^{\infty}p^2q^{n-2}=p^2\cdot\frac{q^{m-1}}{1-q}=pq^{m-1},m=1,2,3,\cdots,$$

$$P\{Y=n\}=\sum_{m=1}^{n-1}P\{X=m,Y=n\}=\sum_{m=1}^{n-1}p^2q^{n-2}=(n-1)p^2q^{n-2},n=2,3,\cdots,$$

于是，当 $n=2,3,\cdots$ 时，条件分布律为

$$P\{X=m|Y=n\}=\frac{P\{X=m,Y=n\}}{P\{Y=n\}}=\frac{p^2q^{n-2}}{(n-1)p^2q^{n-2}}=\frac{1}{n-1},m=1,2,3,\cdots,n-1,$$

当 $m=1,2,\cdots$ 时，条件分布律为

$$P\{Y=n|X=m\}=\frac{P\{Y=n,X=m\}}{P\{X=m\}}=\frac{p^2q^{n-2}}{pq^{m-1}}=pq^{n-m-1},\quad n=m+1,m+2,\cdots.$$

评注 离散型随机变量的条件分布可应用条件概率公式计算，求 $P\{X=m\}$ 时，利用了无穷级数求和.

例 3.10 设 (X,Y) 服从区域 $D:\{(x,y)\mid 0\leqslant y\leqslant 1-x^2\}$ 上的均匀分布，求：(1) (X,Y) 的概率密度；(2) X 与 Y 的边缘概率密度；(3) 在 $X=-\frac{1}{2}$ 时 Y 的条件概率密度和 $Y=\frac{1}{2}$ 时 X 的条件概率密度；(4) 概率 $P\{(X,Y)\in B\}$，其中区域 $B:\{(x,y)\mid y\geqslant x^2\}$.

分析 由于二维随机变量的概率密度可能仅在某个区域 D 上大于零，这给计算边缘分布和条件分布带来一些困难. 在求 $f_X(x)=\int_{-\infty}^{+\infty}f(x,y)\mathrm{d}y$ 时，可先作任一直线 $X=x$. 如果它不与 D 相交，则 $f_X(x)=0$；如果它与 D 相交，交线区间为 D_x，则 $f_X(x)=\int_{D_x}f(x,y)\mathrm{d}y$，由此可定出积分上、下限；而在求 $X=x$ 时 Y 的条件概率密度时，首先指出它仅对 $f_X(x)>0$ 的点才能有定义. 其次 $f_{Y|X}(y|x)=\frac{f(x,y)}{f_X(x)}$ 是分段函数，当 $y\notin D_x$ 时，它为 0；当 $y\in D_x$ 时，由上式给出. 因此正确给出它的定义域范围很重要. 而在计算 $P\{(X,Y)\in B\}$ 时，由于 $f(x,y)=0$ 部分不必积

分，实际积分区域为 $B\cap D$. 即 $P\{(X,Y)\in B\}=\iint\limits_{B\cap D}f(x,y)\mathrm{d}x\mathrm{d}y$，由此定出积分上、下限.

解答　(1) 由于区域 D 是由曲线 $y=1-x^2$ 和 $y=0$ 围成的，如图 3-4 所示，面积 $S=\int_{-1}^{1}(1-x^2)\mathrm{d}x=\frac{4}{3}$，所以 (X,Y) 的概率密度为

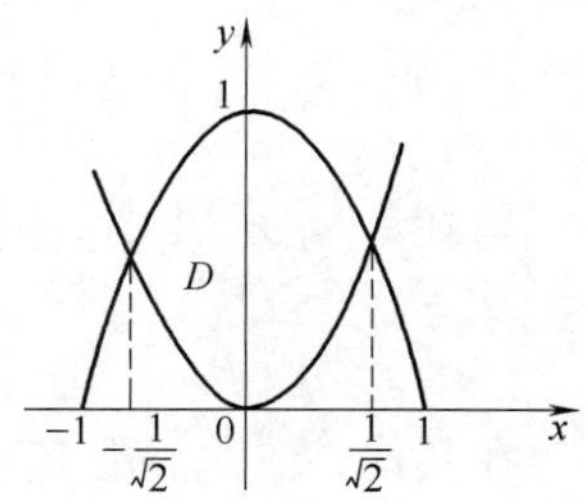

图　3-4

$$f(x,y)=\begin{cases}\frac{3}{4}, & 0\leqslant y\leqslant 1-x^2,\\ 0, & \text{其他}.\end{cases}$$

(2) X 的边缘概率密度为

$$f_X(x)=\int_{-\infty}^{+\infty}f(x,y)\mathrm{d}y=\begin{cases}\int_0^{1-x^2}\frac{3}{4}\mathrm{d}y, & -1<x<1,\\ 0, & \text{其他}\end{cases}$$

$$=\begin{cases}\frac{3(1-x^2)}{4} & -1<x<1,\\ 0, & \text{其他}.\end{cases}$$

Y 的边缘概率密度为

$$f_Y(y)=\int_{-\infty}^{+\infty}f(x,y)\mathrm{d}x=\begin{cases}\int_{-\sqrt{1-y}}^{\sqrt{1-y}}\frac{3}{4}\mathrm{d}x, & 0<y<1,\\ 0, & \text{其他}\end{cases}=\begin{cases}\frac{3}{2}\sqrt{1-y}, & 0<y<1,\\ 0, & \text{其他}.\end{cases}$$

(3) 当 $X=-\frac{1}{2}$ 时，由于 $f_X\left(-\frac{1}{2}\right)=\frac{3}{4}\left[1-\left(\frac{1}{2}\right)^2\right]=\frac{9}{16}>0$，故 Y 的条件概率密度为

$$f_{Y|X}\left(y\,\middle|\,-\frac{1}{2}\right)=\frac{f\left(-\frac{1}{2},y\right)}{f_X\left(-\frac{1}{2}\right)}=\frac{\frac{3}{4}}{\frac{9}{16}}=\frac{4}{3}\quad\left(0<y<\frac{3}{4}\right)，\text{即 } f_{Y|X}\left(y\,\middle|\,-\frac{1}{2}\right)=\begin{cases}\frac{4}{3}, & 0<y<\frac{3}{4},\\ 0, & \text{其他}.\end{cases}$$

当 $Y=\frac{1}{2}$ 时，由于 $f_Y\left(\frac{1}{2}\right)=\frac{3}{2\sqrt{2}}>0$，此时 X 的条件概率密度为

$$f_{X|Y}\left(x\,\middle|\,\frac{1}{2}\right)=\frac{f\left(x,\frac{1}{2}\right)}{f_Y\left(\frac{1}{2}\right)}=\frac{\frac{3}{4}}{\frac{3}{2}\sqrt{1-\frac{1}{2}}}=\frac{\sqrt{2}}{2}\quad\left(-\frac{\sqrt{2}}{2}<x<\frac{\sqrt{2}}{2}\right),$$

即

$$f_{X|Y}\left(x\,\middle|\,\frac{1}{2}\right)=\begin{cases}\frac{\sqrt{2}}{2}, & -\frac{\sqrt{2}}{2}<x<\frac{\sqrt{2}}{2},\\ 0, & \text{其他}.\end{cases}$$

(4) $P\{(X,Y)\in B\}=\iint\limits_{B}f(x,y)\mathrm{d}x\mathrm{d}y=\iint\limits_{B\cap D}\frac{3}{4}\mathrm{d}x\mathrm{d}y+0=\int_{-\frac{1}{\sqrt{2}}}^{\frac{1}{\sqrt{2}}}\mathrm{d}x\int_{x^2}^{1-x^2}\frac{3}{4}\mathrm{d}y=\frac{\sqrt{2}}{2}.$

评注　在求条件概率密度时，比如求 $f_{X|Y}(x|y)$，要注意只有在 $f_Y(y)$ 的非零区间，条件概率密度 $f_{X|Y}(x|y)$ 才存在.

例 3.11　设随机变量 X 在区间 $(0,1)$ 上服从均匀分布，在 $X=x(0<x<1)$ 的条件下，随机变量 Y 在区间 $(0,x)$ 上服从均匀分布，求：(1) 随机变量 X 和 Y 的联合概率密度；(2) Y 的概率密度；(3) 概率 $P\{X+Y>1\}$.

分析 正确理解已知条件是求解本题的关键.

解答 (1) X 的概率密度与在 $X=x(0<x<1)$ 的条件下,Y 的条件概率密度分别为

$$f_X(x)=\begin{cases}1, & 0<x<1,\\0, & 其他,\end{cases}\quad f_{Y|X}(y|x)=\begin{cases}\dfrac{1}{x}, & 0<y<x,\\0, & 其他.\end{cases}$$

当 $0<y<x<1$ 时,随机变量 X 和 Y 的联合概率密度为

$$f(x,y)=f_X(x)f_{Y|X}(y|x)=\frac{1}{x},$$

在其他 (x,y) 点处,有 $f(x,y)=0$,即随机变量 X 和 Y 的联合概率密度为

$$f(x,y)=\begin{cases}\dfrac{1}{x}, & 0<y<x<1,\\0, & 其他.\end{cases}$$

(2) 当 $0<y<1$ 时,Y 的概率密度为

$$f_Y(y)=\int_{-\infty}^{+\infty}f(x,y)\mathrm{d}x=\int_y^1\frac{1}{x}\mathrm{d}x=-\ln y.$$

当 $y\leqslant 0$ 或 $y\geqslant 1$ 时,$f_Y(y)=0$. 因此

$$f_Y(y)=\begin{cases}-\ln y, & 0<y<1.\\0, & 其他.\end{cases}$$

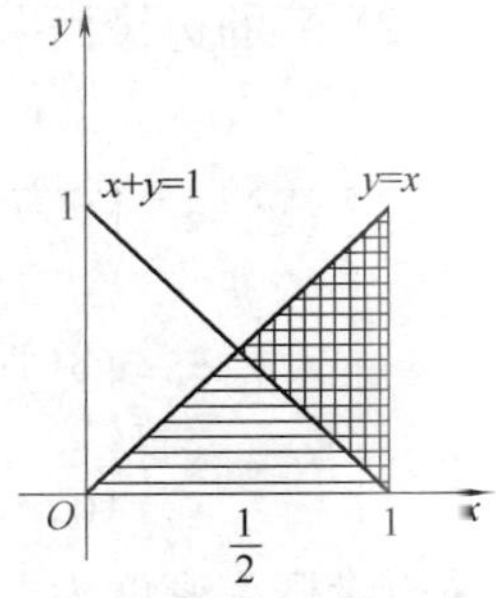

图 3-5

(3) 如图 3-5 所示,$P\{X+Y>1\}=\iint\limits_{x+y>1}f(x,y)\mathrm{d}x\mathrm{d}y=\int_{\frac{1}{2}}^1\mathrm{d}x\int_{1-x}^x\frac{1}{x}\mathrm{d}y$

$$=\int_{\frac{1}{2}}^1\left(2-\frac{1}{x}\right)\mathrm{d}x=1-\ln 2.$$

评注 对于二维连续型随机变量 (X,Y),由联合密度一定可以确定两个边缘密度,即下列公式:$f_X(x)=\int_{-\infty}^{+\infty}f(x,y)\mathrm{d}y$, $f_Y(y)=\int_{-\infty}^{+\infty}f(x,y)\mathrm{d}x$;由两个边缘密度不一定能确定联合密度,但在下列两种情况下可以确定联合密度:

(1) 已知 X 与 Y 的边缘密度以及独立性,此时有联合密度 $f(x,y)=f_X(x)\cdot f_Y(y)$;

(2) 已知 X 与 Y 的边缘密度以及相应的条件概率密度,此时有联合密度 $f(x,y)=f_X(x)\cdot f_{Y|X}(y|x)=f_Y(y)\cdot f_{X|Y}(x|y)$.

3.2.4 相互独立的随机变量

例 3.12 设随机变量 X 和 Y 的概率分布分别为

X	-1	0	1
p_k	$\frac{1}{4}$	$\frac{1}{2}$	$\frac{1}{4}$

Y	-1	0	1
p_k	$\frac{1}{4}$	$\frac{1}{2}$	$\frac{1}{4}$

且 $P\{XY=0\}=1$,判断 X 和 Y 是否相互独立.

分析 判断离散型随机变量 X,Y 的相互独立性,则必须先求出 X 和 Y 的边缘分布律,然后看 $p_{ij}=p_{i\cdot}\cdot p_{\cdot j}$ 是否成立.

解答 在例 3.7 中,根据已知条件已求得 X 和 Y 的联合分布律,则联合分布律和边缘分布律如下:

Y \ X	−1	0	1	$p_{\cdot j}$
−1	0	$\frac{1}{4}$	0	$\frac{1}{4}$
0	$\frac{1}{4}$	0	$\frac{1}{4}$	$\frac{1}{2}$
1	0	$\frac{1}{4}$	0	$\frac{1}{4}$
$p_{i\cdot}$	$\frac{1}{4}$	$\frac{1}{2}$	$\frac{1}{4}$	1

由于 $P\{X=-1,Y=-1\}=0\neq P\{X=-1\}\cdot P\{Y=-1\}=\frac{1}{4}\times\frac{1}{4}$，故 X 和 Y 不相互独立.

评注　判别离散型随机变量 X 和 Y 是相互独立的，要对所有的 i,j 都需要检验 $p_{ij}=p_{i\cdot}\cdot p_{\cdot j}$ 是否成立. 只有均成立，方可说明 X 和 Y 相互独立. 若有一组 i,j 使 $p_{ij}=p_{i\cdot}\cdot p_{\cdot j}$ 不成立，则 X 和 Y 不相互独立.

例 3.13　设随机变量 X 和 Y 相互独立，其分布律分别为

X	−1	1
p_k	$\frac{1}{2}$	$\frac{1}{2}$

Y	−1	1
p_k	$\frac{1}{2}$	$\frac{1}{2}$

求：(1) X 和 Y 的联合分布律；(2) $P\{X=Y\}$.

分析　已知 X 和 Y 相互独立，则由 X 和 Y 的边缘分布律确定 X 和 Y 的联合分布律. 之后再求事件的概率.

解答　(1) 因 X 和 Y 相互独立，有 $p_{ij}=p_{i\cdot}\cdot p_{\cdot j}$，即可计算出 $P\{X=-1,Y=-1\}$，$P\{X=-1,Y=1\}$，$P\{X=1,Y=-1\}$，$P\{X=1,Y=1\}$，故由边缘分布确定联合分布为

Y \ X	−1	1	$p_{\cdot j}$
−1	$\frac{1}{4}$	$\frac{1}{4}$	$\frac{1}{2}$
1	$\frac{1}{4}$	$\frac{1}{4}$	$\frac{1}{2}$
$p_{i\cdot}$	$\frac{1}{2}$	$\frac{1}{2}$	$\frac{1}{2}$

(2) $P\{X=Y\}=P\{X=-1,Y=-1\}+P\{X=1,Y=1\}=\frac{1}{4}+\frac{1}{4}=\frac{1}{2}$.

评注　离散型随机变量落在区域内的概率，需根据联合分布律求得.

例 3.14　设 (X,Y) 的分布函数为 $F(x,y)=A\left(B+\arctan\frac{x}{2}\right)\left(C+\arctan\frac{y}{3}\right)$，(1) 求系数 A,B 和 C；(2) 求 (X,Y) 的概率密度；(3) 求边缘分布函数及边缘概率密度；(4) 试问随机变量 X 与 Y 是否相互独立？

分析　根据连续型分布函数的性质确定 A,B,C 的值及求联合概率密度. 依据连续型随机变量 X,Y 相互独立的定义 $f(x,y)=f_X(x)f_Y(y)$ 判断即可.

解答　(1) 由分布函数的性质知

$$F(+\infty,+\infty)=A\left(B+\frac{\pi}{2}\right)\left(C+\frac{\pi}{2}\right)=1,$$

$$F(x,-\infty)=A\left(B+\arctan\frac{x}{2}\right)\left(C-\frac{\pi}{2}\right)=0,$$

$$F(-\infty,y)=A\left(B-\frac{\pi}{2}\right)\left(C+\arctan\frac{y}{3}\right)=0,$$

由上面三式可得 $A=\frac{1}{\pi^2}$,$B=\frac{\pi}{2}$,$C=\frac{\pi}{2}$,即

$$F(x,y)=\frac{1}{\pi^2}\left(\frac{\pi}{2}+\arctan\frac{x}{2}\right)\left(\frac{\pi}{2}+\arctan\frac{y}{3}\right).$$

(2) (X,Y)的概率密度为 $f(x,y)=\frac{\partial^2 F(x,y)}{\partial x\partial y}=\frac{6}{\pi^2(x^2+4)(y^2+9)}$,

(3) X 与 Y 的边缘分布函数分别为

$$F_X(x)=F(x,+\infty)=\frac{1}{\pi^2}\left(\frac{\pi}{2}+\arctan\frac{x}{2}\right)\left(\frac{\pi}{2}+\frac{\pi}{2}\right)=\frac{1}{2}+\frac{1}{\pi}\arctan\frac{x}{2},$$

$$F_Y(y)=F(+\infty,y)=\frac{1}{\pi^2}\left(\frac{\pi}{2}+\frac{\pi}{2}\right)\left(\frac{\pi}{2}+\arctan\frac{y}{3}\right)=\frac{1}{2}+\frac{1}{\pi}\arctan\frac{y}{3},$$

从而 X 与 Y 的边缘概率密度分别为

$$f_X(x)=\frac{\mathrm{d}F_X(x)}{\mathrm{d}x}=\frac{2}{\pi(x^2+4)},f_Y(y)=\frac{\mathrm{d}F_Y(y)}{\mathrm{d}y}=\frac{3}{\pi(y^2+9)}.$$

(4) 由(3) 知

$$f_X(x)f_Y(y)=\frac{2}{\pi(x^2+4)}\cdot\frac{3}{\pi(y^2+9)}=f(x,y),$$

所以,X 与 Y 是相互独立的.

评注 判断连续型随机变量 X,Y 相互独立,必须先求出 X 和 Y 的边缘概率密度.正确求出 X 和 Y 的边缘概率密度,是判断的关键.

例 3.15 设二维随机变量(X,Y)的概率密度为

$$f(x,y)=\begin{cases}\frac{1+xy}{4}, & |x|<1,|y|<1,\\ 0, & \text{其他}.\end{cases}$$

证明 X 和 Y 不相互独立,但 X^2 和 Y^2 相互独立.

分析 判断连续型随机变量 X,Y 是否相互独立,可以根据 $f_X(x)f_Y(y)=f(x,y)$是否成立来确定.

证明 当$|x|<1$时,$f_X(x)=\int_{-1}^{1}\frac{1+xy}{4}\mathrm{d}y=\frac{1}{2}$,当$|x|\geqslant1$时,$f_X(x)=0$.

故 $f_X(x)=\begin{cases}\frac{1}{2}, & |x|<1,\\ 0, & \text{其他}.\end{cases}$ 类似地,$f_Y(y)=\begin{cases}\frac{1}{2}, & |y|<1,\\ 0, & \text{其他}.\end{cases}$

显然,当$0<|x|<1,0<|y|<1$时,$f(x,y)\neq f_X(x)f_Y(y)$,所以 X 和 Y 不相互独立.

设 X^2 的分布函数为 $F_1(x)$,在 $0\leqslant x\leqslant1$ 内,$F_1(x)=P\{X^2\leqslant x\}=\int_{-\sqrt{x}}^{\sqrt{x}}\frac{1}{2}\mathrm{d}x=\sqrt{x}$.

即 $F_1(x)=\begin{cases}0, & x<0,\\ \sqrt{x}, & 0\leqslant x<1,\\ 1, & x\geqslant1,\end{cases}$ 同理,设 Y^2 的分布函数为 $F_2(y)$,则 $F_2(y)=\begin{cases}0, & y<0,\\ \sqrt{y}, & 0\leqslant y<1,\\ 1, & y\geqslant1.\end{cases}$

设(X^2,Y^2)的分布函数为$F_3(x,y)$，则

当$x<0$或$y<0$时，$F_3(x,y)=0$，

当$0\leqslant x<1,y\geqslant 1$时，$F_3(x,y)=P\{X^2\leqslant x,Y^2\leqslant y\}=P\{X^2\leqslant x\}=\sqrt{x}$，

当$0\leqslant y<1,x\geqslant 1$时，$F_3(x,y)=\sqrt{y}$，

当$0\leqslant x<1,0\leqslant y<1$时，$F_3(x,y)=\int_{-\sqrt{x}}^{\sqrt{x}}\mathrm{d}x\int_{-\sqrt{y}}^{\sqrt{y}}\frac{1+xy}{4}\mathrm{d}y=\sqrt{xy}$，

当$x\geqslant 1,y\geqslant 1$时，$F_3(x,y)=1$.

所以

$$F_3(x,y)=\begin{cases}0, & x<0\text{或}y<0,\\ \sqrt{x}, & 0\leqslant x<1,y\geqslant 1,\\ \sqrt{y}, & 0\leqslant y<1,x\geqslant 1,\\ \sqrt{xy}, & 0\leqslant x<1,0\leqslant y<1,\\ 1, & x\geqslant 1,y\geqslant 1.\end{cases}$$

经验证$F_3(x,y)=F_1(x)F_2(y)$对所有x,y成立，所以X^2和Y^2相互独立.

评注　随机变量X,Y是否相互独立，也可以根据分布函数来判断，即$F(x,y)=F_X(x)F_Y(y)$是否相互独立. 有时还可以利用对称性和经验，来确定随机变量的相互独立性.

例3.16　设二维随机变量(X,Y)服从正态分布$N(1,0,1,1,0)$，求概率$P\{XY-Y<0\}$.

分析　二维正态分布$N(\mu_1,\mu_2,\sigma_1^2,\sigma_2^2,\rho)$中的参数$\rho=0$，可知$X$和$Y$相互独立，再借助于服从标准正态分布的随机变量的性质求概率.

解答　因为$(X,Y)\sim N(1,0,1,1,0)$，可知$X\sim N(1,1)$，$Y\sim N(0,1)$，$X-1\sim N(0,1)$，由$\rho=0$知，X和Y相互独立，进而$X-1$和Y也相互独立，则

$$\begin{aligned}P\{XY-Y<0\}&=P\{(X-1)Y<0\}=P\{X-1<0,Y>0\}+P\{X-1>0,Y<0\}\\&=P\{X-1<0\}\cdot P\{Y>0\}+P\{X-1>0\}\cdot P\{Y<0\}=\frac{1}{2}\times\frac{1}{2}+\frac{1}{2}\times\frac{1}{2}=\frac{1}{2}.\end{aligned}$$

评注　本题直接计算概率值复杂，由标准正态分布的概率密度函数的性质可知，若随机变量$X\sim N(0,1)$，则有$P\{X>0\}=P\{X<0\}=\frac{1}{2}$.

3.2.5　两个随机变量的函数的分布

例3.17　设随机变量(X,Y)的分布律为

Y \ X	1	3
2	$\frac{1}{6}$	$\frac{1}{3}$
4	$\frac{1}{12}$	$\frac{1}{6}$
6	$\frac{1}{12}$	$\frac{1}{6}$

求：(1) $Z=X+Y$；(2) $M=\max\{X,Y\}$，$N=\min\{X,Y\}$；(3) $W=\frac{X}{Y}$的分布律.

分析　求二维随机变量的函数Z的分布律，首先要确定该变量Z的取值，然后将该取值转

换为二维随机变量的取值,这些二维随机变量取值对应的概率的和就是所求的随机变量函数的概率,即计算概率

$$P\{Z=z_k\}=P\{g(X,Y)=z_k\}=\sum_{z_k=g(x_i,y_j)} p_{ij},\quad k=1,2,\cdots.$$

解答 (1) Z 的可能取值为 3,5,7,9.

$$P\{Z=3\}=P\{X=1,Y=2\}=\frac{1}{6},$$

$$P\{Z=5\}=P\{X=1,Y=4\}+P\{X=3,Y=2\}=\frac{1}{12}+\frac{1}{3}=\frac{5}{12},$$

$$P\{Z=7\}=P\{X=1,Y=6\}+P\{X=3,Y=4\}=\frac{1}{12}+\frac{1}{6}=\frac{1}{4},$$

$$P\{Z=9\}=P\{X=3,Y=6\}=\frac{1}{6},$$

则分布律为

Z	3	5	7	9
p_k	$\frac{1}{6}$	$\frac{5}{12}$	$\frac{1}{4}$	$\frac{1}{6}$

(2) 随机变量 M 的可能取值为 2,3,4,6.

$$P\{M=2\}=P\{X=1,Y=2\}=\frac{1}{6},$$

$$P\{M=3\}=P\{X=3,Y=2\}=\frac{1}{3},$$

$$P\{M=4\}=P\{X=1,Y=4\}+P\{X=3,Y=4\}=\frac{1}{12}+\frac{1}{6}=\frac{1}{4},$$

$$P\{M=6\}=P\{X=1,Y=6\}+P\{X=3,Y=6\}=\frac{1}{12}+\frac{1}{6}=\frac{1}{4},$$

则随机变量 M 的分布律为

M	2	3	4	6
p_k	$\frac{1}{6}$	$\frac{1}{3}$	$\frac{1}{4}$	$\frac{1}{4}$

随机变量 N 的可能取值为 1,2,3.

$$P\{N=1\}=P\{X=1,Y=2\}+P\{X=1,Y=4\}+P\{X=1,Y=6\}=\frac{1}{6}+\frac{1}{12}+\frac{1}{12}=\frac{1}{3},$$

$$P\{N=2\}=P\{X=3,Y=2\}=\frac{1}{3},$$

$$P\{N=3\}=P\{X=3,Y=4\}+P\{X=3,Y=6\}=\frac{1}{6}+\frac{1}{6}=\frac{1}{3},$$

则随机变量 N 的分布律为

N	1	2	3
p_k	$\frac{1}{3}$	$\frac{1}{3}$	$\frac{1}{3}$

(3) 随机变量 W 的可能取值为$\frac{1}{6},\frac{1}{4},\frac{1}{2},\frac{3}{2},\frac{3}{4}$.

$$P\{W=\frac{1}{6}\}=P\{X=1,Y=6\}=\frac{1}{12},P\{W=\frac{1}{4}\}=P\{X=1,Y=4\}=\frac{1}{12},$$

$$P\{W=\frac{1}{2}\}=P\{X=1,Y=2\}+P\{X=3,Y=6\}=\frac{1}{6}+\frac{1}{6}=\frac{1}{3},$$

$$P\{W=\frac{3}{2}\}=P\{X=3,Y=2\}=\frac{1}{3},P\{W=\frac{3}{4}\}=P\{X=3,Y=4\}=\frac{1}{6},$$

则随机变量 W 的分布律为

W	$\frac{1}{6}$	$\frac{1}{4}$	$\frac{1}{2}$	$\frac{3}{2}$	$\frac{3}{4}$
p_k	$\frac{1}{12}$	$\frac{1}{12}$	$\frac{1}{3}$	$\frac{1}{3}$	$\frac{1}{6}$

评注　本题也可以将上述计算过程通过“倒表法”形式计算出来，简捷明了，方法如下：将联合分布律改写为如下形式：

p_k	$\frac{1}{6}$	$\frac{1}{12}$	$\frac{1}{12}$	$\frac{1}{3}$	$\frac{1}{6}$	$\frac{1}{6}$
(X,Y)	(1,2)	(1,4)	(1,6)	(3,2)	(3,4)	(3,6)

则 Z,M,N,W 的所有取值及取值概率如下：

p_k	$\frac{1}{6}$	$\frac{1}{12}$	$\frac{1}{12}$	$\frac{1}{3}$	$\frac{1}{6}$	$\frac{1}{6}$
(X,Y)	(1,2)	(1,4)	(1,6)	(3,2)	(3,4)	(3,6)
$Z=X+Y$	3	5	7	5	7	9
$M=\max\{X,Y\}$	2	4	6	3	4	6
$N=\min\{X,Y\}$	1	1	1	2	3	3
$W=\frac{X}{Y}$	$\frac{1}{2}$	$\frac{1}{4}$	$\frac{1}{6}$	$\frac{3}{2}$	$\frac{3}{4}$	$\frac{1}{2}$

故 $Z=X+Y$、$M=\max\{X,Y\}$、$N=\min\{X,Y\}$、$W=\frac{X}{Y}$的分布律分别为

Z	3	5	7	9
p_k	$\frac{1}{6}$	$\frac{5}{12}$	$\frac{1}{4}$	$\frac{1}{6}$

M	2	3	4	6
p_k	$\frac{1}{6}$	$\frac{1}{3}$	$\frac{1}{4}$	$\frac{1}{4}$

N	1	2	3
p_k	$\frac{1}{3}$	$\frac{1}{3}$	$\frac{1}{3}$

W	$\frac{1}{6}$	$\frac{1}{4}$	$\frac{1}{2}$	$\frac{3}{2}$	$\frac{3}{4}$
p_k	$\frac{1}{12}$	$\frac{1}{12}$	$\frac{1}{3}$	$\frac{1}{3}$	$\frac{1}{6}$

例 3.18　设随机变量 X 和 Y 相互独立，且分别服从参数为 λ_1,λ_2 的泊松分布，试证明

$Z=X+Y$ 服从参数为$\lambda_1+\lambda_2$的泊松分布.

分析 需要知道 Z 的取值以及取该值的概率,通过需要转化为 X,Y 的分布律,借助二项式公式证得.

证明 $P\{Z=k\}=P\{X+Y=k\}=\sum\limits_{i=0}^{k}P\{X=i,Y=k-i\}=\sum\limits_{i=0}^{k}P\{X=i\}P\{Y=k-i\}$

$$=\sum_{i=0}^{k}\frac{\lambda_1^i}{i!}e^{-\lambda_1}\cdot\frac{\lambda_2^{k-i}}{(k-i)!}e^{-\lambda_2}=\left[\sum_{i=0}^{k}\frac{k!}{i!(k-i)!}\lambda_1^i\lambda_2^{k-i}\right]\frac{1}{k!}e^{-(\lambda_1+\lambda_2)}$$

$$=(\lambda_1+\lambda_2)^k\cdot\frac{1}{k!}e^{-(\lambda_1+\lambda_2)},k=0,1,2,\cdots,$$

则 $Z=X+Y$ 服从参数为$\lambda_1+\lambda_2$的泊松分布.

评注 此题结论是服从泊松分布的随机变量的和的性质,很重要,使用时要注意 X 和 Y 相互独立的前提条件.

例 3.19 设随机变量(X,Y)的概率密度为

$$f(x,y)=\begin{cases}x+y, & 0<x<1,0<y<1,\\ 0, & \text{其他},\end{cases}$$

分别求(1) $Z=X+Y$;(2) $Z=XY$ 的概率密度.

分析 一般地,已知连续型随机变量(X,Y)的概率分布,求随机变量 $Z=g(X,Y)$的概率密度($g(x,y)$为连续函数)有以下步骤:①确定 Z 的取值范围;②求出 Z 的分布函数 $F(z)$;③由 $f_Z(z)=F'(z)$,求出的 $f_Z(z)$就是 $g(X,Y)$的概率密度. 这种方法被称为分布函数法,即先求分布函数,再求概率密度. 对于常见的求随机变量 X 与 Y 的和、商、积与极值的分布,也可以直接利用相应的公式计算.

解答 记所求的概率密度为 $f_Z(z)$.

(1) 由和分布的概率密度公式 $f_Z(z)=\int_{-\infty}^{+\infty}f(x,z-x)\mathrm{d}x$ 知,仅当被积函数 $f(x,z-x)\neq0$ 时,$f_Z(z)\neq0$. 我们先找出使 $f(x,z-x)\neq0$ 的 x,z 的变化范围. 从而可定出上述积分(相对于不同 z 的值)的积分限,算出这一积分就可以了. 易知,仅当

$$\begin{cases}0<x<1,\\ 0<z-x<1,\end{cases}\quad 即\ \begin{cases}0<x<1,\\ z-1<x<z\end{cases}$$

时,$f_Z(z)=\int_{-\infty}^{+\infty}f(x,z-x)\mathrm{d}x$ 中的被积函数不等于零,如图 3-6 所示,即得

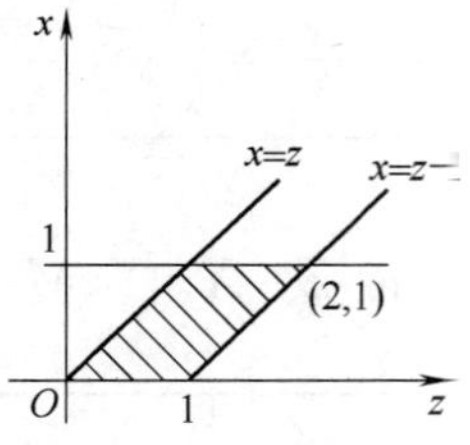

图 3-6

$$f_Z(z)=\int_{-\infty}^{+\infty}f(x,z-x)\mathrm{d}x=\begin{cases}\int_0^z[x+(z-x)]\mathrm{d}x, & 0<z<1,\\ \int_{z-1}^1[x+(z-x)]\mathrm{d}x, & 1\leqslant z<2,\\ 0, & \text{其他}.\end{cases}$$

即

$$f_Z(z)=\begin{cases}z^2, & 0<z<1,\\ 2z-z^2, & 1\leqslant z<2,\\ 0, & \text{其他}.\end{cases}$$

本题也可利用分布函数来求 $f_Z(z)$,具体过程如下.

记 $Z=X+Y$ 的分布函数为 $F_Z(z)$，如图 3-7 所示，知

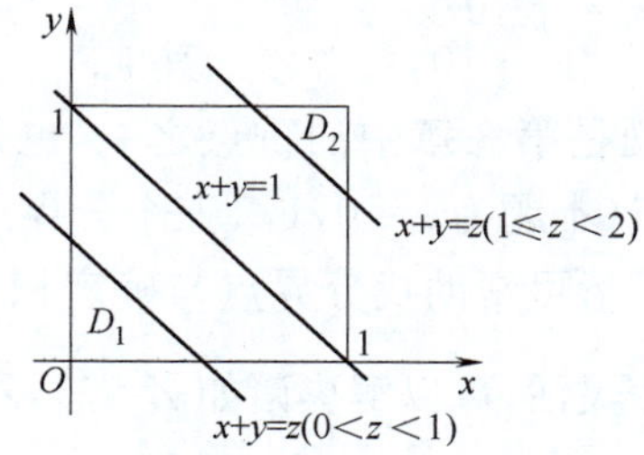

图　3-7

当 $z\leqslant 0$ 时，$F_Z(z)=0$.

当 $0<z<1$ 时，$F_Z(z)=P\{Z\leqslant z\}=P\{X+Y\leqslant z\}=\iint\limits_{D_1}(x+y)\mathrm{d}x\mathrm{d}y$

$$=\int_0^z \mathrm{d}y\int_0^{z-y}(x+y)\mathrm{d}x=\frac{1}{3}z^3.$$

当 $1\leqslant z<2$ 时，因 $f(x,y)$ 只在矩形区域上不等于 0，故

$$F_Z(z)=P\{Z\leqslant z\}=1-\iint\limits_{D_2}f(x,y)\mathrm{d}x\mathrm{d}y=1-\int_{z-1}^1\mathrm{d}x\int_{z-y}^1(x+y)\mathrm{d}x$$

$$=-\frac{1}{3}+z^2-\frac{1}{3}z^3.$$

当 $z\geqslant 2$ 时，$F_Z(z)=1$.

故 $Z=X+Y$ 的分布函数为

$$F_Z(z)=\begin{cases}0, & z\leqslant 0,\\ \dfrac{1}{3}z^3, & 0<z<1,\\ -\dfrac{1}{3}+z^2-\dfrac{1}{3}z^3, & 1\leqslant z<2,\\ 1, & z\geqslant 2.\end{cases}$$

由此知 $Z=X+Y$ 的概率密度为

$$f_Z(z)=F'_Z(z)=\begin{cases}z^2, & 0<z<1,\\ 2z-z^2, & 1\leqslant z<2,\\ 0, & \text{其他}.\end{cases}$$

(2) 由积分布的概率密度公式 $f_Z(z)=\int_{-\infty}^{+\infty}\frac{1}{|x|}f\left(x,\frac{z}{x}\right)\mathrm{d}x$ 易知，仅当

$$\begin{cases}0<x<1,\\ 0<\dfrac{z}{x}<1,\end{cases}\text{，即}\begin{cases}0<x<1,\\ 0<z<x\end{cases}$$

时，上述积分中的被积函数不等于 0，如图 3-8 所示，即得

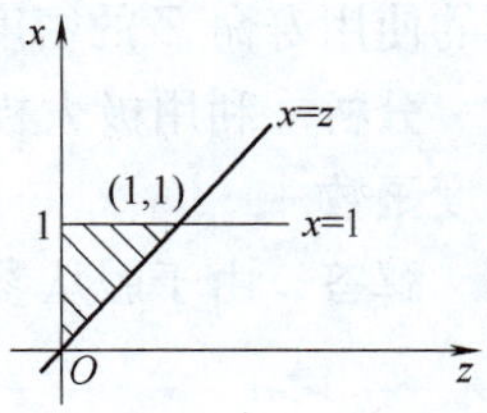

图　3-8

$$f_Z(z)=\int_{-\infty}^{+\infty}\frac{1}{|x|}f\left(x,\frac{z}{x}\right)\mathrm{d}x=\begin{cases}\displaystyle\int_z^1\left(x+\frac{z}{x}\right)\frac{1}{x}\mathrm{d}x, & 0<z<1,\\ 0, & \text{其他},\end{cases}$$

得

$$f_Z(z)=\begin{cases}2(1-z), & 0<z<1,\\ 0, & \text{其他}.\end{cases}$$

评注 求 $Z=X+Y$ 的分布既是第 3 章中的重点之一，也是第 3 章中的难点. 其难点有两个，一是找出 z 轴上的全部分界点(本题为 $z=0,1,2$ 三个分界点)，二是将重积分化为累次积分时其积分限该如何确定. 用几何图形可帮助找分界点与确定积分限，不失为解决难点问题的好方法. 注意利用分布函数法求比较灵活，可以解决诸如 $Z=\frac{X}{Y}$，$Z=X-Y$ 等多种函数的分布.

例 3.20 设 X 和 Y 是两个相互独立的随机变量，$X\sim N(a,\sigma^2)$，$Y\sim \mathrm{U}[-b,b](b>0)$，求随机变量 $Z=X+Y$ 的概率密度.

分析 因 X 和 Y 相互独立，可以使用 $Z=X+Y$ 的概率密度的卷积公式 $f_Z(z)=\int_{-\infty}^{+\infty}f_X(x)f_Y(z-x)\mathrm{d}x=\int_{-\infty}^{+\infty}f_X(z-y)f_Y(y)\mathrm{d}y$，选一个计算即可.

解答 由题设知，X 的概率密度为 $f_X(x)=\frac{1}{\sqrt{2\pi}\sigma}\mathrm{e}^{-\frac{(x-a)^2}{2\sigma^2}}$，$-\infty<x<+\infty$，$Y$ 的概率密度为 $f_Y(y)=\begin{cases}\frac{1}{2b}, & a<y<b\\ 0, & \text{其他}.\end{cases}$

由卷积公式有

$$f_Z(z)=\int_{-\infty}^{+\infty}f_X(z-y)f_Y(y)\mathrm{d}y=\int_{-b}^{b}\frac{1}{\sqrt{2\pi}\sigma}\exp\{-\frac{(z-y-a)^2}{2\sigma^2}\}\cdot\frac{1}{2b}\mathrm{d}y,$$

做变换 $\frac{z-y-a}{\sigma}=-t$，$\mathrm{d}y=\sigma\mathrm{d}t$，得

$$f_Z(z)=\int_{\frac{a-z-b}{\sigma}}^{\frac{a-z+b}{\sigma}}\frac{1}{\sqrt{2\pi}}\mathrm{e}^{-\frac{t^2}{2}}\cdot\frac{1}{2b}\mathrm{d}t=\frac{1}{2b}\left[\int_0^{\frac{a-z+b}{\sigma}}\frac{1}{\sqrt{2\pi}}\mathrm{e}^{-\frac{t^2}{2}}\mathrm{d}t-\int_0^{\frac{a-z-b}{\sigma}}\frac{1}{\sqrt{2\pi}}\mathrm{e}^{-\frac{t^2}{2}}\mathrm{d}t\right]$$

$$=\frac{1}{2b}\left[\Phi\left(\frac{a+b-z}{\sigma}\right)-\Phi\left(\frac{a-b-z}{\sigma}\right)\right],$$

其中 $\Phi(x)$ 为标准正态分布 $X\sim N(0,1)$ 的分布函数.

评注 本题积分的运算是要借助于标准正态分布的分布函数查表求值.

例 3.21 某电子仪器由 4 个相互独立的电子部件 L_{ij} 组成，组成方式如图 3-9 所示，已知每个电子部件的使用寿命 $X_{ij}(i,j=1,2)$ 都服从参数为 λ 的指数分布，求电子仪器的使用寿命 Z 的密度函数.

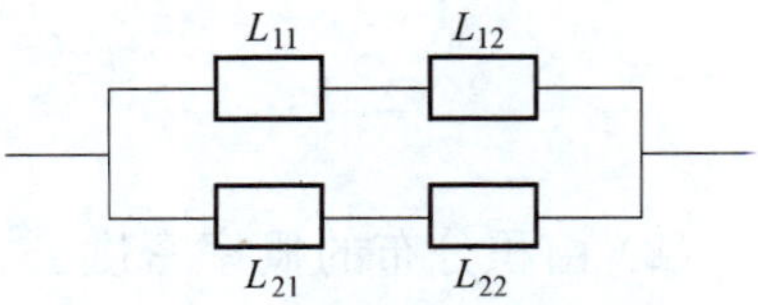

图 3-9

分析 利用极大极小分布公式计算出分布函数，再求密度函数.

解答 由于服从参数为 λ 的指数分布，故其分布函数为

$$F_{X_{ij}}(x)=\begin{cases}1-\mathrm{e}^{-\lambda x}, & x>0,\\ 0, & x\leqslant 0.\end{cases}$$

下面先求两个串联组的使用寿命 $Y_i(i=1,2)$ 的分布函数，因为在串联时，只要 L_{i1}，L_{i2} 中任何一个部件损坏，其串联组就停止工作，故第 i 个串联组的使用寿命为

$$Y_i=\min\{X_{i1},X_{i2}\},\quad i=1,2,$$

其分布函数为

$$F_{Y_i}(y)=1-[1-F_{X_{i1}}(y)][1-F_{X_{i2}}(y)]=\begin{cases}1-\mathrm{e}^{-2\lambda x}, & y>0,\\ 0, & y\leqslant 0.\end{cases}$$

由于在并联时，只有当两个串联组都损坏时，仪器才停止工作，所以电子仪器的使用寿命为

$$Z=\max\{Y_1,Y_2\},$$

而其分布函数为

$$F_Z(z)=F_{Y_1}(z)\cdot F_{Y_2}(z)=\begin{cases}(1-\mathrm{e}^{-2\lambda z})^2, & z>0,\\ 0, & z\leqslant 0.\end{cases}$$

于是 Z 的密度函数为

$$f_Z(z)=F'_Z(z)=\begin{cases}4\lambda\mathrm{e}^{-2\lambda z}(1-\mathrm{e}^{-2\lambda z}), & z>0,\\ 0, & z\leqslant 0.\end{cases}$$

评注　一般地，如果 X 和 Y 相互独立，其分布函数分别为 $F_X(x)$ 和 $F_Y(y)$，则 $M=\max\{X,Y\}$ 的分布函数为 $F_{\max}(z)=F_X(z)F_Y(z)$，$N=\min\{X,Y\}$ 的分布函数为 $F_{\min}(z)=1-[1-F_X(z)][1-F_Y(z)]$，因此，若利用此公式计算，就需先知道 X,Y 的分布函数 $F_X(x)$ 和 $F_Y(y)$，本题即如此计算.

例 3.22　设 X 和 Y 分别表示两个不同电子原件的寿命，并设 X 和 Y 相互独立，且服从同一分布，其概率密度为

$$f(x)=\begin{cases}\dfrac{1000}{x^2}, & x>1000,\\ 0, & x\leqslant 1000,\end{cases}$$

试求 $Z=\dfrac{X}{Y}$ 的概率密度.

分析　先求 Z 的分布函数，再求其概率密度函数.

解答　先求其分布函数，由于(X,Y)的概率密度只在第一象限的一部分区域不为零，故只需讨论 $z>0$ 的情形，而且只需计算落在图 3-10、图 3-11 的区域 D 上的概率.

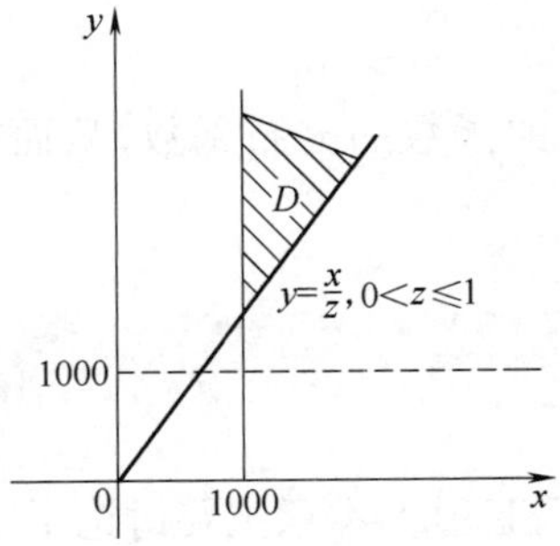

图　3-10

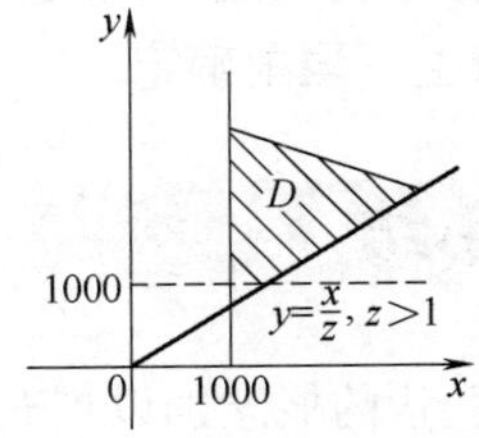

图　3-11

当 $0<z\leqslant 1$ 时，如图 3-10 所示，有

$$F_Z(z)=P\{Z\leqslant z\}=P\left\{\frac{X}{Y}\leqslant z\right\}=\iint\limits_D f(x,y)\mathrm{d}\sigma$$

$$=\iint\limits_D f_X(x)f_Y(y)\mathrm{d}x\mathrm{d}y=1000^2\int_{1000}^{+\infty}\frac{\mathrm{d}x}{x^2}\int_{\frac{x}{z}}^{+\infty}\frac{\mathrm{d}y}{y^2}=\frac{z}{2},$$

当 $z>1$ 时，如图 3-11 所示，有

$$F_Z(z)=P\{Z\leqslant z\}=P\left\{\frac{X}{Y}\leqslant z\right\}$$

$$=\iint\limits_D f(x,y)\mathrm{d}x\mathrm{d}y=1000^2\int_{1000}^{+\infty}\frac{\mathrm{d}y}{y^2}\int_{1000}^{yz}\frac{\mathrm{d}x}{x^2}=1-\frac{1}{2z}.$$

因此，Z 的概率密度为

$$f_Z(z)=F_Z'(z)=\begin{cases}0, & z\leqslant 0,\\ \dfrac{1}{2}, & 0<z\leqslant 1,\\ \dfrac{1}{2z^2}, & z>1.\end{cases}$$

评注 本题也可以使用随机变量商的概率密度公式 $f_Z(z)=\int_{-\infty}^{+\infty}|y|f(yz,y)\mathrm{d}y$ 计算，且当 X 和 Y 相互独立时，$Z=\dfrac{X}{Y}$ 的概率密度为 $f_Z(z)=\int_{-\infty}^{+\infty}|y|f_X(yz)f_Y(y)\mathrm{d}y$.

例 3.23 设二维随机变量(X,Y)的概率密度为 $f(x,y)=\begin{cases}2\mathrm{e}^{-(x+2y)}, & x>0,y>0,\\ 0, & \text{其他}.\end{cases}$ 求随机变量 $Z=X+2Y$ 的分布函数.

分析 由分布函数的定义 $F_Z(z)=P\{Z\leqslant z\}$，借助联合概率密度在区域 D 上的二重积分来求二维随机变量的函数 Z 的分布.

解答 当 $z\leqslant 0$ 时，$F_Z(z)=0$，

当 $z>0$ 时，$F_Z(z)=P\{X+2Y\leqslant z\}=\iint\limits_{D_1}2\mathrm{e}^{-(x+2y)}\mathrm{d}x\mathrm{d}y=\int_0^z\mathrm{d}x\int_0^{\frac{z-x}{2}}2\mathrm{e}^{-(x+2y)}\mathrm{d}y$

$$=\int_0^z\mathrm{e}^{-x}\mathrm{d}x\int_0^{\frac{z-x}{2}}2\mathrm{e}^{-2y}\mathrm{d}y=-\int_0^z\mathrm{e}^{-x}(\mathrm{e}^{x-z}-1)\mathrm{d}x=-\int_0^z(\mathrm{e}^{-z}-\mathrm{e}^{-x})\mathrm{d}x$$

$$=\int_0^z(\mathrm{e}^{-x}-\mathrm{e}^{-z})\mathrm{d}x=-\mathrm{e}^{-z}+1-\mathrm{e}^{-z}z=-\mathrm{e}^{-z}(1+z)+1,$$

故

$$F_z(z)=\begin{cases}-\mathrm{e}^{-z}(1+z)+1, & z>0,\\ 0, & z\leqslant 0.\end{cases}$$

评注 使用分布函数法可以求得二维随机变量的函数的分布函数，从而求得概率密度函数，注意二重积分上下限的确定.

3.3 本章小结

将一维随机变量的概念加以扩充，就得到多维随机变量. 本章主要讨论了二维随机变量，介绍了两种常用类型的二维随机变量：离散型随机变量与连续型随机变量. 要深刻理解这两种随机变量的定义，熟练掌握二维随机变量的联合分布(分布函数、分布律和概率密度)的性质及应用，并且能利用二维随机变量的联合分布，计算边缘分布、条件分布及有关事件的概率. 其中条件分布较复杂，可参照条件概率的计算方法去处理. 需要注意，对于(X,Y)而言，由(X,Y)的联合分布可以确定关于 X、关于 Y 的边缘分布. 反之，由关于 X 和关于 Y 的边缘分布一般不能确定(X,Y)的联合分布. 只有当 X,Y 相互独立时，由两边缘分布能确定(X,Y)的分布. 二维均匀分布和二维正态分布是两个常见的分布，尤其是二维均匀分布更应该熟练掌握.

随机变量的独立性的概念与判断是概率论中一个十分重要的知识点，应熟练掌握利用公式判断独立性的方法. 也可常利用问题的实际意义去判断两个随机变量的独立性. 可将随机变量的独立性与事件的独立性的概念与判断进行比较和融合学习，它们实际上是相通的.

两个随机变量的函数的分布是本章的难点，对于离散型随机变量注意掌握“倒表法”，对于连续型随机变量注意分布函数法的运用，尤其需要指出的是对两个随机变量的和的分布以及极大极小分布要认真掌握.

本章在进行各种问题的计算时，要用到二重积分或用到二元函数固定其中一个变量对另一个变量的积分. 此时千万要搞清楚积分变量的变化范围. 熟练掌握高等数学的知识内容是学好本章必备的基础.

3.4 同步习题及解答

3.4.1 同步习题

1. 填空题：

(1) 用随机变量(X,Y) 的分布函数表示如下概率：$P\{X>1\}=$_______；$P\{X=1,Y\leqslant 3\}=$_______；$P\{1\leqslant X\leqslant 2,Y\leqslant 3\}=$_______.

(2) 二维随机变量(X,Y)的联合概率密度为

$$f(x,y)=\frac{1+\sin x\sin y}{2\pi}\mathrm{e}^{-\frac{x^2+y^2}{2}},-\infty<x,y<+\infty,$$

则两个边缘概率密度分别为_______________.

(3) 设离散型随机变量(X,Y)的联合分布律为

Y \ X	1	2
1	0.08	b
2	a	c
3	0.12	0.18

且 X 和 Y 相互独立，则 $a=$_______，$b=$_______，$c=$_______.

(4) 设(X,Y)的概率密度函数为 $f(x,y)=\begin{cases}\mathrm{e}^{-y}, & x>0,y>x,\\ 0, & 其他,\end{cases}$ 则条件概率密度 $f_{X|Y}(x|y)=$_______，$P\{X>2|Y<4\}=$_______.

(5) 设 X,Y 相互独立，$X\sim N(-3,1)$，$Y\sim N(2,1)$，则随机变量 $Z=X+Y$ 的概率密度函数为_______.

(6) 设 X 服从参数为 1 的泊松分布，Y 服从参数为 2 的泊松分布，而且 X 与 Y 相互独立，则 $P\{\max\{X,Y\}\neq 0\}=$_______，$P\{\min\{X,Y\}\neq 0\}=$_______.

2. 单项选择题：

(1) 下列叙述中错误的是(　　).

(A)联合分布决定边缘分布；

(B)边缘分布不能决定联合分布；

(C)两个随机变量各自的联合分布不同,但边缘分布可能相同;

(D)边缘分布之积即为联合分布.

(2) 设 $F_1(x)$,$F_2(x)$分别为随机变量 X_1 和 X_2 的分布函数,为使 $F(x)=aF_1(x)-bF_2(x)$ 是某一随机变量的分布函数,在下列给定的各组数值中应取(　　).

(A) $a=\frac{3}{5},b=-\frac{2}{5}$;　　(B) $a=\frac{2}{3},b=\frac{2}{3}$;

(C) $a=-\frac{1}{2},b=\frac{3}{2}$;　　(D) $a=\frac{1}{2},b=-\frac{3}{2}$.

(3) 设平面区域 D 由曲线 $y=\frac{1}{x}$ 及直线 $y=0,y=x,x=e^2$ 所围成,(X,Y)在区域 D 上服从均匀分布,则(X,Y) 关于 X 的边缘概率密度在 $x=2$ 处的值为(　　).

(A)4;　　(B)$\frac{1}{4}$;　　(C)2;　　(D)$\frac{1}{2}$.

(4) 已知(X,Y)在区域 $D=\{(x,y):-a\leqslant x\leqslant a,-a\leqslant y\leqslant a\}(a>0)$上服从均匀分布,则概率 $P\{X^2+Y^2\leqslant a^2\}$(　　).

(A)随 a 的增大而增大;　　(B)随 a 的增大而减少;

(C)与 a 无关是个定值;　　(D)随 a 的变化增减不定.

(5) 设随机变量 X 与 Y 相互独立,且分别服从参数为 1 和参数为 4 的指数分布,则 $P\{X<Y\}=$(　　).

(A)$\frac{1}{5}$;　　(B)$\frac{1}{3}$;　　(C)$\frac{2}{5}$;　　(D)$\frac{4}{5}$.

(6) 设随机变量 X 和 Y 相互独立,且 $X\sim N(0,1)$,$Y\sim B(n,p)$,$0<p<1$. 则 $X+Y$ 的分布函数(　　).

(A)是连续函数;　　(B)恰有 $n+1$ 个间断点;

(C)恰有 1 个间断点;　　(D)有无穷多个间断点.

3. 在 10 件产品中有 2 件一级品、7 件二级品和 1 件次品,从 10 件产品中无放回地抽取 3 件,用 X 表示其中的一级品数,Y 表示其中的二级品数,求:(1) X 和 Y 的联合分布律;(2) X Y 的边缘分布律;(3) X 和 Y 是否相互独立;(4) 在 $X=0$ 的条件下 Y 的条件分布和在 $Y=2$ 的条件下 X 的条件分布.

4. 设二维随机变量的联合概率密度为

$$f(x,y)=\begin{cases}Ax^2y, & 0\leqslant x\leqslant 1,0\leqslant y\leqslant 2,\\ 0, & \text{其他}.\end{cases}$$

(1) 求常数 A;(2) 求(X,Y)的分布函数 $F(x,y)$;(3) 判断随机变量 X 与 Y 是否相互独立;(4) 求概率 $P\{2X+Y\leqslant 2\}$.

5. 假设随机变量 X 的密度为 $f_X(x)=\begin{cases}4xe^{-2x}, & x>0,\\ 0, & x\leqslant 0,\end{cases}$ 而随机变量 Y 在区间$(0,x)$上服从均匀分布,试求:(1) 随机变量 X 和 Y 的联合概率密度;(2) Y 的概率密度 $f_Y(y)$.

6. 设随机变量 X 与 Y 的概率分布律为

X	0	1
p_k	$\frac{1}{3}$	$\frac{2}{3}$

Y	-1	0	1
p_k	$\frac{1}{3}$	$\frac{1}{3}$	$\frac{1}{3}$

且 $P\{X^2=Y^2\}=1$.

(1) 求二维随机变量 (X,Y) 的概率分布;

(2) 求 $Z=XY$ 的概率分布.

7. 设 X 和 Y 是两个相互独立的随机变量,且 X 在 $(0,1)$ 上服从均匀分布,Y 服从参数为 $\theta=1$ 的指数分布,求 $Z=X+Y$ 的概率密度.

8. 设某种型号电子管寿命(以 h 计)近似服从 $N(160,20^2)$,随机从中选取 4 只,求:(1) 其中没有一只寿命小于 180h 的概率;(2) 其中没有一只寿命大于 180h 的概率.

9. 设随机变量 (X,Y) 的概率密度为

$$f(x,y)=\begin{cases}4x^2, & 0<x<1,0<y<x,\\ 0, & \text{其他}.\end{cases}$$

试求 $Z=X-Y$ 的概率密度函数.

3.4.2 同步习题解答

1. (1) $F(1,+\infty)$;$F(1,3)-F(1^-,3)$,其中 $F(1^-,3)=\lim\limits_{x\to1^-}F(x,3)$;$F(2,3)-F(1,3)$.

(2) $\dfrac{1}{\sqrt{2\pi}}e^{-\frac{x^2}{2}},\dfrac{1}{\sqrt{2\pi}}e^{-\frac{y^2}{2}}$.

$$f_X(x)=\int_{-\infty}^{+\infty}f(x,y)\mathrm{d}y=\int_{-\infty}^{+\infty}\frac{1+\sin x\sin y}{2\pi}e^{-\frac{x^2+y^2}{2}}\mathrm{d}y$$

$$=\frac{1}{2\pi}e^{-\frac{x^2}{2}}\cdot\int_{-\infty}^{+\infty}(1+\sin x\sin y)e^{-\frac{y^2}{2}}\mathrm{d}y=\frac{1}{2\pi}e^{-\frac{x^2}{2}}\left(\int_{-\infty}^{+\infty}e^{-\frac{y^2}{2}}\mathrm{d}y+\sin x\int_{-\infty}^{+\infty}\sin y e^{-\frac{y^2}{2}}\mathrm{d}y\right)$$

$$=\frac{1}{2\pi}e^{-\frac{x^2}{2}}\left(\sqrt{2\pi}\int_{-\infty}^{+\infty}\frac{1}{\sqrt{2\pi}}e^{-\frac{y^2}{2}}\mathrm{d}y+0\right)=\frac{1}{\sqrt{2\pi}}e^{-\frac{x^2}{2}},$$

(利用标准正态分布的概率密度的性质,即 $\int_{-\infty}^{+\infty}\frac{1}{\sqrt{2\pi}}e^{-\frac{y^2}{2}}\mathrm{d}y=1$).

同理可求 $f_Y(y)=\int_{-\infty}^{+\infty}f(x,y)\mathrm{d}x=\dfrac{1}{\sqrt{2\pi}}e^{-\frac{y^2}{2}}$.

(3) $a=0.2,b=0.12,c=0.3$.

由联合分布律的性质以及相互独立的条件,结合下表,可以列出等式

$0.08+a+0.12+b+c+0.18=1,(0.2+a)\cdot0.3=0.12,(0.2+a)\cdot(b+0.08)=0.08$,

解得　$a=0.2,b=0.12,c=0.3$.

Y \ X	1	2	
1	0.08	b	$b+0.08$
2	a	c	$a+c$
3	0.12	0.18	0.3
	$0.2+a$	$b+c+0.18$	

(4) $f_{X|Y}(x|y)=\begin{cases}\dfrac{1}{y}, & y>x>0,\\ 0, & \text{其他},\end{cases}$ $P\{X>2|Y<4\}=\dfrac{e^{-2}-3e^{-4}}{1-5e^{-4}}$.

1) 先求边缘概率密度 $f_Y(y)=\int_{-\infty}^{+\infty}f(x,y)\mathrm{d}x=\begin{cases}\int_0^y \mathrm{e}^{-y}\mathrm{d}y=y\mathrm{e}^{-y}, & y>0,\\ 0, & \text{其他},\end{cases}$

再求条件概率密度

$$f_{X|Y}(x|y)=\frac{f(x,y)}{f_Y(y)}=\begin{cases}\dfrac{1}{y}, & y>x>0,\\ 0, & \text{其他},\end{cases}$$

2) $P\{X>2|Y<4\}=\dfrac{P\{X>2,Y<4\}}{P\{Y<4\}}=\dfrac{\iint\limits_{\substack{x>2\\ y<4}}f(x,y)\mathrm{d}x\mathrm{d}y}{\iint\limits_{y<4}f(x,y)\mathrm{d}x\mathrm{d}y}=\dfrac{\int_2^4\mathrm{d}x\int_x^4\mathrm{e}^{-y}\mathrm{d}y}{\int_0^4\mathrm{d}x\int_x^4\mathrm{e}^{-y}\mathrm{d}y}$

$=\dfrac{\mathrm{e}^{-2}-3\mathrm{e}^{-4}}{1-5\mathrm{e}^{-4}}.$

(5) $f_Z(z)=\dfrac{1}{2\sqrt{\pi}}\mathrm{e}^{-\frac{(z+1)^2}{4}}.$

(6) $1-\mathrm{e}^{-3},1-\mathrm{e}^{-1}-\mathrm{e}^{-2}+\mathrm{e}^{-3}.$

$P\{\max\{X,Y\}\neq 0\}=1-P\{\max\{X,Y\}=0\}=1-P\{X=0,Y=0\}$

$=1-P\{X=0\}\cdot P\{Y=0\}=1-\dfrac{\mathrm{e}^{-1}}{0!}\cdot\dfrac{\mathrm{e}^{-2}}{0!}=1-\mathrm{e}^{-3}.$

$P\{\min\{X,Y\}\neq 0\}=1-P\{\min\{X,Y\}=0\}=1-P\{X=0\cup Y=0\}$

$=1-\{P\{X=0\}+P\{Y=0\}-P\{X=0,Y=0\}\}=1-\mathrm{e}^{-1}-\mathrm{e}^{-2}+\mathrm{e}^{-3}.$

2. (1) (D). (2) (A).

(3) (B).

区域 D 的面积 $S=\int_1^{\mathrm{e}^2}\dfrac{1}{x}\mathrm{d}x=\ln x\Big|_1^{\mathrm{e}^2}=2,$

故 X 和 Y 的联合概率密度为

$$f(x,y)=\begin{cases}\dfrac{1}{2}, & (x,y)\in D,\\ 0, & (x,y)\notin D.\end{cases}$$

(X,Y)关于 X 的边缘概率密度为 $f_X(x)=\int_{-\infty}^{+\infty}f(x,y)\mathrm{d}y=\int_0^{\frac{1}{x}}\dfrac{1}{2}\mathrm{d}y=\dfrac{1}{2x}\quad(1<x<\mathrm{e}^2)$，于是 $f_X(2)=\dfrac{1}{4}.$

(4) (C).

事实上，

$$P\{X^2+Y^2\leqslant a^2\}=\iint\limits_{x^2+y^2\leqslant a^2}f(x,y)\mathrm{d}x\mathrm{d}y=\frac{1}{S_D}\iint\limits_{x^2+y^2\leqslant a^2}\mathrm{d}x\mathrm{d}y=\frac{S_A}{S_D}=\frac{\pi}{4},$$

与 a 值无关.

(5) (A).

X 和 Y 的概率密度函数分别为 $f_X(x)=\begin{cases}\mathrm{e}^{-x}, & x>0,\\ 0, & x\leqslant 0,\end{cases}$ $f_Y(y)=\begin{cases}4\mathrm{e}^{-4y}, & y>0,\\ 0, & y\leqslant 0.\end{cases}$ 又 X 与 Y 相互独立，从而(X,Y)的联合概率密度函数为

$$f(x,y)=f_X(x)\cdot f_Y(y)=\begin{cases}4e^{-x-4y}, & x>0,y>0,\\ 0, & 其他,\end{cases}$$

则 $P\{X<Y\}=\iint\limits_{x<y}f(x,y)dxdy=\int_0^{+\infty}dy\int_0^y 4e^{-x-4y}dx=\int_0^{+\infty}4e^{-4y}(1-e^{-y})dy$

$$=\int_0^{+\infty}4e^{-4y}dy-\int_0^{+\infty}4e^{-5y}dy=1-\frac{4}{5}=\frac{1}{5}.$$

(6) (A).

$F_Z(z)=P\{Z\leqslant z\}=P\{X+Y\leqslant z\}$

$=P\{X+Y\leqslant z|Y=0\}P\{Y=0\}+P\{X+Y\leqslant z|Y=1\}P\{Y=1\}+\cdots+P\{X+Y\leqslant z|Y=n\}P\{Y=n\}$

$=P\{X\leqslant z\}P\{Y=0\}+P\{X\leqslant z-1\}P\{Y=1\}+\cdots+P\{X\leqslant z-n\}P\{Y=n\}$

$=F_X(z)P\{Y=0\}+F_X(z-1)P\{Y=1\}+\cdots+F_X(z-n)P\{Y=n\}$,

随机变量 X 的分布函数为连续型随机变量,随机变量 Y 在某一点取值的概率为常数,所以这一函数也为连续函数. 故答案应该选(A).

3. (1) 根据题意,X 只能取 0,1,2 三个值,Y 只能取 0,1,2,3 四个值,要求(X,Y)的联合分布律,就是求 X 和 Y 在各种搭配下的概率,从而由古典概率公式得

$$p_{ij}=P\{X=i,Y=j\}=\frac{C_2^iC_7^jC_1^k}{C_{10}^3},$$

$i+j+k=3,i=0,1,2;j=0,1,2,3;k=0,1$. 将$(i,j)$取各种值的概率逐个算出,可得所求的$(X,Y)$的联合分布律为

Y \ X	0	1	2
0	0	0	$\frac{1}{120}$
1	0	$\frac{14}{120}$	$\frac{7}{120}$
2	$\frac{21}{120}$	$\frac{42}{120}$	0
3	$\frac{35}{120}$	0	0

(2) 由(1) 可得 X,Y 的边缘分布律分别为

X	0	1	2
p_k	$\frac{56}{120}$	$\frac{56}{120}$	$\frac{8}{120}$

Y	0	1	2	3
p_k	$\frac{1}{120}$	$\frac{21}{120}$	$\frac{63}{120}$	$\frac{35}{120}$

(3) 因为 $P\{X=0,Y=0\}=0$,但 $P\{X=0\}\cdot P\{Y=0\}=\frac{56}{120}\times\frac{1}{120}\neq0$,所以

$P\{X=0,Y=0\}\neq P\{X=0\}\cdot P\{Y=0\}$,因此 X 和 Y 不相互独立.

(4) 在 $X=0$ 的条件下 Y 的条件分布为

$$P\{Y=j \mid X=0\}=\frac{P\{X=0,Y=j\}}{P\{X=0\}},j=0,1,2,3,$$

因此,Y 的条件分布为

$Y=j \mid X=0$	0	1	2	3
p_k	0	0	$\frac{3}{8}$	$\frac{5}{8}$

类似地,$Y=2$ 的条件下 X 的条件分布为

$X=i \mid Y=2$	0	1	2
p_k	$\frac{1}{3}$	$\frac{2}{3}$	0

4. (1) $1=\int_{-\infty}^{+\infty}\int_{-\infty}^{+\infty}f(x,y)\mathrm{d}x\mathrm{d}y=A\int_0^1\mathrm{d}x\int_0^2 x^2y\mathrm{d}y=\frac{2A}{3}$,故 $A=\frac{3}{2}$.

因此,

$$f(x,y)=\begin{cases}\frac{3}{2}x^2y, & 0\leqslant x\leqslant 1,0\leqslant y\leqslant 2,\\ 0, & 其他.\end{cases}$$

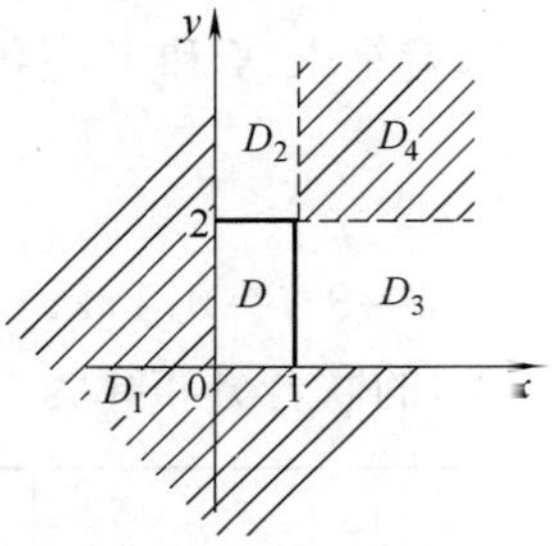

图 3-12

(2) 将整个平面分为五个区域(见图 3-12)

当 $(x,y)\in D_1$,即 $x<0$ 或 $y<0$ 时,$f(x,y)=0$,故

$$F(x,y)=P\{X\leqslant x,Y\leqslant y\}=0.$$

当 $(x,y)\in D$,即 $0\leqslant x\leqslant 1,0\leqslant y\leqslant 2$ 时,

$$F(x,y)=P\{X\leqslant x,Y\leqslant y\}=\int_{-\infty}^{x}\int_{-\infty}^{y}f(x,y)\mathrm{d}x\mathrm{d}y=\int_0^x\int_0^y\frac{3}{2}x^2y\mathrm{d}x\mathrm{d}y=\frac{1}{4}x^3y^2,$$

当 $(x,y)\in D_2$,即 $0\leqslant x\leqslant 1,y>2$ 时,

$$F(x,y)=P\{X\leqslant x,Y\leqslant y\}=\int_{-\infty}^{x}\int_{-\infty}^{y}f(x,y)\mathrm{d}x\mathrm{d}y=\int_0^x\int_0^2\frac{3}{2}x^2y\mathrm{d}x\mathrm{d}y=x^3,$$

当 $(x,y)\in D_3$,即 $x>1,0\leqslant y\leqslant 2$ 时,

$$F(x,y)=P\{X\leqslant x,Y\leqslant y\}=\int_{-\infty}^{x}\int_{-\infty}^{y}f(x,y)\mathrm{d}x\mathrm{d}y=\int_0^1\int_0^y\frac{3}{2}x^2y\mathrm{d}x\mathrm{d}y=\frac{y^2}{4},$$

当 $(x,y)\in D_4$,即 $x>1$ 且 $y>2$ 时,

$$F(x,y)=P\{X\leqslant x,Y\leqslant y\}=\int_{-\infty}^{x}\int_{-\infty}^{y}f(x,y)\mathrm{d}x\mathrm{d}y=\int_0^1\int_0^2\frac{3}{2}x^2y\mathrm{d}x\mathrm{d}y=1,$$

故有

$$F(x,y)=\begin{cases}0, & x<0 \text{ 或 } y<0,\\ \frac{1}{4}x^3y^2, & 0\leqslant x\leqslant 1,0\leqslant y\leqslant 2,\\ x^3, & 0\leqslant x\leqslant 1,y>2,\\ \frac{y^2}{4}, & x>1,0\leqslant y\leqslant 2,\\ 1, & x>1,y>2.\end{cases}$$

(3) X 的边缘概率密度为

$$f_X(x)=\int_{-\infty}^{+\infty}f(x,y)\mathrm{d}y=\begin{cases}\int_0^2\frac{3}{2}x^2y\mathrm{d}y=3x^2, & 0\leqslant x\leqslant 1,\\ 0, & 其他.\end{cases}$$

Y 的边缘概率密度为 $f_Y(y)=\int_{-\infty}^{+\infty}f(x,y)\mathrm{d}x=\begin{cases}\int_0^1\frac{3}{2}x^2y\mathrm{d}x=\frac{y}{2}, & 0\leqslant y\leqslant 2,\\ 0, & 其他.\end{cases}$

$$f_X(x)f_Y(y)=\begin{cases}\frac{3}{2}x^2y, & 0\leqslant x\leqslant 1,0\leqslant y\leqslant 2,\\ 0, & 其他.\end{cases}$$

显然，对任意实数 x,y，均有

$$f(x,y)=f_X(x)f_Y(y),$$

故随机变量 X 与 Y 相互独立.

(4) $P\{2X+Y\leqslant 2\}=\iint\limits_{2x+y\leqslant 2}f(x,y)\mathrm{d}x\mathrm{d}y=\int_0^1\mathrm{d}x\int_0^{2(1-x)}\frac{3}{2}x^2y\mathrm{d}y$

$$=\int_0^1\frac{3}{2}x^2\cdot\left(\frac{1}{2}y^2\right)\Big|_0^{2(1-x)}\mathrm{d}x=3\int_0^1(x^2-2x^3+x^4)\mathrm{d}x=\frac{1}{10}.$$

5. 由题意知在随机变量 $X=x$ 条件下，随机变量 Y 服从区间 $(0,x)$ 上的均匀分布，即有条件概率密度

$$f_{Y|X}(y|x)=\begin{cases}\frac{1}{x}, & 0<y<x,\\ 0, & 其他.\end{cases}$$

(1) $f(x,y)=f_X(x)f_{Y|X}(y|x)=\begin{cases}4\mathrm{e}^{-2x}, & 0<y<x,\\ 0, & 其他,\end{cases}$

(2) Y 的概率密度为

$$f_Y(y)=\int_{-\infty}^{+\infty}f(x,y)\mathrm{d}x=\begin{cases}4\int_y^{+\infty}\mathrm{e}^{-2x}\mathrm{d}x, & y>0,\\ 0, & y\leqslant 0\end{cases}=\begin{cases}2\mathrm{e}^{-2y}, & y>0,\\ 0, & y\leqslant 0.\end{cases}$$

6. (1) 已知 $P\{X^2=Y^2\}=1\Rightarrow P\{X^2\neq Y^2\}=0$

$\Rightarrow P\{X=1,Y=0\}=P\{X=0,Y=-1\}=P\{X=0,Y=1\}=0$

$\Rightarrow P\{(X=1,Y=-1)\cup(X=1,Y=1)\cup(X=0,Y=0)\}=P\{X^2=Y^2\}=1$

$\Rightarrow P\{X=0,Y=0\}=P\{X=1,Y=1\}=P\{X=1,Y=-1\}=\frac{1}{3},$

得 (X,Y) 的概率分布为

Y \ X	0	1
−1	0	$\frac{1}{3}$
0	$\frac{1}{3}$	0
1	0	$\frac{1}{3}$

(2) $Z=XY$ 的取值为 $-1,0,1$，

$P\{XY=-1\}=P\{X=1,Y=-1\}=\frac{1}{3}$,

$P\{XY=0\}=P\{X=0,Y=0\}+P\{X=0,Y=-1\}+P\{X=0,Y=1\}+P\{X=1,Y=0\}=\frac{1}{3}$,

$P\{XY=1\}=P\{X=1,Y=1\}=\frac{1}{3}$,

因此,$Z=XY$ 的概率分布为

Z	-1	0	1
p	$\frac{1}{3}$	$\frac{1}{3}$	$\frac{1}{3}$

7. 由题设知,X 的概率密度为 $f_X(x)=\begin{cases}1, & 0<x<1,\\ 0, & \text{其他},\end{cases}$ Y 的概率密度为 $f_Y(y)=\begin{cases}e^{-y}, & y>0,\\ 0, & \text{其他}.\end{cases}$ 由卷积公式知,$Z=X+Y$ 的概率密度是

$$f_Z(z)=\int_{-\infty}^{+\infty}f_X(x)f_Y(z-x)\mathrm{d}x,$$

而 $f_X(x)f_Y(z-x)$ 的非零区域 $\{(z,x)\ 0\leqslant x\leqslant 1,z-x>0\}$ 如图 3-13 所示,由于 z 是任意实数,故讨论 z 的情况得到 Z 的概率密度为 $f_Z(z)=\int_{-\infty}^{+\infty}f_X(x)f_Y(z-x)\mathrm{d}x=\begin{cases}\int_0^z 1\cdot e^{-(z-x)}\mathrm{d}x, & 0\leqslant z\leqslant 1,\\ \int_0^1 1\cdot e^{-(z-x)}\mathrm{d}x, & z>1,\\ 0, & \text{其他},\end{cases}$

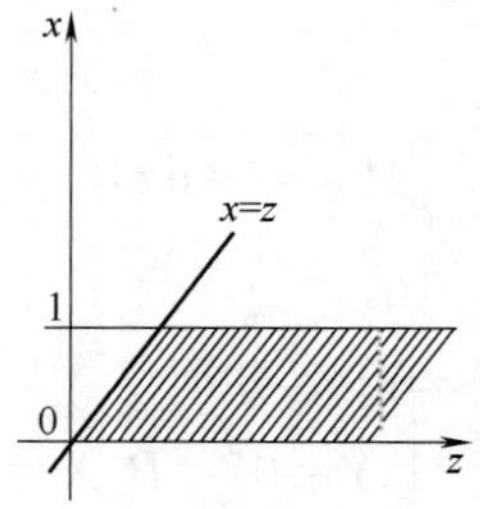

图 3-13

故 $Z=X+Y$ 的概率密度为 $f_Z(z)=\begin{cases}1-e^{-z}, & 0\leqslant z\leqslant 1,\\ e^{-z}(e-1), & z>1,\\ 0, & \text{其他}.\end{cases}$

8. 随机选取 4 只的寿命分别为 T_1,T_2,T_3,T_4,则它们相互独立且均服从正态分布 $N(160,20^2)$,其分布函数记为 $F(t)$. 记 $U=\min\{T_1,T_2,T_3,T_4\}$,$V=\max\{T_1,T_2,T_3,T_4\}$,则 $F_U(u)=P\{U\leqslant u\}=1-[1-F(u)]^4$;$F_V(v)=P\{V\leqslant v\}=[F(v)]^4$,故

(1) $P\{U>180\}=1-P\{U\leqslant 180\}=[1-F(180)]^4$

$$=\left[1-\Phi\left(\frac{180-160}{20}\right)\right]^4=[1-\Phi(1)]^4=0.000634;$$

(2) $P\{V\leqslant 180\}=[F(180)]^4=[\Phi(1)]^4=0.5.$

9. 先求其分布函数，如图 3-14 所示.

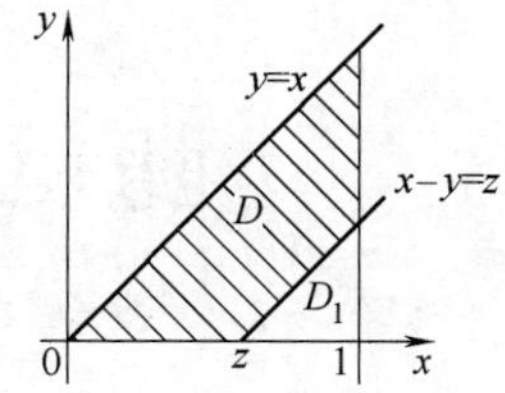

图　3-14

当 $z<0$ 时，$F_Z(z)=0$；

当 $0\leqslant z<1$ 时，$F_Z(z)=P\{X-Y\leqslant z\}=P\{Y\geqslant X-z\}$

$$=1-P\{Y<X-z\}=1-\iint\limits_{D_1}4x^2\mathrm{d}x\mathrm{d}y=1-\int_z^1\mathrm{d}x\int_0^{x-z}4x^2\mathrm{d}y=1-\frac{4}{3}z+\frac{1}{3}z^4;$$

当 $z\geqslant 1$ 时，$F_Z(z)=P\{X-Y\leqslant z\}=\iint\limits_{\substack{0<x<1\\0<y<x}}4x^2\mathrm{d}x\mathrm{d}y=\int_0^1\mathrm{d}x\int_0^x 4x^2\mathrm{d}y=1.$

所以

$$f_Z(z)=\frac{\mathrm{d}F_Z(z)}{\mathrm{d}z}=\begin{cases}\frac{4}{3}(z^3-1), & 0\leqslant z<1,\\ 0, & \text{其他}.\end{cases}$$

第 4 章 随机变量的数字特征

4.1 内容概要

4.1.1 基本概念

1. 离散型随机变量的数学期望

设离散型随机变量 X 的分布律为

$$P\{X=x_k\}=p_k, k=1,2,\cdots,$$

若级数 $\sum_{k=1}^{\infty} x_k p_k$ 绝对收敛，则称级数 $\sum_{k=1}^{\infty} x_k p_k$ 的和为离散型随机变量 X 的数学期望，记为 $E(X)$，即 $E(X)=\sum_{k=1}^{\infty} x_k p_k$.

2. 连续型随机变量的数学期望

设连续型随机变量 X 的概率密度函数为 $f(x)$，若积分

$$\int_{-\infty}^{+\infty} x f(x) \mathrm{d}x$$

绝对收敛，则称积分 $\int_{-\infty}^{+\infty} x f(x) \mathrm{d}x$ 的值为连续型随机变量 X 的数学期望，记为 $E(X)$，即 $E(X)=\int_{-\infty}^{+\infty} x f(x) \mathrm{d}x$.

数学期望简称期望，又称为均值. 数学期望 $E(X)$ 完全由随机变量 X 的概率分布所确定.

3. 方差的定义

设 X 是一个随机变量，若 $E\{[X-E(X)]^2\}$ 存在，则称 $E\{[X-E(X)]^2\}$ 为 X 的方差，记为 $D(X)$，即 $D(X)=E\{[X-E(X)]^2\}$. $\sqrt{D(X)}$ 称为标准差或均方差.

4. 方差实际上就是随机变量 X 的函数 $g(X)=[X-E(X)]^2$ 的数学期望，对于离散型随机变量，有

$$D(X)=\sum_{k=1}^{\infty}[x_k-E(X)]^2 p_k,$$

其中 $P\{X=x_k\}=p_k, k=1,2,\cdots$ 是 X 的分布律.

对于连续型随机变量，有

$$D(X)=\int_{-\infty}^{+\infty}[x-E(X)]^2 f(x) \mathrm{d}x,$$

其中 $f(x)$ 是 X 的概率密度.

随机变量 X 的方差可按公式计算：$D(X)=E(X^2)-[E(X)]^2$.

5. 协方差与相关系数的定义

量 $E\{[X-E(X)][Y-E(Y)]\}$ 称为随机变量 X 与 Y 的协方差，记为 $\mathrm{Cov}(X,Y)$，即

$$\mathrm{Cov}(X,Y)=E\{[X-E(X)][Y-E(Y)]\},$$

而

$$\rho_{XY}=\frac{\mathrm{Cov}(X,Y)}{\sqrt{D(X)}\sqrt{D(Y)}}$$

称为随机变量 X 与 Y 的相关系数.

6. 矩

设 X 和 Y 是随机变量，若 $E(X^k)$，$k=1,2,\cdots$ 存在，称它为 X 的 k 阶原点矩，简称 k 阶矩.

若 $E\{[X-E(X)]^k\}$，$k=2,3,\cdots$ 存在，则称它为 X 的 k 阶中心矩.

若 $E(X^kY^l)$，$k,l=1,2,\cdots$ 存在，则称它为 X 与 Y 的 $k+l$ 阶混合矩.

若 $E\{[X-E(X)]^k[Y-E(Y)]^l\}$，$k,l=1,2,\cdots$ 存在，则称它为 X 与 Y 的 $k+l$ 阶混合中心矩.

4.1.2 基本理论

1. 定理

设 Y 是随机变量 X 的函数：$Y=g(X)$（g 是连续函数）.

(1) X 为离散型随机变量，它的分布律为 $P\{X=x_k\}=p_k$，$k=1,2,\cdots$，若级数 $\sum\limits_{k=1}^{\infty}x_kp_k$ 绝对收敛，则有 $E(Y)=E[g(X)]=\sum\limits_{k=1}^{\infty}g(x_k)p_k$.

(2) X 为连续型随机变量，它的概率密度为 $f(x)$，若积分 $\int_{-\infty}^{+\infty}g(x)f(x)\mathrm{d}x$ 绝对收敛，则有 $E(Y)=E[g(X)]=\int_{-\infty}^{+\infty}g(x)f(x)\mathrm{d}x$.

2. 若 Z 是随机变量 X,Y 的函数 $Z=g(X,Y)$　（g 是连续函数），那么 Z 是一个一维随机变量. 若二维随机变量 (X,Y) 的概率密度为 $f(x,y)$，则有

$$E(Z)=E[g(X,Y)]=\int_{-\infty}^{+\infty}\int_{-\infty}^{+\infty}g(x,y)f(x,y)\mathrm{d}x\mathrm{d}y.$$

这里设上式右边的积分绝对收敛.

3. 若 (X,Y) 为离散型随机变量，它的分布律为 $P\{X=x_i,Y=y_j\}=p_{ij}$，$i,j=1,2,\cdots$，则有

$$E(Z)=E[g(X,Y)]=\sum_{j=1}^{\infty}\sum_{i=1}^{\infty}g(x,y)p_{ij},$$

这里设上式右边的级数绝对收敛.

4. 设 C 是常数，则有 $E(C)=C$.

5. 设 X 是一个随机变量，C 是常数，则有 $E(CX)=CE(X)$.

6. 设 X,Y 是两个随机变量，则有 $E(X+Y)=E(X)+E(Y)$.

7. 设 X,Y 是相互独立的两个随机变量，则有 $E(XY)=E(X)E(Y)$.

8. 设 C 是常数，则有 $D(C)=0$.

9. 设 X 是一个随机变量，C 是常数，则有 $D(CX)=C^2D(X)$.

10. 设 X,Y 是两个随机变量，则有

$$D(X+Y)=D(X)+D(Y)+2E\{[X-E(X)][Y-E(Y)]\}.$$

特别地，若 X,Y 相互独立，则有 $D(X+Y)=D(X)+D(Y)$.

11. $D(X)=0$ 的充要条件是 X 以概率 1 取常数 C，即 $P\{X=C\}=1$. 显然，这里 $C=E(X)$.

12. 切比雪夫不等式：设随机变量 X 具有数学期望 $E(X)=\mu$，方差 $D(X)=\sigma^2$，则对于任意正数 ε，不等式 $P\{|X-\mu|\geqslant\varepsilon\}\leqslant\frac{\sigma^2}{\varepsilon^2}$ 成立.

13. 设 X,Y 是两个随机变量，则有 $D(X+Y)=D(X)+D(Y)+2\mathrm{Cov}(X,Y)$.

14. 设 X,Y 是两个随机变量，则有 $\mathrm{Cov}(X,Y)=E(XY)-E(X)E(Y)$.

15. 设 X,Y 是两个随机变量，则有 $\mathrm{Cov}(aX,bY)=ab\mathrm{Cov}(X,Y)$，$a,b$ 是常数.

16. 设 X_1,X_2,Y 是三个随机变量，则有

$$\mathrm{Cov}(X_1+X_2,Y)=\mathrm{Cov}(X_1,Y)+\mathrm{Cov}(X_2,Y).$$

17. 定理

(1) $|\rho_{XY}|\leqslant 1$；(2) $|\rho_{XY}|=1$ 的充要条件是，存在常数 a,b 使得

$$P\{Y=a+bX\}=1.$$

当 $\rho_{XY}=0$ 时，称 X,Y 不相关.

18. n 维正态随机变量具有以下四条重要性质：

(1) n 维正态随机变量 $(X_1,X_2,\cdots,X_n)$ 的每一个分量 $X_i,i=1,2,\cdots,n$ 都是正态随机变量；反过来，若 $X_1,X_2,\cdots,X_n$ 都是正态随机变量且相互独立，则 $(X_1,X_2,\cdots,X_n)$ 是 n 维正态随机变量.

(2) n 维随机变量 $(X_1,X_2,\cdots,X_n)$ 服从 n 维正态分布的充要条件是 $X_1,X_2,\cdots,X_n$ 的任意的线性组合：$l_1X_1+l_2X_2+\cdots+l_nX_n$ 服从一维正态分布（其中 $l_1,l_2,\cdots,l_n$ 不全为零）.

(3) 若 $(X_1,X_2,\cdots,X_n)$ 服从 n 维正态分布，设 $Y_1,Y_2,\cdots,Y_k$ 是 $X_j(j=1,2,\cdots,n)$ 的线性函数，则 $(Y_1,Y_2,\cdots,Y_k)$ 也服从多维正态分布.

(4) 设 $(X_1,X_2,\cdots,X_n)$ 服从 n 维正态分布，则"$X_1,X_2,\cdots,X_n$ 相互独立"与"$X_1,X_2,\cdots,X_n$ 两两不相关"是等价的.

4.1.3 基本方法

1. 求一维随机变量的数字特征.

(1) 对分布已知的情形，按定义直接计算.

(2) 对由随机试验给出的随机变量，先求出其分布，再按定义计算.

2. 求一维随机变量函数的数学期望.

3. 求二维随机变量及其函数的数字特征.

4. 求多维随机变量的数字特征[(0—1)分布分解法简介].

5. 有关数字特征的证明题和应用题.

4.2 典型例题分析、解答与评注

4.2.1 求一维随机变量的数字特征

【解题提示】 这类题型主要是求期望和方差，其常用方法有：

1. 对分布已知的情形，按定义直接计算，常用分布的数字特征见下表.

分　布	分布律或概率密度	数学期望 $E(X)$	方差 $D(X)$
(0—1)分布	$P\{X=k\}=p^kq^{1-k},k=0,1,0<p<1,p+q=1$	$E(X)=p$	$D(X)=pq$
二项分布	$P\{X=k\}=C_n^kp^kq^{n-k},k=0,1,2,\cdots,n,0<p<1,p+q=1$	$E(X)=np$	$D(X)=npq$
泊松分布	$P\{X=k\}=\frac{\lambda^k}{k!}e^{-\lambda},k=0,1,2,\cdots;\lambda>0$	$E(X)=\lambda$	$D(X)=\lambda$
均匀分布	$f(x)=\begin{cases}\frac{1}{b-a}, & x\in(a,b),\\ 0, & 其他\end{cases}$	$E(X)=\frac{a+b}{2}$	$D(X)=\frac{(b-a)^2}{12}$
指数分布	$f(x)=\begin{cases}\lambda e^{-\lambda x}, & x>0,\\ 0, & x\leqslant 0,\end{cases}\lambda>0$ 为参数	$E(X)=\frac{1}{\lambda}$	$D(X)=\frac{1}{\lambda^2}$

2. 对由随机试验给出的随机变量，先求出其分布，再按定义计算. 离散型或连续型计算期望或方差的公式：离散型随机变量的分布律为

X	x_1	x_2	x_3	$\cdots$	x_k	$\cdots$
$P(X)$	p_1	p_2	p_3	$\cdots$	p_k	$\cdots$

则
$$E(X)=\sum_{k=1}^{\infty}x_kp_k,\quad D(X)=\sum_{k=1}^{\infty}[x_k-E(X)]^2p_k.$$

连续型随机变量：设 $f(x)$ 为 X 的分布密度函数，则

$$E(X)=\int_{-\infty}^{+\infty}xf(x)\mathrm{d}x,\quad D(X)=\int_{-\infty}^{+\infty}[x-E(X)]^2f(x)\mathrm{d}x.$$

例 4.1　按规定某车站每天 8:00～9:00，9:00～10:00 都恰有一辆客车到站，各车到站时刻是随机的，且各车到站的时间相互独立，其规律为

到站时刻	8:10 9:10	8:30 9:30	8:50 9:50
概率	$\frac{1}{5}$	$\frac{2}{5}$	$\frac{2}{5}$

一旅客 8:20 到站，求他候车时间的数学期望和方差.

分析　本题应由随机事件写出分布律，然后再计算.

解答　令 X 表示候车时间，该旅客乘 9:10 的车，意味着 8:00～9:00，这趟车在 8:10 开走了，他候车时间 50min，对应的概率为“第一趟车 8:10 开走，第二趟车 9:10 开，两事件同时发生的概率”，即　$P\{X=50\}=\frac{1}{5}\times\frac{1}{5}=\frac{1}{25}$.

他候车 70 分钟、90 分钟对应的概率类似处理. 于是候车的分布律为

X	10	30	50	70	90
$P(X)$	$\frac{2}{5}$	$\frac{2}{5}$	$\frac{1}{5}\times\frac{1}{5}$	$\frac{1}{5}\times\frac{2}{5}$	$\frac{1}{5}\times\frac{2}{5}$

故 $E(X)=10\times\frac{2}{5}+30\times\frac{2}{5}+50\times\frac{1}{25}+70\times\frac{2}{25}+90\times\frac{2}{25}=30.8$,

$E(X^2)=(10)^2\times\frac{2}{5}+(30)^2\times\frac{2}{5}+(50)^2\times\frac{1}{25}+(70)^2\times\frac{2}{25}+(90)^2\times\frac{2}{25}=1540$,

$D(X)=E(X^2)-[E(X)]^2=1540-(30.8)^2=591.36$.

评注 本题考查的是离散型随机变量的数字特征.

例 4.2 设随机变量 X 的概率密度为 $f(x)=\frac{1}{2}e^{-|x|}\ (-\infty<x<+\infty)$. 求 $E(X)$及 $D(X)$.

分析 本题的关键是计算数字特征时,要利用定积分对称积分区间上被积函数奇偶性的性质.

解答 $E(X)=\int_{-\infty}^{+\infty}xf(x)\mathrm{d}x=\int_{-\infty}^{+\infty}x\,\frac{1}{2}e^{-|x|}\,\mathrm{d}x=0$,

$\Big($因为$\frac{1}{2}e^{-|x|}$为偶函数,$x\,\frac{1}{2}e^{-|x|}$为奇函数,由对称积分区间上被积函数奇偶性的性质,所以 $E(X)=0\Big)$

$$D(X)=\int_{-\infty}^{+\infty}[x-E(X)]^2f(x)\mathrm{d}x=\int_{-\infty}^{+\infty}x^2\,\frac{1}{2}e^{-|x|}\,\mathrm{d}x$$
$$=\int_{0}^{+\infty}x^2e^{-x}\mathrm{d}x=-e^{-x}(x^2+2x+2)\Big|_0^{+\infty}=2.$$

评注 本题考查的是连续型随机变量的数字特征.

例 4.3 设随机变量 X 的分布函数为 $F(x)=\begin{cases}\frac{1}{2}e^x, & x<0,\\ \frac{1}{2}, & 0\leqslant x<1,\\ 1-\frac{1}{2}e^{-\frac{1}{2}(x-1)}, & x\geqslant 1,\end{cases}$

求 $E(X)$及 $D(X)$.

分析 本题中给出的是 X 的分布函数,而非密度函数,但我们没有用分布函数求数学期望与方差公式,因此需先求出密度函数,然后用定义计算.

解答 随机变量 X 的分布密度为 $f(x)=F'(x)=\begin{cases}\frac{1}{2}e^x, & x<0,\\ 0, & 0\leqslant x<1,\\ \frac{1}{4}e^{-\frac{1}{2}(x-1)}, & x\geqslant 1,\end{cases}$

于是
$$E(X)=\int_{-\infty}^{+\infty}xf(x)\mathrm{d}x=\int_{-\infty}^{0}\frac{x}{2}e^x\mathrm{d}x+\int_{1}^{+\infty}\frac{x}{4}e^{-\frac{1}{2}(x-1)}\mathrm{d}x$$
$$=\frac{1}{2}\int_{-\infty}^{0}x\mathrm{d}e^x-\frac{1}{2}\int_{1}^{+\infty}x\mathrm{d}e^{-\frac{1}{2}(x-1)}$$
$$=\frac{1}{2}\left(xe^x\Big|_{-\infty}^{0}-\int_{-\infty}^{0}e^x\mathrm{d}x\right)-\frac{1}{2}\left[xe^{-\frac{1}{2}(x-1)}\Big|_1^{+\infty}-\int_1^{+\infty}e^{-\frac{1}{2}(x-1)}\mathrm{d}x\right]$$
$$=-\frac{1}{2}e^x\Big|_{-\infty}^{0}+\left[\frac{1}{2}-e^{-\frac{1}{2}(x-1)}\Big|_1^{-\infty}\right]$$
$$=-\frac{1}{2}+\left(\frac{1}{2}+1\right)=1,$$

又 $$E(X^2)=\int_{-\infty}^{+\infty}x^2f(x)\mathrm{d}x=\int_{-\infty}^{0}\frac{x^2}{2}\mathrm{e}^x\mathrm{d}x+\int_{1}^{+\infty}\frac{x^2}{4}\mathrm{e}^{-\frac{1}{2}(x-1)}\mathrm{d}x$$
$$=\frac{1}{2}\int_{-\infty}^{0}x^2\mathrm{d}\mathrm{e}^x-\frac{1}{2}\int_{1}^{+\infty}x^2\mathrm{d}\mathrm{e}^{-\frac{1}{2}(x-1)}$$
$$=\frac{1}{2}\left(x^2\mathrm{e}^x\Big|_{-\infty}^{0}-\int_{-\infty}^{0}2x\mathrm{e}^x\mathrm{d}x\right)-\frac{1}{2}\left[x^2\mathrm{e}^{-\frac{1}{2}(x-1)}\Big|_{1}^{+\infty}-\int_{1}^{+\infty}2x\mathrm{e}^{-\frac{1}{2}(x-1)}\mathrm{d}x\right]$$
$$=-\int_{-\infty}^{0}x\mathrm{e}^x\mathrm{d}x+\frac{1}{2}+\int_{1}^{+\infty}x\mathrm{e}^{-\frac{1}{2}(x-1)}\mathrm{d}x$$
$$=-\int_{-\infty}^{0}x\mathrm{d}\mathrm{e}^x+\frac{1}{2}-2\int_{1}^{+\infty}x\mathrm{d}\mathrm{e}^{-\frac{1}{2}(x-1)}=\frac{15}{2},$$
$$D(X)=E(X^2)-[E(X)]^2=\frac{15}{2}-1^2=\frac{13}{2}.$$

评注　计算 $E(X^2)$ 的过程中用了计算 $E(X)$ 时已经取得的积分 $\int_{-\infty}^{0}x\mathrm{d}\mathrm{e}^x=-1$，$\int_{1}^{+\infty}x\mathrm{e}^{-\frac{1}{2}(x-1)}\mathrm{d}x=6$ 来简化计算.

4.2.2　求一维随机变量函数的数学期望

【解题提示】　这类题型一般不要采用先求概率密度或分布函数，再按定义计算的方法，其常用方法有：

1. 设 Y 是随机变量 X 的函数：$Y=g(X)$，其中 g 是连续函数，则(1) X 为离散型随机变量，其分布律为

X	x_1	x_2	x_3	…	x_k	…
$P(X)$	p_1	p_2	p_3	…	p_k	…

则 $$E(Y)=E[g(X)]=\sum_{k=1}^{\infty}g(x_k)p_k.$$

(2) X 为连续型随机变量，其分布密度为 $f(x)$，则 $E(Y)=E[g(X)]=\int_{-\infty}^{+\infty}g(x)f(x)\mathrm{d}x$.

2. 无论 X 是离散型还是连续型，$Y=g(X)$ 的方差用公式计算为
$$D(Y)=D[g(X)]=E(Y^2)-[E(Y)]^2.$$
计算过程中可以利用数学期望、方差的性质以及常见分布的数学期望与方差计算.

例 4.4　设 $X\sim E(1)$，则数学期望 $E(X+\mathrm{e}^{-2X})=$________.

分析　先利用数学期望的线性性质，再利用随机变量函数的数学期望公式即可求得.

解答　因为 $X\sim E(1)$，于是 $E(X)=1$，而且 X 的概率密度为
$$f(x)=\begin{cases}\mathrm{e}^{-x}, & x>0,\\ 0, & x\leqslant 0,\end{cases}$$
从而 $$E(\mathrm{e}^{-2X})=\int_{-\infty}^{+\infty}\mathrm{e}^{-2x}f(x)\mathrm{d}x=\int_{0}^{+\infty}\mathrm{e}^{-2x}\mathrm{e}^{-x}\mathrm{d}x=\frac{1}{3},$$
因此 $$E(X+\mathrm{e}^{-2X})=E(X)+E(\mathrm{e}^{-2X})=\frac{4}{3}.$$

评注　先利用已知写出 X 的概率密度函数，然后利用连续型一维随机变量函数的数学期

望的公式计算.

例 4.5 设随机变量 X 的概率密度为 $f(x)=\dfrac{1}{\pi(1+x^2)}$, $x\in(-\infty,+\infty)$，求 $E(\min\{|X|,1\})$.

分析 本题中一定要在计算随机变量函数的数学期望过程中分析 $\min\{|X|,1\}$，不要单独计算 $\min\{|X|,1\}$.

解答

$$E[\min\{|X|,1\}]=\int_{-\infty}^{+\infty}\min\{|X|,1\}f(x)\mathrm{d}x$$

$$=\int_{|X|<1}|X|f(x)\mathrm{d}x+\int_{|X|\geqslant 1}f(x)\mathrm{d}x=2\int_0^1\frac{x}{\pi(1+x^2)}\mathrm{d}x+2\int_1^{+\infty}\frac{1}{\pi(1+x^2)}\mathrm{d}x$$

$$=\frac{1}{\pi}\ln(1+x^2)\Big|_0^1+\frac{2}{\pi}\arctan x\Big|_1^{+\infty}=\frac{1}{\pi}\ln 2+\frac{1}{2}.$$

评注 直接将 $\min\{|X|,1\}$ 代入连续型一维随机变量函数的数学期望的公式计算是关键的一步.

例 4.6 设随机变量 X 的概率密度为

$$f(x)=\begin{cases}ax, & 0<x<2,\\ cx+b, & 2\leqslant x\leqslant 4,\\ 0, & 其他.\end{cases}$$

已知 $E(X)=2$, $D(X)=\dfrac{2}{3}$，试求：(1) a,b,c 的值；(2) 随机变量 $Y=\mathrm{e}^X$ 的数学期望与方差.

分析 第一问主要考查已知数字特征，反求参数的问题，只要充分利用已知条件和密度函数所具有的性质，问题即可得到解答. 第二问在第一问的基础上直接用一维连续型随机变量函数的期望与方差公式计算即可.

解答 (1) 因为 $f(x)$ 为概率密度，故

$$\int_{-\infty}^{+\infty}f(x)\mathrm{d}x=\int_0^2 ax\mathrm{d}x+\int_2^4(cx+b)\mathrm{d}x$$

$$=\frac{1}{2}ax^2\Big|_0^2+\frac{1}{2}cx^2\Big|_2^4+2b=1.$$

即有

$$2a+2b+6c=1. \quad ①$$

又

$$E(X)=\int_{-\infty}^{+\infty}xf(x)\mathrm{d}x=\int_0^2 ax^2\mathrm{d}x+\int_2^4 x(cx+b)\mathrm{d}x$$

$$=\frac{1}{3}ax^3\Big|_0^2+\frac{1}{3}cx^3\Big|_2^4+\frac{1}{2}bx^2\Big|_2^4$$

$$=\frac{8}{3}a+\frac{56}{3}c+6b=2.$$

故有

$$4a+9b+28c=3. \quad ②$$

因 $D(X)=\dfrac{2}{3}$，于是

$$E(X^2)=D(X)+[E(X)]^2=\frac{14}{3},$$

即

$$E(X^2)=\int_{-\infty}^{+\infty}x^2f(x)\mathrm{d}x=\int_0^2 ax^3\mathrm{d}x+\int_2^4 x^2(cx+b)\mathrm{d}x$$

$$=\frac{1}{4}ax^4\Big|_0^2+\frac{1}{4}cx^4\Big|_2^4+\frac{1}{3}bx^3\Big|_2^4$$

$$= 4a + 60c + \frac{56}{3}b = \frac{14}{3}.$$

于是有
$$6a+28b+90c=7. \qquad ③$$

联立式①～式③解得 $a=\frac{1}{4}, b=1, c=-\frac{1}{4}$.

(2) 由于 $f(x)=\begin{cases} ax, & 0<x<2, \\ cx+b, & 2\leqslant x\leqslant 4, \\ 0, & \text{其他}. \end{cases}$ 于是

$$\begin{aligned} E(Y) = E(e^X) &= \int_{-\infty}^{+\infty} e^x f(x)dx = \int_0^2 \frac{1}{4}xe^x dx + \int_2^4 \left(-\frac{1}{4}x+1\right)e^x dx \\ &= \frac{1}{4}\left(xe^x\Big|_0^2 - \int_0^2 e^x dx\right) - \frac{1}{4}\left(xe^x\Big|_2^4 - \int_2^4 e^x dx\right) + e^x\Big|_2^4 \\ &= \frac{1}{2}e^2 - \frac{1}{4}e^x\Big|_0^2 - \frac{4e^4-2e^2}{4} + \frac{1}{4}e^x\Big|_2^4 + e^4 - e^2 \\ &= \frac{1}{4}(e^2-1)^2. \end{aligned}$$

$$\begin{aligned} E(Y^2) = E(e^{2X}) &= \int_{-\infty}^{+\infty} e^{2x} f(x)dx \\ &= \int_0^2 \frac{1}{4}xe^{2x}dx + \int_2^4 \left(-\frac{1}{4}x+1\right)e^{2x}dx \\ &= \frac{1}{8}\left(xe^{2x}\Big|_0^2 - \int_0^2 e^{2x}dx\right) - \frac{1}{8}\left(xe^{2x}\Big|_2^4 - \int_2^4 e^{2x}dx\right) + \frac{1}{2}e^{2x}\Big|_2^4 \\ &= \frac{1}{4}e^4 - \frac{1}{16}e^{2x}\Big|_0^2 - \frac{4e^8-2e^4}{8} + \frac{1}{16}e^{2x}\Big|_2^4 + \frac{e^8-e^4}{2} \\ &= \frac{1}{16}(e^4-1)^2. \end{aligned}$$

故
$$D(Y)=E(Y^2)-[E(Y)]^2=\frac{1}{4}e^2(e^2-1)^2.$$

评注 已知数字特征可反求未知参数，但要注意密度函数的隐含性质：$\int_{-\infty}^{+\infty} f(x)dx = 1$.

4.2.3 求二维随机变量及其函数的数字特征

【解题提示】 求解这类题型的常用方法有：

1. 已知二维随机变量(X,Y)的分布密度(或联合分布律)，求 $E(X)$，$D(X)$，$E(Y)$，$D(Y)$或协方差 $\text{Cov}(X,Y)$及相关系数 ρ_{XY}，一般按如下步骤进行：

(1) 求出(X,Y)关于 X,Y 的边缘概率密度 $f_X(x)$，$f_Y(y)$；

(2) 利用如下公式计算相关的量($Z=g(X,Y)$)：

离散型：$P\{X=x_i, Y=y_j\}=p_{ij}\ (i,j=1,2,\cdots)$，则

$$E(X) = \sum_i x_i p_{ij} = \sum_i \sum_j x_i p_{ij}, \qquad E(Y) = \sum_j y_j p_{ij} = \sum_i \sum_j y_j p_{ij},$$

$$D(X) = \sum_i \sum_j [x_i - E(X)]^2 p_{ij}, \qquad D(Y) = \sum_i \sum_j [y_j - E(Y)]^2 p_{ij},$$

$$E(Z) = \sum_i \sum_j g(x_i, y_j) p_{ij}.$$

连续型：(X,Y)的联合概率密度为 $f(x,y)$，则

$$E(X)=\int_{-\infty}^{+\infty}xf_X(x)\mathrm{d}x=\int_{-\infty}^{+\infty}\int_{-\infty}^{+\infty}xf(x,y)\mathrm{d}x\mathrm{d}y,$$

$$E(Y)=\int_{-\infty}^{+\infty}yf_Y(y)\mathrm{d}y=\int_{-\infty}^{+\infty}\int_{-\infty}^{+\infty}yf(x,y)\mathrm{d}x\mathrm{d}y,$$

$$D(X)=\int_{-\infty}^{+\infty}[x-E(X)]^2f_X(x)\mathrm{d}x,\qquad D(Y)=\int_{-\infty}^{+\infty}[y-E(Y)]^2f_Y(y)\mathrm{d}y,$$

$$E(Z)=\int_{-\infty}^{+\infty}\int_{-\infty}^{+\infty}g(x,y)f(x,y)\mathrm{d}x\mathrm{d}y.$$

协方差 $\mathrm{Cov}(X,Y)=E(XY)-E(X)E(Y)$.

相关系数 $\rho_{XY}=\dfrac{\mathrm{Cov}(X,Y)}{\sqrt{D(X)}\sqrt{D(Y)}}=\dfrac{E(XY)-E(X)E(Y)}{\sqrt{D(X)}\sqrt{D(Y)}}$.

注意：1) 当 X,Y 相互独立时，$E(XY)=E(X)E(Y)$；$D(X+Y)=D(X)+D(Y)$.

2) 当 X,Y 不相互独立时，$D(X+Y)=D(X)+D(Y)\pm2\mathrm{Cov}(X,Y)$

$$=D(X)+D(Y)\pm2\rho_{XY}\sqrt{D(X)}\sqrt{D(Y)}.$$

3) 当(X,Y)为二维正态分布时，则 X 与 Y 不相关，等同于 X 与 Y 相互独立.

4) 正态随机变量的线性组合仍为正态分布.

2. 对二维随机变量函数的数学期望也可引进恰当的中间变量转化为一维随机变量函数的情形来计算，但应用此方法的前提条件是中间变量的分布能方便求出.

例 4.7 设 X_1与 X_2相互独立，且均服从 $N(\mu,\sigma^2)$，试求 $E(\max\{X_1,X_2\})$.

分析 要求的是二维随机变量函数的数学期望问题，可先由独立性求出联合分布，再按函数的数学期望公式计算. 下面给出两种不同的解法.

解答 方法一：因为 X_1与 X_2相互独立，且均服从 $N(\mu,\sigma^2)$，所以 X_1与 X_2的联合概率密度为

$$f(x,y)=f_{X_1}(x)f_{X_2}(x)=\frac{1}{2\pi\sigma^2}\mathrm{e}^{-\frac{(x-\mu)^2+(y-\mu)^2}{2\sigma^2}},$$

于是由随机变量的数学期望公式有

$$\begin{aligned}E(\max\{X_1,X_2\})&=\int_{-\infty}^{+\infty}\int_{-\infty}^{+\infty}\max\{x,y\}f(x,y)\mathrm{d}x\mathrm{d}y\\&=\int_{-\infty}^{+\infty}\mathrm{d}x\int_{-\infty}^{x}xf(x,y)\mathrm{d}y+\int_{-\infty}^{+\infty}\mathrm{d}x\int_{x}^{+\infty}yf(x,y)\mathrm{d}y\\&=\int_{-\infty}^{+\infty}\mathrm{d}x\int_{-\infty}^{x}(x-\mu)f(x,y)\mathrm{d}y+\int_{-\infty}^{+\infty}\mathrm{d}x\int_{x}^{+\infty}(y-\mu)f(x,y)\mathrm{d}y+\mu\\&=\int_{-\infty}^{+\infty}\mathrm{d}y\int_{y}^{+\infty}(x-\mu)f(x,y)\mathrm{d}x+\int_{-\infty}^{+\infty}\mathrm{d}y\int_{y}^{+\infty}(x-\mu)f(x,y)\mathrm{d}x+\mu\\&=\mu+2\int_{-\infty}^{+\infty}\mathrm{d}y\int_{y}^{+\infty}(x-\mu)f(x,y)\mathrm{d}x\\&=\mu+2\int_{-\infty}^{+\infty}\frac{1}{2\pi\sigma^2}\mathrm{e}^{-\frac{(y-\mu)^2}{2\sigma^2}}\mathrm{d}y\int_{y}^{+\infty}(x-\mu)\mathrm{e}^{-\frac{(x-\mu)^2}{2\sigma^2}}\mathrm{d}x\\&=\mu+\frac{1}{\pi}\int_{-\infty}^{+\infty}\mathrm{e}^{-\frac{(y-\mu)^2}{\sigma^2}}\mathrm{d}y=\mu+\frac{\sigma}{\sqrt{\pi}}.\end{aligned}$$

方法二：令 $Y_1=\dfrac{X_1-\mu}{\sigma}$，$Y_2=\dfrac{X_2-\mu}{\sigma}$，则 Y_1与 Y_2独立且均服从 $N(0,1)$，且

$$\max\{X_1,X_2\}=\max\{\mu+\sigma Y_1,\mu+\sigma Y_2\}=\mu+\sigma\max\{Y_1,Y_2\}.$$

又因为
$$\max\{Y_1,Y_2\}=\frac{1}{2}(Y_1+Y_2+|Y_1-Y_2|),$$

故
$$E(\max\{Y_1,Y_2\})=\frac{1}{2}[E(Y_1)+E(Y_2)+E(|Y_1-Y_2|)]=\frac{1}{2}E(|Y_1-Y_2|),$$

因为 $Y_1-Y_2\sim N(0,2)$，记 $Y_1-Y_2=U$，则

$$E(|Y_1-Y_2|)=\int_{-\infty}^{+\infty}|u|\frac{1}{\sqrt{2\pi}\sqrt{2}}e^{-\frac{u^2}{4}}du=\frac{1}{\sqrt{\pi}}\int_0^{+\infty}ue^{-\frac{u^2}{4}}du=\frac{2}{\sqrt{\pi}}.$$

所以
$$\begin{aligned}E[\max(X_1,X_2)]&=E[\mu+\sigma\max\{Y_1,Y_2\}]=\mu+\sigma E[\max\{Y_1,Y_2\}]\\&=\mu+\sigma\times\frac{1}{2}\times\frac{2}{\sqrt{\pi}}=\mu+\frac{\sigma}{\sqrt{\pi}}.\end{aligned}$$

评注　方法一的积分技巧是较强的，而方法二的技巧在于做恰当的变换，较方法一简单. 但当中间变量的分布不是很容易求出时，还是宜直接计算.

例 4.8　设二维随机变量 (X,Y) 的联合概率密度为

$$f(x,y)=\begin{cases}cxy, & 0\leqslant x\leqslant 1,0\leqslant y\leqslant x,\\0, & \text{其他}.\end{cases}$$

试求：(1) 常数 c；(2) $E(X),E(Y),D(X),D(Y)$；(3) $\mathrm{Cov}(X,Y)$，相关系数 ρ_{XY}.

分析　求解本题的关键是先根据 $\int_{-\infty}^{+\infty}\int_{-\infty}^{+\infty}f(x,y)dxdy=1$ 计算出常数 c，再按函数的数学期望公式计算.

解答　(1) $1=\int_{-\infty}^{+\infty}\int_{-\infty}^{+\infty}f(x,y)dxdy=c\int_0^1 xdx\int_0^x ydy=c\int_0^1\frac{1}{2}x^3dx=\frac{1}{8}c\Rightarrow c=8.$

所以，$f(x,y)=\begin{cases}8xy, & 0\leqslant x\leqslant 1,0\leqslant y\leqslant x,\\0, & \text{其他}.\end{cases}$

(2) $E(X)=\int_0^1\left(\int_0^x x\cdot 8xydy\right)dx=8\int_0^1 x^2dx\int_0^x ydy=4\int_0^1 x^4dx=\frac{4}{5},$

$$E(Y)=\int_0^1\left(\int_y^1 y\cdot 8xydx\right)dy=\frac{8}{15},$$

$$E(X^2)=\int_0^1\left(\int_0^x x^2\cdot 8xydy\right)dx=8\int_0^1 x^3dx\int_0^x ydy=4\int_0^1 x^5dx=\frac{2}{3},$$

$$D(X)=E(X^2)-[E(X)]^2=\frac{2}{3}-\left(\frac{4}{5}\right)^2=\frac{2}{75},$$

$$E(Y^2)=\int_0^1\left(\int_y^1 y^2\cdot 8xydx\right)dy=\frac{1}{3},$$

$$D(Y)=E(Y^2)-[E(Y)]^2=\frac{1}{3}-\left(\frac{8}{15}\right)^2=\frac{11}{225},$$

$$E(XY)=\int_0^1\left(\int_0^x xy\cdot 8xydy\right)dx=8\int_0^1 x^2dx\int_0^x y^2dy=\frac{8}{3}\int_0^1 x^5dx=\frac{4}{9}.$$

(3) $\mathrm{Cov}(X,Y)=E(XY)-E(X)E(Y)=\frac{4}{9}-\frac{4}{5}\times\frac{8}{15}=\frac{4}{225},$

$$\rho_{XY}=\frac{\mathrm{Cov}(X,Y)}{\sqrt{D(X)}\cdot\sqrt{D(Y)}}=\frac{\frac{4}{225}}{\sqrt{\frac{2}{75}}\cdot\sqrt{\frac{11}{225}}}=\frac{2\sqrt{66}}{33}.$$

评注 本题考查的是二维连续型随机变量函数的数学期望、方差、协方差、相关系数等公式.

例 4.9 已知(X,Y)的联合分布律为

$X \backslash Y$	-1	0	1
-1	$\frac{1}{8}$	$\frac{1}{8}$	$\frac{1}{8}$
0	$\frac{1}{8}$	0	$\frac{1}{8}$
1	$\frac{1}{8}$	$\frac{1}{8}$	$\frac{1}{8}$

试求:(1) $E(X),E(Y),D(X),D(Y)$;(2) $\mathrm{Cov}(X,Y)$,相关系数ρ_{XY};(3) 问X,Y是否相关? 是否独立?

分析 $\rho_{XY}=0$,X与Y不相关;$P\{X=A,Y=B\}\neq P\{X=A\}\cdot P\{Y=B\}$,$X$与$Y$不相互独立. 本题考查了离散型随机变量相关和相互独立的定义.

解答 (1) 先求出X与Y的边缘分布律,分别为

X	-1	0	1
$p_{i\cdot}$	$\frac{3}{8}$	$\frac{2}{8}$	$\frac{3}{8}$

Y	-1	0	1
$p_{\cdot j}$	$\frac{3}{8}$	$\frac{2}{8}$	$\frac{3}{8}$

$$E(X)=(-1)\times\frac{3}{8}+0\times\frac{2}{8}+1\times\frac{3}{8}=0,\qquad 同理\ E(Y)=0,$$

$$E(X^2)=(-1)^2\times\frac{3}{8}+0^2\times\frac{2}{8}+1^2\times\frac{3}{8}=\frac{6}{8},\qquad 同理\ E(Y^2)=\frac{6}{8},$$

$$D(X)=E(X^2)-[E(X)]^2=\frac{6}{8},\qquad 同理\ D(Y)=\frac{6}{8}.$$

(2) $$E(XY)=(-1)\times(-1)\times\frac{1}{8}+(-1)\times 0\times\frac{1}{8}+(-1)\times 1\times\frac{1}{8}+0\times(-1)\times\frac{1}{8}+0\times 0\times\frac{1}{8}+$$
$$0\times 1\times\frac{1}{8}+1\times(-1)\times\frac{1}{8}+1\times 0\times\frac{1}{8}+1\times 1\times\frac{1}{8}=0,$$

$$\mathrm{Cov}(X,Y)=E(XY)-E(X)E(Y)=0,\qquad \rho_{XY}=0;$$

(3) 因$\rho_{XY}=0$,所以X与Y不相关,

$P\{X=-1,Y=-1\}=\frac{1}{8}\neq\frac{3}{8}\times\frac{3}{8}=P\{X=-1\}\cdot P\{Y=-1\}$,所以$X$与$Y$不相互独立.

评注 本题考查的是二维离散型随机变量函数的数学期望、方差、协方差、相关系数等公式,以及相关和相互独立的定义.

4.2.4 求多维随机变量的数字特征[(0—1)分布分解法简介]

【解题提示】 这类题型的求解技巧如下:

1. 求解多维随机变量 X 的数字特征的(0—1)分布分解法

(1) 分析欲求解的随机变量X是否可看成若干随机变量X_i的和,而X_i服从(0—1)分布;

(2) 引入新随机变量 X_i，第 i 事件发生时，$X_i=1$；第 i 事件不发生时，$X_i=0$；

(3) 求出 $E(X_i)$，$D(X_i)$；

(4) 再分析 X_i 与 X_j 是否相互独立，然后根据相应公式求出 $E(X)$，$D(X)$.

设 $P\{X_i=1\}=p$，$P\{X_i=0\}=1-p$，则 $E(X_i)=p$，$D(X_i)=p(1-p)$，则

$$E(X)=\sum_i E(X_i),$$

$$D(X)=D\left(\sum_i X_i\right)\begin{cases}\sum_i D(X_i)=\sum_i p(1-p), & X_i \text{ 与 } X_j \text{ 相互独立},\\ \sum_i D(X_i)+2\sum\sum\limits_{i<j}\operatorname{Cov}(X_i,X_j), & X_i \text{ 与 } X_j \text{ 不独立}.\end{cases}$$

2. 利用期望、方差的定义和性质

期望、方差的性质具体如下：

(1) $E(aX+b)=aE(X)+b$（其中 a，b 为常数）.

(2) 设 X 和 Y 是两个随机变量，则有 $E(X\pm Y)=E(X)\pm E(Y)$.

(3) 设 X 和 Y 是相互独立的随机变量，则有 $E(XY)=E(X)E(Y)$.

推广 如果 $X_1,X_2,\cdots,X_n$ 相互独立，则 $E\left(\prod\limits_{i=1}^{n}X_i\right)=\prod\limits_{i=1}^{n}E(X_i)$.

(4) $D(aX+b)=a^2D(X)$（其中 a，b 为常数）.

(5) 设 X 和 Y 是两个随机变量，则有

$$D(X\pm Y)=D(X)+D(Y)\pm 2E\{[X-E(X)][Y-E(Y)]\}.$$

(6) 设 X 和 Y 是相互独立的随机变量，则有 $D(aX\pm bY)=a^2D(X)+b^2D(Y)$.

该性质可以推广到有限多个相互独立的随机变量之和的情况，X，Y 不相关时该性质仍然成立.

(7) $D(X)=0\Leftrightarrow P\{X=E(X)\}=1$.

例 4.10 设随机变量 $X_1,X_2,\cdots,X_n$ 相互独立同分布，其相同的概率密度为

$$f(x)=\begin{cases}2e^{-2(x-\theta)}, & x>\theta,\\ 0, & x\leqslant\theta.\end{cases}$$

其中 θ 为参数，试求 $Z=\min\limits_{1\leqslant i\leqslant n}\{X_i\}$ 的数学期望和方差.

分析 此题为 n 个随机变量函数的数学期望. 若直接计算，则需求 n 重积分，显然不方便处理. 这里先求 Z 的分布函数，从而得 Z 的密度函数，再按期望定义进行计算.

解答 因为 $X_1,X_2,\cdots,X_n$ 的相同的概率密度为

$$f(x)=\begin{cases}2e^{-2(x-\theta)}, & x>\theta,\\ 0, & x\leqslant\theta.\end{cases}$$

所以它们相同的分布函数为

$$F(x)=\int_{-\infty}^{x}f(t)dt=\begin{cases}\int_0^x 2e^{-2(t-\theta)}dt, & x>\theta,\\ 0, & x\leqslant\theta\end{cases}=\begin{cases}-e^{-2(t-\theta)}\Big|_0^x, & x>\theta,\\ 0, & x\leqslant\theta\end{cases}=\begin{cases}1-e^{-2(x-\theta)}, & x>\theta,\\ 0, & x\leqslant\theta.\end{cases}$$

因此 Z 的分布函数

$$\begin{aligned}F_Z(z)&=P\{Z\leqslant z\}=P\{\min_{1\leqslant i\leqslant n}\{X_i\}\leqslant z\}=1-P\{\min_{1\leqslant i\leqslant n}\{X_i\}>z\}\\&=1-P\{X_1>z,X_2>z,\cdots,X_n>z\}\end{aligned}$$

$$=1-P\{X_1>z\}\cdot P\{X_2>z\}\cdot\cdots\cdot P\{X_n>z\}$$
$$=1-[1-F(z)]^n=\begin{cases}1-\mathrm{e}^{-2n(z-\theta)}, & z>\theta,\\ 0, & z\leqslant\theta.\end{cases}$$

从而 Z 的密度函数为

$$f_Z(z)=F'(z)=\begin{cases}2n\mathrm{e}^{-2n(z-\theta)}, & z>\theta,\\ 0, & z\leqslant\theta.\end{cases}$$

故 $$E(Z)=\int_{-\infty}^{+\infty}zf_Z(z)\mathrm{d}z=\int_{\theta}^{+\infty}2nz\mathrm{e}^{-2n(z-\theta)}\mathrm{d}z$$
$$=-z\mathrm{e}^{-2n(z-\theta)}\Big|_{\theta}^{+\infty}+\int_{\theta}^{+\infty}\mathrm{e}^{-2n(z-\theta)}\mathrm{d}z=\theta-\frac{1}{2n}\mathrm{e}^{-2n(z-\theta)}\Big|_{\theta}^{+\infty}=\theta+\frac{1}{2n}.$$

故 $$E(Z^2)=\int_{-\infty}^{+\infty}z^2f_Z(z)\mathrm{d}z=\int_{\theta}^{+\infty}2nz^2\mathrm{e}^{-2n(z-\theta)}\mathrm{d}z$$
$$=-z^2\mathrm{e}^{-2n(z-\theta)}\Big|_{\theta}^{+\infty}+\int_{\theta}^{+\infty}2z\mathrm{e}^{-2n(z-\theta)}\mathrm{d}z=\theta^2+\frac{1}{n}E(Z)=\theta^2+\frac{\theta}{n}+\frac{1}{2n^2},$$

因此 $$D(Z)=E(Z^2)-[E(Z)]^2=\theta^2+\frac{\theta}{n}+\frac{1}{2n^2}-\left(\theta+\frac{1}{2n}\right)^2=\frac{1}{4n^2}.$$

评注 本题为求 n 个随机变量函数的数学期望.

例 4.11 设某人先写了 n 封投向不同地址的信，再写 n 个标有这 n 个地址的信封，然后在每个信封内随意装入一封信，试求信与地址配对的个数的数学期望和方差.

分析 本题是一个"配对问题"，若用先求分布再按定义计算的方法将是非常麻烦的，下面将用数学期望的性质来做. 其重要技巧是将一个较复杂的随机变量转化成简单随机变量的和.

解答 设 X 表示配对的个数，X_i 定义如下：若第 i 封信配对，则 $X_i=1$；否则，若第 i 封信未配对，$X_i=0$，$i=1,2,\cdots,n$.

于是有 $$X=\sum_{i=1}^{n}X_i,P\{X_i=1\}=\frac{1}{n},P\{X_i=0\}=1-\frac{1}{n}.$$

因为 $$E(X_i)=1\times\frac{1}{n}+0\times\left(1-\frac{1}{n}\right)=\frac{1}{n},$$

故 $$E(X)=E(X_1+X_2+\cdots+X_n)=E(X_1)+E(X_2)+\cdots+E(X_n)=1.$$

因为 $$D(X)=E(X^2)-[E(X)]^2,$$

而 $$E(X^2)=E[(X_1+X_2+\cdots+X_n)^2]=\sum_{i=1}^{n}E(X_i^2)+2\sum_{1\leqslant i<j\leqslant n}E(X_iX_j),$$
$$E(X_i^2)=1^2\times\frac{1}{n}+0^2\times\left(1-\frac{1}{n}\right)=\frac{1}{n}.$$

因为随机变量 $X_iX_j(i\neq j)$ 的可能取值为 1 和 0，且

$$P\{X_iX_j=1\}=\frac{1}{n(n-1)},P\{X_iX_j=0\}=1-\frac{1}{n(n-1)},$$

故有 $$E(X_iX_j)=1\times\frac{1}{n(n-1)}+0\times\left[1-\frac{1}{n(n-1)}\right]=\frac{1}{n(n-1)}.$$

于是 $$E(X^2)=n\times\frac{1}{n}+2\mathrm{C}_n^2\times\frac{1}{n(n-1)}=2.$$

所以 $$D(X)=E(X^2)-[E(X)]^2=2-1^2=1.$$

评注 求方差时一定要注意的是 $X_i(i=1,2,\cdots,n)$ 之间没有独立性，因而不能认为有

$D(X)=D(X_1+X_2+\cdots+X_n)=D(X_1)+D(X_2)+\cdots+D(X_n)$.

例 4.12　设 $X_1,X_2,\cdots,X_n(n>2)$ 为独立同分布的随机变量，且均服从 $N(0,1)$，记 $\overline{X}=\frac{1}{n}\sum_{i=1}^{n}X_i,Y_i=X_i-\overline{X},i=1,2,\cdots,n$. 求：

(1) Y_i 的方差 $D(Y_i),i=1,2,\cdots,n$；

(2) Y_1 与 Y_n 的协方差 $\mathrm{Cov}(Y_1,Y_n)$；

(3) $P\{Y_1+Y_n\leqslant 0\}$.

分析　先将 Y_i 表示为相互独立的随机变量求和，再用方差的性质进行计算即可；求 Y_1 与 Y_n 的协方差 $\mathrm{Cov}(Y_1,Y_n)$，本质上还是数学期望的计算，同样应注意利用数学期望的运算性质；求概率 $P\{Y_1+Y_n\leqslant 0\}$ 的关键是先确定其分布. 当然，本题前两问也可直接利用方差、协方差的性质求解.

解答　由题设，知 $X_1,X_2,\cdots,X_n(n>2)$ 相互独立，且

$$E(X_i)=0,\qquad D(X_i)=1(i=1,2,\cdots,n),\qquad E(\overline{X})=0.$$

(1) $D(Y_i)=D(X_i-\overline{X})=D\left[\left(1-\frac{1}{n}\right)X_i-\frac{1}{n}\sum_{\substack{j=1\\j\neq i}}^{n}X_j\right]=\left(1-\frac{1}{n}\right)^2D(X_i)+\frac{1}{n^2}\sum_{\substack{j=1\\j\neq i}}^{n}D(X_j)$

$$=\frac{(n-1)^2}{n^2}+\frac{1}{n^2}\cdot(n-1)=\frac{n-1}{n}.$$

(2) 因为 $E(Y_i)=E(X_i-\overline{X})=E(X_i)-E(\overline{X})=0\quad(i=1,2,\cdots,n)$.

所以
$$\begin{aligned}\mathrm{Cov}(Y_1,Y_n)&=E[(Y_1-E(Y_1))(Y_n-E(Y_n))]=E(Y_1Y_n)=E[(X_1-\overline{X})(X_n-\overline{X})]\\&=E(X_1X_n-X_1\overline{X}-X_n\overline{X}+\overline{X}^2)=E(X_1X_n)-2E(X_1\overline{X})+E(\overline{X}^2)\\&=E(X_1)E(X_n)-\frac{2}{n}E\left(X_1^2+\sum_{j=2}^{n}X_1X_j\right)+D(\overline{X})+E^2(\overline{X})\\&=0-\frac{2}{n}\times(1+0)+\frac{1}{n}\times1+0=-\frac{1}{n}.\end{aligned}$$

(3) $Y_1+Y_n=X_1-\overline{X}+X_n-\overline{X}=\frac{n-2}{n}X_1-\frac{2}{n}\sum_{i=2}^{n-1}X_i+\frac{n-2}{n}X_n$,

上式是相互独立的正态随机变量的线性组合，所以 Y_1+Y_n 服从正态分布，

由于
$$E(Y_1+Y_n)=E(Y_1)+E(Y_n)=0,$$

故
$$P\{Y_1+Y_n\leqslant 0\}=\frac{1}{2}.$$

评注　(1) 通过定义求随机变量的数字特征是基本要求，也是到目前为止考查最多的情形，但读者还应注意利用数字特征的运算性质进行分析讨论，同样是求解数字特征的一个重要途径. 标准正态分布在数学期望左右两侧取值的概率为 $\frac{1}{2}$，也是多次考查过的知识点.

(2) 协方差与相关系数的计算实际上是随机变量函数的数学期望的计算. 若题设条件中有联合分布律、联合密度函数，则通常按定义直接计算，否则利用其性质计算.

4.2.5　有关数字特征的证明题和应用题

【解题提示】　有关数字特征的证明题一般是利用数字特征的性质和定义来证明. 有关数字特征的应用题主要是随机变量函数的数学期望，求解这类问题的关键是找出函数关系.

例 4.13 设连续型随机变量 X 在区间 $[a,b]$ 中取值，证明：$a\leqslant E(X)\leqslant b,D(X)\leqslant\frac{(b-a)^2}{4}$.

分析 利用 $\int_a^b f(x)\mathrm{d}x=1$ 和定积分的性质证明数学期望的不等式，方差的不等式的证明关键是设出函数 $g(c)=E[(X-c)^2]$.

证明 设 X 的概率密度函数为 $f(x)$，则 $f(x)\geqslant 0$，而且 $\int_a^b f(x)\mathrm{d}x=1$. 于是有

$$a\int_a^b f(x)\mathrm{d}x\leqslant\int_a^b xf(x)\mathrm{d}x\leqslant b\int_a^b f(x)\mathrm{d}x\text{，即 } a\leqslant E(X)\leqslant b.$$

令

$$\begin{aligned}g(c)&=E[(X-c)^2]=c^2-2cE(X)+E(X^2)\\&=[c-E(X)]^2+E(X^2)-E^2(X)\\&=[c-E(X)]^2+D(X),\end{aligned}$$

则 $g(c)$ 在 $c=E(X)$ 时取得最小值，并且此最小值即为 $D(X)$. 于是当 $c=\frac{a+b}{2}$ 时，有

$$\begin{aligned}D(X)&=E\{[X-E(X)]^2\}\leqslant E\left\{\left(X-\frac{a+b}{2}\right)^2\right\}\leqslant\int_a^b\left(x-\frac{a+b}{2}\right)^2 f(x)\mathrm{d}x\\&\leqslant\int_a^b\left(b-\frac{a+b}{2}\right)^2 f(x)\mathrm{d}x=\frac{(b-a)^2}{4}.\end{aligned}$$

评注 本题主要考查的是数学期望和方差的定义，以及定积分的性质.

例 4.14 设 $\varphi(x)$ 是正值非减函数，X 是连续型随机变量，且 $E[\varphi(X)]$ 存在，证明：$P\{X\geqslant a\}\leqslant\frac{E[\varphi(X)]}{\varphi(a)}$.

分析 题中关键是由 $X\geqslant a\Leftrightarrow\varphi(X)\geqslant\varphi(a)$ 推出 $P\{X\geqslant a\}=P\{\varphi(X)\geqslant\varphi(a)\}$.

证明 设 X 的概率密度函数为 $f(x)$，由题设有 $X\geqslant a\Leftrightarrow\varphi(X)\geqslant\varphi(a)$.

于是有

$$\begin{aligned}P\{X\geqslant a\}&=P\{\varphi(X)\geqslant\varphi(a)\}=\int_{\varphi(x)\geqslant\varphi(a)}f(x)\mathrm{d}x\\&\leqslant\int_{\varphi(x)\geqslant\varphi(a)}\frac{\varphi(x)}{\varphi(a)}f(x)\mathrm{d}x\leqslant\int_{-\infty}^{+\infty}\frac{\varphi(x)}{\varphi(a)}f(x)\mathrm{d}x\\&=\frac{1}{\varphi(a)}\int_{-\infty}^{+\infty}\varphi(x)f(x)\mathrm{d}x=\frac{E[\varphi(X)]}{\varphi(a)}.\end{aligned}$$

评注 本题主要考查的是一维连续型随机变量函数的数学期望的公式以及定积分的性质.

例 4.15 一工厂生产的某种设备的寿命 X(以年计)服从指数分布，概率密度函数为

$$f(x)=\begin{cases}\frac{1}{4}\mathrm{e}^{-\frac{x}{4}}, & x>0,\\0, & x\leqslant 0.\end{cases}$$

工厂规定，出售的设备若在售出一年内损坏可予以调换，若工厂售出一台设备盈利 100 元，调换一台设备厂方需花费 300 元，试求厂方出售一台设备净盈利的数学期望.

分析 题中给出的是设备的概率密度函数，并没有给出设备净盈利的分布，因此必须先求出设备净盈利的分布，然后再按定义计算.

解答 设出售一台设备净盈利为 Y，则 Y 的所有可能取值为 100，-200. 因为

$$\begin{aligned}P\{X\leqslant 1\}&=\int_{-\infty}^{1}f(x)\mathrm{d}x=\int_0^1\frac{1}{4}\mathrm{e}^{-\frac{x}{4}}\mathrm{d}x\\&=-\mathrm{e}^{-\frac{x}{4}}\Big|_0^1=1-\mathrm{e}^{-\frac{1}{4}}.\end{aligned}$$

于是 Y 的分布律为

Y	100	-200
p_k	$e^{-\frac{1}{4}}$	$1-e^{-\frac{1}{4}}$

所以

$$E(Y)=100\times e^{-\frac{1}{4}}-200\times(1-e^{-\frac{1}{4}})$$
$$=300\times e^{-\frac{1}{4}}-200=33.64.$$

评注　尽管设备寿命 X 服从指数分布，是连续型随机变量，净盈利 Y 是 X 的函数，但 $Y=\begin{cases}100, & X\geqslant 1,\\ -200, & X<1\end{cases}$ 却是离散型随机变量.

例 4.16　假设由自动生产线加工的某种零件的内径 X(单位:mm)服从正态分布 $N(\mu,1)$，内径小于 10 或大于 12 的为不合格品，其余为合格品，销售每件合格品获利，销售每件不合格品亏损，已知销售利润 T(单位:元)与销售零件的内径 X 有如下关系：

$$T=\begin{cases}-1, & X<10,\\ 20, & 10\leqslant X\leqslant 12,\\ -5, & X>12.\end{cases}$$

问平均内径 μ 取何值时，销售一个零件的平均利润最大？

分析　平均利润为 T 的数学期望 $E(T)$，它是参数 μ 的函数. 问题即为求 $E(T)$ 达到最大时参数 μ 的值.

解答　因为 $X\sim N(\mu,1)$，所以

$$P\{T=-1\}=P\{X<10\}$$
$$=P\left\{\frac{X-\mu}{1}<\frac{10-\mu}{1}\right\}=\Phi(10-\mu),$$
$$P\{T=20\}=P\{10\leqslant X\leqslant 12\}$$
$$=P\left\{\frac{10-\mu}{1}\leqslant\frac{X-\mu}{1}\leqslant\frac{12-\mu}{1}\right\}=\Phi(12-\mu)-\Phi(10-\mu),$$
$$P\{T=-5\}=P\{X>12\}=1-P\{X\leqslant 12\}$$
$$=1-P\left\{\frac{X-\mu}{1}\leqslant\frac{12-\mu}{1}\right\}=1-\Phi(12-\mu),$$

于是销售一个零件的平均利润

$$E(T)=-5\times P\{T=-5\}+(-1)\times P\{T=-1\}+20\times P\{T=20\}$$
$$=-5\times[1-\Phi(12-\mu)]-1\times\Phi(10-\mu)+20\times[\Phi(12-\mu)-\Phi(10-\mu)]$$
$$=25\Phi(12-\mu)-21\Phi(10-\mu)-5.$$

令

$$\frac{dE(T)}{d\mu}=-25\varphi(12-\mu)+21\varphi(10-\mu)$$
$$=\frac{1}{\sqrt{2\pi}}\left[21e^{-\frac{(10-\mu)^2}{2}}-25e^{-\frac{(12-\mu)^2}{2}}\right]=0,$$

得

$$21e^{-\frac{(10-\mu)^2}{2}}=25e^{-\frac{(12-\mu)^2}{2}},$$

两边取自然对数得

$$\ln 21-\frac{(10-\mu)^2}{2}=\ln 25-\frac{(12-\mu)^2}{2},$$

即
$$\frac{(12-\mu)^2}{2}-\frac{(10-\mu)^2}{2}=2(11-\mu)=\ln\frac{25}{21},$$
解得
$$\mu=11-\frac{1}{2}\ln\frac{25}{21}\approx 10.9.$$
容易验证平均内径 $\mu=10.9$ 时，销售一个零件的平均利润最大. 且此最大值为
$$E(T)\big|_{\mu=10.9}=25\Phi(12-\mu)-21\Phi(10-\mu)-5$$
$$\approx 25\times 0.8643-21\times(1-0.8159)-5=12.74\text{ 元}.$$

评注 这里 μ 是确定性的参变量，而 X,T 是随机变量.

4.3 本章小结

1. 本章的主要内容：理解随机变量的数学期望的概念与性质；理解随机变量的方差的概念与性质；掌握不常见分布的数学期望与方差；会求随机变量矩、协方差和相关系数.

2. 本章的重难点：重点是随机变量数字特征（数学期望、方差、标准差、矩、协方差、相关系数）的概念，运用数字特征的基本性质，掌握常用分布的数字特征；难点是根据随机变量的概率分布求其函数的数学期望（求出随机变量的分布、列出随机变量的函数、应用公式）.

4.4 同步习题及解答

4.4.1 同步习题

1. 填空题：

(1) 已知随机变量 $X\sim B\left(1000,\frac{1}{4}\right)$，即 $P\{X=k\}=C_{1000}^{k}\left(\frac{1}{4}\right)^{k}\left(\frac{3}{4}\right)^{1000-k}$，$k=0,1,2,\cdots$，则 $E(X)=$________.

(2) 设一次试验成功的概率为 p，进行 100 次独立重复试验，当 $p=$________时，成功次数的标准差的值最大，其最大值为________.

(3) 设随机变量 X 的概率密度函数为 $f(x)=\frac{1}{\sqrt{\pi}}e^{-(x-1)^2}$，$-\infty<x<+\infty$，则 $E(X)=$________，$D(X)=$________.

(4) 设随机变量 X 与 Y 独立，且 $X\sim N(1,3)$，$Y\sim N(3,1)$，则 $2X-3Y-1\sim N($________，________$)$.

(5) 设 $X_1,X_2,\cdots,X_{10}$ 相互独立，且数学期望 $E(X_i)=10(i=1,2,\cdots,10)$，方差 $D(X_i)=4(i=1,2,\cdots,10)$，记 $\overline{X}=\frac{1}{10}\sum_{i=1}^{10}X_i$，则 $E(\overline{X})=$________，$D(\overline{X})=$________.

(6) 设随机变量 X 和 Y 的联合概率分布律为

X \ Y	-1	0	1
0	0.07	0.18	0.15
1	0.08	0.32	0.20

则 X 和 Y 的相关系数 $\rho_{XY}=$________.

(7) 设 X 的概率密度函数为 $f(x)=\begin{cases}ax+b, & 0<x<1,\\ 0, & \text{其他},\end{cases}$ 且 $E(X)=\dfrac{1}{2}$，则 $a=$________，$b=$________.

(8) 已知随机变量 X 服从 $(-a,a)$ 上的均匀分布 $(a>0)$，且已知 $P\{X>1\}=\dfrac{1}{3}$，则 $a=$________，$D(X)=$________.

(9) 设随机变量 X 的概率密度函数 $f(x)=\begin{cases}1+x, & -1<x<0,\\ 1-x, & 0\leqslant x<1,\\ 0, & \text{其他},\end{cases}$ 则 $E(|X|)=$________，$D(|X|)=$________.

(10) 设随机变量 X 和 Y 的相关系数 $\rho_{XY}=0.7$，若 $Z=X+0.8$，则 Y 与 Z 的相关系数为________.

(11) 设随机变量 $X\sim N(0,1)$，$Y=X^{2n}$（n 为正整数），则相关系数 $\rho_{XY}=$________.

(12) 设 X 和 Y 是两个相互独立的随机变量，其概率密度函数分别为 $f(x)=\begin{cases}2x, & 0\leqslant x\leqslant 1,\\ 0, & \text{其他},\end{cases}$ $f(y)=\begin{cases}e^{-(y-5)}, & y>5,\\ 0, & \text{其他},\end{cases}$ 则 $E(XY)=$________.

2. 单项选择题：

(1) 已知随机变量 X 服从参数为 2 的泊松分布，则随机变量 $Y=3X-2$ 的数学期望 $E(Y)=$(　　).

(A) 10；　(B) 4；　(C) -2；　(D) $-\dfrac{1}{2}$.

(2) 设两个相互独立的随机变量 X 和 Y 的方差分别为 4 和 2，则随机变量 $3X-2Y$ 的方差是(　　).

(A) 8；　(B) 16；　(C) 28；　(D) 44.

(3) 已知随机变量 X 服从二项分布，且 $E(X)=2.4$，$D(X)=1.44$，则二项分布的参数 n,p 的值为(　　).

(A) $n=4,p=0.6$；　(B) $n=6,p=0.4$；

(C) $n=8,p=0.3$；　(D) $n=24,p=0.1$.

(4) 设随机变量 $X_i(i=1,2,3)$ 都服从 $[0,2]$ 上的均匀分布，则 $E(3X_1-X_2+2X_3)=$(　　).

(A) 1；　(B) 3；　(C) 4；　(D) 2.

(5) 设随机变量 X 和 Y 相互独立且同分布，记 $U=X-Y$，$V=X+Y$，则随机变量 U 和 V 必然(　　).

(A) 不独立；　(B) 相互独立；

(C) 相关系数不为零；　(D) 相关系数为零.

(6) 设随机变量 X 服从参数为 2 的指数分布，则随机变量 $Y=2X+e^{-2X}$ 的数学期望 $E(Y)=$(　　).

(A) $\dfrac{3}{2}$；　(B) 5；　(C) $\dfrac{3}{4}$；　(D) $\dfrac{4}{3}$.

(7) 对于任意两个随机变量 X 和 Y，若 $E(XY)=E(X)\cdot E(Y)$，则(　　).

(A) $D(XY)=D(X)\cdot D(Y)$；　(B) X 和 Y 相互独立；

(C) $D(X+Y)=D(X)+D(Y)$； (D) X 和 Y 不相互独立.

(8) 设 X 是一随机变量，$E(X)=u, D(X)=\sigma^2$（$u,\sigma>0$ 为常数），则对任意常数 C，有（　　）.

(A) $E(X-C)^2=E(X)^2-C^2$； (B) $E(X-C)^2=E(X-u)^2$；

(C) $E(X-C)^2<E(X-u)^2$； (D) $E(X-C)^2\geqslant E(X-u)^2$.

(9) 设随机变量 X 和 Y 相互独立，则（　　）.

(A) $D(XY)=D(X)\cdot D(Y)$； (B) $E\left(\frac{X}{Y}\right)=\frac{E(X)}{E(Y)}$；

(C) $D(XY)<D(X)\cdot D(Y)$； (D) $E\left(\frac{X}{Y}\right)=E(X)E\left(\frac{1}{Y}\right)$.

(10) 设离散型随机变量 X 可能取值为 $x_1=1, x_2=2, x_3=3$，且 $E(X)=2.3, E(X^2)=5.9$，则 x_1, x_2, x_3 所对应的概率为（　　）.

(A) $p_1=0.1, p_2=0.2, p_3=0.7$； (B) $p_1=0.2, p_2=0.3, p_3=0.5$；

(C) $p_1=0.3, p_2=0.5, p_3=0.2$； (D) $p_1=0.2, p_2=0.5, p_3=0.3$.

3. 解答题：

(1) 设袋中有 k 号的球 k 只（$k=1,2,\cdots,n$），从中摸出一球，试求所得号码的数学期望.

(2) 设随机变量 X 的概率密度函数 $f(x)=\begin{cases} x, & 0<x<1, \\ 2-x, & 1\leqslant x\leqslant 2, \\ 0, & \text{其他}. \end{cases}$ 求 $E(X)$ 和 $D(X)$.

4. 设随机变量 X 服从参数为 1 的指数分布，设 $Y=2X+\mathrm{e}^{-3X}$，求 Y 的数学期望.

5. 已知随机变量 (X,Y) 服从二维正态分布，并且 X 和 Y 分别服从正态分布 $N(1,3^2)$ 和 $N(0,4^2)$，X 与 Y 的相关系数 $\rho_{XY}=-\frac{1}{2}$. 设 $Z=\frac{X}{3}+\frac{Y}{2}$，

(1) 求 $E(Z)$ 和 $D(Z)$； (2) 求 X 与 Z 的相关系数 ρ_{XZ}.

6. 一民航送客车载有 20 位旅客自机场开出，旅客有 10 个车站可以下车，如到达一个车站没有旅客下车就不停车，以 X 表示停车的次数，求 $E(X)$（设旅客在各个车站下车是等可能的，并设各旅客是否下车相互独立）.

7. 设有 N 个人，每个人将自己的帽子扔进屋子中央，把帽子充分混合后，每个人再随机地从中选取一顶，试求选中自己帽子的人数的数学期望和方差.

8. 掷两颗骰子（一颗骰子有六个面，各面的点数分别为 1,2,3,4,5,6），ξ 为第一颗出现的点数，η 表示两颗中出现的较大的点数. 求：(1) $E(\xi), D(\xi)$；(2) $E(\eta), D(\eta)$.

9. 游客乘电梯从底层到电视塔顶层观光，电梯于每个整点的 5min、25min 和 55min 从底层起行，假设一游客在早上 8 点的第 X min 到达底层电梯处，且 X 在 $[0,60]$ 上服从均匀分布，求该游客等候时间的数学期望.

10. 对于任意事件 A 和 B，$0<P(A)<1, 0<P(B)<1$，$\rho=\frac{P(AB)-P(A)P(B)}{\sqrt{P(A)P(B)P(\bar{A})P(\bar{B})}}$ 称作事件 A 和 B 的相关系数. (1) 证明事件 A 和 B 独立的充要条件是其相关系数为零；(2) 利用随机变量相关系数的基本性质，证明 $|\rho|\leqslant 1$.

11. 解答题：

(1) 设 X 服从几何分布，它的分布律为 $P\{X=k\}=(1-p)^{k-1}p$（$k=1,2,\cdots$），求 $E(X)$ 和 $D(X)$.

(2) 设随机变量 X 的概率密度函数 $f(x)=\begin{cases} \frac{3}{(x+1)^4}, & x>0, \\ 0, & x\leqslant 0, \end{cases}$ 求 $E(X)$ 和 $D(X)$.

12. 设随机变量 $X \sim N(a,\sigma^2)$，求 $E(|x-a|)$.

13. 设随机变量 (X,Y) 的联合密度函数为 $f(x,y)=\begin{cases}2-x-y, & 0\leqslant x\leqslant 1, 0\leqslant y\leqslant 1,\\ 0, & 其他.\end{cases}$

(1) 判别 X,Y 是否相互独立，是否相关；

(2) 求 $E(X),E(Y),D(X),D(Y)$ 和 $D(X+Y)$.

14. 将 n 只球（$1\sim n$ 号）随机地放进 n 只盒子（$1\sim n$ 号）中去，一只盒子装一只球，将一只球装入与球同号码的盒子中，称为一个配对，记 X 为配对的个数，求 $E(X)$ 和 $D(X)$.

15. 设 X,Y 相互独立，且都在 $[0,1]$ 上服从均匀分布，记 $Z=\max\{X,Y\}$，$W=\min\{X,Y\}$，试求：

(1) $E(Z)$ 和 $D(Z)$；$E(W)$ 和 $D(W)$.　　　(2) $E(Z+W)$.

16. 假设国际市场上每年对我国某种出口商品的需求量是随机变量 X（单位：t），它服从于 $[2000,4000]$ 的均匀分布. 设每售出这种商品 1t，可为国家挣得 3 万元；但假如销售不出而囤积于库，则每吨浪费保养费 1 万元. 求要组织多少吨货源，才能使收益最大.

17. 设 $X_1,X_2,\cdots,X_n$ 是独立随机变量，$D(X_i)=\sigma_i^2$，试求"权" $\alpha_1,\alpha_2,\cdots,\alpha_n\left(\sum\limits_{i=1}^{n}\alpha_i=1\right)$，使 $\sum\limits_{i=1}^{n}\alpha_i X_i$ 的方差最小.

18. 设随机变量 $X_1,X_2,\cdots,X_n$ 中任意两个的相关系数都是 ρ，试证：$\rho\geqslant\dfrac{-1}{n-1}$.

4.4.2 同步习题解答

1. (1) 250.　(2) $\dfrac{1}{2}$,25.　(3) 1,$\dfrac{1}{2}$.　(4) -8,21.　(5) 10,0.4.　(6) 0.

(7) 0,1.　(8) 3,3.　(9) $\dfrac{1}{3}$,$\dfrac{1}{18}$.　(10) 0.7.　(11) 0.　(12) 4.

2. (1) (B).　(2) (D).　(3) (B).　(4) (C).　(5) (D).　(6) (A).　(7) (C).
(8) (D)（提示：$E(X-C)^2=E(X-u+u-C)^2$ 是解本题的关键）.　(9) (D).　(10) (B).

3. (1) $\dfrac{2n+1}{3}$；(2) 1,$\dfrac{1}{6}$.

4. $\dfrac{9}{4}$.

5. (1) $\dfrac{1}{3}$,3；(2) 0.

6. $10\left[1-\left(\dfrac{9}{10}\right)^{20}\right]=8.784$ 次.

7. 1,1.

8. (1) 3.5,$\dfrac{35}{12}$；(2) $4\dfrac{17}{36}$,17.5.

9. 11.67min.

10. 略.

11. (1) $\dfrac{1}{p}$,$\dfrac{q}{p^2}$（提示：本题的求解过程中，使用了两个求和公式：$\sum\limits_{k=1}^{\infty}kq^{k-1}=\dfrac{1}{(1-q)^2}$，$\sum\limits_{k=1}^{\infty}k^2q^{k-1}=\dfrac{1+q}{(1-q)^3}$）.

(2) $\frac{1}{2},\frac{3}{4}$.

12. $\frac{\sqrt{2}}{\sqrt{\pi}}\sigma$.

13. (1) X 与 Y 不相互独立，X 与 Y 相关，(2) $\frac{5}{12},\frac{5}{12},\frac{11}{144},\frac{11}{144},\frac{5}{36}$.

14. 1,1.

15. (1) $\frac{2}{3},\frac{1}{18}$和$\frac{1}{3},\frac{1}{18}$;　　(2) 1.

16. 组织 3500t 的货源时收益最大.

17. 若有某个 $\sigma_k=0$，取 $\alpha_k=1$，其余 $\alpha_i=0(i\neq k)$其方差最小.

下面假设所有 $\sigma_k>0(k=1,2,\cdots n)$，则由方差的性质有 $D\left(\sum\limits_{i=1}^{n}\alpha_i X_i\right)=\sum\limits_{i=1}^{n}\alpha_i^2 DX_i$，

记 $f(\alpha_1,\alpha_2,\cdots,\alpha_n)=\sum\limits_{i=1}^{n}\alpha_i^2 DX_i$，为求函数 $f(\alpha_1,\alpha_2,\cdots,\alpha_n)$在条件 $\sum\limits_{i=1}^{n}\alpha_i=1$ 下的极值. 主拉格朗日乘数法，作函数

$$F(\alpha_1,\alpha_2,\cdots,\alpha_n)=\sum_{i=1}^{n}\alpha_i^2\sigma_i^2+\lambda\left(\sum_{i=1}^{n}\alpha_i-1\right).$$

设随机变量 $X_1,X_2,\cdots,X_n$是独立随机变量，试求“权”$\alpha_1,\alpha_2,\cdots,\alpha_n\left(\sum\limits_{i=1}^{n}\alpha_i=1\right)$，

$$令\begin{cases}\dfrac{\partial F}{\partial \alpha_i}=2\alpha_i\sigma_i^2+\lambda=0,i=1,2,\cdots,n,\\ \dfrac{\partial F}{\partial \lambda}=\sum\limits_{i=1}^{n}\alpha_i-1=0,\end{cases}$$

解得 $\alpha_i=-\frac{\lambda}{2\sigma_i^2}$ 及$\sum\limits_{i=1}^{n}\alpha_i=-\frac{\lambda}{2}\sum\limits_{i=1}^{n}\frac{1}{\sigma_i^2}=1$，

从而 $\lambda=-\dfrac{1}{\sum\limits_{i=1}^{n}\dfrac{1}{2\sigma_i^2}}$，所以当 $\alpha_i=\dfrac{1}{\sigma_i^2\sum\limits_{i=1}^{n}\dfrac{1}{\sigma_i^2}}$ 时方差最小，这时方差为 $D\left(\sum\limits_{i=1}^{n}\alpha_i X_i\right)=\sum\limits_{i=1}^{n}\alpha_i^2\sigma_i^2=\dfrac{1}{\sum\limits_{i=1}^{n}\dfrac{1}{\sigma_i^2}}$.

18. 提示：令 $Y_i=\frac{X_i-E(X_i)}{D(X_i)}$，$i=1,2,\cdots,n$，求出 $Y_1,Y_2,\cdots,Y_n$的协方差矩阵$\boldsymbol{A}$ 是解本题的关键. 而且还会得到 $\boldsymbol{A}$ 为非负定矩阵的结论.

第5章 大数定律及中心极限定理

5.1 内容概要

5.1.1 基本概念

1. 依概率收敛

设 $X_1,X_2,\cdots,X_n,\cdots$ 是一个随机变量序列，a 为常数，若对于任意 $\varepsilon>0$，有

$$\lim_{n\to\infty}P\{|X_n-a|<\varepsilon\}=1,$$

则称序列 $X_1,X_2,\cdots,X_n,\cdots$ 依概率收敛于 a. 记为 $X_n\xrightarrow{P}a$.

依概率收敛与微积分中的收敛不同在于：微积分中的收敛是确定的，即对于任给的 $\varepsilon>0$，存在 $N>0$，当 $n>N$ 时，必有 $|X_n-a|<\varepsilon$ 成立. 而依概率收敛是对于任给的 $\varepsilon>0$，当 n 很大时，事件"$|X_n-a|<\varepsilon$"发生的概率为1，但不排除偶然事件"$|X_n-a|\geqslant\varepsilon$"的发生.

2. 切比雪夫不等式

设随机变量 X 具有数学期望 $E(X)=\mu$ 和方差 $D(X)=\sigma^2$，则对于任意的正数 $\varepsilon>0$，不等式

$$P\{|X-\mu|\geqslant\varepsilon\}\leqslant\frac{\sigma^2}{\varepsilon^2}，或者\ P\{|X-\mu|<\varepsilon\}\geqslant1-\frac{\sigma^2}{\varepsilon^2}$$

称为切比雪夫不等式.

5.1.2 基本理论

1. 切比雪夫大数定律

设随机变量 $X_1,X_2,\cdots,X_n,\cdots$ 相互独立，均具有有限方差，且对同一常数 C 有界，即 $D(X_i)<C(i=1,2,\cdots)$，则对于任意的正数 ε，有

$$\lim_{n\to\infty}P\left\{\left|\frac{1}{n}\sum_{k=1}^{n}X_k-\frac{1}{n}\sum_{k=1}^{n}E(X_k)\right|<\varepsilon\right\}=1.$$

2. 辛钦大数定律(弱大数定律)

设 $X_1,X_2,\cdots,X_n,\cdots$ 是相互独立、服从同一分布的随机变量序列，且具有数学期望 $E(X_k)=\mu\ (k=1,2,\cdots)$. 做前 n 个变量的算术平均 $\frac{1}{n}\sum_{k=1}^{n}X_k$，则对于任意 $\varepsilon>0$，有

$$\lim_{n\to\infty}P\left\{\left|\frac{1}{n}\sum_{k=1}^{n}X_k-\mu\right|<\varepsilon\right\}=1.$$

弱大数定律又可叙述为：

辛钦大数定律(弱大数定律)　设 $X_1,X_2,\cdots,X_n,\cdots$ 是相互独立、服从同一分布的随机变量

序列，且具有数学期望 $E(X_k)=\mu\ (k=1,2,\cdots)$，则序列 $\overline{X}=\frac{1}{n}\sum_{k=1}^{n}X_k$ 依概率收敛于 μ，即

$$\overline{X}\xrightarrow{P}\mu.$$

3. 伯努利大数定律

设 f_A 是 n 次独立重复试验中事件 A 发生的次数，p 是事件 A 在每次试验中发生的概率，则对于任意正数 $\varepsilon>0$，有

$$\lim_{n\to\infty}P\left\{\left|\frac{f_A}{n}-p\right|<\varepsilon\right\}=1,$$

或

$$\lim_{n\to\infty}P\left\{\left|\frac{f_A}{n}-p\right|\geqslant\varepsilon\right\}=0.$$

注意 伯努利大数定律是辛钦大数定律的特殊情况.

4. 独立同分布的中心极限定理

设随机变量 $X_1,X_2,\cdots,X_n,\cdots$ 相互独立、服从同一分布，且具有数学期望和方差 $E(X_k)=\mu$，$D(X_k)=\sigma^2>0(k=1,2,\cdots)$，则随机变量之和 $\sum_{k=1}^{n}X_k$ 的标准化变量

$$Y_n=\frac{\sum_{k=1}^{n}X_k-E\left(\sum_{k=1}^{n}X_k\right)}{\sqrt{D\left(\sum_{k=1}^{n}X_k\right)}}=\frac{\sum_{k=1}^{n}X_k-n\mu}{\sqrt{n}\sigma}$$

的分布函数 $F_n(x)$ 对于任意 x 满足

$$\lim_{n\to\infty}F_n(x)=\lim_{n\to\infty}P\left\{\frac{\sum_{k=1}^{n}X_k-n\mu}{\sqrt{n}\sigma}\leqslant x\right\}$$
$$=\int_{-\infty}^{x}\frac{1}{\sqrt{2\pi}}e^{-\frac{t^2}{2}}dt=\Phi(x).$$

注意 由独立同分布的中心极限定理，对于独立同分布的随机变量 $X_1,X_2,\cdots,X_n,\cdots$ $E(X_k)=\mu,D(X_k)=\sigma^2>0(k=1,2,\cdots,n)$，当 n 充分大时，对于 $a<b$ 有近似公式

$$P\left\{a\leqslant\sum_{k=1}^{n}X_k\leqslant b\right\}\approx\Phi\left(\frac{b-n\mu}{\sqrt{n}\sigma}\right)-\Phi\left(\frac{a-n\mu}{\sqrt{n}\sigma}\right).$$

5. 棣莫弗-拉普拉斯定理

设随机变量 $\eta_n(n=1,2,\cdots)$ 服从参数为 $n,p(0<p<1)$ 的二项分布，则对于任意 x，有

$$\lim_{n\to\infty}P\left\{\frac{\eta_n-np}{\sqrt{np(1-p)}}\leqslant x\right\}=\int_{-\infty}^{x}\frac{1}{\sqrt{2\pi}}e^{-\frac{t^2}{2}}dt=\Phi(x).$$

注意 棣莫弗-拉普拉斯定理是独立同分布的中心极限定理的特殊情况. 由棣莫弗-拉普拉斯定理，对于二项分布变量 $X\sim b(n,p)$，当 n 充分大时，对于 $a<b$ 有近似公式

$$P\{a\leqslant X\leqslant b\}\approx\Phi\left(\frac{b-np}{\sqrt{np(1-p)}}\right)-\Phi\left(\frac{a-np}{\sqrt{np(1-p)}}\right).$$

5.1.3 基本方法

1. 利用独立同分布的中心极限定理计算随机变量落在某一区间内的概率.

2. 利用棣莫弗-拉普拉斯定理计算随机变量落在某一区间内的概率.

3. 利用独立同分布的中心极限定理在概率确定的条件下，求样本数 n.

4. 利用棣莫弗-拉普拉斯定理在概率确定的条件下，求样本数 n.

5. 大数定律的应用.

6. 切比雪夫不等式的应用.

5.2 典型例题分析、解答与评注

5.2.1 中心极限定理的应用

1. 利用独立同分布的中心极限定理计算随机变量落在某一区间内的概率.

用中心极限定理计算总和在某一区间内的概率，只需计算两个标准正态分布函数值之差就可以了.

例 5.1 一食品店有三种蛋糕出售，由于售出哪一种蛋糕是随机的，因而售出一个蛋糕的价格是一个随机变量，它取 1(元)、1.2(元)、1.5(元)各个值的概率分别为 0.3、0.2、0.5. 某天售出 300 个蛋糕.

(1) 求这天的收入至少 400(元)的概率；

(2) 求这天售出价格为 1.2(元)的蛋糕多于 60 个的概率.

分析 (1) 这天的收入是售出 300 个蛋糕价格之和，是对 300 个相互独立同分布、方差存在的随机变量做近似计算，因此用独立同分布的中心极限定理；

(2) 这天售出价格为 1.2(元)的蛋糕服从 $b(300,0.2)$，因此用棣莫弗-拉普拉斯中心极限定理.

解答 设随机变量 $X_k(k=1,2,\cdots,300)$ 表示售出的第 k 个蛋糕的价格，则 $X_1,X_2,\cdots,X_{300}$ 相互独立，且服从同一分布，其分布律为

X_k	1	1.2	1.5
p_k	0.3	0.2	0.5

故

$$E(X_k)=1\times 0.3+1.2\times 0.2+1.5\times 0.5=1.29,$$

$$D(X_k)=(1-1.29)^2\times 0.3+(1.2-1.29)^2\times 0.2+(1.5-1.29)^2\times 0.5=0.0489,k=1,2,\cdots,300.$$

(1) $X=\sum_{k=1}^{300}X_k$ 为这天的收入，由独立同分布的中心极限定理知

$$\begin{aligned}P\{X\geqslant 400\}&=1-P\{X<400\}=1-P\left\{\sum_{k=1}^{300}X_k<400\right\}\\&=1-P\left\{\frac{\sum_{k=1}^{300}X_k-300\times 1.29}{\sqrt{300\times 0.0489}}<\frac{400-300\times 1.29}{\sqrt{300\times 0.0489}}\right\}\\&=1-P\left\{\frac{\sum_{k=1}^{300}X_k-387}{\sqrt{14.67}}<\frac{13}{\sqrt{14.67}}\right\}\\&\approx 1-\Phi(3.394)\approx 0.\end{aligned}$$

(2) 设 Y 表示当天售出价格为 1.2(元)的蛋糕数,则 $Y\sim b(300,0.2)$. 由棣莫弗-拉普拉斯中心极限定理知

$$P\{Y>60\}=P\left\{\frac{Y-300\times 0.2}{\sqrt{300\times 0.2\times 0.8}}>\frac{60-300\times 0.2}{\sqrt{300\times 0.2\times 0.8}}\right\}$$
$$=P\left\{\frac{Y-60}{4\sqrt{3}}>0\right\}=1-P\left\{\frac{Y-60}{4\sqrt{3}}\leqslant 0\right\}$$
$$\approx 1-\Phi(0)\approx 0.5.$$

评注 第二问也可设 $Y_k=1$,表示这天售出的第 k 个蛋糕的价格为 1.2 元;$Y_k=0$,表示这天售出的第 k 个蛋糕的价格不是 1.2 元. 则 $Y=\sum\limits_{k=1}^{300}Y_k$ 为这天售出的 300 个蛋糕中价格为 1.2(元)的蛋糕数,显然有 $Y_k\sim b(1,0.2)$,$E(Y_k)=0.2$,$D(Y_k)=0.2\times 0.8=0.4^2$,由独立同分布的中心极限定理知

$$P\{Y>60\}=P\left\{\sum_{k=1}^{300}Y_k>60\right\}=P\left\{\frac{\sum\limits_{k=1}^{300}Y_k-300\times 0.2}{0.4\times\sqrt{300}}>\frac{60-60}{0.4\times\sqrt{300}}\right\}$$
$$=P\left\{\frac{\sum\limits_{k=1}^{300}Y_k-60}{4\sqrt{3}}>0\right\}=1-P\left\{\frac{\sum\limits_{k=1}^{300}Y_k-60}{4\sqrt{3}}\leqslant 0\right\}$$
$$\approx 1-\Phi(0)\approx 0.5.$$

例 5.2 计算器在进行加法运算时,将每个加数舍入最靠近它的整数,设所有舍入误差相互独立且在(−0.5,0.5)上服从均匀分布. (1) 将 1500 个数相加,误差总和的绝对值超过 15 的概率是多少? (2) 最多有几个数相加使得误差总和的绝对值小于 10 的概率不小于 0.90?

分析 (1) 计算随机变量落在某一区间内的概率,(2) 是已知概率求样本数.

解答 设第 k 个加数的舍入误差为 X_k,$k=1,2,\cdots,1500$,X_k 在(−0.5,0.5)上服从均匀分布,故 $E(X_k)=0$,$D(X_k)=\frac{1}{12}$.

(1) $X_1,X_2,\cdots,X_{1500}$ 相互独立同分布,令 $X=\sum\limits_{k=1}^{1500}X_k$,由独立同分布的中心极限定理知

$$\frac{\sum\limits_{k=1}^{1500}X_k-1500\times 0}{\sqrt{1500}\sqrt{1/12}}\text{ 近似服从 }N(0,1),$$

于是

$$P\{|X|>15\}=1-P\{|X|\leqslant 15\}$$
$$=1-P\{-15\leqslant X\leqslant 15\}$$
$$=1-P\left\{\frac{-15-0}{\sqrt{1500}\sqrt{1/12}}\leqslant\frac{X-0}{\sqrt{1500}\sqrt{1/12}}\leqslant\frac{15-0}{\sqrt{1500}\sqrt{1/12}}\right\}$$
$$\approx 1-\left[\Phi\left(\frac{15}{\sqrt{1500}\sqrt{1/12}}\right)-\Phi\left(\frac{-15}{\sqrt{1500}\sqrt{1/12}}\right)\right]$$
$$=1-\left[2\Phi\left(\frac{15}{\sqrt{1500}\sqrt{1/12}}\right)-1\right]$$
$$=1-[2\Phi(1.342)-1]=0.1802,$$

即误差总和的绝对值超过 15 的概率是 0.1802.

(2) 设最多有 n 个数相加，使误差总和 $Y=\sum_{k=1}^{n}X_k$ 符合要求，即要确定 n 使

$$P\{|Y|<10\}\geqslant 0.90.$$

由独立同分布的中心极限定理知

$$\frac{Y-0}{\sqrt{n}\sqrt{1/12}}\text{近似服从 }N(0,1),$$

于是

$$\begin{aligned}P\{|Y|<10\}&=P\{-10<Y<10\}\\&=P\left\{\frac{-10}{\sqrt{n}\sqrt{1/12}}<\frac{Y}{\sqrt{n}\sqrt{1/12}}<\frac{10}{\sqrt{n}\sqrt{1/12}}\right\}\\&\approx\Phi\left(\frac{10}{\sqrt{n/12}}\right)-\Phi\left(\frac{-10}{\sqrt{n/12}}\right)\\&=2\Phi\left(\frac{10}{\sqrt{n/12}}\right)-1,\end{aligned}$$

因此 n 需满足

$$2\Phi\left(\frac{10}{\sqrt{n/12}}\right)-1\geqslant 0.90.$$

即
$$\Phi\left(\frac{10}{\sqrt{n/12}}\right)\geqslant 0.95=\Phi(1.645),$$

$$\frac{10}{\sqrt{n/12}}\geqslant 1.645,$$

由此得
$$n\leqslant 443.45,$$

因为 n 为正整数，因此 n 为 443.

评注　本题是独立同分布的中心极限定理的应用.

例 5.3　某医院一个月治疗破伤风患者的人数是一个随机变量，它服从参数 $\lambda=5$ 的泊松分布，各月治疗破伤风患者的人数相互独立. 求一年中前 9 个月内治疗的患者在 40～50 人的概率.

分析　设第 k 个月治疗破伤风患者的人数为 X_k，则本题可以使用独立同分布的中心极限定理.

解答　设第 k 个月治疗破伤风患者的人数为 X_k，$k=1,2,\cdots,9$，X_k 服从参数 $\lambda=5$ 的泊松分布，令 $X=\sum_{k=1}^{1500}X_k$，由独立同分布的中心极限定理知

$$\begin{aligned}&P\{40\leqslant X\leqslant 50\}\\&=P\left\{\frac{40-9\times5}{\sqrt{9\times5}}\leqslant\frac{X-9\times5}{\sqrt{9\times5}}\leqslant\frac{50-9\times5}{\sqrt{9\times5}}\right\}\\&\approx\Phi\left(\frac{50-9\times5}{\sqrt{9\times5}}\right)-\Phi\left(\frac{40-9\times5}{\sqrt{9\times5}}\right)\\&=\Phi(0.745)-\Phi(-0.745)\\&=2\Phi(0.745)-1\\&=0.5436.\end{aligned}$$

评注 本题是独立同分布的中心极限定理的应用.

例 5.4 随机地选取两组学生,每组 80 人,分别在两个实验室里测量某种化合物的 pH 值.各人测量的结果是随机变量,它们相互独立,服从同一分布,数学期望为 5,方差为 0.3.以 $\overline{X},\overline{Y}$ 分别表示第一组和第二组所得结果的算术平均,

求:(1) $P\{4.9<\overline{X}<5.1\}$;(2) $P\{-0.1<\overline{X}-\overline{Y}<0.1\}$.

分析 独立同分布的随机变量 $X_1,X_2,\cdots,X_n$ 的 $E(X_k)=\mu,D(X_k)=\sigma^2>0(k=1,2,\cdots,n)$,随机变量 $X_1,X_2,\cdots,X_n$ 的算术平均 $\overline{X}$ 近似服从 $N(\mu,\sigma^2/n)$,这是独立同分布的中心极限定理结果的另一个形式.

解答 (1) 由独立同分布的中心极限定理知,$\overline{X}$ 近似服从 $N(5,0.3/80)$.

$$\begin{aligned}&P\{4.9<\overline{X}<5.1\}\\&=P\left\{\frac{4.9-5}{\sqrt{0.3/80}}\leqslant\frac{\overline{X}-5}{\sqrt{0.3/80}}\leqslant\frac{5.1-5}{\sqrt{0.3/80}}\right\}\\&\approx\Phi\left(\frac{5.1-5}{\sqrt{0.3/80}}\right)-\Phi\left(\frac{4.9-5}{\sqrt{0.3/80}}\right)\\&=2\Phi(1.63)-1\\&=0.8968.\end{aligned}$$

(2) 因 $E(\overline{X}-\overline{Y})=E(\overline{X})-E(\overline{Y})=0,D(\overline{X}-\overline{Y})=D(\overline{X})+D(\overline{Y})=0.3/40$,由独立同分布的中心极限定理知

$$\begin{aligned}P\{-0.1<\overline{X}-\overline{Y}<0.1\}&=P\left\{\frac{-0.1-0}{\sqrt{0.3/40}}\leqslant\frac{(\overline{X}-\overline{Y})-0}{\sqrt{0.3/40}}\leqslant\frac{0.1-0}{\sqrt{0.3/40}}\right\}\\&\approx\Phi\left(\frac{0.1-0}{\sqrt{0.3/40}}\right)-\Phi\left(\frac{-0.1-0}{\sqrt{0.3/40}}\right)\\&=2\Phi(1.15)-1\\&=0.7498.\end{aligned}$$

评注 $\overline{Y}$ 也近似服从正态分布,这是独立同分布的中心极限定理结果的另一个形式.

例 5.5 设各零件的重量都是随机变量,它们相互独立,且服从相同的分布,其数学期望为 0.5kg,均方差为 0.1kg,问 5000 个零件的总重量超过 2510kg 的概率是多少?

分析 设第 k 个零件的重量为 $X_k,k=1,2,\cdots,5000$,则 $X=\sum\limits_{k=1}^{5000}X_k$ 近似服从正态分布.

解答 设第 k 个零件的重量为 $X_k,k=1,2,\cdots,5000$,则

$$E(X_k)=0.5,D(X_k)=0.01.$$

$X_1,X_2,\cdots,X_{5000}$ 相互独立同分布,令 $X=\sum\limits_{k=1}^{5000}X_k$,由独立同分布的中心极限定理知

$$\begin{aligned}P\{X>2510\}&=P\left\{\frac{X-0.5\times5000}{\sqrt{5000}\times0.1}>\frac{2510-0.5\times5000}{\sqrt{5000}\times0.1}\right\}\\&=1-P\left\{\frac{X-0.5\times5000}{\sqrt{5000}\times0.1}\leqslant\frac{2510-0.5\times5000}{\sqrt{5000}\times0.1}\right\}\\&\approx1-\Phi\left(\frac{2510-0.5\times5000}{\sqrt{5000}\times0.1}\right)\\&=1-\Phi(\sqrt{2})\\&=0.0793.\end{aligned}$$

评注　本题是应用独立同分布的中心极限定理计算随机变量在某一区间的概率.

例 5.6　对敌人阵地进行 100 次炮击，每次炮击中，炮弹命中颗数的数学期望为 4，方差为 2.25，求在 100 次炮击中，有 380～420 颗炮弹击中目标的概率.

分析　设第 k 次炮击中炮弹命中颗数为 X_k，则 $X=\sum\limits_{k=1}^{100}X_k$ 近似服从正态分布.

解答　设第 k 次炮击中炮弹命中颗数为 X_k，$k=1,2,\cdots,100$，则

$$E(X_k)=4,D(X_k)=2.25.$$

$X_1,X_2,\cdots,X_{100}$ 相互独立同分布，令 $X=\sum\limits_{k=1}^{100}X_k$，由独立同分布的中心极限定理知

$$\begin{aligned}P\{380\leqslant X\leqslant 420\}&=P\left\{\frac{380-100\times 4}{\sqrt{100}\times\sqrt{2.25}}\leqslant\frac{X-100\times 4}{\sqrt{100}\times\sqrt{2.25}}\leqslant\frac{420-100\times 4}{\sqrt{100}\times\sqrt{2.25}}\right\}\\&\approx\Phi\left(\frac{420-100\times 4}{\sqrt{100}\times\sqrt{2.25}}\right)-\Phi\left(\frac{380-100\times 4}{\sqrt{100}\times\sqrt{2.25}}\right)\\&\approx 2\Phi\left(\frac{20}{15}\right)-1\\&=9.8164.\end{aligned}$$

评注　本题是应用独立同分布的中心极限定理计算随机变量在某一区间的概率.

例 5.7　某地进行的抽样调查结果显示，考生外语成绩（百分制）近似服从正态分布，平均成绩为 72 分，96 分以上的占考生总数的 2.3%，试求考生的外语成绩在 60～84 分之间的概率.

分析　以 X 记考生的外语成绩，则 $X\sim N(72,\sigma^2)$，本题应先求出方差，再计算随机变量在某一区间的概率.

解答　由题意可知

$$\begin{aligned}P\{96\leqslant X\}&=P\left\{\frac{96-72}{\sigma}\leqslant\frac{X-72}{\sigma}\right\}\\&=1-\Phi\left(\frac{24}{\sigma}\right)=0.023,\end{aligned}$$

即 $\Phi\left(\dfrac{24}{\sigma}\right)=0.977$，查正态分布表，得 $\dfrac{24}{\sigma}=2$，解得 $\sigma=12$，所以 $X\sim N(72,12^2)$，于是

$$\begin{aligned}P\{60\leqslant X\leqslant 84\}&=P\left\{\frac{60-72}{12}\leqslant\frac{X-72}{12}\leqslant\frac{84-72}{12}\right\}\\&=\Phi(1)-\Phi(-1)=2\Phi(1)-1=0.682.\end{aligned}$$

评注　本题是应用独立同分布的中心极限定理计算随机变量在某一区间的概率.

例 5.8　检验员逐个检查某产品，每查一个需用 10s. 但有的产品需重复检查一次，再用去 10s. 若产品需重复检查的概率为 0.5，求检验员在 8h 内检查的产品多于 1900 个的概率.

分析　若在 8h 内检查的产品多于 1900 个，即检查 1900 个产品所用的时间少于 8h，因此本题转化为求检查 1900 个产品所用的时间少于 8h 的概率.

解答　设 X_k 为检查第 k 个产品所用的时间（单位：s），$k=1,2,\cdots,1900$，$E(X_k)=15$，$D(X_k)=25$，$X_1,X_2,\cdots,X_{1900}$ 相互独立同分布，设 X 为检查 1900 个产品所用的时间(s)，$X=\sum\limits_{k=1}^{1900}X_k$，则 $E(X)=1900\times 15=28500$，

$D(X)=1900\times 25=47500$，从而 $X\sim N(28500,47500)$.

故有

$$P\{10\times1900\leqslant X\leqslant3600\times8\}=P\{19000\leqslant X\leqslant28800\}$$
$$\approx\Phi\left(\frac{28800-28500}{\sqrt{47500}}\right)-\Phi\left(\frac{19000-28500}{\sqrt{47500}}\right)$$
$$=\Phi(1.376)-\Phi(-43.589)\approx0.9162.$$

评注 本题是应用独立同分布的中心极限定理计算随机变量在某一区间的概率.

例 5.9 设 $a_n=\sum\limits_{m=0}^{n}\frac{n^m}{m!}\mathrm{e}^{-n}$，求证：$\lim\limits_{n\to+\infty}a_n=0.5$.

分析 本题关键是根据等式设计随机变量以及概率，然后再利用独立同分布的中心极限定理证明.

证明 设 $X_1,X_2,\cdots,X_n$ 为相互独立都服从参数为 1 的泊松分布，记 $X=X_1+X_2+\cdots+X_n$，则 X 服从参数为 n 的泊松分布并且

$$P\{X\leqslant n\}=\sum_{m=0}^{n}P\{X=m\}=\sum_{m=0}^{n}\frac{n^m}{m!}\mathrm{e}^{-n}=a_n.$$

由于 $E(X)=D(X)=n$，根据独立同分布的中心极限定理有

$$\lim_{n\to+\infty}a_n=\lim_{n\to+\infty}P\{X\leqslant n\}$$
$$=\lim_{n\to+\infty}P\left\{\frac{X-n}{\sqrt{n}}\leqslant0\right\}=\Phi(0)=0.5.$$

评注 本题是利用独立同分布的中心极限定理来计算数列极限.

例 5.10 设 $X_1,X_2,\cdots,X_n,\cdots$ 相互独立，$E(X_i)=\mu$，$D(X_i)=\sigma^2>0$. 证明：当 $n\to\infty$ 时，$X=\sum\limits_{i=1}^{n}X_i\sim N(n\mu,n\sigma^2)$.

分析 由独立同分布的中心极限定理知，$T_n=\dfrac{\sum\limits_{i=1}^{n}X_i-n\mu}{\sqrt{n}\sigma}\sim N(0,1)\quad(n\to\infty)$.

证明 $X=\sum\limits_{i=1}^{n}X_i=n\mu+\sqrt{n}\sigma T_n$，故有

$$E(X)=E\sum_{i=1}^{n}X_i=\sum_{i=1}^{n}E(X_i)=\sum_{i=1}^{n}\mu=n\mu,$$
$$D(X)=D\sum_{i=1}^{n}X_i=\sum_{i=1}^{n}D(X_i)=\sum_{i=1}^{n}\sigma^2=n\sigma^2.$$

从而由正态分布的性质可得 $X=\sum\limits_{i=1}^{n}X_i\sim N(n\mu,n\sigma^2)$.

评注 本题是独立同分布的中心极限定理的直接应用.

2. 利用棣莫弗-拉普拉斯定理计算随机变量落在某一区间内的概率.

例 5.11 现有一大批种子，其中良种占 $\frac{1}{6}$，现从中任取 6000 粒种子，试分别用切比雪夫不等式估计和用中心极限定理计算这 6000 粒种子中良种所占的比例与 $\frac{1}{6}$ 之差的绝对值不超过 0.01 的概率.

分析 本题关键是先设随机变量，并且求出随机变量的数学期望和方差，然后再利用切比

雪夫不等式和中心极限定理估计计算.

解答　设随机变量 X 表示所取 6000 粒种子中良种的粒数，由题意可知，$X\sim b\left(6000,\frac{1}{6}\right)$. 于是

$$E(X)=np=6000\times\frac{1}{6}=1000,$$

$$D(X)=np(1-p)=6000\times\frac{1}{6}\times\left(1-\frac{1}{6}\right)=\frac{5}{6}\times1000.$$

(1) 要估计的概率为 $P\left\{\left|\frac{X}{6000}-\frac{1}{6}\right|<\frac{1}{100}\right\}=P\{|X-1000|<60\}$，相当于在切比雪夫不等式中取 $\varepsilon=60$，于是由切比雪夫不等式可得

$$P\left\{\left|\frac{X}{6000}-\frac{1}{6}\right|<\frac{1}{100}\right\}=P\{|X-1000|<60\}\geqslant1-\frac{D(X)}{60^2}.$$

由题意得

$$\begin{aligned}1-\frac{D(X)}{60^2}&=1-\frac{5}{6}\times1000\times\frac{1}{3600}\\&=1-0.2315=0.7685.\end{aligned}$$

即用切比雪夫不等式估计此概率不小于 0.7685.

(2) 由棣莫弗-拉普拉斯中心极限定理，二项分布 $b\left(6000,\frac{1}{6}\right)$ 可用正态分布 $N\left(1000,\frac{5}{6}\times1000\right)$ 近似，于是所求概率为

$$\begin{aligned}P\left\{\left|\frac{X}{6000}-\frac{1}{6}\right|<\frac{1}{100}\right\}&=P\{|X-1000|<60\}\\&=P\left\{\left|\frac{X-1000}{\sqrt{\frac{5}{6}\times1000}}\right|<\frac{60}{\sqrt{\frac{5}{6}\times1000}}\right\}\\&\approx2\Phi(2.0785)-1=2\times0.98124-1\approx0.9625.\end{aligned}$$

评注　从本题看出，由切比雪夫不等式只能得出要求的概率不小于 0.7685，而由中心极限定理可得到要求的概率近似等于 0.9625.

因此不难看出由切比雪夫不等式得到的下界是十分粗糙的. 但由于它的要求比较低，只要知道 X 的期望和方差即可，因而在理论上有许多运用.

而当 X_i 独立同分布(可以是任何分布)，计算 $P\{a<X_1+X_2+\cdots+X_n\leqslant b\}$ 的概率时，利用中心极限定理往往能得到相当精确的近似概率，在实际问题上有着广泛运用.

例 5.12　每箱产品有十件，其次品数从 0 到 2 是等可能的，开箱检验时，从中任取一件，如果检验为次品，则认为该箱产品不合格而拒收，由于检验误差，假设一件正品被误判为次品的概率是 2%，一件次品被漏查误判为正品的概率是 10%. 试求：

(1) 检验一箱产品能通过验收的概率；

(2) 检验 100 箱产品通过率不低于 90%的概率.

分析　本题关键是先设出随机事件，然后根据随机事件间的关系应用全概率公式和中心极限定理求解.

解答　(1) 设事件 B：一箱产品通过验收，B_1：抽到一件正品，

$$A_i:\text{箱内有 } i \text{ 件次品}, i=0,1,2, A_0, A_1, A_2 \text{是一完备事件组}.$$

依题意 $P(A_i)=\dfrac{1}{3}$，$P(B|A_i)=\dfrac{10-i}{10}, i=0,1,2$，

$P(B|B_1)=0.98$，$P(B|\overline{B_1})=0.10$.

应用全概率公式

$$P(B_1)=\sum_{i=0}^{2}P(A_i)P(B|A_i)=\frac{1}{3}\sum_{i=0}^{2}\frac{10-i}{10}=0.9.$$

由于 B_1 与 $\overline{B_1}$ 为对立事件，再次应用全概率公式

$$\begin{aligned}P(B)&=P(B_1)P(B|B_1)+P(\overline{B_1})P(B|\overline{B_1})\\&=0.9\times0.98+0.1\times0.1=0.892.\end{aligned}$$

(2) 由于各箱产品是否通过验收互不影响，且每箱产品通过验收的概率都是 0.892，则 100 箱产品通过验收的箱数 X 服从二项分布，参数 $n=100, p=0.892$ 可以应用棣莫弗-拉普拉斯中心极限定理近似计算所求概率，其中

$$E(X)=np=89.2, D(X)=np(1-p)=3.1\times3.1.$$

$$\begin{aligned}P\left\{\frac{X}{100}\geqslant0.90\right\}&=P\{X\geqslant90\}\\&=1-P\{0\leqslant X<90\}=1-P\left\{\frac{0-89.2}{3.1}\leqslant\frac{X-89.2}{3.1}<\frac{90-89.2}{3.1}\right\}\\&\approx1-\left[\Phi\left(\frac{90-89.2}{3.1}\right)-\Phi\left(\frac{0-89.2}{3.1}\right)\right]=1-\Phi(0.26)=0.3974.\end{aligned}$$

评注 本题考查的是全概率公式和棣莫弗-拉普拉斯中心极限定理.

例 5.13 (1) 设某系统由 100 个部件组成，运行期间每个部件是否损坏是相互独立的，而损坏的概率是 0.1. 如果至少有 85%的部件完好无损时系统才能正常工作，求系统可以正常工作的概率.

(2) 若上述系统由 n 个部件组成，至少有 85%的部件完好无损时系统才能正常工作，求 n 至少为多大时，系统可以不小于 0.975 的概率正常工作.

分析 本题第一问直接考查中心极限定理，第二问考查利用中心极限定理确定样本数 n.

解答 (1) 令 X 表示运行期间由 100 个部件组成的系统中完好无损的部件个数，则 $X\sim b(100,0.9)$.

由棣莫弗-拉普拉斯中心极限定理，知系统正常工作的概率为

$$\begin{aligned}P\{X\geqslant85\}&=P\left\{\frac{X-100\times0.9}{\sqrt{100\times0.1\times0.9}}\geqslant\frac{85-100\times0.9}{\sqrt{100\times0.1\times0.9}}\right\}\\&\approx1-\Phi\left(-\frac{5}{3}\right)=1+\Phi\left(\frac{5}{3}\right)-1\\&=\Phi(1.67)=0.953.\end{aligned}$$

(2) 令 Y_n 表示运行期间由 n 个部件组成的系统中完好无损的部件个数，则 $Y_n\sim b(n,0.9)$

由棣莫弗-拉普拉斯中心极限定理，知系统正常工作的概率为

$$\begin{aligned}P\{Y_n\geqslant0.85n\}&=P\left\{\frac{Y_n-0.9n}{\sqrt{n\times0.1\times0.9}}\geqslant\frac{0.85n-0.9n}{\sqrt{n\times0.1\times0.9}}\right\}\\&\approx1-\Phi\left(-\frac{\sqrt{n}}{6}\right)=1-\Phi\left(\frac{\sqrt{n}}{6}\right)-1\end{aligned}$$

$$=\Phi\left(\frac{\sqrt{n}}{6}\right)\geqslant 0.975=\Phi(1.96),$$

即 $\frac{\sqrt{n}}{6}\geqslant 1.96$，可得 $n\geqslant 138.3$.

由于是实际问题，故当 $n\geqslant 139$ 时，才能使由 n 个部件组成的系统以不小于 0.975 的概率正常工作.

评注　虽然作为服从二项分布的随机变量 X，有事件 $\{X\geqslant 85\}=\{85\leqslant X\leqslant n\}$，但在用中心极限定理做近似计算时，不能将 $P\{X\geqslant 85\}$ 写成 $P\{85\leqslant X\leqslant n\}$ 来计算，因为写成后者以后一般会产生更大的误差.

例 5.14　某保险公司多年的统计表明，在索赔户中，被盗索赔占 20%，以 X 表示在随意抽查 100 个索赔户中的被盗索赔户数量.

(1) 写出 X 的概率分布；　　　　(2) 求被盗索赔户在 14～30 之间的概率.

分析　本题第二问可以分别用两种中心极限定理求解，并且比较两个中心极限定理.

解答　(1) 由已知可知 X 满足二项分布，即 $X\sim b(100,0.2)$，

其分布律为 $P\{X=k\}=C_{100}^{k}(0.2)^{k}(0.8)^{100-k}(k=0,1,2,\cdots,100)$.

(2) 本题可以分别用两个中心极限定理求解.

方法一：棣莫弗-拉普拉斯中心极限定理.

由棣莫弗-拉普拉斯中心极限定理，得所求概率为

$$P\{14\leqslant X\leqslant 30\}=P\left\{\frac{14-100\times 0.2}{\sqrt{100\times 0.2\times 0.8}}\leqslant\frac{X-100\times 0.2}{\sqrt{100\times 0.2\times 0.8}}\leqslant\frac{30-100\times 0.2}{\sqrt{100\times 0.2\times 0.8}}\right\}$$
$$\approx\Phi(2.5)-\Phi(-1.5)=\Phi(2.5)+\Phi(1.5)-1=0.927.$$

方法二：利用独立同分布的中心极限定理.

若第 n 名索赔户是被盗户，令 $X_n=1$；否则第 n 名索赔户不是被盗户，令 $X_n=0(n=1,2,\cdots,100)$. 可知 $X_1,X_2,\cdots,X_n$ 为独立同分布的随机变量，且服从 $p=0.2$ 的(0－1)分布，有

$$E(X_n)=0.2,D(X_n)=0.16\quad(n=1,2,\cdots,100).$$

令 $Y=\sum_{k=1}^{100}X_k$ 表示 100 名索赔户中的被盗索赔户数量，则

$$E(Y)=E\left[\sum_{k=1}^{100}X_k\right]=20,D(Y)=D\left[\sum_{k=1}^{100}X_k\right]=16.$$

由独立同分布的中心极限定理，所求概率为

$$P\{14\leqslant Y\leqslant 30\}=P\left\{\frac{14-20}{\sqrt{16}}\leqslant\frac{Y-20}{\sqrt{16}}\leqslant\frac{30-20}{\sqrt{16}}\right\}$$
$$\approx\Phi(2.5)-\Phi(-1.5)=\Phi(2.5)+\Phi(1.5)-1=0.927.$$

评注　棣莫弗-拉普拉斯中心极限定理所涉及的仅仅是一个服从二项分布的随机变量，而独立同分布的中心极限定理则涉及的是大量相互独立同分布且期望、方差都存在的随机变量 $X_1,X_2,\cdots,X_n$，讨论与其和有关的概率问题.

例 5.15　设电站供电网内有 10000 盏灯，夜间每一盏灯开着的概率为 0.7. 假设各灯的开关彼此独立，试估计夜晚同时开着的灯数在 6800～7200 之间的概率.

分析　令 X 表示夜晚同时开着的灯数，则 $X\sim b(10000,0.7)$.

解答　由棣莫弗-拉普拉斯中心极限定理，知夜晚同时开着的灯数在 6800～7200 之间的概

率为

$$P\{6800\leqslant X\leqslant 7200\}=P\left\{\frac{6800-10000\times 0.7}{\sqrt{10000\times 0.7\times 0.3}}\leqslant\frac{X-10000\times 0.7}{\sqrt{10000\times 0.7\times 0.3}}\leqslant\frac{7200-10000\times 0.7}{\sqrt{10000\times 0.7\times 0.3}}\right\}$$

$$\approx\Phi\left(\frac{7200-7000}{\sqrt{2100}}\right)-\Phi\left(\frac{6800-7000}{\sqrt{2100}}\right)$$

$$=2\Phi(4.36)-1=1.$$

评注 本题利用棣莫弗-拉普拉斯中心极限定理计算随机变量在某一区间的概率.

例 5.16 有 3000 个同一年龄的人参加人寿保险. 在一年里,这些人的死亡率为 0.1%,参加保险的人在一年的头一天交付保费 10 元,死亡时,家属可以从保险公司领取 2000 元. 求保险公司一年中获利不少于 10000 元的概率.

分析 令 X 表示一年中死亡的人数,保险公司一年中获利不少于 10000 元,即 $30000-2000X\geqslant 10000$.

解答 令 X 表示一年中死亡的人数,死亡的概率 $p=0.001$,把考虑 3000 人在一年中是否死亡看成 3000 重伯努利试验,则 $X\sim b(3000,0.001)$. 保险公司一年中获利不少于 10000 元,即 $30000-2000X\geqslant 10000$.

由棣莫弗-拉普拉斯中心极限定理,知保险公司一年中获利不少于 10000 元的概率为

$$P\{30000-2000X\geqslant 10000\}=P\{0\leqslant X\leqslant 10\}$$

$$=P\left\{\frac{0-3000\times 0.001}{\sqrt{3000\times 0.001\times 0.999}}\leqslant\frac{X-3000\times 0.001}{\sqrt{3000\times 0.001\times 0.999}}\leqslant\frac{10-3000\times 0.001}{\sqrt{3000\times 0.001\times 0.999}}\right\}$$

$$\approx\Phi\left(\frac{10-3000\times 0.001}{\sqrt{3000\times 0.001\times 0.999}}\right)-\Phi\left(\frac{0-3000\times 0.001}{\sqrt{3000\times 0.001\times 0.999}}\right)$$

$$=\Phi(4.04)-\Phi(-1.73)$$

$$=1-[1-\Phi(1.73)]$$

$$=0.9582.$$

评注 本题利用棣莫弗-拉普拉斯中心极限定理计算随机变量在某一区间的概率.

3. 利用独立同分布的中心极限定理在概率确定的条件下,求样本数 n

例 5.17 一生产线生产的产品成箱包装,每箱的重量是随机的,假设每箱平均重 50kg,标准差为 5kg. 若用最大载重量为 5t 的汽车承运,试利用中心极限定理说明每辆车最多可以装多少箱,才能保障不超载的概率大于 0.977.

分析 本题先设随机变量,计算数字特征,然后根据随机变量落在某一区间内的概率,

$$P\left\{a\leqslant\sum_{k=1}^{n}X_k\leqslant b\right\}=P\left\{\frac{a-n\mu}{\sqrt{n}\sigma}\leqslant\frac{\sum\limits_{k=1}^{n}X_k-n\mu}{\sqrt{n}\sigma}\leqslant\frac{b-n\mu}{\sqrt{n}\sigma}\right\},$$

查正态分布表,解不等式,得出 n 值.

解答 设 $X_i(i=1,2,\cdots,n)$是装运的第 i 箱的重量(单位:kg),n 是所求箱数. 由条件可以把 $X_1,X_2,\cdots,X_n$视为独立同分布的随机变量,而 n 箱总重量 $X=X_1+X_2+\cdots+X_n$是独立同分布随机变量之和,依题意有

$$E(X_i)=50,\ \sqrt{D(X_i)}=5\ (\text{单位:kg}).$$

根据独立同分布的中心极限定理,X 近似服从正态分布 $N(50n,25n)$.

箱数 n 应满足条件

$$P\{X\leqslant 5000\}=P\left\{\frac{X-50n}{5\sqrt{n}}\leqslant\frac{5000-50n}{5\sqrt{n}}\right\}$$
$$\approx\Phi\left(\frac{1000-10n}{\sqrt{n}}\right)>0.977=\Phi(2),$$

所以 $\dfrac{1000-10n}{\sqrt{n}}>2.$

从而 $n<98.0199$，即最多可以装 98 箱.

评注　本题是利用独立同分布的中心极限定理确定样本数 n 的类型题.

例 5.18　若每台快递装运设备的重量 X 服从 $N(50,2.5^2)$（单位：kg），问最多装多少台设备能使总重量超过 2000 的概率不大于 0.05？

分析　本题也是利用独立同分布的中心极限定理确定样本数 n 的类型题.

解答　设最多装 n 台设备，由于 $X\sim N(50,2.5^2)$，若 $P\{nX>2000\}\leqslant 0.05$，则

$$P\left\{X>\frac{2000}{n}\right\}\leqslant 0.05,P\left\{X\leqslant\frac{2000}{n}\right\}>0.95,$$

即
$$P\left\{\frac{X-50}{2.5}\leqslant\frac{\frac{2000}{n}-50}{2.5}\right\}>0.95,\text{故 }\Phi\left\{\frac{\frac{2000}{n}-50}{2.5}\right\}>0.95,$$

查表得 $\Phi(1.65)=0.95$，从而 $\dfrac{\frac{2000}{n}-50}{2.5}>1.65, n<36.95$，故取 $n=37$.

评注　本题的关键是解此不等式 $P\{nX>2000\}\leqslant 0.05$，从而求出 n.

例 5.19　一小区有 200 户，每一户拥有的汽车数量是随机变量，它们是相互独立的，其数学期望为 1.2，方差为 0.36，问至少要设置多少个车位，才能使每辆车有一个车位的概率至少为 0.95？

分析　本题也是利用独立同分布的中心极限定理确定样本数 n 的类型题.

解答　设第 k 户拥有汽车数量为 X_k，$k=1,2,\cdots,200$，且

$$E(X_k)=1.2,D(X_k)=0.36.$$

$X_1,X_2,\cdots,X_{200}$ 相互独立同分布，令 $X=\sum\limits_{k=1}^{200}X_k$，由独立同分布的中心极限定理知

$$\frac{X-200\times 1.2}{\sqrt{200\times 0.36}}\text{ 近似服从 }N(0,1)\text{，于是 }n\text{ 应满足条件}$$

$$P\{X\leqslant n\}\geqslant 0.95.$$

即

$$P\left\{\frac{X-200\times 1.2}{\sqrt{200\times 0.36}}\leqslant\frac{n-200\times 1.2}{\sqrt{200\times 0.36}}\right\}\approx\Phi\left(\frac{n-200\times 1.2}{\sqrt{200\times 0.36}}\right)\geqslant 0.95,$$

解得 $n\leqslant 253.96$，故取 $n=254$.

评注　本题的关键是解此不等式 $P\{X\leqslant n\}\geqslant 0.95$，从而求出 n.

4. 利用棣莫弗-拉普拉斯定理在概率确定的条件下，求样本数 n.

例 5.20　在抽样检查某种产品质量时，如果发现次品多于 10 个，则拒绝接受这批产品. 设产品的次品率为 10%，问至少要抽取多少个产品进行检查，才能保证拒绝接受这批产品的概

率达到0.9?

分析 本题用棣莫弗-拉普拉斯定理在概率确定的条件下,求样本数 n.

解答 设 n 为应该抽取的产品数,Y 为其中的次品数,记

$$X_i=\begin{cases}0, & \text{第 } i \text{ 次检查时为次品},\\ 1, & \text{第 } i \text{ 次检查时为正品},\end{cases}$$

则 $Y=\sum_{i=1}^{n}X_i, E(X_i)=0.1, D(X_i)=0.1\times(1-0.1)=0.09$.

根据棣莫弗-拉普拉斯定理,得

$$\begin{aligned}P\{10<Y\leqslant n\}&=\left\{\frac{10-n\times0.1}{\sqrt{n\times0.1\times0.9}}<\frac{Y-n\times0.1}{\sqrt{n\times0.1\times0.9}}\leqslant\frac{n-n\times0.1}{\sqrt{n\times0.1\times0.9}}\right\}\\&\approx\Phi(3\sqrt{n})-\Phi\left(\frac{10-0.1n}{0.3\sqrt{n}}\right)=1-\Phi\left(\frac{10-0.1n}{0.3\sqrt{n}}\right),\end{aligned}$$

因为 $1-\Phi\left(\frac{10-0.1n}{0.3\sqrt{n}}\right)=0.9$,所以 $-\frac{10-0.1n}{0.3\sqrt{n}}=1.28$,从而取 $n=147$,即至少应该抽取147个产品进行检查才能达到目的.

评注 本题的解题方法是确定随机变量序列,建立标准化随机变量. 建立已知概率与标准正态分布的关系式,寻找 n 的表达式,通过正态分布表得出 n 的关系式后即可求出 n.

5.2.2 大数定律的应用

例 5.21 随机变量序列 $X_1,X_2,\cdots,X_n\cdots$ 相互独立且满足大数定律,则 X_i 的分布可以是( ).

(A) $P\{X_i=m\}=\frac{c}{m^3}, m=1,2,\cdots$;

(B) X_i服从参数为$\frac{1}{i}$的指数分布;

(C) X_i服从参数为 i 的泊松分布;

(D) X_i的概率密度函数为 $f(x)=\frac{1}{\pi(1+x^2)}$.

分析 只要判断此序列是否相互独立同分布,且数学期望存在;或者独立但分布不同,而数学期望、方差都存在,且方差有界即可.

解答 如果 $X_1,X_2,\cdots,X_n,\cdots$同分布,只要 $E(X_i)$存在,则 $X_1,X_2,\cdots,X_n,\cdots$服从辛钦大数定律;若 $X_1,X_2,\cdots,X_n,\cdots$不同分布,但 X_i的期望、方差都存在,且方差要有界,则 $X_1,X_2,\cdots,X_n,\cdots$满足切比雪夫大数定律. 据此分析

在(A)中,X_i同分布,$E(X_i)=\sum_{m=1}^{\infty}m\cdot\frac{c}{m^3}=\sum_{m=1}^{\infty}\frac{c}{m^2}$,由于级数$\sum_{m=1}^{\infty}\frac{1}{m^2}$是收敛的,

因此

$X_2,\cdots,X_n,\cdots$满足辛钦大数定律,应选(A).

进一步分析,在(B)中,$D(X_i)=\left(\frac{1}{i}\right)^{-2}=i^2$;在(C)中,$D(X_i)=i$,它们均不能对 i 有界,因此不满足切比雪夫大数定律.

在(D)中,由于$\int_0^{+\infty}\frac{x}{1+x^2}\mathrm{d}x=+\infty$,因此$\int_{-\infty}^{+\infty}\frac{|x|}{1+x^2}\mathrm{d}x=+\infty$,故 $E(X_i)$不存在,所以不

能满足辛钦大数定律.

评注　本题考查的是对大数定律的理解.

例 5.22　设随机变量 $X_1,X_2,\cdots,X_n,\cdots$ 相互独立同服从参数为 2 的指数分布，则当 $n\to\infty$ 时，$Y_n=\dfrac{1}{n}\sum\limits_{i=1}^{n}X_i^2$ 依概率收敛于________.

分析　由辛钦大数定律可知相互独立同分布，且数学期望存在的随机变量序列的平均值依概率收敛于其数学期望. 因此 $Y_n=\dfrac{1}{n}\sum\limits_{i=1}^{n}X_i^2$ 的数学期望即为所求.

解答　因为随机变量 $X_1,X_2,\cdots,X_n,\cdots$相互独立同分布，所以 $X_1^2,X_2^2,\cdots,X_n^2,\cdots$相互独立同分布.

$$E(X_i)=\frac{1}{2},\qquad D(X_i)=\frac{1}{4},$$

$$E(X_i^2)=D(X_i)+[E(X_i)]^2=\frac{1}{2},$$

$$E(Y_n)=E\left(\frac{1}{n}\sum_{i=1}^{n}X_i^2\right)=\frac{1}{n}E\left(\sum_{i=1}^{n}X_i^2\right)=\frac{1}{2}.$$

于是由辛钦大数定律知当 $n\to\infty$时，$Y_n=\dfrac{1}{n}\sum\limits_{i=1}^{n}X_i^2$ 依概率收敛于其数学期望$\dfrac{1}{2}$，因此应填$\dfrac{1}{2}$.

评注　本题解题的关键是由辛钦大数定律分析出所求即为 $E(Y_n)$.

例 5.23　设随机变量 $X_1,X_2,\cdots,X_n,\cdots$ 是独立同分布的，其分布函数为$F(x)=a+\dfrac{1}{\pi}\arctan\dfrac{x}{b}$，$b\neq 0$，则辛钦大数定律对此序列(　　).

(A) 适用；　　　　(B) 当常数 a,b 取适当的数值时适用；

(C) 不适用；　　　　(D) 无法判别.

分析　辛钦大数定律成立的条件是随机变量 X 的数学期望存在，即$\int_{-\infty}^{+\infty}|xf(x)|\,\mathrm{d}x$ 收敛.

解答　辛钦大数定律成立的条件是随机变量 X 的数学期望存在，即$\int_{-\infty}^{+\infty}|xf(x)|\,\mathrm{d}x$ 收敛，

$$f(x)=\frac{\mathrm{d}F(x)}{\mathrm{d}x}=\frac{b}{\pi(b^2+x^2)},$$

所以

$$\int_{-\infty}^{+\infty}|xf(x)|\,\mathrm{d}x=\int_{-\infty}^{+\infty}\frac{|b||x|}{\pi(b^2+x^2)}\mathrm{d}x=\frac{2|b|}{\pi}\int_{0}^{+\infty}\frac{x}{b^2+x^2}\mathrm{d}x$$

$$=\frac{|b|}{\pi}\int_{0}^{+\infty}\frac{\mathrm{d}(b^2+x^2)}{b^2+x^2}=\frac{|b|}{\pi}\ln|b^2+x^2|\Big|_{0}^{+\infty}=+\infty,$$

故辛钦大数定律不适用，即选(C).

评注　本题先由分布函数求出概率密度函数 $f(x)$，再判断$\int_{-\infty}^{+\infty}|xf(x)|\,\mathrm{d}x$ 的敛散性，根据辛钦大数定律成立的条件判断.

例 5.24　设随机变量 $X_1,X_2,\cdots,X_n,\cdots$ 相互独立同分布，且 $E(X_n)=0$，则 $\lim\limits_{n\to+\infty}P\left\{\sum\limits_{i=1}^{n}X_i<n\right\}=$________.

分析 求随机事件概率的极限,可用大数定律,或者先求概率再求极限.这里 $\lim\limits_{n\to\infty}P\left\{\sum\limits_{i=1}^{n}X_i<n\right\}$ 不好计算,而随机变量序列相互独立同分布,且具有相同的数学期望 0,满足辛钦大数定律的条件,所以可用辛钦大数定律.

解答 $\lim\limits_{n\to+\infty}P\left\{\sum\limits_{i=1}^{n}X_i<n\right\}=\lim\limits_{n\to+\infty}P\left\{\frac{1}{n}\sum\limits_{i=1}^{n}X_i<1\right\}$,因为随机变量 $X_1,X_2,\cdots,X_n,\cdots$ 相互独立同分布,且 $E(X_n)=0$,于是由辛钦大数定律有

$$\lim_{n\to+\infty}P\left\{\left|\frac{1}{n}\sum_{i=1}^{n}X_i-0\right|<1\right\}=\lim_{n\to+\infty}P\left\{\left|\frac{1}{n}\sum_{i=1}^{n}X_i\right|<1\right\}=1,$$

又如果 $\left|\frac{1}{n}\sum\limits_{i=1}^{n}X_i\right|<1$,则必有$\frac{1}{n}\sum\limits_{i=1}^{n}X_i<1$. 因此

$$1=\lim_{n\to+\infty}P\left\{\left|\frac{1}{n}\sum_{i=1}^{n}X_i\right|<1\right\}\leqslant\lim_{n\to+\infty}P\left\{\frac{1}{n}\sum_{i=1}^{n}X_i<1\right\}\leqslant 1,$$

所以

$$\lim_{n\to+\infty}P\left\{\sum_{i=1}^{n}X_i<n\right\}=\lim_{n\to+\infty}P\left\{\frac{1}{n}\sum_{i=1}^{n}X_i<1\right\}=1.$$

评注 本题关键是将如果 $\left|\frac{1}{n}\sum\limits_{i=1}^{n}X_i\right|<1$,则必有$\frac{1}{n}\sum\limits_{i=1}^{n}X_i<1$ 的结论,代入随机事件概率的极限.

例 5.25 设 $X_1,X_2,\cdots,X_n,\cdots$ 为相互独立同分布的随机变量序列,且概率密度为

$$f(x)=\begin{cases}\left|\dfrac{1}{x}\right|^3, & |x|\geqslant 1,\\ 0, & |x|<1,\end{cases}$$

判断 X_n 是否满足切比雪夫大数定律与辛钦大数定律的条件.

分析 本题应先求出随机变量的数学期望和方差,再验证是否满足切比雪夫大数定律与辛钦大数定律的条件.

解答

$$\begin{aligned}E(X_n)&=\int_{-\infty}^{+\infty}xf(x)\mathrm{d}x=\int_{-\infty}^{-1}x\left(-\frac{1}{x^3}\right)\mathrm{d}x+\int_{1}^{+\infty}x\left(\frac{1}{x^3}\right)\mathrm{d}x=0,\\ D(X_n)&=E(X_n{}^2)-[E(X_n)]^2=E(X_n{}^2)\\ &=\int_{-\infty}^{+\infty}x^2f(x)\mathrm{d}x=\int_{-\infty}^{-1}x^2\left(-\frac{1}{x^3}\right)\mathrm{d}x+\int_{1}^{+\infty}x^2\left(\frac{1}{x^3}\right)\mathrm{d}x=+\infty.\end{aligned}$$

X_n 的数学期望存在,方差不存在,所以 X_n 满足辛钦大数定律,不满足切比雪夫大数定律.

评注 本题考查了辛钦大数定律和切比雪夫大数定律的条件.

5.2.3 切比雪夫不等式的应用

例 5.26 设随机变量 X,Y 分别服从正态分布 $N(1,1)$ 与 $N(0,1)$,$E(XY)=-0.1$,根据切比雪夫不等式估计 $P\{-4<X+2Y<6\}$.

分析 这里要估计的是 $X+2Y$ 的概率,因此首先由已知条件计算随机变量函数 $X+2Y$ 的数学期望和方差,然后再由切比雪夫不等式估计概率.

解答 因为 $X\sim N(1,1)$,$Y\sim N(0,1)$,于是 $E(X)=1$,$D(X)=1$,$E(Y)=0$,$D(Y)=1$.

所以

$$E(X+2Y)=E(X)+2E(Y)=1,$$

$$\mathrm{Cov}(X,Y)=E(XY)-E(X)E(Y)=-0.1,$$
$$D(X+2Y)=D(X)+4\mathrm{Cov}(X,Y)+4D(Y)=4.6,$$

于是

$$P\{-4<X+2Y<6\}=P\{|X+2Y-1|<5\}\geqslant 1-\frac{D(X+2Y)}{5^2}=0.816.$$

评注　用切比雪夫不等式估计概率，关键是求出相应随机变量的数学期望、方差，然后再将要估计的概率转化为以数学期望为中心的对称区间上的概率.

例 5.27　设随机变量 $X_1,X_2,\cdots,X_n$ 是 n 个相互独立同分布的随机变量，$E(X_i)=\mu$，$D(X_i)=8(i=1,2,\cdots,n)$，对于 $\overline{X}=\sum\limits_{i=1}^{n}\frac{X_i}{n}$，写出所满足的切比雪夫不等式_______，并估计 $P\{|\overline{X}-\mu|<4\}\geqslant$_______.

分析　切比雪夫不等式主要用来粗略估计方差存在的随机变量在以数学期望为中心的对称区间上的概率，因此我们首先必须把要估计的概率化为 $P\{|X-E(X)|<\varepsilon\}$ 或者 $P\{|X-E(X)|\geqslant\varepsilon\}$ 的形式，然后再由切比雪夫不等式得出估计值.

解答

$$E(\overline{X})=E\left(\frac{1}{n}\sum_{i=1}^{n}X_i\right)=\frac{1}{n}E\left(\sum_{i=1}^{n}X_i\right)=\frac{1}{n}\cdot n\mu=\mu,$$
$$D(\overline{X})=D\left(\frac{1}{n}\sum_{i=1}^{n}X_i\right)=\frac{1}{n^2}D\left(\sum_{i=1}^{n}X_i\right)=\frac{1}{n^2}\cdot nD(X_i)=\frac{8}{n},$$

于是　$\overline{X}=\sum\limits_{i=1}^{n}\frac{X_i}{n}$ 所满足的切比雪夫不等式为

$$P\{|\overline{X}-\mu|\geqslant\varepsilon\}\leqslant\frac{D(\overline{X})}{\varepsilon^2}=\frac{8}{n\varepsilon^2},$$

即

$$P\{|\overline{X}-\mu|\geqslant\varepsilon\}\leqslant\frac{8}{n\varepsilon^2}.$$
$$P\{|\overline{X}-\mu|<4\}\geqslant 1-\frac{D(\overline{X})}{4^2}=1-\frac{1}{4^2}\cdot\frac{8}{n}=1-\frac{1}{2n},$$

即

$$P\{|\overline{X}-\mu|<4\}\geqslant 1-\frac{1}{2n}.$$

评注　本题解题的关键是先求出 $E(\overline{X}),D(\overline{X})$.

例 5.28　设随机变量 $X\sim b(n,p)$，试用切比雪夫不等式证明：$P\{|X-np|\geqslant\sqrt{n}\}\leqslant\frac{1}{4}$.

分析　本题根据不等式的特点应使用切比雪夫不等式证明.

证明　因为 X 服从二项分布，故 $E(X)=np,D(X)=np(1-p)$.

$$P\{|X-np|\geqslant\sqrt{n}\}=P\{|\overline{X}-E(X)|\geqslant\sqrt{n}\}\leqslant\frac{D(X)}{n}=p(1-p),$$
$$p(1-p)=-(p^2-p)=-(p-\frac{1}{2})^2+\frac{1}{4}\leqslant\frac{1}{4},$$

即

$$P\{|X-np|\geqslant\sqrt{n}\}\leqslant\frac{1}{4}.$$

评注　本题解题的关键是求出 $p(1-p)$ 的最值.

例 5.29　设 $X_1,X_2,\cdots,X_n,\cdots$ 为相互独立同分布的随机变量序列，$E(X_n)=\mu,D(X_n)=\sigma^2$，

证明 $\frac{2}{n(n+1)}\sum_{k=1}^{n}kX_k \xrightarrow{P} \mu\ (n\to\infty)$.

分析 本题根据依概率收敛的定义来证明.

证明 令 $Y_n=\frac{2}{n(n+1)}\sum_{k=1}^{n}kX_k$,则 $E(Y_n)=\frac{2}{n(n+1)}\sum_{k=1}^{n}kE(X_k)=\mu$,

$$D(Y_n)=\frac{4}{n^2(n+1)^2}\sum_{k=1}^{n}k^2D(X_k)$$

$$=\frac{4}{n^2(n+1)^2}\sum_{k=1}^{n}k^2\sigma^2=\frac{4\sigma^2}{(n+1)^2}\sum_{k=1}^{n}\left(\frac{k}{n}\right)^2\leqslant\frac{4\sigma^2}{n+1}\to 0,$$

对于任意给定的 $\varepsilon>0$,有 $P\{|Y_n-\mu|<\varepsilon\}\geqslant 1-\frac{D(Y_n)}{\varepsilon^2}\to 1$,因此 $Y_n\xrightarrow{P}\mu$.

评注 本题证明的关键是应用切比雪夫不等式.

5.3 本章小结

1. 利用独立同分布的中心极限定理计算随机变量落在某一区间内的概率.

(1) 正确选取独立同分布的随机变量 $X_1,X_2,\cdots,X_n$;

(2) 计算 $E(X_k)=\mu,D(X_k)=\sigma^2>0(k=1,2,\cdots,n)$,将 $\sum_{k=1}^{n}X_k$ 标准化为

$$\frac{\sum_{k=1}^{n}X_k-n\mu}{\sqrt{n}\sigma};$$

(3) 计算随机变量落在某一区间内的概率,即

$$P\left\{a\leqslant\sum_{k=1}^{n}X_k\leqslant b\right\}=P\left\{\frac{a-n\mu}{\sqrt{n}\sigma}\leqslant\frac{\sum_{k=1}^{n}X_k-n\mu}{\sqrt{n}\sigma}\leqslant\frac{b-n\mu}{\sqrt{n}\sigma}\right\}$$

$$\approx\Phi\left(\frac{b-n\mu}{\sqrt{n}\sigma}\right)-\Phi\left(\frac{a-n\mu}{\sqrt{n}\sigma}\right).$$

2. 利用棣莫弗-拉普拉斯定理计算随机变量落在某一区间内的概率.

(1) 正确选取二项分布变量 $X\sim b(n,p)$;

(2) 计算 $E(X)=np,D(X)=np(1-p)$,将 X 标准化为

$$\frac{X-np}{\sqrt{np(1-p)}};$$

(3) 计算随机变量落在某一区间内的概率,即

$$P\{a\leqslant X\leqslant b\}=P\left\{\frac{a-np}{\sqrt{np(1-p)}}\leqslant\frac{X-np}{\sqrt{np(1-p)}}\leqslant\frac{b-np}{\sqrt{np(1-p)}}\right\}$$

$$\approx\Phi\left(\frac{b-np}{\sqrt{np(1-p)}}\right)-\Phi\left(\frac{a-np}{\sqrt{np(1-p)}}\right).$$

3. 利用独立同分布的中心极限定理在概率确定的条件下,求样本数 n.

(1) 正确选取独立同分布的随机变量 $X_1,X_2,\cdots,X_n$;

(2) 计算 $E(X_k)=\mu, D(X_k)=\sigma^2>0(k=1,2,\cdots,n)$，将 $\sum\limits_{k=1}^{n}X_k$ 标准化为

$$\frac{\sum\limits_{k=1}^{n}X_k-n\mu}{\sqrt{n}\sigma};$$

(3) 根据随机变量落在某一区间内的概率，查正态分布表，解不等式，得出 n 值.

4. 利用棣莫弗-拉普拉斯定理在概率确定的条件下，求样本数 n.

(1) 正确选取二项分布变量 $X\sim b(n,p)$；

(2) 计算 $E(X)=np, D(X)=np(1-p)$，将 X 标准化为

$$\frac{X-np}{\sqrt{np(1-p)}};$$

(3) 根据随机变量落在某一区间内的概率，查正态分布表，解不等式，得出 n 值.

5. 大数定律的应用

大数定律深刻地揭示了随机事件的概率与频率之间的关系，因此是概率论的重要理论基础. 大数定律从大量测量值的平均值出发，讨论并反映了算术平均值及频率的稳定性，为寻找随机变量的期望值提供了一条实际可行的途径.

6. 切比雪夫不等式的应用

粗略估计方差存在的随机变量在以数学期望为中心的对称区间上的概率，即 $P\{|X-E(X)|<\varepsilon\}$ 或者 $P\{|X-E(X)|\geqslant\varepsilon\}$.

解题过程如下：

(1) 依题意选择随机变量 X，求出数学期望 $E(X)$ 和方差 $D(X)$；

(2) 将 $P\{a<X<b\}$ 化为 $P\{|X-E(X)|<\varepsilon\}$ 或者 $P\{|X-E(X)|\geqslant\varepsilon\}$；

(3) 由切比雪夫不等式做出 $P\{a<X<b\}$ 的估计.

5.4 同步习题及解答

5.4.1 同步习题

1. 填空题：

(1) 设 $X_1,X_2,\cdots,X_n,\cdots$ 是独立同分布的随机变量序列，且均值为 μ，方差为 σ^2，那么当 n 充分大时，近似有 $\overline{X}\sim$________ 或 $\dfrac{\overline{X}-\mu}{\sigma/\sqrt{n}}\sim$________. 特别地，当同为正态分布时，对于任意的 n，都精确有 $\overline{X}\sim$________ 或 $\dfrac{\overline{X}-\mu}{\sigma/\sqrt{n}}\sim$________.

(2) 设 $X_1,X_2,\cdots,X_n,\cdots$ 是独立同分布的随机变量序列，且均值为 μ，方差为 σ^2，那么 $\dfrac{1}{n}\sum\limits_{i=1}^{n}X_i^2$ 依概率收敛于__________.

(3) 设随机变量 X 和 Y 的数学期望分别是 -2 和 2，方差分别为 1 和 4，而相关系数为 -0.5，则根据切比雪夫不等式估计 $P\{|X+Y|\geqslant 6\}\leqslant$________.

(4) 设随机变量 $X_1,X_2,\cdots,X_n$ 相互独立同分布，且 $E(X_i)=\mu, D(X_i)=8(i=1,2,\cdots,n)$.

则概率 $P\{\mu-4<\overline{X}<\mu+5\}\geqslant$______，其中 $\overline{X}=\frac{1}{n}\sum_{k=1}^{n}X_k$.

2. 选择题：

(1) 设随机变量 $X\sim b(n,p)$，对任意 $0<p<1$，利用切比雪夫不等式估计有 $P\{|X-np|\geqslant\sqrt{2n}\}\leqslant$(　　).

(A) $\frac{1}{2}$；　　(B) $\frac{1}{4}$；　　(C) $\frac{1}{8}$；　　(D) $\frac{1}{16}$.

(2) 设随机变量 $X\sim N(\mu,\sigma^2)$，则随 σ 的增大，概率 $P\{|X-\mu|<\sigma\}$是(　　).

(A)单调增加；　　(B)单调减少；

(C)保持不变；　　(D)增减不变.

(3) 设随机变量 $X_1,X_2,\cdots$相互独立且服从参数为 λ 的指数分布，则下式正确的是(　　)(其中 $\Phi(x)=\int_{-\infty}^{x}\frac{1}{\sqrt{2\pi}}e^{-\frac{1}{2}x^2}dx$).

(A) $\lim\limits_{n\to\infty}P\left\{\frac{\lambda\sum\limits_{i=1}^{n}X_i-n}{\sqrt{n}}\leqslant x\right\}=\Phi(x)$；　　(B) $\lim\limits_{n\to\infty}P\left\{\frac{\sum\limits_{i=1}^{n}X_i-n}{\sqrt{n}}\leqslant x\right\}=\Phi(x)$；

(C) $\lim\limits_{n\to\infty}P\left\{\frac{\sum\limits_{i=1}^{n}X_i-\lambda}{\sqrt{n}\lambda}\leqslant x\right\}=\Phi(x)$；　　(D) $\lim\limits_{n\to\infty}P\left\{\frac{\sum\limits_{i=1}^{n}X_i-\lambda}{n\lambda}\leqslant x\right\}=\Phi(x)$.

(4) 设随机变量 $X_1,X_2,\cdots$相互独立且服从参数为 λ 的泊松分布，则下面随机变量序列中不满足切比雪夫大数定律条件的是(　　).

(A) $X_1,X_2,\cdots,X_n,\cdots$；　　(B) $X_1+1,X_2+2,\cdots,X_n+n,\cdots$；

(C) $X_1,2X_2,\cdots,nX_n,\cdots$；　　(D) $X_1,\frac{1}{2}X_2,\cdots,\frac{1}{n}X_n,\cdots$.

3. 袋装奶粉每袋的质量为随机变量，其数学期望为 500g，均方差为 20g，每箱内装 100 袋. 试求一箱奶粉质量不足 49750g 的概率.

4. 一个复杂系统由 100 个相互独立的元件组成，在系统运行期间，每个元件损坏的概率为 0.10，为了使系统正常运行，必须至少有 80 个元件工作，求系统的可靠度(即正常运行的概率).

5. 一系统是由 n 个相互独立起作用的部件组成，每个部件正常工作的概率为 0.9，且必须至少由 80%的部件正常工作，系统才能正常工作，问 n 至少为多大时，才能使系统正常工作的概率不低于 0.95?

6. 甲、乙两电影院在竞争 1000 名观众，假设每位观众在选择时是随机的，且彼此相互独立，问甲至少应设多少个座位，才能使观众因无座位而离去的概率小于 1%?

7. 设在某种重复独立试验中，每次试验事件 A 发生的概率为$\frac{1}{4}$，问能以 0.9997 的概率保证在 1000 次试验中 A 发生的频率与$\frac{1}{4}$相差多少？此时 A 发生的次数在哪个范围之内？

8. 设掷一枚骰子，为了至少有 95%的把握使点向上的频率与概率之差在$(-0.01,0.01)$的范围内，问需要掷多少次？

9. 设 $X_1,X_2,\cdots,X_n$相互独立同服从$[0,\theta]$上的均匀分布，令 $Y_n=\max\{X_1,\cdots,X_n\}$，试求 $n(\theta-Y_n)$的极限分布.

5.4.2　同步习题解答

1. (1) $N\left(\mu,\frac{\sigma^2}{n}\right),N(0,1),N\left(\mu,\frac{\sigma^2}{n}\right),N(0,1)$. (2) $\mu^2+\sigma^2$.

(3) $\frac{1}{12}$.

根据切比雪夫不等式估计 $P\{|(X+Y)-E(X+Y)|\geqslant 6\}\leqslant\frac{D(X+Y)}{6^2}$，

$$E(X+Y)=E(X)+E(Y)=0,\rho_{XY}=\frac{\mathrm{Cov}(X,Y)}{\sqrt{D(X)}\sqrt{D(Y)}}=-0.5,$$

$$\mathrm{Cov}(X,Y)=-0.5\times1\times2=-1,D(X+Y)=D(X)+D(Y)+2\mathrm{Cov}(X,Y)=3,$$

所以 $P\{|X+Y|\geqslant 6\}\leqslant\frac{3}{6^2}=\frac{1}{12}$.

(4) $1-\frac{1}{2n}$.

$$P\{\mu-4<\overline{X}<\mu+5\}\geqslant P\{-4<\overline{X}-\mu<4\},$$

由切比雪夫不等式 $P\{-4<\overline{X}-\mu<4\}=P\{|\overline{X}-\mu|<4\}\geqslant1-\frac{1}{2n}$. 所以

$$P\{\mu-4<\overline{X}<\mu+5\}\geqslant1-\frac{1}{2n}.$$

2. (1) (C).

由切比雪夫不等式 $P\{|X-np|\geqslant\sqrt{2n}\}\leqslant\frac{np(1-p)}{2n}$，而 $p(1-p)$ 的最大值为 $\frac{1}{4}$，所以 $P\{|X-np|\geqslant\sqrt{2n}\}\leqslant\frac{1}{8}$.

(2) (C).

$$P\{|X-\mu|<\sigma\}=P\{-\sigma<X-\mu<\sigma\}=P\left\{-1<\frac{X-\mu}{\sigma}<1\right\}=\Phi(1)-\Phi(-1).$$

(3) (A).

由独立同分布的中心极限定理 $\sum_{i=1}^{n}X_i\sim N\left(\frac{n}{\lambda},\frac{n}{\lambda^2}\right)$，

故 $\dfrac{\sum_{i=1}^{n}X_i-\frac{n}{\lambda}}{\frac{\sqrt{n}}{\lambda}}\sim N(0,1)$，所以 $\lim\limits_{n\to\infty}P\left\{\dfrac{\lambda\sum_{i=1}^{n}X_i-n}{\sqrt{n}}\leqslant x\right\}=\Phi(x)$.

(4) (C).

因为只有(C)序列的方差无界，即 $D(nX_n)=\frac{n^2}{n}=n\to\infty$.

3. 设第 k 袋奶粉的质量为 $X_k,k=1,2,\cdots,100$，则 $E(X_k)=500,D(X_k)=400$.

$X_1,X_2,\cdots,X_{100}$ 相互独立同分布，令 $X=\sum_{k=1}^{100}X_k$，由独立同分布的中心极限定理知

$$P\{X<49750\}=P\left\{\frac{X-50000}{200}<\frac{49750-50000}{200}\right\}$$
$$=P\left\{\frac{X-50000}{200}<\frac{49750-50000}{200}\right\}$$
$$\approx\Phi(-1.25)$$
$$=1-\Phi(1.25)$$
$$=0.0384.$$

4. 以 X 表示 100 个元件中正常工作的元件个数，$X\sim b(100,0.90)$，

由棣莫弗-拉普拉斯中心极限定理，得

$$P\{X\geqslant 80\}=1-P\{X<80\}$$
$$=1-P\left\{\frac{X-90}{3}\leqslant\frac{80-90}{3}\right\}$$
$$=1-\Phi\left(-\frac{10}{3}\right)$$
$$=0.9995.$$

5. 以 X 表示 n 个部件中正常工作的部件个数，$X\sim b(n,0.9)$，$np=0.9n$，$\sqrt{npq}=0.3\sqrt{n}$ 故 $\frac{X-0.9n}{0.3\sqrt{n}}\sim N(0,1)$，且

$$P\{0.8n\leqslant X\leqslant n\}=P\left\{\frac{0.8n-0.9n}{0.3\sqrt{n}}\leqslant\frac{X-0.9n}{0.3\sqrt{n}}\leqslant\frac{n-0.9n}{0.3\sqrt{n}}\right\}$$
$$=P\left\{-\frac{\sqrt{n}}{3}\leqslant\frac{X-0.9n}{0.3\sqrt{n}}\leqslant\frac{\sqrt{n}}{3}\right\}$$
$$=2\Phi\left(\frac{\sqrt{n}}{3}\right)-1.$$

要使 $2\Phi\left(\frac{\sqrt{n}}{3}\right)-1>0.95$，应使 $\frac{\sqrt{n}}{3}\geqslant 1.96$，故取 $n=35$.

6. 讨论甲电影院的情况（乙与甲对称），设

$$X_k=\begin{cases}1, & \text{第 } k \text{ 个观众选择甲电影院},\\ 0, & \text{其他}.\end{cases}$$

于是甲电影院观众总人数为 $X=\sum_{k=1}^{1000}X_k$，而 $E(X_k)=\mu=\frac{1}{2}$，$D(X_k)=\sigma^2=\frac{1}{4}$，又 $n=1000$，$n\mu=500$，$\sqrt{n}\sigma=5\sqrt{10}$，由独立同分布的中心极限定理知 $\frac{X-500}{5\sqrt{10}}\sim N(0,1)$，

故 $P\{X\leqslant M\}=P\left\{\frac{X-500}{5\sqrt{10}}\leqslant\frac{M-500}{5\sqrt{10}}\right\}=\Phi\left\{\frac{M-500}{5\sqrt{10}}\right\}\geqslant 0.99.$

即 $\frac{X-500}{5\sqrt{10}}\geqslant 2.33$，从而，$M\geqslant 500+2.33\times 5\sqrt{10}=536.84$，所以甲电影院至少应有 537 个座位才能符合要求.

7. 设 n_A 为 n 重伯努利试验中事件 A 发生的次数，当 n 很大时，由棣莫弗-拉普拉斯中心极限定理，n_A 近似服从 $N(np,np(1-p))$，从而 $\beta=p\left\{\left|\frac{n_A}{n}-p\right|\leqslant\varepsilon\right\}$，计算查表得 $\varepsilon=3.62\times$

$\sqrt{\frac{n}{p(1-p)}}=3.62\times\sqrt{\frac{0.25\times0.75}{1000}}=0.0496.$

即在 1000 次试验中，能以 0.9997 的概率保证 A 发生的频率与 $\frac{1}{4}$ 相差约为 0.0496，此时 n_A 满足 $\left|\frac{n_A}{n}-\frac{1}{4}\right|\leqslant 0.0496$，故 $200.4\leqslant n_A\leqslant 299.6$.

8. 根据第 7 题知，已知 $p=\frac{1}{6}$，$\varepsilon=0.01$，$\beta=0.95$，要求 n，使 $P\left\{\left|\frac{n_A}{n}-\frac{1}{6}\right|\leqslant 0.01\right\}\geqslant 0.95$，查表得 $0.06\sqrt{\frac{n}{5}}\geqslant 1.96$，解得 $n\geqslant 5336$，故至少要掷 5336 次.

9. X_i 服从 $[0,\theta]$ 上均匀分布的密度函数为

$$\varphi(x)=\begin{cases}\frac{1}{\theta}, & x\in(0,\theta),\\ 0, & \text{其他},\end{cases}$$

分布函数为 $F(x)=\begin{cases}0, & x<0,\\ \frac{x}{\theta}, & x\in[0,\theta),\\ 1, & x\geqslant\theta,\end{cases}$

Y_n 的分布函数 $F_{Y_n}(y)=[F(y)]^n=\begin{cases}0, & y<0,\\ \left(\frac{y}{\theta}\right)^n, & y\in[0,\theta),\\ 1, & y\geqslant\theta,\end{cases}$

令 $Z_n=n(\theta-Y_n)$，则 Z_n 的分布函数为

$$\begin{aligned}F_{Z_n}(z)&=P\{Z_n\leqslant z\}=P\{n(\theta-Y_n)\leqslant z\}\\&=P\left\{\frac{n\theta-z}{n}\leqslant Y_n\right\}=1-P\left\{\frac{n\theta-z}{n}>Y_n\right\}\\&=\begin{cases}1, & \frac{n\theta-z}{n}<0,\\ 1-\left(\frac{n\theta-z}{n\theta}\right)^n, & 0\leqslant\frac{n\theta-z}{n\theta}<\theta,\\ 0, & \frac{n\theta-z}{n\theta}\geqslant\theta,\end{cases}\\&=\begin{cases}0, & z\leqslant 0,\\ 1-\left(\frac{n\theta-z}{n\theta}\right)^n, & 0<z\leqslant n\theta,\\ 1, & z>n\theta,\end{cases}\end{aligned}$$

从而 Z_n 的极限分布为

$$\begin{aligned}\lim_{n\to\infty}F_{Z_n}(z)&=\begin{cases}0, & z<0,\\ 1-\lim_{n\to\infty}\left(1-\frac{z}{n\theta}\right)^n, & z\geqslant 0,\end{cases}\\&=\begin{cases}0, & z<0,\\ 1-e^{-\frac{z}{\theta}}, & z\geqslant 0.\end{cases}\end{aligned}$$

故此极限分布为（负）指数分布.

第6章 样本及抽样分布

6.1 内容概要

6.1.1 基本概念

1. 总体

考察对象的某一个(或多个)数量指标的全体称为总体,通常用 X 表示,它是一个随机变量,在客观上有一定的分布. X 的分布函数和数字特征就是总体的分布函数与数字特征.

2. 个体

组成总体的每一个单元,即每一个研究对象. 总体依其包含的个体总数分为有限总体和无限总体.

3. 简单随机样本(样本)

n 个相互独立且与总体 X[设 X 的分布函数为 $F(x)$]同分布的随机变量 $X_1,X_2,\cdots,X_n$ 称为来自总体 X 或来自分布函数 F 的、容量为 n 的简单随机样本,简称为样本.

4. 样本容量

抽取的个体的数目称为样本容量.

5. 样本值

设 $x_1,x_2,\cdots,x_n$ 分别为 $X_1,X_2,\cdots,X_n$ 的观测值,则称 $x_1,x_2,\cdots,x_n$ 为样本值,又称为总体 X 的 n 个独立的观察值.

6. 随机抽样

对于总体 X 的 n 次独立重复观测,称为来自总体 X 的 n 次简单随机抽样.

7. 统计量

称样本 $X_1,X_2,\cdots,X_n$ 的函数 $g(X_1,X_2,\cdots,X_n)$ 为统计量,其中不含任何未知参数,统计量是随机变量. 设 $x_1,x_2,\cdots,x_n$ 是相应于样本 $X_1,X_2,\cdots,X_n$ 的样本值,则称 $g(x_1,x_2,\cdots,x_n)$ 是 $g(X_1,X_2,\cdots,X_n)$ 的观察值.

8. 经验分布函数

它是与总体分布函数 $F(x)$ 相对应的一种统计量. 一般地,设 $x_1,x_2,\cdots,x_n$ 是总体 $F(x)$ 的一个容量为 n 的样本值. 先将 $x_1,x_2,\cdots,x_n$ 按自小到大的次序排列,并重新编号. 设为 $x_{(1)}\leqslant x_{(2)}\leqslant\cdots\leqslant x_{(n)}$,则称

$$F_n(x)=\begin{cases}0, & x<x_{(1)},\\ \dfrac{k}{n}, & x_{(k)}\leqslant x<x_{(k+1)},k=1,2,\cdots,n-1,\\ 1, & x\geqslant x_{(n)}\end{cases}$$

为样本 $X_1,X_2,\cdots,X_n$的经验分布函数.

$F_n(x)$是一个分布函数,它满足分布函数的一切性质. 当 n 充分大时,经验分布函数常作为理论分布函数的估计.

9. 直方图

用于展示分组数据分布的一种图形,用矩形的宽度和高度来表示频数(频率)分布,其实质就是用矩形的面积来表示频数(频率)分布. 在直角坐标中,用横轴表示数据分组,纵轴表示频数或频率,各组与相应的频数(频率)就形成了一个矩形,即直方图. 直方图下的总面积等于 1.

10. 箱线图

用于显示未分组的原始数据的 p 分布. 箱线图是由一组数据的最小值(minimum)、第一四分位数(quartiles1)、中位数(median)、第三四分位数(quartiles3)和最大值(maximum)这 5 个值绘制而成的.

11. *p* 分位数

设有容量为 n 的样本观察值 $x_1,x_2,\cdots,x_n$,样本 p 分位数($0<p<1$)记为 x_p,它具有以下的性质:

(1) 至少有 np 个观察值小于或等于 x_p;

(2) 至少有 $n(1-p)$个观察值大于或等于 x_p.

x_p的求法:将 $x_1,x_2,\cdots,x_n$按自小到大的次序排列成 $x_{(1)}\leqslant x_{(2)}\leqslant\cdots\leqslant x_{(n)}$,则

$$x_p=\begin{cases}x_{([np]+1)}, & \text{当 } np \text{ 不是整数时},\\ \dfrac{1}{2}[x_{(np)}+x_{(np+1)}], & \text{当 } np \text{ 是整数时}.\end{cases}$$

中位数:$p=0.5$,是一组数据排序后处于中间位置上的变量值,记为 $x_{0.5}=Q_2=M$,即有

$$x_{0.5}=\begin{cases}x_{\left(\left[\frac{n}{2}\right]+1\right)}, & \text{当 } n \text{ 是奇数时},\\ \dfrac{1}{2}[x_{(\frac{n}{2})}+x_{(\frac{n}{2}+1)}], & \text{当 } n \text{ 是偶数时}.\end{cases}$$

第一四分位数:$p=0.25$,记为 $x_{0.25}=Q_1$.

第三四分位数:$p=0.75$,记为 $x_{0.75}=Q_3$.

$x_{0.25},x_{0.5},x_{0.75}$在统计中是很有用的.

12. 疑似异常值

箱线图中,在数据采集中某一个观察值不寻常地大于或小于该数集中的其他数据,称为疑似异常值. 疑似异常值的存在,会对随后的计算结果产生不适应的影响. 检查疑似异常值并加以适当地处理是十分重要的. 箱线图只要稍加修改,就能用来检测数据集是否存在疑似异常值.

13. 四位数间距

第一四分位数 Q_1与第三四分位数 Q_3之间的距离为 $Q_3-Q_1\triangleq IQR$.

6.1.2 基本理论

1. 样本的概率分布

假设总体 X 的分布函数为 $F(x)$(概率密度函数为 $f(x)$,或分布律为 $P\{X=x_i\}$),$X_1,X_2,\cdots,X_n$是取自总体 X 容量为 n 的一个样本,则 $X_1,X_2,\cdots,X_n$的联合分布函数 $F(x_1,x_2,\cdots,x_n)=\prod_{i=1}^{n}F(x_i)$(联合密度函数为 $f(x_1,x_2,\cdots,x_n)=\prod_{i=1}^{n}f(x_i)$,或联合分布律为 $P\{X_1=x_1,X_2=$

$x_2,\cdots,X_n=x_n\}=\prod_{i=1}^{n}P\{X_i=x_i\}$).

2. 常用统计量

设 $X_1,X_2,\cdots,X_n$是来自总体 X 的简单随机样本，则

样本均值 $\overline{X}=\frac{1}{n}\sum_{i=1}^{n}X_i$；

样本方差 $S^2=\frac{1}{n-1}\sum_{i=1}^{n}(X_i-\overline{X})^2=\frac{1}{n-1}(\sum_{i=1}^{n}X_i^2-n\overline{X}^2)$；

样本标准差 $S=\sqrt{\frac{1}{n-1}\sum_{i=1}^{n}(X_i-\overline{X})^2}$；

样本 k 阶原点矩 $A_k=\frac{1}{n}\sum_{i=1}^{n}X_i^k,k=1,2,\cdots$；

样本 k 阶中心矩 $B_k=\frac{1}{n}\sum_{i=1}^{n}(X_i-\overline{X})^k,k=2,3,\cdots$.

3. 如果总体 X(不管服从什么分布，只要其均值和方差存在)具有数学期望 $E(X)=\mu$ 和方差 $D(X)=\sigma^2$，则总有 $E(\overline{X})=E(X)=\mu,D(\overline{X})=\sigma^2/n,E(S^2)=D(X)=\sigma^2$.

4. 来自正态总体的三个常用统计量的分布

(1) χ^2分布

1) 设 $X_1,X_2,\cdots,X_n$是来自总体 $N(0,1)$的样本，则称统计量 $\chi^2=X_1^2+X_2^2+\cdots+X_n^2$服从自由度为 n 的 χ^2 分布，记作 $\chi^2\sim\chi^2(n)$.

2) χ^2分布的分位点：对于给定的 $\alpha(0<\alpha<1)$，称满足条件 $P\{\chi^2>\chi_\alpha^2(n)\}=\alpha$ 的点 $\chi_\alpha^2(n)$为 $\chi^2(n)$分布的上 α 分位点.

3) χ^2分布的性质：

① $E(\chi^2)=n,D(\chi^2)=2n$；

② 可加性：设 $\chi_1^2\sim\chi^2(n_1),\chi_2^2\sim\chi^2(n_2)$，且 χ_1^2与 χ_2^2相互独立，则 $\chi_1^2+\chi_2^2\sim\chi^2(n_1+n_2)$.

③ 当 $n>45$ 时，$\chi_\alpha^2(n)\approx\frac{1}{2}(z_\alpha+\sqrt{2n-1})^2$.

(2) t 分布

1) 设 $X\sim N(0,1),Y\sim\chi^2(n)$，且 X 与 Y 相互独立，则称随机变量 $t=\frac{X}{\sqrt{Y/n}}$服从自由度为 n 的 t 分布，记作 $t\sim t(n)$.

2) t 分布的分位点：对于给定的 $\alpha(0<\alpha<1)$，称满足条件 $P\{t>t_\alpha(n)\}=\alpha$ 的点 $t_\alpha(n)$为 $t(n)$分布的上 α 分位点.

3) t 分布的性质：

① $t_{1-\alpha}(n)=-t_\alpha(n)$；

② 当 n 很大时(通常 $n>45$ 时)，$t_\alpha(n)\approx z_\alpha$；

③ 由于 t 分布 $t(n)$的概率密度函数是偶函数，即关于 $t=0$ 对称，因此，当 $E(t(n))(n\geqslant2)$存在时，有 $E(t(n))=0$.

(3) F 分布

1) 设$U\sim\chi^2(n_1)$，$V\sim\chi^2(n_2)$，且U与V相互独立，则称随机变量$F=\dfrac{U/n_1}{V/n_2}$服从自由度为(n_1,n_2)的F分布，记作$F\sim F(n_1,n_2)$.

2) F分布的分位点：对于给定的$\alpha(0<\alpha<1)$，称满足条件$P\{F>F_\alpha(n_1,n_2)\}=\alpha$的点$F_\alpha(n_1,n_2)$为$F(n_1,n_2)$分布的上$\alpha$分位点.

3)F分布的性质：

① 如果$F\sim F(n_1,n_2)$，则$\dfrac{1}{F}\sim F(n_2,n_1)$；

② $F_{1-\alpha}(n_1,n_2)=\dfrac{1}{F_\alpha(n_2,n_1)}$；

③ 若$X\sim t(n)$，则$X^2\sim F(1,n)$.

5. 正态总体的样本均值与样本方差的分布

(1) 单个正态总体

设$X\sim N(\mu,\sigma^2)$，$X_1,X_2,\cdots,X_n$是来自总体X的简单随机样本，$\overline{X}=\dfrac{1}{n}\sum\limits_{i=1}^{n}X_i$和$S^2=\dfrac{1}{n-1}\sum\limits_{i=1}^{n}(X_i-\overline{X})^2$分别为相应的样本均值和样本方差，则

$$\overline{X}\sim N\left(\mu,\frac{\sigma^2}{n}\right);\frac{\overline{X}-\mu}{\sigma/\sqrt{n}}\sim N(0,1);\sum_{i=1}^{n}\left(\frac{X_i-\mu}{\sigma}\right)^2\sim\chi^2(n);$$

$$\sum_{i=1}^{n}\left(\frac{X_i-\overline{X}}{\sigma}\right)^2\sim\chi^2(n-1)\text{，即}\frac{(n-1)S^2}{\sigma^2}\sim\chi^2(n-1);$$

$\overline{X}$与S^2相互独立；

$$\frac{\overline{X}-\mu}{S/\sqrt{n}}\sim t(n-1);\frac{n(\overline{X}-\mu)^2}{S^2}\sim F(1,n-1).$$

(2) 两个正态总体

设$X_1,X_2,\cdots,X_{n_1}$与$Y_1,Y_2,\cdots,Y_{n_2}$分别是来自正态总体$N(\mu_1,\sigma_1^2)$和$N(\mu_2,\sigma_2^2)$的样本，且这两个样本相互独立. $\overline{X}$，S_1^2和$\overline{Y}$，S_2^2分别为相应的样本均值和样本方差，则

$$\overline{X}-\overline{Y}\sim N\left(\mu_1-\mu_2,\frac{\sigma_1^2}{n_1}+\frac{\sigma_2^2}{n_2}\right);\frac{(\overline{X}-\overline{Y})-(\mu_1-\mu_2)}{\sqrt{\dfrac{\sigma_1^2}{n_1}+\dfrac{\sigma_2^2}{n_2}}}\sim N(0,1);$$

当$\sigma_1^2=\sigma_2^2=\sigma^2$未知时，

$$\frac{(\overline{X}-\overline{Y})-(\mu_1-\mu_2)}{S_w\sqrt{\dfrac{1}{n_1}+\dfrac{1}{n_2}}}\sim t(n_1+n_2-2)\text{，其中 }S_w^2=\frac{(n_1-1)S_1^2+(n_2-1)S_2^2}{n_1+n_2-2};$$

$$\frac{S_1^2/\sigma_1^2}{S_2^2/\sigma_2^2}\sim F(n_1-1,n_2-1).$$

6. 箱线图的绘制方法

(1) 首先找出一组数据的 5 个特征值，即最大值、最小值、中位数M和两个四分位数(第一四分位数Q_1和第三四分位数Q_3).

(2) 画一水平轴，在轴上标出 Min，Q_1，M，Q_3，Max. 在数轴上方画一个上、下侧平行于数轴的矩形箱子，箱子的左右两侧分别位于Q_1，Q_3上方，在M点的上方画一条垂直线段. 线段位于

箱子内部；

(3) 自箱子左侧引一条水平线直至最小值 Min，在同一水平高度自箱子右侧引一条水平线直至最大值 Max(见图 6-1).

由箱线图可以看出数据的以下性质：

1) 中心位置：中位数所在的位置就是数据集的中心.

2) 散布程度：全部数据都落在[Min，Max]之内，在区间[Min，Q_1]，[Q_1，M]，[M，Q_3]，[Q_3，Max]的数据个数各占$\frac{1}{4}$. 区间较短时，表示落在该区间的点较集中，反之较为分散.

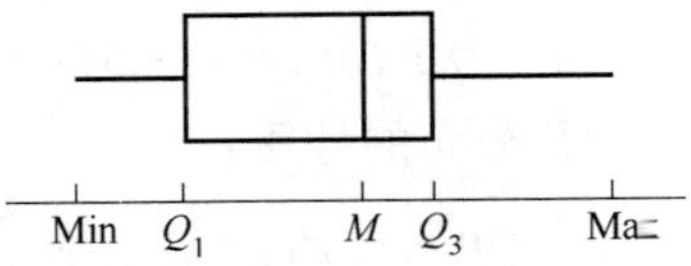

图 6-1

3) 对称性：若中位数位于箱子的中间位置，则数据分布较为对称. 若 Min 离 M 的距离较 Max 离 M 的距离大，则表示数据分布向左倾斜，反之表示数据向右倾斜，且能看出分布尾部的长短.

7. 箱线图的修正

若 IQR 小于 $Q_1-1.5IQR$ 或大于 $Q_3+1.5IQR$，就认为它是疑似异常值，此时，修正箱线图的方法如下：

(1) 首先找出一组数据的 5 个特征值，即最大值、最小值、中位数 M 和两个四分位数(第一四分位数 Q_1 和第三四分位数 Q_3).

(2) 计算 $IQR=Q_3-Q_1$，若一个数据小于 $Q_1-1.5IQR$ 或大于 $Q_3+1.5IQR$，则认为它是一个疑似异常值. 画出疑似异常值，并以 * 表示.

(3) 自箱子左侧引一水平线段直至数据集中除去疑似异常值后的最小值，又自箱子右侧引一水平线直至数据集中除去疑似异常值后的最大值.

6.1.3 基本方法

1. 根据观察值求统计量的观察值.
2. 利用正态总体常用统计量的分布，判断正态总体样本统计量的分布.
3. χ^2 分布、t 分布、F 分布定义及性质的应用.
4. 查表计算分位点.
5. 利用直方图和箱线图分析总体分布.

6.2 典型例题分析、解答与评注

6.2.1 随机样本

本章内容是数理统计的基础，而随机样本的概念及其分布是今后分析问题、解决问题的出发点，因此，要深刻理解这些基本内容，并针对离散型和连续型总体，会根据总体的分布律或概率密度求出样本的相关问题.

例 6.1 设总体 $X\sim N(\mu,\sigma^2)$，$X_1,X_2,\cdots,X_n$是来自总体 X 的样本.

(1) 写出 $X_1,X_2,\cdots,X_n$的联合概率密度；

(2) 写出$\overline{X}$的概率密度.

分析 本题的总体属于连续型总体，故应先求出总体的概率密度，再由联合概率密度函数

为 $f(x_1,x_2,\cdots,x_n)=\prod_{i=1}^{n}f(x_i)$ 得出解答.

解答　(1) 由题意可知,$X_1,X_2,\cdots,X_n$相互独立,且有 $X_i(i=1,2,\cdots,n)$的概率密度为

$$f_{X_i}(x_i)=\frac{1}{\sqrt{2\pi}\sigma}\mathrm{e}^{-\frac{(x_i-\mu)^2}{2\sigma^2}},$$

从而样本的联合概率密度函数为

$$\begin{aligned}f(x_1,x_2,\cdots,x_n)&=\prod_{i=1}^{n}f(x_i)\\&=\prod_{i=1}^{n}\frac{1}{\sqrt{2\pi}\sigma}\mathrm{e}^{-\frac{(x_i-\mu)^2}{2\sigma^2}}=\frac{1}{(2\pi\sigma^2)^{\frac{n}{2}}}\mathrm{e}^{-\frac{1}{2\sigma^2}\sum_{i=1}^{n}(x_i-\mu)^2}.\end{aligned}$$

(2) 因为$\overline{X}\sim N\left(\mu,\frac{\sigma^2}{n}\right)$,故$\overline{X}$的概率密度为

$$f_{\overline{X}}(x)=\frac{\sqrt{n}}{\sqrt{2\pi}\sigma}\mathrm{e}^{-\frac{n(x-\mu)^2}{2\sigma^2}}.$$

评注　要清楚 $X_1,X_2,\cdots,X_n$是相互独立的,且都是与总体 X 具有相同分布的随机变量.

例 6.2　设总体 $X\sim b(1,p)$,$X_1,X_2,\cdots,X_n$是来自总体 X 的样本.

(1) 求$(X_1,X_2,\cdots,X_n)$的分布律;

(2) 求 $\sum_{i=0}^{n}X_i$ 的分布律.

分析　本题的总体属于离散型总体,故应先求出总体的分布律,再利用联合分布律

$P\{X_1=x_1,X_2=x_2,\cdots,X_n=x_n\}=\prod_{i=1}^{n}P\{X_i=x_i\}$ 得出结论.

解答　(1) 因 $X_1,X_2,\cdots,X_n$相互独立,且有 $X_i\sim b(1,p)$,$i=1,2,\cdots,n$,即 X_i具有分布律 $P\{X_i=x_i\}=p^{x_i}(1-p)^{1-x_i}$,$x_i=0,1$,因此$(X_1,X_2,\cdots,X_n)$的分布律为

$$\begin{aligned}P\{X_1=x_1,X_2=x_2,\cdots,X_n=x_n\}&=\prod_{i=1}^{n}P\{X_i=x_i\}\\&=\prod_{i=1}^{n}p^{x_i}(1-p)^{1-x_i}=p^{\sum_{i=1}^{n}x_i}(1-p)^{n-\sum_{i=1}^{n}x_i}.\end{aligned}$$

(2) 因 $X_1,X_2,\cdots,X_n$相互独立,且有 $X_i\sim b(1,p)$,$i=1,2,\cdots,n$,故 $\sum_{i=1}^{n}X_i\sim b(n,p)$,其分布律为

$$P\left\{\sum_{i=1}^{n}X_i=k\right\}=\mathrm{C}_n^k p^k(1-p)^{n-k},k=0,1,2,\cdots,n.$$

评注　这里 $\sum_{i=1}^{n}X_i$ 是 $X_1,X_2,\cdots,X_n$ 中取 1 的个数,$n-\sum_{i=1}^{n}X_i$ 是 $X_1,X_2,\cdots,X_n$ 中取 0 的个数.

例 6.3　设总体 $X\sim\pi(\lambda)(\lambda>0)$,$X_1,X_2,\cdots,X_n$是来自总体 X 的简单随机样本,求:

(1) 样本 $X_1,X_2,\cdots,X_n$的联合分布律;

(2) $Y=\sum_{i=1}^{n}X_i$ 的分布律;

(3) $\overline{X}$的分布律.

分析 (1) 同上题;(2) 可先求两个相互独立且服从泊松分布的随机变量的和的分布,再根据数学归纳法,即可得到$Y=\sum_{i=1}^{n}X_i$的分布律;(3) 因为$\overline{X}=\frac{1}{n}\sum_{i=1}^{n}X_i=\frac{1}{n}Y$,从而可以根据(2)的结论得到$\overline{X}$的分布律.

解答 (1) 由于$X_1,X_2,\cdots,X_n$相互独立且与X同分布,所以$X_1,X_2,\cdots,X_n$的联合分布律为

$$P\{X_1=x_1,X_2=x_2,\cdots,X_n=x_n\}=\prod_{i=1}^{n}P\{X_i=x_i\}$$
$$=\prod_{i=1}^{n}\frac{\lambda^{x_i}}{(x_i)!}e^{-\lambda}=\frac{\lambda^{x_1+x_2+\cdots+x_n}}{(x_1)!(x_2)!\cdots(x_n)!}e^{-n\lambda}.$$

(2) 分两步. 首先证明:若Y_1,Y_2分别服从参数为λ,μ的泊松分布,且Y_1,Y_2相互独立,则Y_1+Y_2服从参数为$\lambda+\mu$的泊松分布. 因为Y_1+Y_2的可能取值是非负整数,而且

$$P\{Y_1+Y_2=m\}=\sum_{k=0}^{\infty}P\{Y_1=k\}P\{Y_1+Y_2=m|Y_1=k\}$$
$$=\sum_{k=0}^{\infty}P\{Y_1=k\}P\{Y_2=m-k\}$$
$$=\sum_{k=0}^{\infty}\frac{\lambda^k e^{-\lambda}}{k!}\cdot\frac{\mu^{m-k}e^{-\mu}}{(m-k)!}$$
$$=\frac{e^{-(\lambda+\mu)}}{m!}\sum_{k=0}^{\infty}\frac{m!}{k!(m-k)!}\lambda^k\mu^{m+k}$$
$$=\frac{(\lambda+\mu)^m}{m!}e^{-(\lambda+\mu)},m=0,1,2,\cdots,$$

所以Y_1+Y_2服从参数为$\lambda+\mu$的泊松分布.

其次,可用数学归纳法证明,$Y=\sum_{i=1}^{n}X_i$服从参数为$n\lambda$的泊松分布.

(3) 因为$\overline{X}=\frac{1}{n}\sum_{i=1}^{n}X_i=\frac{1}{n}Y$,而$Y=\sum_{i=1}^{n}X_i$,由(2)的结论知,$Y\sim\pi(n\lambda)$,所以

$$P\left\{\overline{X}=\frac{k}{n}\right\}=P\{n\overline{X}=k\}=P\{Y=k\}$$
$$=\frac{(n\lambda)^k}{k!}e^{-n\lambda},k=0,1,2,\cdots.$$

评注 首先需要清楚泊松分布的分布律,其次(2)中先分析部分和的分布是关键,(3)中我们要学会对统计量(随机变量)变形. 本题的结论非常重要:即两个独立的服从泊松分布的随机变量,其和仍服从泊松分布.

6.2.2 直方图和箱线图

例 6.4 下面列出了30个美国NBA球员的体重[以lb(磅)计,1lb=0.454kg]数据. 这些数据是从美国NBA球队1990—1991赛季的花名册中抽样得到的.

225	232	232	245	235	245	270	225	240	240
217	195	225	185	200	220	200	210	271	240
220	230	215	252	225	220	206	185	227	236

(1) 画出这些数据的频率直方图(提示:最大和最小观察值分别为 271 和 185,区间[184.5,271.5]包含所有数据,将整个区间分为 5 等份,为计算方便,将区间调整为(179.5,279.5).

(2) 画出这些数据的箱线图.

分析　根据直方图和箱线图的步骤解答即可.

解答　(1) 最大和最小观察值分别为 271 和 185,考虑到这些数据是将实测数据经四舍五入后得到的,取区间 $I=[184.5,271.5]$使得所有实测数据都落在 I 上.将区间 I 等分为若干小区间,小区间的个数与数据个数 n 有关,取为$\sqrt{n}$左右为佳.现在取小区间的个数为 5,于是小区间的长度为$(271.5-184.5)/5=17.4$.这一长度使用起来不方便.为此,将区间 I 的下限延伸至 179.5,上限延伸至 279.5.这样小区间的长度调整为

$$\Delta=(279.5-179.5)/5=20.$$

数出落在每个小区间内的数据的个数 f_i,$i=1,2,3,4,5$,算出数据在各个小区间的频率 $f_i/n(n=30,i=1,2,3,4,5)$,所得结果列表如下:

组　限	频数 f_i	频率 f_i/n	累积频率
179.5～199.5	3	0.1	0.10
199.5～219.5	6	0.2	0.30
219.5～239.5	13	0.43	0.73
239.5～259.5	6	0.2	0.93
259.5～279.5	2	0.07	1

在每个小区间上作以对应的频率除以 Δ 为高[即以$(f_i/n)/\Delta$ 为高]以小区间为底的小长方形.小长方形的面积就是$[(f_i/n)/\Delta]\times\Delta=f_i/n$.画出图形,这就是所求的频率直方图(见图 6-2).

(2) 将 $n=30$ 个数据按自小到大的次序排序得到

185	185	195	200	200	206	210	215	217	220
220	220	225	225	225	225	227	230	232	232
235	236	240	240	240	245	245	252	270	271

下面来求第一四分位数 Q_1,中位数 M,第三四分位数 Q_3.

因 $np=30\times0.25=7.5$,故 Q_1 位于左起第$[7.5]+1=8$ 处,即有 $Q_1=215$.

因 $np=30\times0.5=15$,故 $M=Q_2$ 是这 30 个数最中间两个数的平均值,即有 $Q_2=M=\frac{1}{2}(225+225)=225$.

因 $np=30\times0.75=22.5$,故 Q_3 位于左起第$[22.5]+1=23$ 处,即有 $Q_3=240$.又 Min$=185$,Max$=271$.

根据 Min,Q_1,M,Q_3,Max 这 5 点画出箱线图如图 6-3 所示.从上述两个图能看出数据的分布关于中心线比较对称.

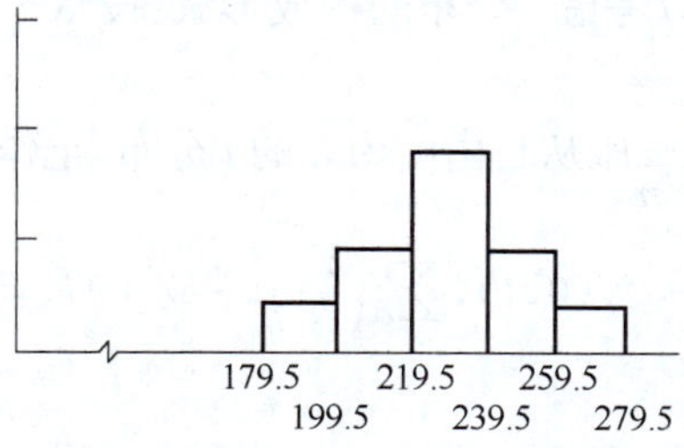

图　6-2

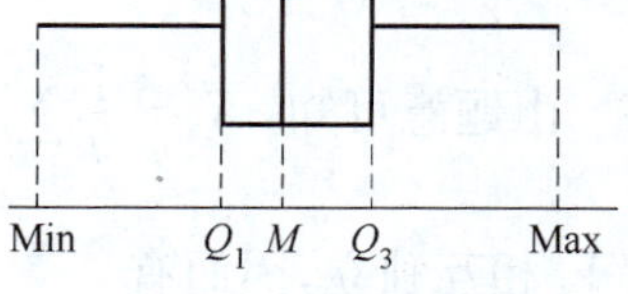

图　6-3

评注 为了研究总体分布的性质，人们通过随机试验得到许多观察值，一般来说，这些观察数据是杂乱无章的，直方图和箱线图是通过图表整理数据的方法对它们进行统计分析.

6.2.3 抽样分布

1. 关于统计量

例 6.5 设总体 X 服从两点分布 $b(1,p)$，即 $P\{X=1\}=p$，$P\{X=0\}=1-p$，其中 $0<p<1$ 为未知参数，若 $X_1,X_2,\cdots,X_5$ 为抽自总体 X 的简单样本，指出 X_1+X_2，$\max\limits_{1\leqslant i\leqslant 5}X_i$，$X_5+2p$，$(X_5-X_1)^2$ 中哪些是统计量，哪些不是统计量，为什么？

分析 统计量是样本的函数，但其中不含任何未知参数，这是解题的关键.

解答 X_1+X_2，$\max\limits_{1\leqslant i\leqslant 5}X_i$，$(X_5-X_1)^2$ 是统计量；X_5+2p 不是统计量，因为其中包含未知参数.

评注 统计量实质是一个随机变量，它是针对不同问题，利用样本构造的不含未知参数的不同函数，它是统计问题研究的出发点.

例 6.6 设某商店 100 天销售电视机的情况有如下统计资料：

日售出台数	2	3	4	5	6	合计
天数	20	30	10	25	15	100

则样本容量 $n=$________，样本均值 $\overline{X}=$________，样本方差 $S^2=$________.

分析 根据样本均值和样本方差的计算公式计算即可.

解答 $n=100$，$\overline{X}=\dfrac{1}{100}(2\times 20+3\times 30+\cdots+6\times 15)=3.85$；

$$
\begin{aligned}
S^2 &= \frac{1}{n-1}\sum_{i=1}^{n}(X_i-\overline{X})^2 \\
&= \frac{1}{n-1}\left(\sum_{i=1}^{n}X_i^2-n\overline{X}^2\right) \\
&= \frac{1}{99}[(2^2\times 20+3^2\times 30+\cdots+6^2\times 15)-100\,\overline{X}^2]\approx 1.95.
\end{aligned}
$$

评注 样本均值和样本方差很重要，其形式是解题的关键，因此，要熟练掌握常用统计量.

2. 求统计量的分布

例 6.7 设随机变量 X 与 Y 相互独立，均服从正态分布 $N(\mu,3^2)$，$X_1,X_2,\cdots,X_9$ 与 $Y_1,Y_2,\cdots,Y_9$ 分别为抽自总体 X 和 Y 的简单样本，则统计量 $\dfrac{X_1+X_2+\cdots+X_9}{\sqrt{Y_1^2+Y_2^2+\cdots+Y_9^2}}$ 服从自由度为________的________分布.

分析 依题意，根据 $\dfrac{X_1+X_2+\cdots+X_9}{\sqrt{Y_1^2+Y_2^2+\cdots+Y_9^2}}$ 的形式，可以考虑 t 分布的构成形式：设 $X\sim N(0,1)$，$Y\sim\chi^2(n)$，且 X 与 Y 相互独立，则称随机变量 $t=\dfrac{X}{\sqrt{Y/n}}$ 服从自由度为 n 的 t 分布，记作 $t\sim t(n)$.

解答 由题意可知，$\overline{X}=\dfrac{1}{9}\sum\limits_{i=1}^{9}X_i\sim N(0,1)$，$\dfrac{Y_i}{3}\sim N(0,1)$，$\sum\limits_{i=1}^{9}\left(\dfrac{Y_i}{3}\right)^2\sim\chi^2(9)$，且 $\dfrac{1}{9}\sum\limits_{i=1}^{9}X_i$ 与 $\sum\limits_{i=1}^{9}\left(\dfrac{Y_i}{3}\right)^2$ 相互独立，因而有

$$\frac{\frac{1}{9}\sum_{i=1}^{9}X_i}{\sqrt{\frac{1}{9}\sum_{i=1}^{9}\left(\frac{Y_i}{3}\right)^2}}=\frac{\sum_{i=1}^{9}X_i}{\sqrt{\sum_{i=1}^{9}Y_i}}=\frac{X_1+\cdots+X_9}{\sqrt{Y_1+\cdots+Y_9}}\sim t(9).$$

评注　这类问题,需要将所求统计量做变化,结合 χ^2 分布、t 分布、F 分布的形式解答.

例 6.8　设 $X_1,X_2,\cdots,X_n$ 是来自正态总体 $N(\mu,\sigma^2)$ 的简单样本,则 $\dfrac{\overline{X}-\mu}{\sqrt{[n(n-1)]^{-1}\sum_{i=1}^{n}(X_i-\overline{X})^2}}\sim$ ________.

分析　在这类问题中,如果出现 $\sum_{i=1}^{n}(X_i-\overline{X})^2$,往往要考虑 $\sum_{i=1}^{n}\left(\dfrac{X_i-\overline{X}}{\sigma}\right)^2=\dfrac{(n-1)S^2}{\sigma^2}\sim\chi^2(n-1)$.

解答　因为 $\dfrac{\overline{X}-\mu}{\sigma/\sqrt{n}}\sim N(0,1)$,$\dfrac{(n-1)S^2}{\sigma^2}\sim\chi^2(n-1)$,且两者相互独立,故

$$\frac{\overline{X}-\mu}{\sqrt{\frac{1}{n(n-1)}\sum_{i=1}^{n}(X_i-\overline{X})^2}}=\frac{\frac{\overline{X}-\mu}{\sigma/\sqrt{n}}}{\sqrt{\frac{(n-1)S^2}{\sigma^2(n-1)}}}\sim t(n-1).$$

评注　所求统计量的形式比较复杂,但是熟练掌握基于正态总体样本均值和样本方差的分布,就会比较容易求出所服从的分布.

例 6.9　设 $X_1,X_2,\cdots,X_n$ 为正态总体 $N(\mu,\sigma^2)$ 的一个简单样本,$\overline{X}$ 为样本均值,记

$$S_1^2=\frac{1}{n-1}\sum_{i=1}^{n}(X_i-\overline{X})^2,S_2^2=\frac{1}{n}\sum_{i=1}^{n}(X_i-\overline{X})^2,$$

$$S_3^2=\frac{1}{n-1}\sum_{i=1}^{n}(X_i-\mu)^2,S_4^2=\frac{1}{n}\sum_{i=1}^{n}(X_i-\mu)^2,$$

则服从自由度为 $n-1$ 的 t 分布的随机变量是(　　).

(A) $\dfrac{\overline{X}-\mu}{S_1/\sqrt{n-1}}$;　(B) $\dfrac{\overline{X}-\mu}{S_2/\sqrt{n-1}}$;　(C) $\dfrac{\overline{X}-\mu}{S_3/\sqrt{n}}$;　(D) $\dfrac{\overline{X}-\mu}{S_4/\sqrt{n}}$.

分析　S^2 的形式决定了 t 分布的形式,所以主要分析四个选项与 S^2 的关系.

解答　选(B).

因为对样本方差 $S^2=\dfrac{1}{n-1}\sum_{i=1}^{n}(X_i-\overline{X})^2$,有 $\dfrac{\overline{X}-\mu}{S/\sqrt{n}}\sim t(n-1)$. 于是,

对于(A):因为 $S_1^2=S^2$,所以 $\dfrac{\overline{X}-\mu}{S_1/\sqrt{n-1}}=\dfrac{\overline{X}-\mu}{S/\sqrt{n-1}}\neq\dfrac{\overline{X}-\mu}{S/\sqrt{n}}$,故(A)不正确;

对于(B):因为 $S_2^2=\dfrac{n-1}{n}S^2$,所以 $\dfrac{\overline{X}-\mu}{\sqrt{\frac{n-1}{n}}S/\sqrt{n-1}}=\dfrac{\overline{X}-\mu}{S_2/\sqrt{n-1}}=\dfrac{\overline{X}-\mu}{S/\sqrt{n}}\sim t(n-1)$,因此选(B);

可进一步验证(C)和(D)都不成立.

评注 了解总体为正态分布的抽样分布的一些重要定理，对确定某些统计量的分布类型是非常有帮助的. 对于 S^2 的定义，不同书中的定义方式不同，因而 t 分布的形式也不同，解题时应多留心一下.

例 6.10 设 X_1,X_2,X_3,X_4 是来自正态总体 $N(0,2^2)$ 的简单样本，

$$Y=a(X_1-2X_2)^2+b(3X_3-4X_4)^2,$$

问 a,b 分别为何值时，统计量 Y 服从 χ^2 分布，其自由度是多少？

分析 由 χ^2 统计量的定义可知，求平方和的各部分要服从 $N(0,1)$ 分布，因此，从这一特点入手，将求平方和的各部分统计量化为服从标准正态分布的形式，再根据 χ^2 分布的性质，就可以得到其自由度.

解答 由题意可知 $X_1-2X_2\sim N(0,20)$，$3X_3-4X_4\sim N(0,100)$，且二者相互独立.

所以 $\dfrac{X_1-2X_2}{\sqrt{20}}\sim N(0,1)$，$\dfrac{3X_3-4X_4}{10}\sim N(0,1)$，从而有

$$\frac{(X_1-2X_2)^2}{20}+\frac{(3X_3-4X_4)^2}{100}=0.05(X_1-2X_2)^2+0.01(3X_3-4X_4)^2\sim\chi^2(2).$$

所以当 $a=0.05$，$b=0.01$ 时，统计量 Y 服从 χ^2 分布，其自由度是 2.

评注 熟记：设 $X_1,X_2,\cdots,X_n$ 是来自总体 $N(0,1)$ 的样本，则称统计量 $\chi^2=X_1^2+X_2^2+\cdots+X_n^2$ 服从自由度为 n 的 χ^2 分布，记作 $\chi^2\sim\chi^2(n)$.

例 6.11 设 $X_1,X_2,\cdots,X_n$ 与 $Y_1,Y_2,\cdots,Y_n$ 分别为来自总体 X 和 Y 的简单样本，其中 $X\sim N(\mu_1,\sigma^2)$，$Y\sim N(\mu_2,\sigma^2)$，且两个样本相互独立. 记 S_1^2,S_2^2 分别为样本 $X_1,X_2,\cdots,X_n$ 和样本 $Y_1,Y_2,\cdots,Y_n$ 的样本方差. 试问以下统计量服从什么分布？

(1) $\dfrac{(n-1)(S_1^2+S_2^2)}{\sigma^2}$；　　(2) $\dfrac{n[(\overline{X}-\overline{Y})-(\mu_1-\mu_2)]^2}{S_1^2+S_2^2}$.

分析 我们知道 $\dfrac{(n-1)S^2}{\sigma^2}\sim\chi^2(n-1)$，而(1) 中出现 $\dfrac{(n-1)(S_1^2+S_2^2)}{\sigma^2}$，故要用到 χ^2 分布的性质就可以得到 $\dfrac{(n-1)(S_1^2+S_2^2)}{\sigma^2}$ 的分布形式；(2) 中的分子出现了 $[(\overline{X}-\overline{Y})-(\mu_1-\mu_2)]^2$，故考虑从 χ^2 分布的形式入手.

解答 (1) 由于 $\dfrac{(n-1)S_1^2}{\sigma^2}\sim\chi^2(n-1)$，$\dfrac{(n-1)S_2^2}{\sigma^2}\sim\chi^2(n-1)$，且相互独立，所以由 χ^2 分布的性质，有

$$\frac{(n-1)(S_1^2+S_2^2)}{\sigma^2}\sim\chi^2(2(n-1)).$$

(2) 由题意可知 $\overline{X}-\overline{Y}\sim N\left(\mu_1-\mu_2,\dfrac{2\sigma^2}{n}\right)$，所以 $\dfrac{(\overline{X}-\overline{Y})-(\mu_1-\mu_2)}{\sigma\sqrt{2/n}}\sim N(0,1)$，

从而 $\dfrac{[(\overline{X}-\overline{Y})-(\mu_1-\mu_2)]^2}{2\sigma^2/n}\sim\chi^2(1)$. 又由于 $\dfrac{(n-1)(S_1^2+S_2^2)}{\sigma^2}\sim\chi^2(2(n-1))$，且这两个统计量相互独立，于是，由 F 分布的定义，知

$$\frac{\dfrac{[(\overline{X}-\overline{Y})-(\mu_1-\mu_2)]^2}{2\sigma^2/n}\Big/1}{\dfrac{(n-1)(S_1^2+S_2^2)}{\sigma^2}\Big/2(n-1)}=\frac{n[(\overline{X}-\overline{Y})-(\mu_1-\mu_2)]^2}{S_1^2+S_2^2}\sim F(1,2(n-1)).$$

评注　χ^2 分布在独立时具有可加性，这些有关 χ^2 分布的性质一定要熟悉；为了寻求正态总体样本统计量的分布，特别要牢记 χ^2 分布、t 分布、F 分布的定义，在解题过程中还要注意不要遗忘定义中有关独立条件的说明.

例 6.12　设 $\overline{X}$ 与 S^2 分别为来自正态总体 $N(0,\sigma^2)$ 的样本均值与样本方差，样本容量为 n，则 $\dfrac{n(\overline{X})^2}{S^2}$ 服从________分布.

分析　由题意可知，必须要从与样本方差和样本均值有关的统计量及其服从的分布入手.

解答　由题意可知，$\overline{X}\sim N\left(0,\dfrac{\sigma^2}{n}\right)$，则 $\dfrac{\overline{X}}{\sigma/\sqrt{n}}\sim N(0,1)$，所以 $\left(\dfrac{\overline{X}}{\sigma/\sqrt{n}}\right)^2\sim\chi^2(1)$.

又 $\dfrac{(n-1)S^2}{\sigma^2}\sim\chi^2(n-1)$，于是由 F 分布的定义可得

$$\frac{n(\overline{X})^2}{S^2}=\frac{\left(\dfrac{\overline{X}}{\sigma/\sqrt{n}}\right)^2\Big/1}{\dfrac{(n-1)S^2}{\sigma^2}\Big/n-1}\sim F(1,n-1).$$

评注　若 $X\sim N(\mu,\sigma^2)$，则 $\dfrac{X_i-\mu}{\sigma}\sim N(0,1)$，从而 $\left(\dfrac{X_i-\mu}{\sigma}\right)^2\sim\chi^2(1)$，故 $\left(\dfrac{\overline{X}}{\sigma/\sqrt{n}}\right)^2\sim\chi^2(1)$.

例 6.13　设 $X_1,X_2,\cdots,X_n,X_{n+1}$ 是来自正态总体 $N(\mu,\sigma^2)$ 的简单随机样本，$\overline{X}=\dfrac{1}{n}\sum\limits_{i=1}^{n}X_i$，$S^2=\dfrac{1}{n-1}\sum\limits_{i=1}^{n}(X_i-\overline{X})^2$，则统计量 $Y=\dfrac{X_{n+1}-\overline{X}}{S}\sqrt{\dfrac{n}{n+1}}$ 服从的分布是(　　).

(A) $N(0,1)$；　(B) $t(n)$；　(C) $t(n+1)$；　(D) $t(n-1)$.

分析　分析统计量的形式，再结合基于正态总体的统计量的分布就可以得出结论.

解答　选(D).

因为 $\overline{X}\sim N\left(\mu,\dfrac{\sigma^2}{n}\right)$，因而 $X_{n+1}-\overline{X}\sim N\left(0,\dfrac{n+1}{n}\sigma^2\right)$，于是 $\dfrac{X_{n+1}-\overline{X}}{\sigma}\sqrt{\dfrac{n}{n+1}}\sim N(0,1)$.

又因为 $\dfrac{(n-1)S^2}{\sigma^2}\sim\chi^2(n-1)$，且 $X_{n+1}-\overline{X}$ 与 S^2 相互独立，故由 t 分布的定义知

$$\frac{\dfrac{X_{n+1}-\overline{X}}{\sigma}\sqrt{\dfrac{n}{n+1}}}{\sqrt{\dfrac{(n-1)S^2}{\sigma^2}\Big/(n-1)}}=\frac{X_{n+1}-\overline{X}}{S}\sqrt{\frac{n}{n+1}}\sim t(n-1).$$

评注　对于来自正态总体的样本，一定要熟悉以下两点：

(1) $\overline{X}$ 与 S^2 相互独立；

(2) $\dfrac{(n-1)S^2}{\sigma^2}\sim\chi^2(n-1)$.

例 6.14　设 $\overline{X}_n$ 与 S^2 分别为样本 $X_1,X_2,\cdots,X_n$ 的样本均值与样本方差，且 $S_n^2=\dfrac{1}{n-1}\sum\limits_{i=1}^{n}(X_i-\overline{X}_n)^2$，现在又获得了第 $n+1$ 个观察值 X_{n+1}，证明：

(1) $\overline{X}_{n+1}=\dfrac{n}{n+1}\overline{X}_n+\dfrac{1}{n+1}X_{n+1}=\overline{X}_n+\dfrac{1}{n+1}(X_{n+1}-\overline{X}_n)$；

(2) $S_{n+1}^2=\dfrac{n-1}{n}S_n^2+\dfrac{1}{n+1}(X_{n+1}-\overline{X}_n)^2$.

分析 根据样本均值和样本方差的公式写出$\overline{X}_{n+1}$与S_{n+1}^2的形式,并将该形式变化即可得证.

证明 (1)
$$\overline{X}_{n+1}=\frac{1}{n+1}\sum_{i=1}^{n+1}X_i=\frac{n}{n+1}\left(\frac{1}{n}\sum_{i=1}^{n}X_i+\frac{1}{n}X_{n+1}\right)$$
$$=\frac{n}{n+1}\overline{X}_n+\frac{1}{n+1}X_{n+1}=\left(1-\frac{1}{n+1}\right)\overline{X}_n+\frac{1}{n+1}X_{n+1}$$
$$=\overline{X}_n+\frac{1}{n+1}(X_{n+1}-\overline{X}_n).$$

(2) 由(1) 有
$$S_{n+1}^2=\frac{1}{n}\sum_{i=1}^{n+1}(X_i-\overline{X}_{n+1})^2$$
$$=\frac{1}{n}\sum_{i=1}^{n+1}\left[X_i-\overline{X}_n-\frac{1}{n+1}(X_{n+1}-\overline{X}_n)\right]^2$$
$$=\frac{1}{n}\sum_{i=1}^{n+1}\left[(X_i-\overline{X}_n)^2+\left(\frac{1}{n+1}\right)^2(X_{n+1}-\overline{X}_n)^2-2(X_i-\overline{X}_n)\frac{1}{n+1}(X_{n+1}-\overline{X}_n)\right]$$
$$=\frac{1}{n}\left[\sum_{i=1}^{n}(X_i-\overline{X}_n)^2+(X_{n+1}-\overline{X}_n)^2\left(1+\frac{1}{n+1}\right)-\frac{2}{n+1}(X_{n+1}-\overline{X}_n)\sum_{i=1}^{n}(X_i-\overline{X}_n)-\frac{2}{n+1}(X_{n+1}-\overline{X}_n)^2\right]$$
$$=\frac{n-1}{n}S_n^2+\frac{1}{n}\left(1+\frac{1}{n+1}-\frac{2}{n+1}\right)(X_{n+1}-\overline{X}_n)^2$$
$$=\frac{n-1}{n}S_n^2+\frac{1}{n+1}(X_{n+1}-\overline{X}_n)^2.$$

评注 在算得样本$X_1,X_2,\cdots,X_n$的均值和方差后,若又增加了观察值X_{n+1},是否需要重新计算样本$X_1,X_2,\cdots,X_n,X_{n+1}$的均值和方差呢?本题做了回答.

3. 求统计量的概率

例 6.15 设总体$X\sim N(\mu,\sigma^2)$,从此总体中取一个容量为$n=16$的样本$X_1,X_2,\cdots,X_{16}$,求:(1) $P\left\{\frac{\sigma^2}{2}\leqslant\frac{1}{n}\sum_{i=1}^{n}(X_i-\mu)^2\leqslant 2\sigma^2\right\}$;(2) $P\left\{\frac{\sigma^2}{2}\leqslant\frac{1}{n}\sum_{i=1}^{n}(X_i-\overline{X})^2\leqslant 2\sigma^2\right\}$.

分析 本题要用到$P\{\chi^2>\chi_\alpha^2(n)\}=\alpha$.

解答 (1) 因为$X_1,X_2,\cdots,X_{16}$是来自正态总体的样本,所以$\frac{1}{\sigma^2}\sum_{i=1}^{n}(X_i-\mu)^2\sim\chi^2(n)$,于是
$$P\left\{\frac{\sigma^2}{2}\leqslant\frac{1}{n}\sum_{i=1}^{n}(X_i-\mu)^2\leqslant 2\sigma^2\right\}=P\left\{8\leqslant\frac{1}{\sigma^2}\sum_{i=1}^{16}(X_i-\mu)^2\leqslant 32\right\}$$
$$=P\{8\leqslant\chi^2(16)\leqslant 32\}$$
$$=P\{\chi^2(16)\leqslant 32\}-P\{\chi^2(16)\leqslant 8\}$$
$$=[1-P\{\chi^2(16)>32\}]-[1-P\{\chi^2(16)>8\}]=0.94.$$

(2) 又因为$\frac{1}{\sigma^2}\sum_{i=1}^{n}(X_i-\overline{X})^2\sim\chi^2(n-1)$,则
$$P\left\{\frac{\sigma^2}{2}\leqslant\frac{1}{n}\sum_{i=1}^{n}(X_i-\overline{X})^2\leqslant 2\sigma^2\right\}=P\left\{8\leqslant\frac{1}{\sigma^2}\sum_{i=1}^{16}(X_i-\overline{X})^2\leqslant 32\right\}$$
$$=P\{8\leqslant\chi^2(15)\leqslant 32\}$$
$$=P\{\chi^2(15)\leqslant 32\}-P\{\chi^2(15)\leqslant 8\}$$
$$=[1-P\{\chi^2(15)>32\}]-[1-P\{\chi^2(15)>8\}]=0.98.$$

评注　熟记 $\sum_{i=1}^{n}\left(\frac{X_i-\mu}{\sigma}\right)^2\sim\chi^2(n)$，而$\frac{1}{\sigma^2}\sum_{i=1}^{n}(X_i-\overline{X})^2\sim\chi^2(n-1)$，这是正态总体的一个性质.

例 6.16　在天平上重复称量重为 a 的物品 n 次，假设各次称量结果相互独立且服从正态分布 $N(a,0.2^2)$，记$\overline{X}_n$为 n 次称量结果的算术平均值，为使 $P\{|\overline{X}_n-a|<0.1\}\geqslant 0.95$ 成立，则 n 至少应取________.

分析　本题要从样本均值的分布入手.

解答　由 $E(\overline{X}_n)=a,D(\overline{X}_n)=\frac{0.2^2}{n},\frac{\overline{X}_n-a}{0.2/\sqrt{n}}\sim N(0,1)$，得

$$P\{|\overline{X}_n-a|<0.1\}=P\left\{\left|\frac{\overline{X}_n-a}{0.2/\sqrt{n}}\right|<\frac{0.1}{0.2/\sqrt{n}}\right\}$$

$$=\Phi(0.5\sqrt{n})-\Phi(-0.5\sqrt{n})=2\Phi(0.5\sqrt{n})-1\geqslant 0.95,$$

由此，可得 $\Phi(0.5\sqrt{n})\geqslant 0.975$. 查表得 $0.5\sqrt{n}\geqslant 1.96$，即 $n\geqslant 15.37$，所以，至少应取 16.

评注　样本均值服从正态分布，故结合第 2 章内容可以知道，这里要利用结论：若 $X\sim N(\mu,\sigma^2)$，则 $P\{a<X<b\}=\Phi\left(\frac{b-\mu}{\sigma}\right)-\Phi\left(\frac{a-\mu}{\sigma}\right)$.

例 6.17　设 $X_1,X_2,\cdots,X_n$为总体$b(1,p)$的简单样本，$0<p<1$ 为常数，$\overline{X}$为样本均值，则 $P\left\{\overline{X}=\frac{k}{n}\right\}=(\quad)$.

(A) p；　　(B) $1-p$；

(C) $C_n^k p^k(1-p)^{n-k}$；　　(D) $C_n^k p^{n-k}(1-p)^k$.

分析　由于 $\overline{X}=\frac{1}{n}\sum_{i=1}^{n}X_i$，且 $X_1,X_2,\cdots,X_n$ 为总体$b(1,p)$ 的简单样本，故$\sum_{i=1}^{n}X_i\sim b(n,p)$，所以这里要找到$\overline{X}=\frac{k}{n}$ 与$\sum_{i=1}^{n}X_i=k$ 的关系就可以得到答案.

解答　选(C).

由题意可知，$X_1,X_2,\cdots,X_n$独立同分布，所以 $\sum_{i=1}^{n}X_i\sim b(n,p)$. 于是

$$P\left\{\sum_{i=1}^{n}X_i=k\right\}=C_n^k p^k(1-p)^{n-k},$$

故

$$P\left\{\overline{X}=\frac{k}{n}\right\}=P\left\{\sum_{i=1}^{n}X_i=k\right\}=C_n^k p^k(1-p)^{n-k}.$$

评注　善于观察、分析统计量的形式很重要.

例 6.18　设 $X_1,X_2,\cdots,X_{25}$ 是抽自正态总体 $N(20,3^2)$ 的简单样本，计算概率 $P\left\{\left(\sum_{i=1}^{16}X_i-\sum_{i=17}^{25}X_i\right)\leqslant 182\right\}$.

分析　由于总体是正态总体，故统计量 $\sum_{i=1}^{16}X_i$ 和$\sum_{i=17}^{25}X_i$ 仍服从正态分布.

解答 令 $Y_1=\sum_{i=1}^{16}X_i, Y_2=\sum_{i=17}^{25}X_i$，因 $X_1,X_2,\cdots,X_{25}$ 独立同分布，且均服从正态分布 $N(20,3^2)$，故 Y_1 与 Y_2 相互独立，且 $Y_1\sim N(320,12^2)$，$Y_2\sim N(1800,9^2)$，$Y_1-Y_2\sim N(140,15^2)$.

$$P\left\{\left(\sum_{i=1}^{16}X_i-\sum_{i=17}^{25}X_i\right)\leqslant 182\right\}=P\{Y_1-Y_2\leqslant 182\}$$

$$=P\left\{\frac{Y_1-Y_2-140}{15}\leqslant 2.8\right\}=\Phi(2.8)=0.997.$$

评注 本题实质就是相互独立且服从正态分布的随机变量的线性组合，仍服从正态分布

例 6.19 设 $X_1,X_2,\cdots,X_{16}$ 是抽自正态总体 $N(\mu,\sigma^2)$ 的简单样本，其中 μ,σ^2 为未知常数，S^2 为样本方差. 求 $P\left\{\frac{S^2}{\sigma^2}\leqslant 2.04\right\}$.

分析 根据 $P\left\{\frac{S^2}{\sigma^2}\leqslant 2.04\right\}$ 的形式，我们可以分析，利用 $\frac{(n-1)S^2}{\sigma^2}\sim\chi^2(n)$ 就可以求得概率值.

解答 因为 $\frac{(16-1)S^2}{\sigma^2}\sim\chi^2(15)$，所以

$$P\left\{\frac{S^2}{\sigma^2}\leqslant 2.04\right\}=P\left\{\frac{(16-1)S^2}{\sigma^2}\leqslant 2.04\times(16-1)\right\}$$

$$=P\{\chi^2(15)\leqslant 30.6\}=1-P\{\chi^2(15)>30.6\}.$$

查 χ^2 分布表，得 $\chi^2_{0.01}(15)=30.578$，故

$$P\left\{\frac{S^2}{\sigma^2}\leqslant 2.04\right\}=1-P\{\chi^2(15)>30.6\}$$

$$\approx 1-P\{\chi^2(15)>\chi^2_{0.01}(15)\}=1-0.01=0.99.$$

评注 求统计量的概率，仍需要牢记统计量的分布.

4. 求统计量的数字特征

例 6.20 设总体 $X\sim\pi(\lambda)$，$X_1,X_2,\cdots,X_n$ 是来自总体 X 的样本.

(1) 计算 $E(\overline{X}),D(\overline{X}),E(S^2)$；

(2) 设总体的容量为 10 的一组样本观察值为(1,2,4,3,3,4,5,6,4,8)，试计算样本均值、样本方差和经验分布函数.

分析 可以根据总体的分布，得出总体 X 的数字特征，而所求的统计量的数字特征，实际上就是随机变量函数的数字特征，因此，利用数字特征的性质和统计量的形式即可解答.

解答 (1) 因为 $X\sim\pi(\lambda)$，所以 $E(X)=D(X)=\lambda$，故

$$E(\overline{X})=E\left(\frac{1}{n}\sum_{i=1}^{n}X_i\right)=\frac{1}{n}E\left(\sum_{i=1}^{n}X_i\right)=\frac{1}{n}\cdot n\lambda=\lambda,$$

$$D(\overline{X})=D\left(\frac{1}{n}\sum_{i=1}^{n}X_i\right)=\frac{1}{n^2}D\left(\sum_{i=1}^{n}X_i\right)=\frac{1}{n^2}\cdot n\lambda=\frac{\lambda}{n},$$

$$E(S^2)=E\left[\frac{1}{n-1}\left(\sum_{i=1}^{n}X_i^2-n\overline{X}^2\right)\right]=\frac{1}{n-1}\left[E\left(\sum_{i=1}^{n}X_i^2\right)-nE(\overline{X}^2)\right]$$

$$=\frac{1}{n-1}\{n[D(X_i)+E^2(X_i)]-n[D(\overline{X})+E^2(\overline{X})]\}$$

$$=\frac{1}{n-1}\left[n(\lambda+\lambda^2)-n\left(\frac{\lambda}{n}+\lambda^2\right)\right]=\lambda.$$

(2) 由题意可知 $\overline{x}=\frac{1}{10}\sum_{i=1}^{10}x_i=4, s^2=\frac{1}{10-1}\sum_{i=1}^{10}(x_i-\overline{x})^2=4$，则经验分布函数为

$$F_{10}(x)=\begin{cases}0, & x<1,\\ \frac{1}{10}, & 1\leqslant x<2,\\ \frac{2}{10}, & 2\leqslant x<3,\\ \frac{4}{10}, & 3\leqslant x<4,\\ \frac{7}{10}, & 4\leqslant x<5,\\ \frac{8}{10}, & 5\leqslant x<6,\\ \frac{9}{10}, & 6\leqslant x<8,\\ 1, & x\geqslant 8.\end{cases}$$

评注　本题利用结论：若总体 X 的数学期望为 μ，方差为 σ^2，即 $E(X)=\mu, D(X)=\sigma^2$，则来自总体的样本 $X_1,X_2,\cdots,X_n$ 的 $E(\overline{X})=\mu, D(\overline{X})=\frac{\sigma^2}{n}, E(S^2)=\sigma^2$.

例 6.21　设 $X_1,X_2,\cdots,X_n$ 是抽自正态总体 $N(\mu,\sigma^2)$ 的简单样本，$a_1,a_2,\cdots,a_n$ 是不全为零的常数，求 $\sum_{i=1}^{n}a_iX_i$ 的分布.

分析　相互独立且服从正态分布的随机变量的线性组合仍服从正态分布.

解答　因为

$$E\left(\sum_{i=1}^{n}a_iX_i\right)=\sum_{i=1}^{n}a_i\cdot E(X_i)=\mu\sum_{i=1}^{n}a_i, D\left(\sum_{i=1}^{n}a_iX_i\right)=\sum_{i=1}^{n}a_i^2\cdot D(X_i)=\sigma^2\sum_{i=1}^{n}a_i^2,$$

且 $\sum_{i=1}^{n}a_iX_i$ 服从正态分布，故 $\sum_{i=1}^{n}a_iX_i\sim N\left(\mu\sum_{i=1}^{n}a_i,\sigma^2\sum_{i=1}^{n}a_i^2\right)$.

评注　本题统计量服从正态分布，求其参数即是求统计量的数学期望和方差.

例 6.22　设 X_1,X_2 是来自正态总体 $X\sim N(\mu,\sigma^2)$ 的一个样本，证明 X_1+X_2, X_1-X_2 相互独立.

分析　由于相互独立且服从正态分布的两个随机变量的线性组合仍服从正态分布，故本题要证明两个统计量相互独立，即证明两个统计量不相关即可.

解答　由题意可知 $X_1+X_2\sim N(2\mu,2\sigma^2), X_1-X_2\sim N(0,2\sigma^2)$，而服从正态分布的两个随机变量相互独立的充要条件是它们不相关，又不相关与协方差为零相互等价，因此只要能证明 $\mathrm{Cov}(X_1+X_2,X_1-X_2)=0$ 即可. 而

$$\begin{aligned}&\mathrm{Cov}(X_1+X_2,X_1-X_2)\\ &=E(X_1+X_2)(X_1-X_2)-E(X_1+X_2)E(X_1-X_2)\\ &=E(X_1^2-X_2^2)-[E(X_1)+E(X_2)][E(X_1)-E(X_2)]\\ &=E(X_1^2)-E(X_2^2)-[E^2(X_1)-E^2(X_2)]=\sigma^2-\mu^2-(\sigma^2-\mu^2)=0,\end{aligned}$$

于是 X_1+X_2, X_1-X_2 相互独立.

评注 利用服从正态分布的两个随机变量相互独立的充要条件是它们不相关这条性质，是证明本题的关键. 熟悉这个性质对解决许多问题都会有所帮助.

例 6.23 设总体 X 的分布函数为 $F(x)$，X_1, X_2 是来自正态总体 X 的一个样本，如果 $F(x)$ 的二阶矩存在，样本均值 $\overline{X}=\frac{1}{2}(X_1+X_2)$，证明：$X_1-\overline{X}, X_2-\overline{X}$ 不相互独立.

分析 第 4 章我们已经掌握：若两个随机变量相互独立，则两个随机变量不相关. 本题的证明即是利用其逆否命题.

解答 设 $E(X)=\mu, D(X)=\sigma^2$，

由于 $\rho=\dfrac{\mathrm{Cov}(X_1-\overline{X}, X_2-\overline{X})}{\sqrt{D(X_1-\overline{X})}\sqrt{D(X_2-\overline{X})}}=\dfrac{E(X_1-\overline{X})(X_2-\overline{X})}{D(X_1-\overline{X})}$，

而 $D(X_1-\overline{X})=D\left[X_1-\frac{1}{2}(X_1+X_2)\right]=D\left[\frac{1}{2}(X_1-X_2)\right]=\frac{1}{4}[D(X_1)+D(X_2)]=\frac{1}{2}\sigma^2$，

$$\begin{aligned}\text{又 } E(X_1-\overline{X})(X_2-\overline{X})&=E(X_1X_2)-E(X_1\overline{X})-E(X_2\overline{X})+E(\overline{X}^2)\\&=E(X_1)E(X_2)-2E\left[\overline{X}\cdot\frac{1}{2}(X_1+X_2)\right]+E(\overline{X}^2)\\&=\mu^2-(\mu^2+\sigma^2+\mu^2)+\mu^2+\frac{\sigma^2}{2}=-\frac{\sigma^2}{2},\end{aligned}$$

因此 $\rho=\dfrac{-\frac{\sigma^2}{2}}{\frac{\sigma^2}{2}}=-1$，所以 $X_1-\overline{X}, X_2-\overline{X}$ 是相关的，故不相互独立.

评注 如果能求出两个随机变量的相关系数不为零，则就说明这两个随机变量是不相互独立的. 这也是证明不独立的一种很重要的方法. 统计量也是随机变量，所以，这种方法在这里仍然适用.

例 6.24 从装有一个白球、两个黑球的罐子里有放回地取球，令 $X=0$ 表示取到白球，$X=1$ 表示取到黑球，$X_1, X_2, \cdots, X_n$ 是来自总体 X 的一个样本，求样本 $X_1, X_2, \cdots, X_5$ 的和的分布律及样本均值 $\overline{X}$ 和样本方差 $S^2=\frac{1}{n-1}\sum_{i=1}^{n}(X_i-\overline{X})^2$ 的数学期望.

分析 本题需要先求出总体的分布，再求出和的分布及样本均值和方差的数学期望.

解答 由题意可知，总体 X 服从两点分布，且 $P\{X=1\}=\frac{2}{3}$，则

$$E(X)=\frac{2}{3}, D(X)=\frac{2}{9},$$

于是 $E(\overline{X})=\frac{2}{3}, E(S^2)=D(X)=\frac{2}{9}$.

又 $Y=X_1+X_2+X_3+X_4+X_5\sim b\left(5,\frac{2}{3}\right)$，故样本均值 $\overline{X}$ 的分布律为

$$P\{Y=k\}=C_5^k\left(\frac{2}{3}\right)^k\left(\frac{1}{3}\right)^{5-k}, k=0,1,\cdots,5.$$

评注 搞清楚总体是服从两点分布的，则其他问题就简单了.

例 6.25 设 $X_1, X_2, \cdots, X_n (n\geqslant 2)$ 是来自正态总体 $X\sim N(\mu,\sigma^2)$ 的一个样本，其样本均值

为 $\overline{X}=\dfrac{1}{2n}\sum_{i=1}^{2n}X_i$，求统计量 $Y=\sum_{i=1}^{n}(X_i+X_{n+i}-2\overline{X})^2$ 的数学期望 $E(Y)$ 和方差 $D(Y)$.

分析　直接求不容易，但是将统计量变形后，即可化为熟悉的分布形式，因此可以比较容易地求出统计量的数学期望及数字特征.

解答　对 $i=1,2,\cdots,n$，记 $Y_i=X_i+X_{n+i}$，则 $Y_i\sim N(2\mu,2\sigma^2)$，且 $Y_1,Y_2,\cdots,Y_n$ 相互独立，有

$$\overline{Y}=\frac{1}{n}\sum_{i=1}^{n}Y_i=\frac{1}{n}\sum_{i=1}^{n}(X_i+X_{n+i})=2\cdot\frac{1}{2n}\sum_{i=1}^{2n}X_i=2\overline{X}.$$

所以

$$\frac{\sum_{i=1}^{n}(Y_i-\overline{Y})^2}{2\sigma^2}\sim\chi^2(n-1).$$

因此

$$E(Y)=E\left[\sum_{i=1}^{n}(Y_i-\overline{Y})^2\right]=2\sigma^2E\left[\frac{\sum_{i=1}^{n}(Y_i-\overline{Y})^2}{2\sigma^2}\right]$$
$$=2\sigma^2\cdot(n-1)=2(n-1)\sigma^2;$$

$$D(Y)=D\left[\sum_{i=1}^{n}(Y_i-\overline{Y})^2\right]=4\sigma^4D\left[\frac{\sum_{i=1}^{n}(Y_i-\overline{Y})^2}{2\sigma^2}\right]$$
$$=4\sigma^4\cdot 2(n-1)=8(n-1)\sigma^4.$$

评注　本题是综合应用题，故要熟练掌握各部分知识点，才能运用自如.

6.3　本章小结

概率是一个由抽象模型发展得到的数学规律，它的结果是建立在公理演绎的基础之上的. 统计学是研究这些理论在实际问题中的应用，它的结论基于观测推理. 统计学主要包含了分析和设计两个部分. 分析部分，也就是数理统计，主要涉及重复试验和概率接近于 0 和 1 的事件的概率理论部分；设计部分，也称为应用统计学部分，主要研究数据采集和试验的构造，这些可以用概率模型来充分描述. 本章主要介绍数理统计的一些基本概念、理论和方法. 它主要是搜集、整理、分析统计数据，并据此对研究对象进行统计推断的理论和方法. 它是统计学的核心和基础.

由于统计推断方法在应用时，一旦测量的样本数据得到后就应当马上可以做出结论，因此统计推断只是对样本数据的整理，即样本数据的函数，而不能包含其他未知的参数，因此我们称样本的函数为统计量，统计推断方案的阐述只能在统计量的基础上给出. 这是一条基本原则，不能模糊.

本章的学习要理解总体、简单随机样本、统计量、样本均值、样本方差及样本矩的概念，注意样本与总体的关系，样本矩与总体矩的关系和比较.

对于 χ^2 分布、t 分布、F 分布的定义一定要熟记并能灵活运用，特别注意定义中所要求的独立性. 关于这三个分布的密度函数的图形形状也要知道，而对于它们的密度函数的表示形式则不必记住，另外对于这三个分布的性质，以及标准正态分布、χ^2 分布、t 分布、F 分布的分位点，都要掌握.

正态总体下常用统计量的分布是区间估计和假设检验的基础，掌握正态总体的常用抽样分布.

6.4 同步习题及解答

6.4.1 同步习题

1. 填空题：

(1) 设 $X_1,X_2,\cdots,X_n$ 为独立同分布的随机变量，且 $X_i\sim N(0,1)$，则 $\sum\limits_{i=1}^{n}X_i^2\sim$ ________，$E\left[\sum\limits_{i=1}^{n}X_i^2\right]=$ ________.

(2) 设 $X_1,X_2,\cdots,X_n$ 是来自正态总体 $N(\mu,\sigma^2)$ 的简单随机样本，S^2 为样本方差，则 $\frac{(n-1)S^2}{\sigma^2}\sim$ ____________.

(3) 设 $X_1,X_2,\cdots,X_n$ 是抽自正态总体 $N(\mu,\sigma^2)$ 的简单样本，$\overline{X}$ 和 S^2 分别为样本均值和样本方差，则 $\overline{X}\sim$ ________（分布），$\frac{\overline{X}-\mu}{\sigma/\sqrt{n}}\sim$ ________（分布），$\frac{\overline{X}-\mu}{S/\sqrt{n}}\sim$ ________（分布）.

(4) 设 X 与 Y 相互独立，且 $X\sim\chi^2(n)$，$Y\sim\chi^2(n)$，则 $X+Y\sim$ ________.

(5) 当设 $X_1,X_2,\cdots,X_n$ 是抽自正态总体 $N(\mu,\sigma^2)$ 的简单样本，$\overline{X}$ 和 S^2 分别为样本均值和样本方差，则 $\sum\limits_{i=1}^{n}\left(\frac{X_i-\overline{X}}{\sigma}\right)^2\sim$ ________.

(6) 设总体 X 服从参数为 0.5 的指数分布，$X_1,X_2,\cdots,X_n$ 为抽自总体 X 的简单样本，则当 $n\to\infty$ 时，$Y_n=\frac{1}{n}\sum\limits_{i=1}^{n}X_i^2$ 依概率收敛于________.

2. 单项选择题：

(1) 设随机变量 $X\sim N(\mu,1)$，$Y\sim\chi^2(n)$，且二者相互独立，记 $T=\frac{X-\mu}{\sqrt{Y/n}}$，则（　　）.

(A) T 服从 $t(n-1)$ 分布；　　(B) T 服从 $t(n)$ 分布；

(C) T 服从 $N(0,1)$ 分布；　　(D) T 服从 $F(1,n)$ 分布.

(2) 设随机变量 $X\sim N(-1,4)$ 与 $Y\sim N(2,5)$ 相互独立，$X_1,X_2,\cdots,X_8$ 与 $Y_1,Y_2,\cdots,Y_{10}$ 分别为抽自总体 X 和 Y 的简单样本，记 S_1^2,S_2^2 分别为样本 $X_1,X_2,\cdots,X_8$ 和样本 $Y_1,Y_2,\cdots,Y_{10}$ 的样本方差，则服从 $F(7,9)$ 分布的统计量为（　　）.

(A) $\frac{2S_1^2}{5S_2^2}$；　　(B) $\frac{4S_1^2}{5S_2^2}$；　　(C) $\frac{5S_1^2}{2S_2^2}$；　　(D) $\frac{5S_1^2}{4S_2^2}$.

(3) 设 $X_1,X_2,\cdots,X_n$ 为总体 $X\sim N(0,1)$ 的简单随机样本，$\overline{X}$ 与 S^2 分别为样本均值与样本方差，则（　　）成立.

(A) $\overline{X}\sim N(0,1)$；　　(B) $n\overline{X}\sim N(0,1)$；　　(C) $\sum\limits_{i=1}^{n}X_i^2\sim\chi^2(n)$；　　(D) $\overline{X}/S\sim t(n-1)$.

(4) 设 $X_1,X_2,\cdots,X_n$ 为总体 $X\sim N(0,1)$ 的简单随机样本，$\overline{X}$ 与 S^2 分别为样本均值与样本

方差，则(　　).

(A)$n\overline{X}\sim N(0,1)$；　　(B)$nS^2\sim\chi^2(n)$；

(C)$\dfrac{(n-1)\overline{X}}{S}\sim t(n-1)$；　　(D) $\dfrac{X_1^2}{\sum\limits_{i=2}^{n}X_i^2}\sim F(1,n-1)$.

(5) 设 $X_1,X_2,\cdots,X_n$是来自正态总体 $N(0,1)$的简单随机样本，则统计量

$$Y=\frac{1}{m}\left(\sum_{i=1}^{m}X_i\right)^2+\frac{1}{n-m}\left(\sum_{i=m+1}^{n}X_i\right)^2$$

服从的分布是(　　).

(A) $N(0,2)$；　　(B) $\chi^2(n)$；　　(C) $\chi^2(2)$ ；　　(D) $N(0,n)$.

3. 设 X_1,X_2,X_3是抽自正态总体 $N(\mu,\sigma^2)$的简单样本，其中 μ,σ^2未知.

(1) 写出 X_1,X_2,X_3的联合概率密度函数；

(2) 指出$\frac{1}{3}(X_1+X_2+X_3)$，$X_1+2\mu$，$\max\limits_{1\leqslant i\leqslant 3}X_i$，$\frac{1}{\sigma^2}(X_1^2+X_2^2+X_3^2)$中哪些是统计量，哪些不是统计量.

4. 设 $X_1,X_2,\cdots,X_n$是抽自正态总体 $N(\mu,4)$的简单样本，$\overline{X}$为样本均值，问样本容量 n 应取多大，就能使(1) $E(|\overline{X}-\mu|^2)\leqslant 0.1$；(2) $P\{|\overline{X}-\mu|\leqslant 0.1\}\geqslant 0.95$？

5. 设 $X_1,X_2,\cdots,X_n$是抽自正态总体 $N(0,1)$的简单样本，令

$$Y=(X_1+X_2+X_3)^2+(X_4+X_5+X_6)^2,$$

求常数 c，使得 cY 服从 χ^2 分布.

6. 已知某种棉纱强度服从正态分布 $N(\mu,\sigma^2)$，且 $\mu=1.56\text{kg}$，$\sigma=0.22\text{kg}$. 从上述总体中随机抽取 $n=50$ 的样本，并记$\overline{X}$为样本均值，求$\overline{X}$小于 1.45kg 的概率.

7. 设 $X_1,X_2,\cdots,X_9$是抽自正态总体 $N(\mu,\sigma^2)$的简单样本，$\overline{X}$和 S^2 分别为样本均值和样本方差，记

$$Y_1=\frac{1}{6}\sum_{i=1}^{6}X_i,Y_2=\frac{1}{6}\sum_{i=7}^{9}X_i,M^2=\frac{1}{2}\sum_{i=7}^{9}(X_i-Y_2)^2,Z=\frac{\sqrt{2}(Y_1-Y_2)}{M}.$$

证明　统计量 $Z\sim t(2)$.

8. 设总体 X 的概率密度为

$$f(x)=\begin{cases}|x|, & |x|<1,\\ 0, & \text{其他},\end{cases}$$

$X_1,X_2,\cdots,X_{50}$是来自总体 X 的简单随机样本，求：

(1) $\overline{X}$的数学期望与方差；

(2) $S^2=\dfrac{1}{49}\sum\limits_{i=1}^{50}(X_i-\overline{X})^2$ 的数学期望；

(3) $P\{|\overline{X}|>0.02\}$.

9. 设总体 X 服从参数为θ 的指数分布，$X_1,X_2,\cdots,X_n$为抽自总体 X 的简单样本，$\overline{X}$与 S^2分别为样本均值与样本方差，求 $E(\overline{X})$与 $E(S^2)$.

6.4.2 同步习题解答

1. (1) $\chi^2(n)$，n；(2) $\chi^2(n-1)$；(3) $N\left(\mu,\dfrac{\sigma^2}{n}\right)$，$N(0,1)$，$t(n-1)$；(4) $\chi^2(2n)$；

(5) $\chi^2(n-1)$；(6) $E(X_i^2)=0.5$. 因为 $E(X_i)=0.5, D(X_i)=0.25, i=1,2,\cdots,n$，所以 $E(X_i^2)=D(X_i)+[E(X_i)]^2=0.5$. 于是，样本二阶矩依概率收敛到总体二阶矩，即 $Y_n=\frac{1}{n}\sum_{i=1}^{n}X_i^2$ 依概率收敛到 $E(X_i^2)=0.5$.

2. (1) (B)；(2) (D)；(3) (C)；(4) (D)；(5) (C).

3. (1) 因为 X_1,X_2,X_3是抽自正态总体 $N(\mu,\sigma^2)$的简单样本，故

$$f(x_i)=\frac{1}{\sqrt{2\pi}\sigma}e^{-\frac{(x_i-\mu)^2}{2\sigma^2}}, i=1,2,3,$$

从而 $f(x_1,x_2,x_3)=\prod_{i=1}^{3}f(x_i)=\prod_{i=1}^{3}\frac{1}{\sqrt{2\pi}\sigma}e^{-\frac{(x_i-\mu)^2}{2\sigma^2}}$

$$=\frac{1}{(\sqrt{2\pi}\sigma)^3}e^{-\frac{1}{2\sigma^2}\sum_{i=1}^{3}(x_i-\mu)^2}.$$

(2) $\frac{1}{3}(X_1+X_2+X_3)$，$\max\limits_{1\leqslant i\leqslant 3}X_i$，$\frac{1}{\sigma^2}(X_1^2+X_2^2+X_3^2)$是统计量，$X_1+2\mu$ 不是统计量.

4. (1) 因为 $X_1,X_2,\cdots,X_n$ 是抽自正态总体 $N(\mu,4)$的简单样本，由方差的定义可知 $E(|\overline{X}-\mu|^2)=D(\overline{X})$，从而 $D(\overline{X})=\frac{\sigma^2}{n}=\frac{4}{n}\leqslant 0.1$，故 $n\geqslant 40$.

(2) 因为 $X_1,X_2,\cdots,X_n$是抽自正态总体 $N(\mu,4)$的简单样本，所以$\overline{X}\sim N\left(\mu,\frac{4}{n}\right)$，则

$$P\{|\overline{X}-\mu|\leqslant 0.1\}=P\left\{\left|\frac{\overline{X}-\mu}{2/\sqrt{n}}\right|\leqslant\frac{0.1}{2/\sqrt{n}}\right\}$$

$$=\Phi(0.05\sqrt{n})-\Phi(-0.05\sqrt{n})=2\Phi(0.05\sqrt{n})-1\geqslant 0.95,$$

由此，可得 $\Phi(0.05\sqrt{n})\geqslant 0.975$. 查表得 $0.05\sqrt{n}\geqslant 1.96$，即 $n\geqslant 1537$，所以，至少应取 1537.

5. 因为 $X_1,X_2,\cdots,X_n$是抽自正态总体 $N(0,1)$的简单样本，所以 $X_1+X_2+X_3\sim N(0,3)$，从而$\frac{X_1+X_2+X_3}{\sqrt{3}}\sim N(0,1)$，$\frac{(X_1+X_2+X_3)^2}{3}\sim\chi^2(1)$.

同理 $X_4+X_5+X_6\sim N(0,3)$，从而$\frac{X_4+X_5+X_6}{\sqrt{3}}\sim N(0,1)$，$\frac{(X_4+X_5+X_6)^2}{3}\sim\chi^2(1)$.

所以$\frac{(X_1+X_2+X_3)^2}{3}+\frac{(X_4+X_5+X_6)^2}{3}\sim\chi^2(2)$，即$\frac{1}{3}Y\sim\chi^2(2)$.

故 $c=\frac{1}{3}$.

6. 由题意可知，正态总体 $X\sim N(1.56,0.22^2)$，故$\overline{X}\sim N\left(1.56,\frac{0.22^2}{50}\right)$，则

$$P\{\overline{X}<1.45\}=P\left\{\frac{\overline{X}-1.56}{0.22/\sqrt{50}}<\frac{1.45-1.56}{0.22/\sqrt{50}}\right\}\approx 1-\Phi(3.5)=0.0002.$$

7. 由题意可知，$Y_1\sim N\left(\mu,\frac{\sigma^2}{6}\right)$，$Y_2\sim N\left(\mu,\frac{\sigma^2}{3}\right)$，且 Y_1,Y_2相互独立. 于是

$$Y_1-Y_2\sim N\left(\mu,\frac{\sigma^2}{2}\right),\frac{Y_1-Y_2}{\sigma/\sqrt{2}}\sim N(0,1).$$

又因为$\frac{(n-1)S^2}{\sigma^2}\sim\chi^2(n-1)$，且 $S^2=\frac{1}{n-1}\sum_{i=1}^{n}(X_i-\overline{X})^2$，$M^2=\frac{1}{2}\sum_{i=7}^{9}(X_i-Y_2)^2$，从而

$\frac{2M^2}{\sigma^2} \sim \chi^2(2)$.

由于 $X_1,X_2,\cdots,X_9$ 相互独立，故 Y_1,Y_2,M^2 相互独立，Y_1-Y_2 与 M^2 也相互独立.

又因为 $\frac{Y_1-Y_2}{\sigma/\sqrt{2}} \sim N(0,1)$，$\frac{2M^2}{\sigma^2} \sim \chi^2(2)$，从而可得

$$\frac{\frac{Y_1-Y_2}{\sigma/\sqrt{2}}}{\sqrt{\frac{2M^2}{\sigma^2}\Big/2}}=\frac{\sqrt{2}(Y_1-Y_2)}{M}\sim t(2).$$

8. 由题意可知 $\mu = E(X) = \int_{-1}^{1} x|x|\,\mathrm{d}x = 0$，

$$\sigma^2 = D(X) = E(X^2) = \int_{-1}^{1} x^2|x|\,\mathrm{d}x = \frac{1}{2}.$$

(1) $E(\overline{X})=E(X)=0$，$D(\overline{X})=\frac{\sigma^2}{50}=\frac{1}{100}$；

(2) $E(S^2)=D(X)=\frac{1}{2}$；

(3) 由中心极限定理可知，当 n 充分大时，$\overline{X}\sim N\left(0,\frac{1}{100}\right)$，所以

$$\begin{aligned}P\{|\overline{X}|>0.02\}&=1-P\{|\overline{X}|\leqslant 0.02\}\\&\approx 1-P\left\{\left|\frac{\overline{X}}{1/10}\right|\leqslant 0.2\right\}=1-[\Phi(0.2)-\Phi(-0.2)]\\&=2[1-\Phi(0.2)]=0.8414.\end{aligned}$$

9. 因为总体 X 服从参数为 θ 的指数分布，则 $E(X)=\theta$，$D(X)=\theta^2$，从而 $E(X^2)=2\theta^2$. 又 $X_1,X_2,\cdots,X_n$ 为抽自总体 X 的简单样本，所以 $X_1,X_2,\cdots,X_n$ 独立同分布，故

$$E(\overline{X}) = \frac{1}{n}\sum_{i=1}^{n}E(X_i) = \frac{1}{n}\cdot n\theta = \theta,$$

$$D(\overline{X}) = \frac{1}{n^2}\sum_{i=1}^{n}D(X_i) = \frac{1}{n^2}\cdot n\theta^2 = \frac{\theta^2}{n},$$

$$\begin{aligned}E(S^2) &= E\left[\frac{1}{n-1}\left(\sum_{i=1}^{n}X_i^2 - n\overline{X}^2\right)\right]\\&= \frac{1}{n-1}\left[\sum_{i=1}^{n}E(X_i^2) - nE(\overline{X}^2)\right] = \frac{1}{n-1}\left(n\cdot 2\theta - n\cdot\frac{n+1}{n}\theta^2\right) = \theta^2.\end{aligned}$$

第 7 章 参数估计

7.1 内容概要

7.1.1 基本概念

1. 估计量和估计值

设总体 X 的分布函数为 $F(x;\theta)$，其中 θ(也可能有多个参数)未知，$X_1,X_2,\cdots,X_n$ 是 X 的一个样本，$x_1,x_2,\cdots,x_n$ 是相应的一个样本值．点估计问题就是要构造一个适当的统计量 $\hat{\theta}(X_1,X_2,\cdots,X_n)$，用其观察值 $\hat{\theta}(x_1,x_2,\cdots,x_n)$ 来估计未知参数 θ，称 $\hat{\theta}(X_1,X_2,\cdots,X_n)$ 为 θ 的估计量，$\hat{\theta}(x_1,x_2,\cdots,x_n)$ 为 θ 的估计值.

2. 矩估计法

设 X 为连续型随机变量，其概率密度为 $f(x;\theta_1,\theta_2,\cdots,\theta_k)$，或 X 为离散型随机变量，其分布律为 $P\{X=x\}=p(x;\theta_1,\theta_2,\cdots,\theta_k)$，其中 $\theta_1,\theta_2,\cdots,\theta_k$ 为待估参数．设 $X_1,X_2,\cdots,X_n$ 是来自 X 的样本．假设总体 X 的前 k 阶矩：

$$\mu_l = E(X^l) = \int_{-\infty}^{+\infty} x^l f(x;\theta_1,\theta_2,\cdots,\theta_k)\mathrm{d}x \quad (X\text{ 为连续型})$$

或

$$\mu_l = E(X^l) = \sum_{x\in R_X} x^l p(x;\theta_1,\theta_2,\cdots,\theta_k) \quad (X\text{ 为离散型}),\ l=1,2,\cdots,k$$

(其中 R_X 是 X 可能取值的范围)存在，以样本矩

$$A_l = \frac{1}{n}\sum_{i=1}^{n} X_i^l$$

作为相应的总体矩的估计量，而以样本矩的连续函数作为相应的总体矩的连续函数的估计量．这种估计方法称为矩估计法．矩估计法的具体做法如下：设

$$\begin{cases} \mu_1=\mu_1(\theta_1,\theta_2,\cdots,\theta_k), \\ \mu_2=\mu_2(\theta_1,\theta_2,\cdots,\theta_k), \\ \quad\vdots \\ \mu_k=\mu_k(\theta_1,\theta_2,\cdots,\theta_k). \end{cases}$$

这是一个包含 k 个未知参数 $\theta_1,\theta_2,\cdots,\theta_k$ 的联立方程组．一般来说，可以从中解出 $\theta_1,\theta_2,\cdots,\theta_k$，得到

$$\begin{cases}\theta_1=\theta_1(\mu_1,\mu_2,\cdots,\mu_k),\\ \theta_2=\theta_2(\mu_1,\mu_2,\cdots,\mu_k),\\ \quad\vdots \\ \theta_k=\theta_k(\mu_1,\mu_2,\cdots,\mu_k).\end{cases}$$

以 A_i 分别代替上式中的 μ_i，$i=1,2,\cdots,k$，就以

$$\hat{\theta}_i(A_1,A_2,\cdots,A_k),i=1,2,\cdots,k$$

分别作为 θ_i，$i=1,2,\cdots,k$ 的估计量，这种估计量称为矩估计量．矩估计量的观察值称为矩估计值.

3. 极大似然估计法

设总体 X 属于连续型，其概率密度 $f(x;\theta)$，$\theta\in\Theta$ 的形式已知，θ 为待估参数，Θ 为 θ 可能取值的范围．设 $X_1,X_2,\cdots,X_n$ 是来自 X 的样本．则 $X_1,X_2,\cdots,X_n$ 的联合概率密度为

$$\prod_{i=1}^{n}f(x_i;\theta).$$

设 $x_1,x_2,\cdots,x_n$ 是相应于样本 $X_1,X_2,\cdots,X_n$ 的一个样本值，则 θ 的函数

$$L(\theta)=L(x_1,x_2,\cdots,x_n;\theta)=\prod_{i=1}^{n}f(x_i;\theta),\theta\in\Theta$$

称为样本的似然函数（注意：这里 $x_1,x_2,\cdots,x_n$ 是已知的样本值，它们都是常数）．若

$$L(x_1,x_2,\cdots,x_n;\hat{\theta})=\max_{\theta\in\Theta}L(x_1,x_2,\cdots,x_n;\theta),$$

则称 $\hat{\theta}(x_1,x_2,\cdots,x_n)$ 为 θ 的极大似然估计值．$\hat{\theta}(X_1,X_2,\cdots,X_n)$ 为 θ 的极大似然估计量，这种方法称为极大似然估计法.

在很多情况下，$f(x;\theta)$ 关于 θ 可微，这时 $\hat{\theta}$ 常可从似然方程

$$\frac{\mathrm{d}}{\mathrm{d}\theta}L(\theta)=0$$

或对数似然方程

$$\frac{\mathrm{d}}{\mathrm{d}\theta}\ln L(\theta)=0$$

中求得.

以上方法也适用于概率密度中含多个未知参数 $\theta_1,\theta_2,\cdots,\theta_k$ 的情况．这时，似然函数 L 是这些未知参数的函数，分别令

$$\frac{\partial}{\partial\theta_i}L=0,i=1,2,\cdots,k \quad \text{（似然方程组）},$$

或令

$$\frac{\partial}{\partial\theta_i}\ln L=0,i=1,2,\cdots,k \quad \text{（对数似然方程组）},$$

解上述由 k 个方程组成的方程组，即可得到各未知参数 θ_i，$i=1,2,\cdots,k$ 的最大似然估计值 $\hat{\theta}_i$.

当总体 X 属于离散型时，用分布律 $P\{X=x\}=p(x;\theta)$，$\theta\in\Theta$ 代表上面的概率密度，则上述定义、定理及计算方法仍然适用.

4. 估计量的评选标准

设 $X_1,X_2,\cdots,X_n$ 是来自 X 的一个样本，$\theta\in\Theta$ 是包含在总体 X 分布中的待估参数，这里 Θ 是 θ 的取值范围.

(1) 无偏性　若估计量 $\hat{\theta}=\hat{\theta}(X_1,X_2,\cdots,X_n)$ 的数学期望 $E(\hat{\theta})$ 存在，且对于任意 $\theta\in\Theta$，有

$$E(\hat{\theta})=\theta,$$

则称 $\hat{\theta}$ 是 θ 的无偏估计量.

(2) 有效性　设 $\hat{\theta}_1=\hat{\theta}_1(X_1,X_2,\cdots,X_n)$ 与 $\hat{\theta}_2=\hat{\theta}_2(X_1,X_2,\cdots,X_n)$ 都是 θ 的无偏估计量，若对于任意 $\theta\in\Theta$，有

$$D(\hat{\theta}_1)\leqslant D(\hat{\theta}_2)$$

且至少对于某一个 $\theta\in\Theta$，上式中的不等号成立，则称 $\hat{\theta}_1$ 较 $\hat{\theta}_2$ 有效.

(3) 相合性　设 $\hat{\theta}(X_1,X_2,\cdots,X_n)$ 为参数 θ 的估计量，若对于任意 $\theta\in\Theta$，当 $n\to\infty$ 时 $\hat{\theta}(X_1,X_2,\cdots,X_n)$ 依概率收敛于 θ，则称 $\hat{\theta}$ 为 θ 的相合估计量.

5. 置信区间和置信水平(置信度)

设总体 X 的分布函数 $F(x;\theta)$ 含有一个未知参数 θ，$\theta\in\Theta$（Θ 为 θ 可能取值的范围），对于给定值 $\alpha(0<\alpha<1)$，若由来自总体 X 的样本 $X_1,X_2,\cdots,X_n$ 确定的两个统计量 $\underline{\theta}(X_1,X_2,\cdots,X_n)$ 和 $\overline{\theta}(X_1,X_2,\cdots,X_n)$（$\underline{\theta}<\overline{\theta}$），对于任意 $\theta\in\Theta$ 满足

$$P\{\underline{\theta}(X_1,X_2,\cdots,X_n)<\theta<\overline{\theta}(X_1,X_2,\cdots,X_n)\}\geqslant 1-\alpha,$$

则称随机区间 $(\underline{\theta},\overline{\theta})$ 是 θ 的置信水平为 $1-\alpha$ 的置信区间，$\underline{\theta}$ 和 $\overline{\theta}$ 分别称为置信水平为 $1-\alpha$ 的双侧置信区间的置信下限和置信上限，$1-\alpha$ 称为置信水平（或置信度）.

6. 单侧置信区间

随机区间 $(\underline{\theta},+\infty)$ 称为 θ 的置信水平为 $1-\alpha$ 的单侧置信区间，若

$$P\{\underline{\theta}(X_1,X_2,\cdots,X_n)<\theta\}\geqslant 1-\alpha,$$

则 $\underline{\theta}(X_1,X_2,\cdots,X_n)$ 称为置信水平为 $1-\alpha$ 的置信下限；随机区间 $(-\infty,\overline{\theta})$ 称为 θ 的置信水平为 $1-\alpha$ 的单侧置信区间，若

$$P\{\theta>\overline{\theta}(X_1,X_2,\cdots,X_n)\}\geqslant 1-\alpha,$$

则 $\overline{\theta}(X_1,X_2,\cdots,X_n)$ 称为置信水平为 $1-\alpha$ 的置信上限.

7. 正态总体参数的区间估计(见表 7-1)

表 7-1　正态总体均值、方差的置信区间(置信水平为 $1-\alpha$)

	待估参数	其他参数	枢轴量 W 的分布	置信区间
一个正态总体 $N(\mu,\sigma^2)$ 的情况	μ	σ^2 已知	$Z=\dfrac{\overline{X}-\mu}{\sigma/\sqrt{n}}\sim N(0,1)$	$\left(\overline{X}\pm\dfrac{\sigma}{\sqrt{n}}z_{\alpha/2}\right)$
	μ	σ^2 未知	$t=\dfrac{\overline{X}-\mu}{S/\sqrt{n}}\sim t(n-1)$	$\left(\overline{X}\pm\dfrac{S}{\sqrt{n}}t_{\alpha/2}(n-1)\right)$
	σ^2	μ 未知	$\chi^2=\dfrac{(n-1)S^2}{\sigma^2}\sim\chi^2(n-1)$	$\left(\dfrac{(n-1)S^2}{\chi^2_{\alpha/2}(n-1)},\dfrac{(n-1)S^2}{\chi^2_{1-\alpha/2}(n-1)}\right)$

（续）

	待估参数	其他参数	枢轴量 W 的分布	置信区间
	$\mu_1-\mu_2$	σ_1^2,σ_2^2已知	$Z=\dfrac{\overline{X}-\overline{Y}-(\mu_1-\mu_2)}{\sqrt{\dfrac{\sigma_1^2}{n_1}+\dfrac{\sigma_2^2}{n_2}}}\sim N(0,1)$	$\left(\overline{X}-\overline{Y}\pm z_{\alpha/2}\sqrt{\dfrac{\sigma_1^2}{n_1}+\dfrac{\sigma_2^2}{n_2}}\right)$
两个正态总体 $N(\mu_1,\sigma_1^2)$与 $N(\mu_2,\sigma_2^2)$ 的情况	$\mu_1-\mu_2$	$\sigma_1^2=\sigma_2^2=\sigma^2$ 未知	$t=\dfrac{\overline{X}-\overline{Y}-(\mu_1-\mu_2)}{S_w\sqrt{\dfrac{1}{n_1}+\dfrac{1}{n_2}}}\sim t(n_1+n_2-2)$ $S_w^2=\dfrac{(n_1-1)S_1^2+(n_2-1)S_2^2}{n_1+n_2-2}$	$\left(\overline{X}-\overline{Y}\pm t_{\alpha/2}(n_1+n_2-2)S_w\sqrt{\dfrac{1}{n_1}+\dfrac{1}{n_2}}\right)$
	$\dfrac{\sigma_1^2}{\sigma_2^2}$	μ_1,μ_2未知	$F=\dfrac{S_1^2/S_2^2}{\sigma_1^2/\sigma_2^2}\sim F(n_1-1,n_2-1)$	$\left(\dfrac{S_1^2}{S_2^2}\dfrac{1}{F_{\alpha/2}(n_1-1,n_2-1)},\dfrac{S_1^2}{S_2^2}\dfrac{1}{F_{1-\alpha/2}(n_1-1,n_2-1)}\right)$

7.1.2 基本理论

基本理论的重要结论如下：

(1) 不论总体服从什么分布，总体均值 μ 与方差 σ^2 的矩估计量都分别是

$$\hat{\mu}=\overline{X}\quad（样本均值），$$

$$\hat{\sigma}^2=\frac{1}{n}\sum_{i=1}^{n}(X_i-\overline{X})^2\quad（样本二阶中心矩）.$$

(2) 不论总体服从什么分布，样本均值 $\overline{X}$ 是总体均值 μ 的无偏估计；样本方差 $S^2=\dfrac{1}{n-1}\sum\limits_{i=1}^{n}(X_i-\overline{X})^2$ 是总体方差 σ^2 的无偏估计.

(3) 不论总体服从什么分布，样本 $k(k\geqslant 1)$ 阶矩 $A_k=\dfrac{1}{n}\sum\limits_{i=1}^{n}X_i^k$ 是总体 X 的 k 阶矩 $\mu_k=E(X^k)$ 的相合估计量.

(4) 若 $\hat{\theta}$ 是 θ 的矩估计，$g(\theta)$ 是 θ 的任一函数，则 $g(\hat{\theta})$ 是 $g(\theta)$ 的矩估计.

(5) 若 $\hat{\theta}$ 是 θ 的极大似然估计，$g(\theta)$ 具有单值反函数，则 $g(\hat{\theta})$ 是 $g(\theta)$ 的极大似然估计.

7.1.3 基本方法

1. 求矩估计与极大似然估计.
2. 求点估计量的评选.
3. 求正态总体均值与方差的置信区间.

7.2 典型例题分析、解答与评注

7.2.1 求矩估计与极大似然估计

例 7.1 设总体 X 的概率密度 $f(x)=\begin{cases}\dfrac{6x}{\theta^3}(\theta-x), & 0<x<\theta,\\ 0, & 其他,\end{cases}$ $X_1,X_2,\cdots,X_n$是取自总体

X 的简单随机样本，求 θ 的矩估计量 $\hat{\theta}$.

分析 要求 θ 的矩估计量，只需求出样本一阶原点矩和总体一阶原点矩，然后令其相等即可.

解答
$$A_1=\frac{1}{n}\sum_{i=1}^{n}X_i=\overline{X},$$
$$\mu_1=E(X)=\int_{-\infty}^{+\infty}xf(x)\mathrm{d}x=\int_0^{\theta}x\cdot\frac{6x}{\theta^3}(\theta-x)\mathrm{d}x=\frac{\theta}{2}.$$

令 $A_1=\mu_1$，即 $\overline{X}=\frac{\theta}{2}$，得 θ 的矩估计量 $\hat{\theta}=2\overline{X}$.

评注 当 X 为连续型随机变量时，按照公式求出样本一阶原点矩和总体一阶原点矩.

例 7.2 设总体 X 的概率密度 $f(x)=\begin{cases}\sqrt{\theta}x^{\sqrt{\theta}-1}, & 0\leqslant x\leqslant 1,\\ 0, & \text{其他},\end{cases}$ 其中 $\theta>0$，θ 为未知参数，$X_1,X_2,\cdots,X_n$ 是取自总体 X 的简单随机样本，$x_1,x_2,\cdots,x_n$ 为一组相应的样本值. 试求：

(1) θ 的矩估计量和估计值；

(2) θ 的极大似然估计量和估计值.

分析 求矩估计量时，只需求出样本一阶原点矩和总体一阶原点矩；求极大似然估计量时，要正确写出样本似然函数，再取自然对数、求导，令导数为零，判断方程是否有解，若有解，则其解即为所求极大似然估计，若无解，则极大似然估计常在未知参数的边界点上达到.

解答 (1)
$$A_1=\frac{1}{n}\sum_{i=1}^{n}X_i=\overline{X},$$
$$\mu_1=E(X)=\int_{-\infty}^{+\infty}xf(x)\mathrm{d}x=\int_0^1x\cdot\sqrt{\theta}x^{\sqrt{\theta}-1}\mathrm{d}x=\frac{\sqrt{\theta}}{\sqrt{\theta}+1}.$$

令 $A_1=\mu_1$，即 $\overline{X}=\frac{\sqrt{\theta}}{\sqrt{\theta}+1}$，得 θ 的矩估计量 $\hat{\theta}=\left(\frac{\overline{X}}{1-\overline{X}}\right)^2$.

从而 θ 的矩估计值为 $\hat{\theta}=\left(\frac{\overline{x}}{1-\overline{x}}\right)^2$ $\left(\text{其中 }\overline{x}=\frac{1}{n}\sum_{i=1}^{n}x_i\right)$.

(2) 样本似然函数为
$$L(\theta)=\prod_{i=1}^{n}f(x_i;\theta)=\begin{cases}\theta^{\frac{n}{2}}\left(\prod_{i=1}^{n}x_i\right)^{\sqrt{\theta}-1}, & 0\leqslant x_i\leqslant 1(i=1,2,\cdots,n),\\ 0, & \text{其他},\end{cases}$$

当 $0\leqslant x_i\leqslant 1(i=1,2,\cdots,n)$ 时，$L(\theta)>0$，取自然对数得
$$\ln L(\theta)=\frac{n}{2}\ln\theta+(\sqrt{\theta}-1)\sum_{i=1}^{n}\ln x_i.$$

令
$$\frac{\mathrm{d}\ln L(\theta)}{\mathrm{d}\theta}=\frac{n}{2}\cdot\frac{1}{\theta}+\frac{1}{2\sqrt{\theta}}\sum_{i=1}^{n}\ln x_i=0,$$

得 θ 的极大似然估计值为 $\hat{\theta}=\dfrac{n^2}{\left(\sum\limits_{i=1}^{n}\ln x_i\right)^2}$.

故 θ 的极大似然估计量为 $\hat{\theta}=\dfrac{n^2}{\left(\sum\limits_{i=1}^{n}\ln X_i\right)^2}$.

评注 注意估计量和估计值的区别.

例 7.3 设总体 X 的分布律为

$$P\{X=x\}=C_m^x p^x(1-p)^{m-x}, x=0,1,2,\cdots,m,$$

其中 $0<p<1$，p 为未知参数，$X_1,X_2,\cdots,X_n$ 是取自总体 X 的样本，$x_1,x_2,\cdots,x_n$ 为一组相应的样本值．试求：

(1) p 的矩估计量；

(2) p 的极大似然估计量.

分析 总体服从二项分布，易求出总体一阶原点矩，再求出样本一阶原点矩后，即可求出矩估计量；总体 X 为离散型随机变量，要求极大似然估计量，应正确写出样本似然函数.

解答 (1) 由总体 X 的分布律知，X 服从参数为 m,p 的二项分布，故知

$$\mu_1=E(X)=mp, A_1=\overline{X},$$

令 $A_1=\mu_1$，即 $\overline{X}=mp$，得 p 的矩估计量 $\hat{p}=\dfrac{\overline{X}}{m}$.

(2) 样本似然函数为

$$L(p)=\prod_{i=1}^{n}P\{X_i=x_i\}=\prod_{i=1}^{n}C_m^{x_i}p^{x_i}(1-p)^{m-x_i}=\left(\prod_{i=1}^{n}C_m^{x_i}\right)p^{\sum\limits_{i=1}^{n}x_i}(1-p)^{\sum\limits_{i=1}^{n}(m-x_i)}$$

$$\ln L(p)=\sum_{i=1}^{n}\ln C_m^{x_i}+\left(\sum_{i=1}^{n}x_i\right)\ln p+\left(\sum_{i=1}^{n}(m-x_i)\right)\ln(1-p),$$

令
$$\frac{\mathrm{d}\ln L(p)}{\mathrm{d}p}=\left(\sum_{i=1}^{n}x_i\right)\frac{1}{p}+\left(nm-\sum_{i=1}^{n}x_i\right)\frac{-1}{1-p}=0,$$

解得 p 的极大似然估计值为

$$\hat{p}=\frac{1}{m}\cdot\frac{1}{n}\sum_{i=1}^{n}x_i=\frac{\overline{x}}{m},$$

故 p 的极大似然估计量为

$$\hat{p}=\frac{\overline{X}}{m}.$$

评注 对于离散型随机变量，如何构造样本似然函数是难点，也是正确求出极大似然估计量的关键.

例 7.4 设总体 X 的分布律为

$$P\{X=1\}=\theta^2, P\{X=2\}=2\theta(1-\theta), P\{X=3\}=(1-\theta)^2,$$

其中 $\theta(0<\theta<1)$ 为未知参数．试用总体 X 的样本值 $x_1=1,x_2=2,x_3=1$，求 θ 的矩估计值和极大似然估计值.

分析 根据总体 X 的分布律，可求出总体的一阶原点矩，根据样本值，可求出样本的一阶原点矩，令其相等，即可求出矩估计量；根据样本值，可构造出样本似然函数，然后取对数、求导，令导数为零，即可求出极大似然估计量.

解答 (1) 先求矩估计

$$\mu_1 = E(X) = \sum_{i=1}^{n} kp_k = 1 \cdot \theta^2 + 2 \cdot 2\theta(1-\theta) + 3 \cdot (1-\theta)^2 = 3 - 2\theta,$$

$$A_1 = \frac{1}{n}\sum_{i=1}^{n} X_i = \frac{4}{3},$$

令 $A_1 = \mu_1$，即 $3-2\theta = \frac{4}{3}$，得 θ 的矩估计值 $\hat{\theta} = \frac{5}{6}$.

(2) 当样本值为 $x_1=1, x_2=2, x_3=1$ 时，样本似然函数为

$$\begin{aligned} L(\theta) &= \prod_{i=1}^{3} P\{X_i = x_i\} \\ &= P\{X=1\} \cdot P\{X=2\} \cdot P\{X=1\} \\ &= \theta^2 \cdot 2\theta(1-\theta) \cdot \theta^2 \\ &= 2\theta^5 \cdot (1-\theta), \end{aligned}$$

$$\ln L(\theta) = \ln 2 + 5\ln\theta + \ln(1-\theta).$$

令
$$\frac{\mathrm{d}\ln L(\theta)}{\mathrm{d}\theta} = \frac{5}{\theta} - \frac{1}{1-\theta} = 0,$$

得 θ 的极大似然估计值为 $\hat{\theta} = \frac{5}{6}$.

评注 根据题中分布律，构造出样本似然函数是关键.

例 7.5 已知总体 X 的概率密度 $f(x) = \begin{cases} \lambda e^{-\lambda(x-2)}, & x > 2, \\ 0, & x \leqslant 2 \end{cases}$ $(\lambda > 0)$，$X_1, X_2, \cdots, X_n$ 为来自总体 X 的简单随机样本，$Y = X^2$.

(1) 求 Y 的数学期望 $E(Y)$［记 $E(Y) = b$］；

(2) 求 λ 的矩估计量 $\hat{\lambda}_1$ 和极大似然估计量 $\hat{\lambda}_2$；

(3) 利用上述结果求 b 的极大似然估计量.

分析 直接应用公式 $E[g(X)] = \int_{-\infty}^{+\infty} g(x)f(x)\mathrm{d}x$ 计算 $E(Y)$；令 $E(X) = \overline{X}$ 求出 λ 的矩估计量 $\hat{\lambda}_1$，利用似然函数法求出极大似然估计量 $\hat{\lambda}_2$；根据极大似然估计不变原理得 b 的极大似然估计为 $\hat{b}$.

解答 (1) $E(Y) = E(X^2) = \int_2^{+\infty} x^2 \lambda e^{-\lambda(x-2)} \mathrm{d}x \overset{令 x-2=t}{=} \int_0^{+\infty} (t+2)^2 \lambda e^{-\lambda t} \mathrm{d}t$

$$= \frac{2}{\lambda^2} + \frac{4}{\lambda} + 4 = 2\left(\frac{1}{\lambda} + 1\right)^2 + 2 = b.$$

(2) 令 $\mu = E(X)$，其中 $E(X) = \int_2^{+\infty} x\lambda e^{-\lambda(x-2)} \mathrm{d}x \overset{令 x-2=t}{=} \int_0^{+\infty} (t+2)^2 \lambda e^{-\lambda t} \mathrm{d}t = \frac{1}{\lambda} + 2$，即 $\mu = \frac{1}{\lambda} + 2$，解得 $\lambda = \frac{1}{\mu - 2}$，于是 λ 的矩估计量为 $\hat{\lambda}_1 = \frac{1}{\overline{X} - 2}$.

样本 $X_1, X_2, \cdots, X_n$ 的似然函数为 $L(x_1, x_2, \cdots, x_n; \lambda) = \lambda^n e^{-\lambda\left(\sum_{i=1}^{n} x_i - 2n\right)}$ $(x_i > 2)$，

$$\ln L = n\ln\lambda - \lambda\left(\sum_{i=1}^{n} x_i - 2n\right),$$

令 $\frac{\mathrm{d}\ln L}{\mathrm{d}\lambda} = \frac{n}{\lambda} - \left(\sum_{i=1}^{n} x_i - 2n\right) = 0$，

解得 $\lambda=\dfrac{1}{\bar{x}-2}$，故 λ 的极大似然估计量为 $\hat{\lambda}_2=\dfrac{1}{\overline{X}-2}$.

(3) 由于 $b=2\left(\dfrac{1}{\lambda}+1\right)^2+2(\lambda>0)$，是 λ 的单调连续函数，有单值反函数，根据极大似然估计不变原理，得 b 的极大似然估计量为 $\hat{b}=2\left(\dfrac{1}{\hat{\lambda}_2}+1\right)^2+2=2(\overline{X}-1)^2+2$.

评注　本例说明：单调连续函数可根据极大似然估计不变原理求得其极大似然估计量.

例 7.6　(1) 设 $X_1,X_2,\cdots,X_n$ 是来自概率密度为

$$f(x;\theta)=\begin{cases}\theta x^{1-\theta}, & 0<x<1,\\ 0, & 其他\end{cases}$$

的总体的样本，θ 未知，求 $U=e^{-1/\theta}$ 的极大似然估计值.

(2) 设 $X_1,X_2,\cdots,X_n$ 是来自正态总体 $N(\mu,1)$ 的样本，μ 未知，求 $\theta=P\{X>2\}$ 的极大似然估计值.

分析　由总体概率密度可以构造出样本似然函数，按照求极大似然估计值的步骤，很容易求出未知参数的极大似然估计值；再根据未知参数函数具有单值反函数特点，可求出未知参数函数的极大似然估计值.

解答　(1) 样本似然函数为

$$L(\theta)=\prod_{i=1}^{n}f(x_i;\theta)=\begin{cases}\prod\limits_{i=1}^{n}\theta x_i^{\theta-1}, & 0<x_1,x_2,\cdots,x_n<1,\\ 0, & 其他,\end{cases}$$

当 $0<x_i<1(i=1,2,\cdots,n)$ 时，$L(\theta)>0$，取自然对数得

$$\ln L(\theta)=n\ln\theta+(\theta-1)\ln\left(\prod_{i=1}^{n}x_i\right),$$

令

$$\frac{\mathrm{d}\ln L(\theta)}{\mathrm{d}\theta}=\frac{n}{\theta}+\sum_{i=1}^{n}\ln x_i=0,$$

得 θ 的极大似然估计值为 $\hat{\theta}=-\dfrac{n}{\sum\limits_{i=1}^{n}\ln x_i}$.

$U=e^{-1/\theta}$ 具有单值反函数，故由极大似然估计的不变性知 U 的极大似然估计值为 $\hat{U}=e^{-1/\hat{\theta}}$，其中 $\hat{\theta}$ 为 $-\dfrac{n}{\sum\limits_{i=1}^{n}\ln x_i}$.

(2) 正态总体 $N(\mu,1)$ 中的均值 μ 的极大似然估计值为 $\hat{\theta}=\bar{x}=\dfrac{1}{n}\sum\limits_{i=1}^{n}x_i$，而 $\theta=P\{X>2\}=1-P\{X\leqslant 2\}=1-P\left\{\dfrac{X-\mu}{1}\leqslant\dfrac{2-\mu}{1}\right\}=1-\Phi(2-\mu)$ 具有单值反函数．由极大似然估计不变性得 $\theta=P\{X>2\}$ 的极大似然估计值为

$$\hat{\theta}=1-\Phi(2-\hat{\mu})=1-\Phi(2-\overline{X}).$$

评注　本题很容易求出未知参数的极大似然估计值，难点在于求未知参数函数的极大似然估计值.

例 7.7 设总体 $X\sim N(\mu,\sigma^2)$，μ,σ^2未知，而 $X_1,X_2,\cdots,X_n$是来自总体 X 的样本.

(1) 求使得 $\int_a^{+\infty} f(x;\mu,\sigma^2)\mathrm{d}x=0.05$ 的点 a 的极大似然估计，其中 $f(x;\mu,\sigma^2)$是 X 的概率密度；

(2) 求 $P\{X\geqslant 2\}$的极大似然估计.

分析 要求 a 以及 $P\{X\geqslant 2\}$的极大似然估计值，估计出 μ,σ^2是解本题的关键.

解答 (1)先求 μ,σ^2的极大似然估计，再求 a 的极大似然估计值.

样本 $X_1,X_2,\cdots,X_n$的似然函数为 $L(\mu,\sigma^2)=\prod\limits_{i=1}^{n}\frac{1}{\sqrt{2\pi}\sigma}\mathrm{e}^{-\frac{(x_i-\mu)^2}{2\sigma^2}}=\left(\frac{1}{2\pi\sigma^2}\right)^{\frac{n}{2}}\mathrm{e}^{-\frac{1}{2\sigma^2}\sum\limits_{i=1}^{n}(x_i-\mu)^2}$.

$\ln L(\mu,\sigma^2)=-\frac{n}{2}(\ln 2\pi+\ln\sigma^2)-\frac{1}{2\sigma^2}\sum\limits_{i=1}^{n}(x_i-\mu)^2$，

令 $\frac{\partial\ln L}{\partial\mu}=\frac{1}{\sigma^2}\sum\limits_{i=1}^{n}(x_i-\mu)=0,\frac{\partial\ln L}{\partial\sigma^2}=-\frac{n}{2\sigma^2}+\frac{1}{2\sigma^4}\sum\limits_{i=1}^{n}(x_i-\mu)^2=0$，

解得 $\mu=\overline{x},\sigma^2=\frac{1}{n}\sum\limits_{i=1}^{n}(x_i-\overline{x})^2$，故 μ,σ^2的极大似然估计值为 $\hat{\mu}=\overline{x},\hat{\sigma}^2=\frac{1}{n}\sum\limits_{i=1}^{n}(x_i-\overline{x})^2$.

又 $\int_a^{+\infty}f(x;\mu,\sigma^2)\mathrm{d}x=1-F(a)=1-\Phi\left(\frac{a-\mu}{\sigma}\right)=0.05$，即 $\Phi\left(\frac{a-\mu}{\sigma}\right)=0.95=\Phi(1.645)$.

故$\frac{a-\mu}{\sigma}=1.645$，即 $a=\mu+1.645\sigma$. 由极大似然估计的不变性，得 a 的极大似然估计为 $\hat{a}=\hat{\mu}+1.645\hat{\sigma}$.

(2) $P\{X\geqslant 2\}=1-\Phi\left(\frac{2-\mu}{\sigma}\right)$，由极大似然估计的不变性，知 $P\{X\geqslant 2\}$的极大似然估计为 $\hat{P}\{X\geqslant 2\}=1-\Phi\left(\frac{2-\hat{\mu}}{\hat{\sigma}}\right)$.

评注 两个以上的未知参数的极大似然估计量的求法中要注意，令似然函数的对数函数求偏导数.

例 7.8 设某种电子器件的寿命(以 h 计)T 服从双参数的指数分布，其概率密度为

$$f(t)=\begin{cases}\frac{1}{\theta}\mathrm{e}^{-\frac{t-c}{\theta}}, & t\geqslant c,\\ 0, & t<c,\end{cases}$$

其中 $c,\theta(c,\theta>0)$为未知参数，自一批这种器件中随机地取 n 件进行寿命实验. 设它们的失效时间依次为 $x_1\leqslant x_2\leqslant\cdots\leqslant x_n$.

(1) 求 θ 与 c 的矩估计量；

(2) 求 θ 的极大似然估计量.

分析 求矩估计量时，需求出样本一阶、二阶原点矩和总体一阶、二阶原点矩，并令其分别相等，即可求出两个未知参数的矩估计量；根据总体的概率密度，正确写出样本似然函数，再取自然对数、求偏导，令偏导数为零，即可求出极大似然估计量.

解答 (1)
$$E(X)=\int_{-\infty}^{+\infty}xf(x)\mathrm{d}x=\int_c^{+\infty}\frac{x}{\theta}\mathrm{e}^{-\frac{x-c}{\theta}}\mathrm{d}x=\theta+c,$$
$$E(X^2)=\int_{-\infty}^{+\infty}x^2f(x)\mathrm{d}x=\int_c^{+\infty}\frac{x^2}{\theta}\mathrm{e}^{-\frac{x-c}{\theta}}\mathrm{d}x=\theta^2+(\theta+c)^2,$$

令
$$\begin{cases}\overline{X}=\theta+c,\\ \frac{1}{n}\sum_{i=1}^{n}X_i^2=\theta^2+(\theta+c)^2,\end{cases}$$
解得
$$\theta^2=\frac{1}{n}\sum_{i=1}^{n}X_i^2-\overline{X}^2=\frac{1}{n}\sum_{i=1}^{n}(X_i-\overline{X})^2, c=\overline{X}-\theta,$$
故 θ 与 c 的矩估计量分别为
$$\hat{\theta}=\sqrt{\frac{1}{n}\sum_{i=1}^{n}(X_i-\overline{X})^2}, \hat{c}=\overline{X}-\sqrt{\frac{1}{n}\sum_{i=1}^{n}(X_i-\overline{X})^2}.$$

(2) 样本似然函数为
$$L(\theta,c)=\prod_{i=1}^{n}f(x_i)=\begin{cases}\frac{1}{\theta^n}e^{-\sum\limits_{i=1}^{n}(x_i-nc)/\theta}, & x_i>c(i=1,2,\cdots,n),\\ 0, & \text{其他},\end{cases}$$
当 $\min\{x_1,x_2,\cdots,x_n\}>c$ 时，$L(\theta,c)>0$，取自然对数得
$$\ln L(\theta,c)=-n\ln\theta-\left(\sum_{i=1}^{n}x_i-nc\right)/\theta=-n\ln\theta-n\frac{\overline{x}-c}{\theta},$$
令
$$\frac{\partial\ln L(\theta,c)}{\partial\theta}=-\frac{n}{\theta}+\frac{n(\overline{x}-c)}{\theta^2}=0,$$
解得 θ 的极大似然估计值为
$$\hat{\theta}=\overline{x}-c,$$
故 θ 的极大似然估计量为
$$\hat{\theta}=\overline{X}-c.$$
又因为
$$\frac{\partial\ln L(\theta,c)}{\partial c}=\frac{n}{\theta}>0,$$
知 $\ln L(\theta,c)$ 是 c 的单增函数，故当 $c=\min\{x_1,x_2,\cdots,x_n\}=x_1$ 时，$\ln L(\theta,c)$ 取得最大值，从而 c 的极大似然估计值为
$$\hat{c}=x_1,$$
c 的极大似然估计量为
$$\hat{c}=X_1.$$

评注 求两个未知参数的矩估计量，要列出两个等式；求极大似然估计量，要求偏导数.

7.2.2 求点估计量的评选

例 7.9 设总体 X 的概率密度为
$$f(x;\theta)=\begin{cases}\frac{1}{\theta}e^{-\frac{x}{\theta}}, & x>0,\\ 0, & \text{其他},\end{cases}$$
其中 $\theta>0$，θ 为未知参数，$X_1,X_2,\cdots,X_n$ 是来自 X 的样本．求：

(1) θ 的极大似然估计量 $\hat{\theta}$；

(2) 判断 $\hat{\theta}$ 是否为 θ 的无偏估计.

分析 根据总体的概率密度，正确写出样本似然函数，再取自然对数、求导，令导数为零.即可求出极大似然估计量；要判断 $\hat{\theta}$ 是否为 θ 的无偏估计量，只需验证 $\hat{\theta}$ 的数学期望是否等于 θ.

解答 (1)样本似然函数为

$$L(\theta)=\prod_{i=1}^{n}f(x_i;\theta)=\begin{cases}\dfrac{1}{\theta^n}\mathrm{e}^{-\frac{1}{\theta}\sum\limits_{i=1}^{n}x_i}, & x_i>0(i=1,2,\cdots,n),\\ 0, & \text{其他},\end{cases}$$

当 $x_i>0(i=1,2,\cdots,n)$时，$L(\theta)>0$，取自然对数得

$$\ln L(\theta)=-n\ln\theta-\frac{1}{\theta}\sum_{i=1}^{n}x_i,$$

令

$$\frac{\mathrm{d}\ln L(\theta)}{\mathrm{d}\theta}=-\frac{n}{\theta}+\frac{1}{\theta^2}\sum_{i=1}^{n}\ln x_i=0,$$

解得 θ 的极大似然估计值为

$$\hat{\theta}=\frac{1}{n}\sum_{i=1}^{n}\ln x_i=\overline{x},$$

故 θ 的极大似然估计量为

$$\hat{\theta}=\frac{1}{n}\sum_{i=1}^{n}\ln X_i=\overline{X}.$$

(2) 由题设知，总体 X 服从参数为 θ 的指数分布，故 $E(X)=\theta$. 又因为

$$E(\hat{\theta})=E(\overline{X})=E(X)=\theta,$$

所以 $\hat{\theta}$ 是 θ 的无偏估计.

评注 因为无论总体服从什么分布，样本均值 $\overline{X}$ 都是总体均值 $E(X)$ 的无偏估计，所以总有 $E(\overline{X})=E(X)$成立.

例 7.10 设 $X_1,X_2,\cdots,X_n$是来自正态总体 $N(\mu,\sigma^2)$的一个样本，试确定常数 c，使

$$W=c\sum_{i=1}^{n-1}(X_{i+1}-X_i)^2$$

为 σ^2 的无偏估计.

分析 要使 W 成为 σ^2 的无偏估计，即要

$$E(W)=c\sum_{i=1}^{n-1}E[(X_{i+1}-X_i)^2]=\sigma^2.$$

问题的关键是计算 $E[(X_{i+1}-X_i)^2]$，计算时可以把$(X_{i+1}-X_i)^2$看成一个整体，也可以展开，并注意到 $X_1,X_2,\cdots,X_n$的独立性，有

$$E(X_iX_j)=E(X_i)E(X_j),D(X_i\pm X_j)=D(X_i)+D(X_j)\quad(i\neq j).$$

解答 方法一：$E[X_{i+1}-X_i)^2]=D(X_{i+1}-X_i)+[E(X_{i+1}-X_i)]^2$

$$=D(X_{i+1})+D(X_i)-[E(X_{i+1})-E(X_i)]^2$$

$$=\sigma^2+\sigma^2+(\mu-\mu)^2$$

$$=2\sigma^2,$$

$$E(W)=c\sum_{i=1}^{n-1}E[(X_{i+1}-X_i)^2]=c\sum_{i=1}^{n-1}2\sigma^2=2c(n-1)\sigma^2=\sigma^2,$$

故 $$c=\frac{1}{2(n-1)}.$$

方法二：$E[(X_{i+1}-X_i)^2]=E(X_{i+1}^2-2X_iX_{i+1}+X_i^2)$

$$=E(X_{i+1}^2)-2E(X_iX_{i+1})+E(X_i^2)$$

$$=D(X_{i+1})+[E(X_{i+1})]^2-2E(X_i)E(X_{i+1})+D(X_i)+[E(X_i)]^2$$

$$=\sigma^2+\mu^2-2\mu^2+\sigma^2+\mu^2=2\sigma^2,$$

$$E(W)=c\sum_{i=1}^{n-1}E[(X_{i+1}-X_i)^2]=c\sum_{i=1}^{n-1}2\sigma^2=2c(n-1)\sigma^2=\sigma^2,$$

故 $$c=\frac{1}{2(n-1)}.$$

评注 判断某一统计量是否为未知参数的无偏估计量，用定义判别即可.

例 7.11 设 $\hat{\theta}$ 是参数 θ 的无偏估计，且 $D(\hat{\theta})>0$，试证$\hat{\theta^2}=(\hat{\theta})^2$不是 θ^2 的无偏估计.

分析 只需证明 $E(\hat{\theta^2})\neq\theta^2$ 即可.

证明 因为 $\hat{\theta}$ 是 θ 的无偏估计，故有 $E(\hat{\theta})=\theta$. 而

$$D(\hat{\theta})=E[(\hat{\theta})^2]-[E(\hat{\theta})]^2=[E(\hat{\theta})]^2-\theta^2.$$

由 $D(\hat{\theta})>0$ 知，$[E(\hat{\theta})]^2-\theta^2>0$，这说明$[E(\hat{\theta})^2]\neq\theta^2$，由无偏性定义知，$(\hat{\theta})^2$不是 θ^2 的无偏估计.

评注 判断$\hat{\theta^2}=(\hat{\theta})^2$不是 θ^2 的无偏估计量，用定义判别即可.

例 7.12 设总体 X 的均值 μ 和方差 σ^2 都存在，$X_1,X_2,\cdots,X_n$是来自 X 的一个样本. 试证 估计量 $\overline{X}=\frac{1}{n}\sum_{i=1}^{n}X_i$ 和 $Y=\sum_{i=1}^{n}a_iX_i$（$a_i\geqslant 0$ 为常数，且$\sum_{i=1}^{n}a_i=1$）都是总体均值 μ 的无偏估十，但$\overline{X}$比 Y 有效.

分析 欲证某一统计量为未知参数的无偏估计量，只需证明该统计量的数学期望等于未知参数即可；在多个统计量都是未知参数的无偏估计量的情况下，看谁有效，就是看谁的方差最小.

证明 因为 $X_1,X_2,\cdots,X_n$相互独立且与总体 X 同分布，所以

$$E(X_i)=\mu,D(X_i)=\sigma^2,i=1,2,\cdots,n.$$

于是

$$E(\overline{X})=\frac{1}{n}\sum_{i=1}^{n}E(X_i)=\frac{1}{n}\cdot n\mu=\mu,$$

$$E(Y)=E\left(\sum_{i=1}^{n}a_iX_i\right)=\sum_{i=1}^{n}a_iE(X_i)=\mu\sum_{i=1}^{n}a_i=\mu.$$

因此$\overline{X}$和 Y 都是 μ 的无偏估计量.

又

$$D(\overline{X})=D\left(\frac{1}{n}\sum_{i=1}^{n}X_i\right)=\frac{1}{n^2}\sum_{i=1}^{n}D(X_i)=\frac{1}{n^2}\cdot n\sigma^2=\frac{\sigma^2}{n},$$

$$D(Y)=D\Big(\sum_{i=1}^{n}a_iX_i\Big)=\sum_{i=1}^{n}a_i^2D(X_i)=\sigma^2\sum_{i=1}^{n}a_i^2.$$

利用不等式 $a_i^2+a_j^2\geqslant 2a_ia_j$，得

$$\Big(\sum_{i=1}^{n}a_i\Big)^2=\sum_{i=1}^{n}a_i^2+2\sum_{1\leqslant i<j\leqslant n}a_ia_j\leqslant\sum_{i=1}^{n}a_i^2+\sum_{1\leqslant i<j\leqslant n}(a_i^2+a_j^2)=n\sum_{i=1}^{n}a_i^2,$$

从而

$$\sum_{i=1}^{n}a_i^2\geqslant\frac{1}{n}\Big(\sum_{i=1}^{n}a_i\Big)^2=\frac{1}{n}\quad\Big(\text{因为}\sum_{i=1}^{n}a_i=1\Big),$$

于是

$$D\Big(\sum_{i=1}^{n}a_iX_i\Big)=\sigma^2\sum_{i=1}^{n}a_i^2\geqslant\sigma^2\cdot\frac{1}{n}=D(\overline{X}).$$

故 $\overline{X}$ 比 Y 有效.

评注 根据定义易证统计量具有无偏性，证明有效性时涉及做题技巧，是本题的难点.

例 7.13 设总体 X 的方差 σ^2 存在，$X_1,X_2,\cdots,X_n$ 是来自 X 的样本. 试证：$\overline{X}=\frac{1}{n}\sum\limits_{i=1}^{n}X$ 是总体均值 $\mu=E(X)$ 的一致估计量.

分析 根据一致估计量定义证明.

证明 因为 $E(X)=\mu, D(X)=\sigma^2$，所以

$$E(\overline{X})=E\Big(\frac{1}{n}\sum_{i=1}^{n}X_i\Big)=\frac{1}{n}\sum_{i=1}^{n}E(X_i)=\frac{1}{n}\cdot n\mu=\mu,$$

$$D(\overline{X})=D\Big(\frac{1}{n}\sum_{i=1}^{n}X_i\Big)=\frac{1}{n^2}\sum_{i=1}^{n}D(X_i)=\frac{1}{n^2}\cdot n\sigma^2=\frac{\sigma^2}{n},$$

由切比雪夫不等式，对任意 $\varepsilon>0$，有

$$P\{|\overline{X}-E(\overline{X})|<\varepsilon\}\geqslant 1-\frac{D(\overline{X})}{\varepsilon^2},$$

即
$$P\Big\{\Big|\frac{1}{n}\sum_{i=1}^{n}X_i-\mu\Big|<\varepsilon\Big\}\geqslant 1-\frac{\sigma^2/n}{\varepsilon^2}=1-\frac{\sigma^2}{n\varepsilon^2}\to 1(n\to\infty),$$

也即
$$\lim_{n\to\infty}P\Big\{\Big|\frac{1}{n}\sum_{i=1}^{n}X_i-\mu\Big|<\varepsilon\Big\}=1.$$

所以 $\overline{X}=\frac{1}{n}\sum\limits_{i=1}^{n}X_i$ 是总体均值 μ 的一致估计量.

评注 估计量的评选标准中，主要掌握无偏性、有效性，对于一致性，简单了解即可.

例 7.14 设总体 X 的概率密度为 $f(x;\theta)=\begin{cases}2\mathrm{e}^{-2(x-\theta)}, & x>\theta,\\ 0, & x\leqslant\theta,\end{cases}$ 其中 $\theta>0$ 为未知参数. 从总体 X 中抽取简单随机样本 $X_1,X_2,\cdots,X_n$，记 $\hat{\theta}=\min\{X_1,X_2,\cdots,X_n\}$，

(1) 求总体 X 的分布函数 $F(x)$；

(2) 求统计量 $\hat{\theta}$ 的分布函数 $F_{\hat{\theta}}(x)$；

(3) 如果用 $\hat{\theta}$ 作为 θ 的估计量，讨论它是否具有无偏性.

分析 根据分布函数的定义，对概率密度积分，即可求出分布函数；根据最小分布特点可求

出 $\hat{\theta}$ 的分布函数 $F_{\hat{\theta}}(x)$；求 $\hat{\theta}$ 的数学期望，如果 $\hat{\theta}$ 的数学期望等于 θ，则 $\hat{\theta}$ 为 θ 的无偏估计.

解答　(1) $F(x)=\int_{-\infty}^{x}f(x)\mathrm{d}x=\begin{cases}1-\mathrm{e}^{-2(x-\theta)}, & x>\theta,\\ 0, & x\leqslant\theta;\end{cases}$

(2) $$\begin{aligned}F_{\hat{\theta}}(x)&=P\{\hat{\theta}\leqslant x\}=P\{\min\{X_1,X_2,\cdots,X_n\}\leqslant x\}\\&=1-P\{\min\{X_1,X_2,\cdots,X_n\}>x\}\\&=1-P\{X_1>x,X_2>x,\cdots,X_n>x\}\\&=1-P\{X_1>x\}P\{X_2>x\}\cdots P\{X_n>x\}\\&=1-[1-F(x)]^n=\begin{cases}1-\mathrm{e}^{-2n(x-\theta)}, & x>\theta,\\ 0, & x\leqslant\theta;\end{cases}\end{aligned}$$

(3) $\hat{\theta}$ 的概率密度为

$$f_{\hat{\theta}}(x)=F'_{\hat{\theta}}(x)=\begin{cases}2n\mathrm{e}^{-2n(x-\theta)}, & x>\theta,\\ 0, & x<\theta;\end{cases}$$

因为 $$E(\hat{\theta})=\int_{-\infty}^{+\infty}xf(x)\mathrm{d}x=\int_{\theta}^{+\infty}2nx\mathrm{e}^{-2n(x-\theta)}\mathrm{d}x=\theta+\frac{1}{2n},$$

所以 $\hat{\theta}$ 不是 θ 的无偏估计.

评注　注意总体的一个样本中各个随机变量是相互独立的，且与总体具有相同的分布.

7.2.3　求正态总体均值与方差的置信区间

例 7.15　某车间生产滚珠，其直径 $X\sim N(\mu,\sigma^2)$，其中 $\sigma^2=0.05$，从某天的产品中随机抽出 6 个，测得其直径分别为

$$14.71,15.21,14.90,14.91,15.32,15.32$$

试求 μ 的置信度为 0.95 的置信区间.

分析　求置信区间时，应根据已知条件，选择合适的统计量，正确确定出置信区间.

解答　当 $\sigma^2=0.05$ 时，μ 的置信度为 $1-\alpha$ 的置信区间为

$$\left(\overline{X}-z_{\frac{\alpha}{2}}\frac{\sigma}{\sqrt{n}},\overline{X}+z_{\frac{\alpha}{2}}\frac{\sigma}{\sqrt{n}}\right),$$

由题知，$\overline{x}=\frac{1}{6}(14.71+15.21+14.90+14.91+15.32+15.32)=15.06$，

$$1-\alpha=0.95,\alpha=0.05,\frac{\alpha}{2}=0.025,n=6,\sigma^2=0.05,$$

由正态分布表查得 $z_{\frac{\alpha}{2}}=1.96$，
于是 μ 的置信度为 0.95 的置信区间为

$$\left(15.06-1.96\sqrt{\frac{0.05}{6}},15.06+1.96\sqrt{\frac{0.05}{6}}\right)=(14.88,15.20).$$

评注　在对正态总体中的未知参数进行区间估计时，首先应明确是对哪一个未知数区间估计，其次应明确另一个参数是已知还是未知，因为在这两种情况使用的统计量是不同的.

例 7.16　设飞机的最大飞行速度 $X\sim N(\mu,\sigma^2)$，对某飞机进行了 15 次实测，各次的最大飞行速度为 422.2，418.7，425.6，420.3，425.8，423.1，431.5，428.2，438.3，434.0，412.3，417.2，413.5，441.3，423.7，试求 μ 的置信度为 0.95 的置信区间.

分析 求 μ 的置信区间，在 σ 为未知时，使用 t 统计量构成的置信区间.

解答 当 σ 为未知时，μ 的置信度为 $1-\alpha$ 的置信区间为

$$\left(\overline{X}-t_{\frac{\alpha}{2}}(n-1)\frac{S}{\sqrt{n}},\overline{X}+t_{\frac{\alpha}{2}}(n-1)\frac{S}{\sqrt{n}}\right),$$

由题知，$\overline{x}=\frac{1}{15}\sum_{i=1}^{15}x_i=425.047,\overline{S}=\frac{1}{14}\sum_{i=1}^{15}(x_i-\overline{x})^2=\frac{1006.34}{14}$,

$$1-\alpha=0.95,\alpha=0.05,\frac{\alpha}{2}=0.025,n=15,$$

由 t 分布表查得 $t_{\frac{\alpha}{2}}(n-1)=t_{0.025}(14)=2.145$，

于是 μ 的置信度为 0.95 的置信区间为

$$\left(425.047-20145\sqrt{\frac{1006.34}{14\times15}},425.047+20145\sqrt{\frac{1006.34}{14\times15}}\right)=(420.35,429.74).$$

评注 正确确定置信区间是关键.

例 7.17 从一批铜丝中任取 10 根测试其折断力，其测试值的样本标准差 $s=8.7$. 设铜丝的折断力服从正态分布. 求方差 σ^2 和标准差 σ 的置信水平为 0.95 的置信区间.

分析 求方差 σ^2 和标准差 σ 的置信区间，使用 χ^2 统计量构成的置信区间.

解答 μ 未知时，σ^2 的置信度为 $1-\alpha$ 的置信区间为

$$\left(\frac{(n-1)S^2}{\chi^2_{\frac{\alpha}{2}}(n-1)},\frac{(n-1)S^2}{\chi^2_{1-\frac{\alpha}{2}}(n-1)}\right).$$

现在 $1-\alpha=0.95,\alpha=0.05,\frac{\alpha}{2}=0.025,n-1=9,s=8.7$，查表得 $\chi^2_{\frac{\alpha}{2}}(n-1)=\chi^2_{0.025}(9)=19.023$，

$\chi^2_{1-\frac{\alpha}{2}}(n-1)=\chi^2_{0.975}(9)=2.70$，故方差 σ^2 的置信水平为 0.95 的置信区间为

$$\left(\frac{9\times8.7^2}{19.023},\frac{9\times8.7^2}{2.70}\right)=(35.81,252.30).$$

标准差 σ 的置信水平为 0.95 的置信区间为

$$(\sqrt{35.81},\sqrt{252.30})=(5.98,15.88).$$

评注 求出 σ^2 的置信区间后，区间两端开根号，即可求出 σ 的置信区间.

例 7.18 设甲、乙两台机器生产的钢管的内径分别服从正态分布 $N(\mu_1,\sigma_1^2)$ 和 $N(\mu_2,\sigma_2^2)$. 现从甲机器生产的钢管中抽取 8 根，从乙机器生产的钢管中抽取 9 根，测得其内径值（单位：cm）如下：

甲机器：14.8，15.2，15.1，14.9，15.4，15.2，14.8，15.0；

乙机器：15.0，14.5，15.1，14.8，14.6，15.1，14.8，15.0，15.2.

(1) 若已知 $\sigma_1=0.18,\sigma_2=0.24$，求 $\mu_1-\mu_2$ 的置信水平为 0.90 的置信区间；

(2) 若 $\sigma_1=\sigma_2=\sigma$，但 σ 未知，求 $\mu_1-\mu_2$ 的置信水平为 0.90 的置信区间；

(3) 若 μ_1,μ_2 未知，求方差比 $\frac{\sigma_1^2}{\sigma_2^2}$ 的置信水平为 0.90 的置信区间.

分析 求 $\mu_1-\mu_2$ 的置信区间，要根据已知条件，选用 Z 统计量还是 t 统计量；求 $\frac{\sigma_1^2}{\sigma_2^2}$ 的置信区间，要先确定出 $\sigma_1^2=\sigma_2^2$ 但未知，再利用 F 统计量求出 $\frac{\sigma_1^2}{\sigma_2^2}$ 的置信区间.

解答　(1) 当 $\sigma_1=0.18,\sigma_2=0.24$ 时，均值差 $\mu_1-\mu_2$ 的置信水平为 $1-\alpha$ 的置信区间为

$$\left(\overline{X}-\overline{Y}\pm z_{\alpha/2}\sqrt{\frac{\sigma_1^2}{n_1}+\frac{\sigma_2^2}{n_2}}\right).$$

现在 $1-\alpha=0.90,\alpha=0.1,\frac{\alpha}{2}=0.05,n_1=8,n_2=9$，查表得 $z_{\frac{\alpha}{2}}=z_{0.05}=1.645$，由题中数据计算得 $\overline{x}=15.05,\overline{y}=14.9$. 故 $\mu_1-\mu_2$ 的置信水平为 0.90 的置信区间为

$$\left(15.05-14.9\pm1.645\sqrt{\frac{0.18^2}{8}+\frac{0.24^2}{9}}\right)=(-0.018,0.318).$$

(2) 当 $\sigma_1=\sigma_2=\sigma$，但 σ 未知时，$\mu_1-\mu_2$ 的置信水平为 $1-\alpha$ 的置信区间为

$$\left(\overline{X}-\overline{Y}\pm t_{\alpha/2}(n_1+n_2-2)S_w\sqrt{\frac{1}{n_1}+\frac{1}{n_2}}\right),$$

其中 $S_w=\sqrt{\frac{(n_1-1)S_1^2+(n_2-1)S_2^2}{n_1+n_2-2}}$.

查表得 $t_{\frac{\alpha}{2}}(n_1+n_2-2)=t_{0.05}(15)=1.7531$，计算得 $\overline{x}=15.05,\overline{y}=14.9,S_w=0.228$，$\sqrt{\frac{1}{n_1}+\frac{1}{n_2}}=0.486$. 代入数据得 $\mu_1-\mu_2$ 的置信水平为 0.90 的置信区间为

$$(-0.044,0.344).$$

(3) 当 μ_1,μ_2 未知时，$\frac{\sigma_1^2}{\sigma_2^2}$ 的置信水平为 0.90 的置信区间为

$$\left(\frac{S_1^2}{S_2^2}\frac{1}{F_{\alpha/2}(n_1-1,n_2-1)},\frac{S_1^2}{S_2^2}\frac{1}{F_{1-\alpha/2}(n_1-1,n_2-1)}\right).$$

查表得 $F_{\frac{\alpha}{2}}(n_1-1,n_2-1)=F_{0.05}(7,8)=3.50,F_{1-\frac{\alpha}{2}}(7,8)=F_{0.95}(7,8)=\frac{1}{F_{0.05}(8,7)}=\frac{1}{3.73}=0.268$,

计算得 $s_1^2=0.0457,s_2^2=0.0575$. 故 $\frac{\sigma_1^2}{\sigma_2^2}$ 的置信水平为 0.90 的置信区间为

$$\left(\frac{0.0457}{0.0575}\times\frac{1}{3.50},\frac{0.0457}{0.0575}\times\frac{1}{0.268}\right)=(0.227,2.966).$$

评注　求两个正态总体均值之差的区间估计时，若方差均未知，一般应先检验两个方差是否相等，若方差未知但相等，使用 t 统计量求区间估计，否则，就要使用 Z 统计量；当 μ_1,μ_2 未知时，求两方差比的置信区间，一般使用 F 统计量.

例 7.19　假设 0.50,1.25,0.80,2.00 是来自总体 X 的简单随机样本，已知 $Y=\ln X$ 服从正态分布 $N(\mu,1)$.

(1) 求 X 的数学期望 $E(X)$（记 $E(X)$ 为 b）；

(2) 求 μ 的置信度为 0.95 的置信区间；

(3) 利用上述结果求 b 的置信度为 0.95 的置信区间.

分析　利用函数的数学期望公式求出 $E(X)$；单个正态总体的方差已知时，再利用置信区间 $\left(\overline{Y}-\frac{1}{\sqrt{n}}z_{\frac{\alpha}{2}},\overline{Y}+\frac{1}{\sqrt{n}}z_{\frac{\alpha}{2}}\right)$ 求出 μ 的置信度为 0.95 的置信区间；最后利用置信区间的定义求出 b 的置信区间.

解答　(1) Y 的概率密度为

$$f(y)=\frac{1}{\sqrt{2\pi}}e^{-\frac{(y-\mu)^2}{2}},-\infty<y<+\infty.$$

又 $X=e^Y$，从而有

$$b=E(X)=E(e^Y)=\frac{1}{\sqrt{2\pi}}\int_{-\infty}^{+\infty}e^y e^{-\frac{(y-\mu)^2}{2}}dy,$$

令 $t=y-\mu$ 得

$$b=\frac{1}{\sqrt{2\pi}}\int_{-\infty}^{+\infty}e^{t+\mu}e^{-\frac{t^2}{2}}dt=e^{\mu+\frac{1}{2}}\int_{-\infty}^{+\infty}\frac{1}{\sqrt{2\pi}}e^{-\frac{(t-1)^2}{2}}dt=e^{\mu+\frac{1}{2}}.$$

(2) 由 $Y\sim N(\mu,1)$ 知，$\overline{Y}=\frac{1}{4}\sum_{i=1}^{4}Y_i\sim N\left(\mu,\frac{1}{4}\right)$，从而有

$$\frac{\overline{Y}-\mu}{1/\sqrt{4}}\sim N(0,1).$$

于是

$$P\left\{-z_{\frac{\alpha}{2}}<\frac{\overline{Y}-\mu}{1/\sqrt{4}}<z_{\frac{\alpha}{2}}\right\}=1-\alpha,$$

即
$$P\left\{\overline{Y}-\frac{1}{2}z_{\frac{\alpha}{2}}<\mu<\overline{Y}+\frac{1}{2}z_{\frac{\alpha}{2}}\right\}=1-\alpha.$$

得 μ 的置信度为 $1-\alpha$ 的置信区间为

$$\left(\overline{Y}-\frac{1}{2}z_{\frac{\alpha}{2}},\overline{Y}+\frac{1}{2}z_{\frac{\alpha}{2}}\right).$$

现在，$1-\alpha=0.95$，$\alpha=0.05$，$\frac{\alpha}{2}=0.025$，查表得 $z_{\frac{\alpha}{2}}=z_{0.025}=1.96$，计算得样本均值

$$\overline{y}=\frac{1}{4}(\ln 0.5+\ln 0.8+\ln 1.25+\ln 2)=\frac{1}{4}\ln 1=0.$$

故 μ 的置信度为 0.95 的置信区间为

$$\left(0-\frac{1}{2}\times 1.96,0+\frac{1}{2}\times 1.96\right)=(-0.98,0.98).$$

(3) 由于 e^x 是严格单调递增的，故利用(2)的结果可得

$$\begin{aligned}0.95&=P\{-0.98<\mu<0.98\}=P\left\{-0.48<\mu+\frac{1}{2}<1.48\right\}\\&=P\{e^{-0.48}<e^{\mu+\frac{1}{2}}<e^{1.48}\}\\&=P\{e^{-0.48}<b<e^{1.48}\},\end{aligned}$$

由此得到 b 的置信度为 0.95 的置信区间为

$$(e^{-0.48},e^{1.48}).$$

评注 利用 e^x 的单调性是求 $E(X)$ 的置信区间的关键.

例 7.20 设 $X_1,X_2,\cdots,X_n$ 是总体 $X\sim N(\mu,1)$ 的一个样本，μ 未知，要得到一个长度不超过 0.2，置信度为 0.99 的置信区间，样本容量至少应为多大?

分析 在方差已知的情况下，选用 Z 统计量构成的置信区间，表示出置信区间的长度为 $2\frac{z_{\frac{\alpha}{2}}}{\sqrt{n}}$，令其不超过 0.2，可求出样本容量.

解答 因为$\frac{\overline{X}-\mu}{1/\sqrt{n}}\sim N(0,1)$，所以$\mu$的置信度为0.99的置信区间为

$$\left(\overline{X}-\frac{z_{\frac{\alpha}{2}}}{\sqrt{n}},\overline{X}+\frac{z_{\frac{\alpha}{2}}}{\sqrt{n}}\right),$$

由题意，$1-\alpha=0.99,\alpha=0.01,\frac{\alpha}{2}=0.005$，查表得$z_{\frac{\alpha}{2}}=z_{0.005}=2.576$，可知置信区间的长度为

$$l=2\frac{z_{\frac{\alpha}{2}}}{\sqrt{n}}=2\times\frac{2.576}{\sqrt{n}}.$$

要使$l\leqslant 0.2$，应有$n\geqslant(2\times 2.576/0.2)^2$.

解得
$$n\geqslant\left(\frac{5.152}{0.2}\right)^2=663.5776,$$

即样本容量至少应取664.

评注 先确定出μ的置信区间，表示出置信区间的长度，列出不等式，即可求出样本容量.

例7.21 在一大批产品中取100件，经检验有92件正品，若记这批产品的正品率为p，求p的置信度为0.95的置信区间.

分析 假设$X_1,X_2,\cdots,X_{100}$为总体X的样本，则X_i服从(0—1)分布．求出$\sum_{i=1}^{100}X_i$的期望和方差，根据中心极限定理，然后再进行区间估计.

解答 设总体为X，样本为$X_1,X_2,\cdots,X_{100}$，记

$$X_i=\begin{cases}1, & 第\,i\,件为正品,\\ 0, & 第\,i\,件为次品,\end{cases}\quad X_i\sim(0-1)分布,$$

$$P\{X_i=1\}=p,P\{X_i=0\}=1-p,X_i之间相互独立,$$

$$\sum_{i=1}^{100}X_i\sim B(100,p),$$

$$E\left(\sum_{i=1}^{100}X_i\right)=100p,D\left(\sum_{i=1}^{100}X_i\right)=100p(1-p),$$

根据中心极限定理，有

$$\frac{\sum_{i=1}^{100}X_i-100p}{\sqrt{100p(1-p)}}\sim N(0,1),$$

取$\overline{X}=\frac{1}{100}\sum_{i=1}^{100}X_i$，则有

$$Z=\frac{\overline{X}-p}{\sqrt{\frac{p(1-p)}{100}}}\sim N(0,1),$$

对置信度$1-\alpha=0.95$，则有

$$P\{|Z|<z_{\frac{\alpha}{2}}\}=1-\alpha.$$

由点估计知，$\hat{p}=\overline{X}$，将p用$\overline{X}$代替，则有

$$P\left\{\frac{|\overline{X}-p|}{\sqrt{\frac{\overline{X}(1-\overline{X})}{100}}}<z_{\frac{\alpha}{2}}\right\}=1-\alpha,$$

即

$$P\left\{\overline{X}-z_{\frac{\alpha}{2}}\sqrt{\frac{\overline{X}(1-\overline{X})}{100}}<p<\overline{X}+z_{\frac{\alpha}{2}}\sqrt{\frac{\overline{X}(1-\overline{X})}{100}}\right\}=1-\alpha.$$

由题知

$$\overline{x}=\frac{92}{100}=0.92,1-\alpha=0.95,\alpha=0.05,\frac{\alpha}{2}=0.025,$$

查表得 $z_{\frac{\alpha}{2}}=z_{0.025}=1.96$，

$$\overline{x}+z_{\frac{\alpha}{2}}\sqrt{\frac{\overline{x}(1-\overline{x})}{100}}=0.92+1.96\sqrt{\frac{0.92\times0.08}{100}}=0.97,$$

$$\overline{x}-z_{\frac{\alpha}{2}}\sqrt{\frac{\overline{x}(1-\overline{x})}{100}}=0.92-1.96\sqrt{\frac{0.92\times0.08}{100}}=0.87.$$

所以 $P\{0.87<p<\overline{X}+0.97\}=1-\alpha=0.95$，

p 的置信度为 0.95 的置信区间为(0.87,0.97).

评注　本题是非正态总体参数的区间估计问题．在样本容量 n 很大的情况下，根据中心极限定理视为正态总体，然后再进行估计.

7.3 本章小结

参数估计问题分为点估计和区间估计.

求点估计的常用方法是：矩估计法和极大似然估计法．应用这两种方法求未知参数的点估计量是本章的一个重点，要熟练掌握．矩估计法直观而又简单，但由于样本矩的表达式与总体的分布无关，没有充分利用总体分布对参数所提供的信息，所以矩估计法主要适用于样本容量充分大时，且涉及的总体矩在一阶或二阶的情形．求极大似然估计可归结为求似然函数的最大值问题．学生在解题时易出现错误，要注意避免．极大似然估计法依赖于总体 X 的分布，还具有极大似然不变性．要会用此性质求未知参数的函数 $\mu(\theta)$ 的极大似然估计.

对于同一个未知参数，可以得到多个估计量．本章介绍了评选点估计量好坏的三个常用标准：无偏性、有效性和相合性(一致性)．要了解估计量的无偏性、有效性和相合性的概念，并会验证估计量的无偏性.

对于区间估计，我们在本章主要学习正态总体参数的区间估计．要理解区间估计的概念，了解区间估计的步骤．要会求单个正态总体的均值和方差的置信区间，会求两个正态总体的均值差和方差比的置信区间.

本章对各种情形下的正态总体参数的置信区间做了讨论，并给出了相应的置信区间形式．建议大家把它们作为公式记住，在具体问题计算时，可以直接利用这些置信区间公式进行计算，而不需要再按区间估计的一般步骤进行推导.

7.4 同步习题及解答

7.4.1 同步习题

1. 填空题：

(1) 随机地抽取 5 只晶体管进行测试，测得它们的寿命(单位：h)如下：518，612，713，388，

434，则该批晶体管的平均寿命 μ 的矩估计值为_______.

(2) 若一个样本的观测值为 0,0,1,1,0,1，则总体均值的矩估计值为_______，总体方差的矩估计值为_______.

(3) 设总体 X 在 $[0,\theta](\theta>0)$ 上服从均匀分布，$X_1,X_2,\cdots,X_n$ 是来自总体 X 的样本，则 θ 的矩估计量是___________，θ 的极大似然估计量是___________.

(4) 设总体 X 的概率密度为 $f(x)=\begin{cases}\theta(1-x)^{\theta-1}, & 0<x<1,\\ 0, & \text{其他},\end{cases}$ 则 θ 的矩估计量是________.

(5) 设来自正态总体 $X\sim N(\mu,0.9^2)$ 的容量为 9 的简单随机样本的样本均值 $\overline{X}=5$，则未知参数 μ 的置信度为 0.95 的置信区间为___________.

2. 单项选择题：

(1) 设总体 X 的均值 μ 与方差 σ^2 都存在，且均是未知参数，X_1,X_2 是来自总体 X 的一个样本，则 $\frac{1}{2}(X_1-X_2)^2$ 为(　　)的无偏估计.

(A) σ^2；　(B) $\frac{\sigma^2}{2}$；　(C) μ^2；　(D) μ.

(2) 设 0,1,0,1,1 为来自两点分布总体 $b(1,p)$ 的样本观察值，则 p 的矩估计值为(　　).

(A) $\frac{1}{5}$；　(B) $\frac{2}{5}$；　(C) $\frac{3}{5}$；　(D) $\frac{4}{5}$.

(3) 设总体 X 的数学期望为 μ，$X_1,X_2,\cdots,X_n$ 是取自总体 X 的简单随机样本，则下列命题中正确的是(　　).

(A) X_1 是 μ 的无偏估计；　(B) X_1 是 μ 的极大似然估计；

(C) X_1 是 μ 的相合估计量；　(D) X_1 不是 μ 的估计量.

(4) 设总体 $X\sim N(\mu,\sigma^2)$，σ^2 未知，若样本容量 n 和置信度 $1-\alpha$ 均不变，则对于不同的样本观测值，总体均值 μ 的置信区间的长度(　　).

(A) 变长；　(B) 变短；

(C) 保持不变；　(D) 不能确定.

(5) 假设总体 X 的均值 $E(X)=\mu$ 和方差 $D(X)=\sigma^2$ 都存在，X_1,X_2,X_3 是来自总体 X 的简单随机样本，μ 有下列三个估计量：$\hat{\mu}_1=\frac{1}{4}(X_1+2X_2+X_3)$，$\hat{\mu}_2=\frac{1}{6}(2X_1+3X_2+X_3)$，$\hat{\mu}_3=\frac{1}{8}(X_1+X_2+X_3)$，则下列结论成立的是(　　).

(A) $\hat{\mu}_3$ 比 $\hat{\mu}_1,\hat{\mu}_2$ 有效；　(B) $\hat{\mu}_2$ 比 $\hat{\mu}_1,\hat{\mu}_3$ 有效；

(C) $\hat{\mu}_1$ 比 $\hat{\mu}_2$ 有效；　(D) $\hat{\mu}_2$ 比 $\hat{\mu}_1$ 有效.

3. 设总体 X 的概率密度为

$$f(x)=\begin{cases}(\theta+1)x^{\theta}, & 0<x<1,\\ 0, & \text{其他}.\end{cases}$$

其中 $\theta>-1$ 是未知参数，$X_1,X_2,\cdots,X_n$ 是来自 X 的一个容量为 n 的简单随机样本，分别用矩估计法和极大似然估计法求 θ 的估计量.

4. 设 $X_1,X_2,\cdots,X_n$ 是来自 X 的简单随机样本，总体 X 的分布函数为

$$F(x;\beta)=\begin{cases}1-\frac{1}{x^{\beta}}, & x>1,\\ 0, & x\leqslant 1.\end{cases}$$

其中未知参数 $\beta>1$，求 β 的矩估计量和极大似然估计量.

5. 设总体 X 的均值 $E(X)$，方差 $D(X)$ 都存在，$X_1,X_2,\cdots,X_n$ 是来自 X 的一个样本，式证统计量：

$$T_1=\frac{1}{2}X_1+\frac{1}{3}X_2+\frac{1}{6}X_3,T_2=\frac{1}{3}X_1+\frac{1}{3}X_2+\frac{1}{3}X_3,T_3=\frac{1}{3}X_1+\frac{1}{4}X_2+\frac{5}{12}X_3$$

都是总体 X 的均值的无偏估计，并指出哪一个是最有效的估计量.

6. 证明均匀分布 $f(x)=\begin{cases}\frac{1}{\theta}, & 0<x\leqslant\theta\\ 0, & 其他\end{cases}$，中未知参数 θ 的极大似然估计量不是无偏的.

7. 设超大牵伸纺机所纺的纱的断裂强度服从 $N(\mu_1,2.18^2)$，普通纺机所纺的纱的断裂强度服从 $N(\mu_2,1.76^2)$，现对前者抽取容量为 200 的样本，算得 $\overline{X}=5.32$；对后者抽取容量为 100 的样本，算得 $\overline{Y}=5.75$，给定置信度为 0.95，求 $\mu_1-\mu_2$ 的置信区间.

8. 某农场为试验磷肥与氮肥能否提高水稻收获量，在同类农场中选定面积为 0.05 亩试验田 18 块，其中，10 块未施肥，8 块施肥. 结果未施肥的 10 块试验田的收获量(单位：kg)为

8.6,7.9,9.3,10.7,11.2,11.4,9.8,9.5,10.1,8.5

而施肥的 8 块试验田的收获量

12.6,10.2,11.7,12.3,11.1,10.5,10.6,12.2

设未施肥和施肥后水稻收获量均服从正态分布，且方差相等，试在置信水平 0.95 下估计施肥后水稻平均收获量提高了多少.

9. 甲、乙两个班组加工同一种零件，现从甲班组的产品中抽取 9 个样品，从乙班组的产品中抽取 6 个样品，测定它们的长度(单位：mm)，并算得 $s_A^2=0.245,s_B^2=0.357$，试求两个班组加工精度之比 σ_A/σ_B 的置信水平为 0.98 的置信区间，假定测量值都服从正态分布，方差分别为 σ_A^2,σ_B^2.

7.4.2 同步习题解答

1. (1) 533; (2) $\frac{1}{2},\frac{1}{4}$; (3) $\hat{\theta}=2\overline{X},\hat{\theta}=\max\{X_1,X_2,\cdots,X_n\}$; (4) $\hat{\theta}=\frac{1}{\overline{X}}-1$; (5) (4.412, 5.588).

2. (1) (A); (2) (C); (3) (A); (4) (C); (5) (C).

3. 由 $\mu=E(X)=\int_{-\infty}^{+\infty}xf(x)\mathrm{d}x=\int_0^1(\theta+1)x^{\theta+1}\mathrm{d}x=\frac{\theta+1}{\theta+2}$，得 $\theta=\frac{2\mu-1}{1-\mu}$，以 $\overline{X}$ 代替 μ，得 θ 的矩估计为 $\hat{\theta}=\frac{2\overline{X}-1}{1-\overline{X}}$. 设样本似然函数为 $L(\theta)=\prod_{i=1}^{n}f(x_i;\theta)=$

$$\begin{cases}(\theta+1)^n(\prod_{i=1}^{n}x_i)^n, & 0<x_i<1(i=1,2,\cdots,n),\\ 0, & 其他.\end{cases}$$

当 $0<x_i<1(i=1,2,\cdots,n)$ 时，$L>0$，取自然对数得

$$\ln L(\theta)=n\ln(\theta+1)+\theta\sum_{i=1}^{n}\ln x_i，令\frac{\mathrm{d}\ln L(\theta)}{\mathrm{d}\theta}=\frac{n}{\theta+1}+\sum_{i=1}^{n}\ln x_i=0,$$

解得 θ 的极大似然估计值为 $\hat{\theta}=-1-\dfrac{n}{\sum\limits_{i=1}^{n}\ln x_i}$，$\theta$ 的极大似然估计量为 $\hat{\theta}=-1-\dfrac{n}{\sum\limits_{i=1}^{n}\ln X_i}$.

4. 因为 $F(x;\beta)=\begin{cases}1-\dfrac{1}{x^{\beta}}, & x>1,\\ 0, & x\leqslant 1,\end{cases}$ 所以 $f(x;\beta)=\begin{cases}\beta x^{-\beta-1}, & x>1,\\ 0, & x\leqslant 1.\end{cases}$

矩估计法：$A_1=\dfrac{1}{n}\sum\limits_{i=1}^{n}X_i=\overline{X}$，

$$\mu_1=E(X)=\int_{-\infty}^{+\infty}xf(x)\mathrm{d}x=\int_{1}^{+\infty}x\cdot\beta x^{-\beta-1}\mathrm{d}x=\frac{\beta}{1-\beta}$$

令 $A_1=\mu_1$，即 $\overline{X}=\dfrac{\beta}{1-\beta}$，得 θ 的矩估计量 $\hat{\beta}=\dfrac{\overline{X}}{\overline{X}-1}$.

极大似然估计法：样本似然函数为

$$L(\beta)=\prod_{i=1}^{n}f(x_i;\theta)=\prod_{i=1}^{n}\beta x_i^{-\beta-1}=\beta^n(x_1x_2\cdots x_n)^{-\beta-1},$$

$$\ln L(\beta)=n\ln\beta-(\beta+1)\ln(x_1x_2\cdots x_n),$$

令
$$\frac{\mathrm{d}\ln L(\beta)}{\mathrm{d}\beta}=\frac{n}{\beta}-\ln(x_1x_2\cdots x_n)=0,$$

得 θ 的极大似然估计值为 $\hat{\beta}=\dfrac{n}{\sum\limits_{i=1}^{n}\ln x_i}$.

故 θ 的极大似然估计量为 $\hat{\beta}=\dfrac{n}{\sum\limits_{i=1}^{n}\ln X_i}$.

5. 因为

$E(T_1)=E\left(\dfrac{1}{2}X_1+\dfrac{1}{3}X_2+\dfrac{1}{6}X_3\right)=\dfrac{1}{2}E(X_1)+\dfrac{1}{3}E(X_2)+\dfrac{1}{6}E(X_3)=\left(\dfrac{1}{2}+\dfrac{1}{3}+\dfrac{1}{6}\right)E(X)=E(X)$，同理易得 $E(T_2)=E(X)$，$E(T_3)=E(X)$，所以 T_1,T_2,T_3 都是总体 X 的均值的无偏估计.

又

$$D(T_1)=D\left(\frac{1}{2}X_1+\frac{1}{3}X_2+\frac{1}{6}X_3\right)=\frac{1}{4}D(X_1)+\frac{1}{9}D(X_2)+\frac{1}{36}D(X_3)$$
$$=\left(\frac{1}{4}+\frac{1}{9}+\frac{1}{36}\right)D(X)=\frac{14}{36}D(X),$$

同理易证，
$$D(T_2)=\frac{12}{36}D(X),D(T_3)=\frac{50}{144}D(X).$$

因为
$$D(T_2)<D(T_3)<D(T_1),$$

所以由有效性定义知，用 T_2 作为总体均值的估计量最为有效.

6. 设 $x_1,x_2,\cdots,x_n$ 是相应于样本 $X_1,X_2,\cdots,X_n$ 的样本值，则样本似然函数为 $L(\theta)=\prod\limits_{i=1}^{n}f(x_i)=\begin{cases}\dfrac{1}{\theta^n}, & 0<x_i\leqslant\theta(i=1,2,\cdots,n),\\ 0, & 其他,\end{cases}$ 当 $\theta\geqslant\max\{x_1,x_2,\cdots,x_n\}$ 时，$L'(\theta)=-\dfrac{n}{\theta^{n+1}}<0$，故 $L(\theta)$ 单调减少，当 $\theta=\max\{x_1,x_2,\cdots,x_n\}$ 时，$L(\theta)$ 取得最大值，故 θ 的极大似然估计量为 $\hat{\theta}=$

$\max\{x_1,x_2,\cdots,x_n\}$.

因为 $F(x)=\int_{-\infty}^{x}f(x)\mathrm{d}x=\begin{cases}0, & x\leqslant 0,\\ \dfrac{x}{\theta}, & 0<x\leqslant\theta,\\ 1, & x>\theta.\end{cases}$

所以 $F_{\hat\theta}(x)=P\{\hat\theta\leqslant x\}=P\{\max\{X_1,X_2,\cdots,X_n\}\leqslant x\}$

$=P\{X_1\leqslant x,X_2\leqslant x,\cdots,X_n\leqslant x\}$

$=P\{X_1\leqslant x\}P\{X_2\leqslant x\}\cdots P\{X_n\leqslant x\}=F^n(x),f_{\hat\theta}(x)=F'_{\hat\theta}(x)=nF^{n-1}(x)f(x)$

$=\begin{cases}\dfrac{nx^{n-1}}{\theta^n}, & 0<x\leqslant\theta,\\ 0, & \text{其他},\end{cases}$

由于 $E(\hat\theta)=\int_{-\infty}^{+\infty}xf_{\hat\theta}(x)\mathrm{d}x=\int_{\theta}^{+\infty}\dfrac{nx^n}{\theta^n}\mathrm{d}x=\dfrac{n}{n+1}\theta\neq\theta$，所以 $\hat\theta$ 不是 θ 的无偏估计.

7. 由题设两个总体的方差均为已知，这时 $\mu_1-\mu_2$ 的置信区间为 $\left(\overline{X}-\overline{Y}\pm z_{\frac{\alpha}{2}}\sqrt{\dfrac{\sigma_1^2}{n_1}+\dfrac{\sigma_2^2}{n_2}}\right)$. 这里 $n_1=200,n_2=100,\sigma_1^2=2.18^2,\sigma_2^2=1.76^2,\overline{X}=5.32,\overline{Y}=5.76,z_{\frac{\alpha}{2}}=z_{0.025}=1.96$，经计算 $\mu_1-\mu_2$ 的置信度为 0.95 的置信区间为 $(-0.899,0.019)$.

8. 设未施肥的水稻收获量为 $X,X\sim N(\mu_1,\sigma^2)$；施肥后的水稻收获量为 $Y,Y\sim N(\mu_2,\sigma^2)$，则这是两个正态总体均值差 $\mu_2-\mu_1$ 的区间估计问题.

由所给数据 $n_1=10,\overline{x}=9.7,n_2=8,\overline{y}=11.4,(n_1-1)s_1^2=12.4,(n_2-1)s_2^2=59.6,s_w=1.07$，从而 $\mu_2-\mu_1$ 的置信水平为 0.95 的置信区间为 $\left(\overline{y}-\overline{x}\pm t_{\alpha/2}(n_1+n_2-2)s_w\sqrt{\dfrac{1}{n_1}+\dfrac{1}{n_2}}\right)=(0.6,2.8)$.

9. 由所给数据 $n_1=9,n_2=6,\alpha=0.02,F_{\alpha/2}(n_1-1,n_2-1)=F_{0.01}(8,5)=10.29$，

$F_{1-\alpha/2}(n_1-1,n_2-1)=F_{0.99}(8,5)=\dfrac{1}{F_{0.01}(5,8)}=\dfrac{1}{6.63}$，故 σ_A/σ_B 的置信水平为 0.98 的置信区间为

$$\left(\sqrt{\frac{s_A^2}{s_B^2}\frac{1}{F_{\alpha/2}(n_1-1,n_2-1)}},\sqrt{\frac{s_A^2}{s_B^2}\frac{1}{F_{1-\alpha/2}(n_1-1,n_2-1)}}\right)=(0.258,2.133).$$

第8章 假设检验

8.1 内容概要

8.1.1 基本概念

1. 假设检验问题

在总体的分布函数完全未知,或只知其形式但不知其参数的情况下,为了推断总体的某些未知特性,提出某些关于总体的假设,然后抽取样本,构造合适的统计量,再根据样本对所提出的假设做出接受(或拒绝)的决策,这样的问题称为假设检验问题.

2. 检验法

借助于样本值来判断接受假设或拒绝假设的法则,称为检验法.

3. 原假设和备择假设

称需要着重考察的假设为原假设(零假设或基本假设),原假设常记为 H_0;与原假设相对立的假设称为备择假设或对立假设,备择假设常记为 H_1.

4. 检验统计量

如果基于某一个统计量的观察值来确定接受 H_0 或拒绝 H_0 时,这一统计量称为检验统计量.

5. 拒绝域和临界点

当检验统计量的观察值落在某个区域时就拒绝 H_0,这一区域称为拒绝域,拒绝域的边界点称为临界点.

6. 两类错误

第Ⅰ类错误:H_0 实际上为真时,而拒绝 H_0,这类"弃真"的错误称为第Ⅰ类错误.

第Ⅱ类错误:H_0 实际上为假时,而接受 H_0,这类"取伪"的错误称为第Ⅱ类错误.

7. 显著性水平

α 是一个很小的数,在做假设检验时要求犯第Ⅰ类错误的概率 $\leqslant\alpha$,α 称为检验的显著性水平. α 通常取 0.1, 0.05, 0.01, 0.005 等值.

8. 显著性检验

对于给定的样本容量,只控制犯第Ⅰ类错误的概率,而不考虑犯第Ⅱ类错误的概率的检验法,称为显著性检验.

9. 单边检验和双边检验

单边检验:形如"$H_0:\mu\leqslant\mu_0, H_1:\mu>\mu_0$"的假设检验问题,在 H_1 中所规定的参数 μ 值的右

边，称为右边检验．而形如“$H_0:\mu\geqslant\mu_0,H_1:\mu<\mu_0$”的假设检验问题，在 H_1 中所规定的参数 μ 值的左边，称为左边检验．右边检验和左边检验统称为单边检验.

双边检验：形如“$H_0:\mu=\mu_0,H_1:\mu\neq\mu_0$”的假设检验问题称为双边检验.

10. 假设检验的基本步骤

(1) 根据实际问题的要求，提出原假设 H_0 及备择假设 H_1；

(2) 给定显著性水平 α 及样本容量 n；

(3) 确定检验统计量以及拒绝域的形式；

(4) 按 $P\{$拒绝 $H_0\mid H_0$ 为真$\}\leqslant\alpha$ 求出拒绝域；

(5) 取样，根据样本观察值做出决策，是接受 H_0 还是拒绝 H_0.

8.1.2 基本理论

在假设检验中，选择合适的统计量是非常关键的，选择统计量时应满足：

(1) 统计量中应含有待检验参数且不含其他任何未知参数；

(2) 假设原假设 H_0 为真，统计量的分布已知.

1. 正态总体均值的检验统计量及分布

(1) 单个总体 $N(\mu,\sigma^2)$ 均值 μ 的检验统计量

设 $X_1,X_2,\cdots,X_n$ 是来自正态分布总体 $X\sim N(\mu,\sigma^2)$ 的样本，$\overline{X}$ 与 S 分别是样本均值与样本方差，则有

1) 当 σ^2 已知时，检验统计量 $Z=\dfrac{\overline{X}-\mu}{\sigma/\sqrt{n}}\sim N(0,1)$；

2) 当 σ^2 未知时，检验统计量 $t=\dfrac{\overline{X}-\mu}{S/\sqrt{n}}\sim t(n-1)$.

(2) 两个总体均值差的检验统计量

设 $X_1,X_2,\cdots,X_{n_1}$ 是来自正态分布总体 $X\sim N(\mu_1,\sigma_1^2)$ 的样本，$Y_1,Y_2,\cdots,Y_{n_2}$ 是来自正态分布总体 $Y\sim N(\mu_2,\sigma_2^2)$ 的样本，且设两样本相互独立．又分别记它们的样本均值为 $\overline{X},\overline{Y}$，记样本方差为 S_1^2,S_2^2，μ_1,μ_2 均为未知，则有：

1) 当 σ_1^2,σ_2^2 已知时，检验统计量 $Z=\dfrac{\overline{X}-\overline{Y}-(\mu_1-\mu_2)}{\sqrt{\dfrac{\sigma_1^2}{n_1}+\dfrac{\sigma_2^2}{n_2}}}\sim N(0,1)$；

2) 当 $\sigma_1^2=\sigma_2^2=\sigma^2$ 未知时，检验统计量 $t=\dfrac{\overline{X}-\overline{Y}-(\mu_1-\mu_2)}{S_w\sqrt{\dfrac{1}{n_1}+\dfrac{1}{n_2}}}\sim t(n_1+n_2-2)$，

其中 $S_w^2=\dfrac{(n_1-1)S_1^2+(n_2-1)S_2^2}{n_1+n_2-2}$.

2. 正态总体方差的检验统计量及分布

(1) 单个总体 $N(\mu,\sigma^2)$ 方差 σ^2 的检验统计量

设总体 $X\sim N(\mu,\sigma^2)$，μ,σ^2 均未知，$X_1,X_2,\cdots,X_n$ 是来自 X 的样本，S 是样本方差，则有：

检验统计量 $\qquad\chi^2=\dfrac{(n-1)S^2}{\sigma^2}\sim\chi^2(n-1)$.

(2) 两个总体方差比的检验统计量

设 $X_1,X_2,\cdots,X_{n_1}$ 是来自正态分布总体 $X\sim N(\mu_1,\sigma_1^2)$ 的样本，$Y_1,Y_2,\cdots,Y_{n_2}$ 是来自正态分布总体 $Y\sim N(\mu_2,\sigma_2^2)$ 的样本，且设两样本相互独立．其样本方差分别为 S_1^2,S_2^2，且设 $\mu_1,\mu_2,\sigma_1^2,\sigma_2^2$ 均为未知，则有：

检验统计量 $F=\dfrac{S_1^2/S_2^2}{\sigma_1^2/\sigma_2^2}\sim F(n_1-1,n_2-1)$.

8.1.3 基本方法

正态总体均值、方差的检验法见表 8-1.

表 8-1 正态总体均值、方差的检验法(显著性水平为 α)

	原假设 H_0	检验统计量	备择假设 H_1	拒 绝 域
1	$\mu\leqslant\mu_0$ $\mu\geqslant\mu_0$ $\mu=\mu_0$ (σ^2已知)	$Z=\dfrac{\overline{X}-\mu_0}{\sigma/\sqrt{n}}$	$\mu>\mu_0$ $\mu<\mu_0$ $\mu\neq\mu_0$	$z\geqslant z_\alpha$ $z\leqslant -z_\alpha$ $\lvert z\rvert\geqslant z_{\alpha/2}$
2	$\mu\leqslant\mu_0$ $\mu\geqslant\mu_0$ $\mu=\mu_0$ (σ^2未知)	$t=\dfrac{\overline{X}-\mu_0}{S/\sqrt{n}}$	$\mu>\mu_0$ $\mu<\mu_0$ $\mu\neq\mu_0$	$t\geqslant t_\alpha(n-1)$ $t\leqslant -t_\alpha(n-1)$ $\lvert t\rvert\geqslant t_{\alpha/2}(n-1)$
3	$\mu_1-\mu_2\leqslant\delta$ $\mu_1-\mu_2\geqslant\delta$ $\mu_1-\mu_2=\delta$ (σ_1^2,σ_2^2已知)	$Z=\dfrac{\overline{X}-\overline{Y}-\delta}{\sqrt{\dfrac{\sigma_1^2}{n_1}+\dfrac{\sigma_2^2}{n_2}}}$	$\mu_1-\mu_2>\delta$ $\mu_1-\mu_2<\delta$ $\mu_1-\mu_2\neq\delta$	$z\geqslant z_\alpha$ $z\leqslant -z_\alpha$ $\lvert z\rvert\geqslant z_{\alpha/2}$
4	$\mu_1-\mu_2\leqslant\delta$ $\mu_1-\mu_2\geqslant\delta$ $\mu_1-\mu_2=\delta$ ($\sigma_1^2=\sigma_2^2=\sigma^2$ 未知)	$t=\dfrac{\overline{X}-\overline{Y}-\delta}{S_w\sqrt{\dfrac{1}{n_1}+\dfrac{1}{n_2}}}$ $S_w^2=\dfrac{(n_1-1)S_1^2+(n_2-1)S_2^2}{n_1+n_2-2}$	$\mu_1-\mu_2>\delta$ $\mu_1-\mu_2<\delta$ $\mu_1-\mu_2\neq\delta$	$t\geqslant t_\alpha(n_1+n_2-2)$ $t\leqslant -t_\alpha(n_1+n_2-2)$ $\lvert t\rvert\geqslant t_{\alpha/2}(n_1+n_2-2)$
5	$\sigma^2\leqslant\sigma_0^2$ $\sigma^2\geqslant\sigma_0^2$ $\sigma^2=\sigma_0^2$ (μ 未知)	$\chi^2=\dfrac{(n-1)S^2}{\sigma_0^2}$	$\sigma^2>\sigma_0^2$ $\sigma^2<\sigma_0^2$ $\sigma^2\neq\sigma_0^2$	$\chi^2\geqslant\chi_\alpha^2(n-1)$ $\chi^2\leqslant\chi_{1-\alpha}^2(n-1)$ $\chi^2\geqslant\chi_{\alpha/2}^2(n-1)$或 $\chi^2\leqslant\chi_{1-\alpha/2}^2(n-1)$
6	$\sigma_1^2\leqslant\sigma_2^2$ $\sigma_1^2\geqslant\sigma_2^2$ $\sigma_1^2=\sigma_2^2$ (μ 未知)	$F=\dfrac{S_1^2}{S_2^2}$	$\sigma_1^2>\sigma_2^2$ $\sigma_1^2<\sigma_2^2$ $\sigma_1^2\neq\sigma_2^2$	$F\geqslant F_\alpha(n_1-1,n_2-1)$ $F\leqslant F_{1-\alpha}(n_1-1,n_2-1)$ $F\geqslant F_{\alpha/2}(n_1-1,n_2-1)$ 或 $F\leqslant F_{1-\alpha/2}(n_1-1,n_2-1)$
7	$\mu_D\leqslant 0$ $\mu_D\geqslant 0$ $\mu_D=0$ (成对数据)	$t=\dfrac{\overline{D}-0}{S_D/\sqrt{n}}$	$\mu_D>0$ $\mu_D<0$ $\mu_D\neq 0$	$t\geqslant t_\alpha(n-1)$ $t\leqslant -t_\alpha(n-1)$ $\lvert t\rvert\geqslant t_{\alpha/2}(n-1)$

8.2 典型例题分析、解答与评注

8.2.1 假设检验

要求正确理解有关假设检验的一些基本概念，如：原假设、备择假设、拒绝域、临界点等. 理解假设检验的基本思想，会正确确定假设检验中的统计量，会求两种错误的概率.

例 8.1 在统计假设检验中，如何确定原假设 H_0 和备择假设 H_1？

分析 这是假设检验的基础. 对于初学者来说，原假设和备择假设确实不太好区分，常常把二者混淆，主要是没把两个假设的地位弄清楚.

解答 在实际问题中，通常把那些需要着重考虑的假设视为原假设.

(1) 如果问题是要决定新提出的方法是否比原方法好，往往将原方法取为原假设 H_0，而将新方法取为备择假设 H_1.

(2) 若提出一个假设，检验的目的仅仅是为了判断这个假设是否成立，此时直接取此假设为原假设即可.

从数学上看，原假设 H_0 和备择假设 H_1 的地位是对等的，但在实际问题中，如果提出的假设检验仅仅控制了犯第Ⅰ类错误的概率，那么选用哪个假设作为原假设 H_0，要依具体问题的目的与要求而定．它取决于犯两类错误将会带来的后果，一般地可根据以下三个原则选择哪个假设作为原假设 H_0：①当目的是希望从样本观察值取得对某一论断有理的支持时，把这一论断的否定作为原假设 H_0；②尽量使后果严重的一类错误成为第Ⅰ类错误；③把过去资料所提供的论断作为原假设 H_0，这样当检验后的最终结论为拒绝 H_0 时，由于犯第Ⅰ类错误的概率被控制而显得有说服力或危害较小.

评注 在假设检验中，建立假设是基础，也是至关重要的一步，它直接决定了最后做出的决策正确与否.

例 8.2 对某种癌症患者，过去一直用外科方法进行治疗，治愈率为 2%，某医生用化学疗法治疗 200 名患者，这种新方法的治愈率为 3%，它比外科方法的治愈率要高，因此可以判定化学疗法比外科疗法更有效，结论正确吗？

分析 利用样本的信息去推断总体的某些特性，这正是假设检验在实际问题中的应用.

解答 不正确．我们来进行假设检验.

建立假设 H_0：治愈率 $p=0.02$(即新旧方法治愈率相同，无显著差异).

设 X 表示治愈的患者数，则 $X=0,1,2,\cdots,200$. 由于对每个患者的治疗是随机的，只可能有两种结果：A(治愈)或 $\overline{A}$(未治愈)，且 $P(A)=0.02$，因此，用新方法治疗 200 名患者可以视为 200 重独立试验，应用二项分布来求解，但因为 $n=200$ 很大，$p=0.02$ 很小，于是可用泊松分布来近似，$\lambda=np=4$.

若给定显著性水平 $\alpha=0.05$，则可根据下式确定对 H_0 的拒绝域.

$$\alpha=\sum_{i=1}^{200}C_{200}^{i}(0.02)^{i}(0.98)^{200-i}\approx\sum_{i=1}^{200}\frac{e^{-4}4^{i}}{i\,!}\approx 0.05.$$

查泊松分布表知 $k=8$，故拒绝域为 $x\geqslant 8$. 因为试验中治疗 200 人只有 6 人治愈，所以不能拒绝 H_0，即由此试验数据尚不能认为化疗法比外科法更有效．然而，如果 200 名患者中用新法治疗,治愈达 8 人以上,则可认为新方法比旧方法有效.

3%>2%,凭直观应该可以判定新方法比旧方法有效,为什么用数理统计假设检验的方法却得出了相反的结论?

问题出自 3%这个数据是如何来的?它仅仅是一个样本得到的信息,因此只能说,就这一次试验而言,这次效果比旧方法好,而没有理由说整个新方法是比旧方法好.

那么,由假设检验得出的拒绝域为 $x\geqslant 8$ 是不是一种绝对的肯定呢?也就是说,假若 200 名患者中用新法治愈达 8 人以上,是否可以绝对肯定新法比旧法好?不是. 这种肯定是带概率性质的肯定,不同于一般的绝对的肯定. 很明显,拒绝域 $x\geqslant 8$ 是以 95%的把握来肯定的.

评注 通过一个样本的信息不能对总体的某些特性直接得出结论,需要利用假设检验的基本思想,先提出某些关于总体的假设,构造合适的统计量,再根据样本对所提出的假设做出是接受,还是拒绝的决策.

例 8.3 假设检验中,无论你做出拒绝原假设或接受原假设,都有可能犯错误,是这样吗?

分析 这需要弄清楚假设检验的基本思想.

解答 是这样的. 无论采取什么样的决策(拒绝原假设或接受原假设)都可能是正确的,同时又都可能是错误的. 既然如此,还要"假设检验"干什么?

我们注意到,概率本身就是研究随机现象的,因而它的结论无不带有随机性. 正如我们说"小概率事件在一次试验中几乎是不可能发生的",这个"几乎"就带有随机性. 我们对原假设做出是拒绝还是接受的判断,都是根据"实际推断原理". 因此,犯错误和不犯错误的可能性都是存在的,若二者的可能各占一半都是 50%,那么 "假设检验"确实没有价值. 事实上,犯错误的概率是很小的,这样,"假设检验"才成为检验某种估计(或称为猜想)可靠程度的一种优良方法.

评注 假设检验是对犯错误的概率加以控制的,如显著性检验是对犯第Ⅰ类错误的概率进行控制的,使它的概率很小,所以做出的决策发生的可能性是很大的,是具有实际指导意义的.

例 8.4 怎样合理地选择显著性水平 α?

分析 这需要弄清楚显著性水平 α 的实际含义.

解答 如果假设 H_0成立,但由于样本的随机性,仍有可能做出拒绝 H_0的结论,即犯第Ⅰ类错误. 显著性水平的一个意义是给出了犯第Ⅰ类错误的概率,即 H_0成立,α 相应的临界值为C,则统计量满足不等式$|t|>C$ 的概率为α. 另一方面,α 的选定又是对小概率事件小到什么程度的一种抉择. α 越小,而事件发生了,则拒绝 H_0的可信度越高,所谓显著性是指实际情况与 H_0的判断之间存在的显著差异.

α 的选定通常取较小的值,如 0.05,0.01 等,但在某些实际问题中,如药品检验将不合格视为合格,即犯第Ⅱ类错误的后果更严重时,通常取 α 较大(0.10),使犯第Ⅱ类错误的概率变小,因为犯这两类错误的概率在样本数量固定时有此消彼长的关系.

评注 在实际问题中,出现假设检验的两类错误都是不可避免的,需要根据实际情况,合理地选择显著性水平 α,尽量避免严重后果的产生以及做出错误的决策.

例 8.5 检验原假设 H_0时,对于相同的统计量及相同的显著性水平 α,其拒绝域是否一定唯一?

分析 拒绝域的选择和统计量的分布有着密切的关系.

解答 不一定. 例如,总体 $X\sim N(\mu,\sigma_0^2)$,σ_0^2已知,$X_1,X_2,\cdots,X_n$是来自 X 的样本,要检验 $H_0:\mu=\mu_0,H_1:\mu\neq\mu_0$,取显著性水平 $\alpha=0.05$,若 H_0为真,注意到 $X\sim N(\mu,\sigma_0^2)$,则有

$$P\{|\overline{X}-\mu_0|>1.96\sigma_0/\sqrt{n}\}=0.05,$$

此时拒绝域为对称区间

$$(-\infty,\mu_0-1.96\sigma_0/\sqrt{n})\cup(\mu_0+1.96\sigma_0/\sqrt{n},+\infty).$$

又因为 $P\{\overline{X}-\mu_0>1.65\sigma_0/\sqrt{n}\}=0.05$，$P\{\overline{X}-\mu_0<-1.65\sigma_0/\sqrt{n}\}=0.05$，故拒绝域可选为 $(\mu_0+1.65\sigma_0/\sqrt{n},+\infty)$ 或 $(-\infty,\mu_0-1.65\sigma_0/\sqrt{n})$.

由于拒绝域不唯一，取哪一个作为拒绝域就需要按实际问题来定，比如检验 $H_0:\mu=\mu_0$，$H_1:\mu\neq\mu_0$，是指某批荧光灯管的平均使用时间，显然 $\mu\geqslant\mu_0$ 都合标准．于是拒绝域取为 $(-\infty,\mu_0-1.65\sigma_0/\sqrt{n})$ 较好，此时相当于备择假设为 $H_1:\mu<\mu_0$.

评注 检验原假设 H_0 时，对于相同的统计量及显著性水平 α，其拒绝域是不唯一的，需要根据实际问题的具体情况进行选择.

例 8.6 假设检验与区间估计有何异同？

分析 这需要弄清楚假设检验与区间估计的基本思想及含义.

解答 假设检验与区间估计对问题的提法虽然不相同，但解决问题的途径是相通的，现以正态总体 $X\sim N(\mu,\sigma^2)$ 的方差 σ^2 已知，关于均值 μ 的假设检验和区间估计为例来说明.

假设 $H_0:\mu=\mu_0$，$H_1:\mu\neq\mu_0$，若 H_0 为真，则 $Z=\dfrac{\overline{X}-\mu_0}{\sigma/\sqrt{n}}\sim N(0,1)$，对于给定的显著性水平 α，有

$$P_{\mu=\mu_0}\{|Z|>z_{\alpha/2}\}=\alpha,$$

而

$$P_{\mu=\mu_0}\{|Z|\leqslant z_{\alpha/2}\}=1-\alpha.$$

由此得 H_0 的接受域为 $\left(\overline{x}-z_{\alpha/2}\dfrac{\sigma}{\sqrt{n}},\overline{x}+z_{\alpha/2}\dfrac{\sigma}{\sqrt{n}}\right)$，就是说以 $1-\alpha$ 的概率接受 H_0，而这个假设检验的接受域正是 μ 的置信度为 $1-\alpha$ 的置信区间，说明它们两者解决问题的途径是相同的，参数的假设检验和区间估计是从不同的角度回答同一问题，假设检验判断结论是否成立，参数估计解决的是多少(或范围)．前者解决的是定"性"的，后者解决的是定"量"的.

评注 在实际问题中，利用假设检验与区间估计的关系，当检验

$$H_0:\mu=\mu_0,H_1:\mu\neq\mu_0$$

时，可以先求出参数 μ 的置信水平为 $1-\alpha$ 的置信区间，然后考察区间是否包含 μ_0，若包含，则接受 H_0，否则就拒绝 H_0．反之亦然.

例 8.7 某种产品以往的废品率为 5%，采用某种技术革新后，对产品的样本进行检验：这种产品的废品率是否有所降低，取显著性水平 $\alpha=5\%$，则此问题的原假设 H_0：________；备择假设 H_1：________；犯第Ⅰ类错误的概率为________.

分析 此题需要正确理解原假设、备择假设、显著性水平的概念．通常把那些需要着重考虑的假设视为原假设.

解答 原假设 $H_0:P=5\%$；备择假设 $H_1:P<5\%$；犯第Ⅰ类错误的概率为 $\alpha=5\%$.

评注 如果问题是要决定新提出的方法是否比原方法好，往往将原方法取为原假设 H_0，显著性水平是犯第Ⅰ类错误的最大概率.

例 8.8 在假设检验中，原假设 H_0，备择假设 H_1，则称(　　)为犯第Ⅱ类错误.

(A) H_0 为真，接受 H_0；　　(B) H_0 不真，接受 H_0；

(C) H_0 为真，拒绝 H_0；　　(D) H_0 不真，拒绝 H_0.

分析　第Ⅰ类错误，就是"弃真"的错误，第Ⅱ类错误，就是"取伪"的错误.

解答　按规定犯第Ⅱ类错误，就是"取伪"的错误，即{接受 H_0 | H_0 不真}，故选(B).

评注　要正确区分在假设检验中出现的两类错误.

例 8.9　在假设检验中，显著性水平 α 的意义是(　　).

(A)原假设 H_0 成立，经检验被拒绝的概率；

(B)原假设 H_0 不成立，经检验被拒绝的概率；

(C)原假设 H_0 成立，经检验不能被拒绝的概率；

(D)原假设 H_0 不成立，经检验不能被拒绝的概率.

分析　在显著性检验中，只对犯第Ⅰ类错误的概率加以控制，而对犯第Ⅱ类错误的概率则不考虑，显著性水平 α 就是犯第Ⅰ类错误的最大概率.

解答　根据假设检验的基本思想，小概率事件在一次试验中几乎不会发生，按规定犯第Ⅰ类错误，就是犯"弃真"的错误，即{拒绝 H_0 | H_0 为真}，故选(A).

评注　在假设检验中，要深刻理解显著性水平 α 的意义，并根据实际情况，合理地进行选择.

8.2.2 正态总体均值的假设检验

正态总体均值的假设检验包括单个总体均值的检验和两个总体的均值差的假设检验，以及基于成对数据的检验法. 在学习这部分内容时，要求会根据实际问题提出假设，给出统计量，会利用双侧及单侧分位点计算出拒绝域，并根据样本的信息最终做出决策.

1. 单个总体 $N(\mu,\sigma^2)$ 均值 μ 的检验

设 $X_1,X_2,\cdots,X_n$ 是来自正态分布总体 $X\sim N(\mu,\sigma^2)$ 的样本，$\overline{X}$ 与 S 分别是样本均值与样本方差，则关于均值 μ 的检验，主要有下述两种情况：

(1) 当 σ^2 已知时，检验 μ 的假设(Z 检验法)，具体包括：

双边检验：$H_0:\mu=\mu_0$，$H_1:\mu\neq\mu_0$；

右边检验：$H_0:\mu\leqslant\mu_0$，$H_1:\mu>\mu_0$；

左边检验：$H_0:\mu\geqslant\mu_0$，$H_1:\mu<\mu_0$.

(2) 当 σ^2 未知时，检验 μ 的假设(t 检验法).

双边检验：$H_0:\mu=\mu_0$，$H_1:\mu\neq\mu_0$；

右边检验：$H_0:\mu\leqslant\mu_0$，$H_1:\mu>\mu_0$；

左边检验：$H_0:\mu\geqslant\mu_0$，$H_1:\mu<\mu_0$.

判断结论见表 8-1.

例 8.10　某一化学日用品有限公司用包装机包装洗衣粉，洗衣粉的装包量(单位：g)是一个随机变量，它服从正态分布. 当机器正常工作时，其均值为 500g，标准差为 2g. 某日开工后，为检验包装机工作是否正常，随机地在它所包装的洗衣粉中任取 9 袋，称得其重量为

505，499，502，506，498，498，497，510，503.

试问这天包装机工作是否正常？(取 $\alpha=0.05$)

分析　"这天包装机工作是否正常"，不是包装机包装出来的洗衣粉每袋都是 500g 才算正

常．因为受随机误差的影响，每袋装包量都是一个随机变量．由实践知道，由于标准差受机器精度影响，一般比较稳定．机器工作是否正常就是要根据样本值来判断均值是否是500g. 所以此题是方差已知的有关均值的双边假设检验.

解答 设洗衣粉的装包量为 $X, X\sim N(\mu,2^2)$，μ 未知，

检验假设 $H_0:\mu=\mu_0=500, H_1:\mu\neq 500$，

总体方差已知，检验统计量 $Z=\dfrac{\overline{X}-\mu_0}{\sigma/\sqrt{n}}\sim N(0,1)$，

$$n=9,\overline{x}=502,\alpha=0.05,z_{\frac{\alpha}{2}}=z_{0.025}=1.96,\sigma=2,$$

拒绝域为
$$|z|=\left|\frac{\overline{x}-\mu_0}{\sigma/\sqrt{n}}\right|\geqslant z_{\frac{\alpha}{2}}=1.96,$$

因为
$$|z|=\left|\frac{502-500}{2/\sqrt{9}}\right|=3>1.96,$$

故拒绝原假设 H_0，认为该天包装机工作不正常.

评注 要根据实际问题的具体情况建立假设.

例 8.11 要求一种元件平均使用寿命不得低于1000h，生产者从一批这种元件中随机抽取25件，测得其寿命的平均值为950h. 已知该种元件寿命服从标准差为 $\sigma=100$h 的正态分布. 试在显著性水平 $\alpha=0.05$ 下判断这批元件是否合格？设总体均值为 μ，μ 未知.

分析 元件平均使用寿命不低于1000h，即 $\mu\geqslant 1000$ 时为合格品，若 $\mu<1000$ 为不合格品.

解答 设元件的寿命为 $X, X\sim N(\mu,100^2)$，μ 未知，

检验假设 $H_0:\mu\geqslant\mu_0=1000, H_1:\mu<\mu_0=1000$，

总体方差已知，检验统计量 $Z=\dfrac{\overline{X}-\mu_0}{\sigma/\sqrt{n}}$，

$n=25,\overline{x}=950,\alpha=0.05,z_\alpha=z_{0.05}=1.645,\sigma=100$，

拒绝域为
$$z=\frac{\overline{x}-\mu_0}{\sigma/\sqrt{n}}\leqslant -z_\alpha=-1.645,$$

因为
$$z=\frac{950-1000}{100/\sqrt{25}}=-2.5<-1.645,$$

故拒绝原假设 H_0，即认为这批元件不合格.

评注 根据问题的要求可以得到两个互不相容的假设，利用原假设 H_0、备择假设 H_1 的确立原则，建立合适的单边假设检验.

例 8.12 某车间生产某种规格的铜丝，根据长期经验，其抗断力 $X\sim N(5700,80^2)$，现在车间改革了生产工艺，生产了一批铜丝，现从中抽取10个样本，测得数据如下(单位:N)：

5700,5720,5700,5680,5720,5700,5720,5960,5840,5700.

问新工艺是否值得推广？($\alpha=0.05$)

分析 如果新工艺能够使铜丝的抗断力有明显提高，那么就值得推广，即若 $\mu\leqslant 5700$，则不值得推广，若 $\mu>5700$ 就值得推广.

解答 检验假设 $H_0:\mu\leqslant\mu_0=5700, H_1:\mu>\mu_0=5700$，

总体方差已知，检验统计量 $Z=\dfrac{\overline{X}-\mu_0}{\sigma/\sqrt{n}}$，

$$n=10,\overline{x}=5744,\alpha=0.05,z_{\alpha}=z_{0.05}=1.645,\sigma=80,$$

拒绝域为 $$z=\frac{\overline{x}-\mu_0}{\sigma/\sqrt{n}}\geqslant z_{\alpha}=1.645,$$

因为 $$z=\frac{5744-5700}{80/\sqrt{10}}=1.739>1.645,$$

故拒绝原假设 H_0，即认为铜丝的抗断力高于 5700N，新工艺提高了质量，新工艺值得推广.

评注 如果问题是要决定新提出的方法是否比原方法好，往往将原方法取为原假设 H_0，而将新方法取为备择假设 H_1.

例 8.13 某批矿砂的 5 个样品中的镍含量，经测定为(%)

$$3.25,3.27,3.24,3.26,3.24.$$

设测定值总体服从正态分布，但参数均未知，问在 $\alpha=0.01$ 下能否接受假设：这批矿砂的镍含量的均值为 3.25?

分析 此题为方差未知的有关均值的双边检验.

解答 设矿砂的镍含量为 $X, X\sim N(\mu,\sigma^2)$，μ 未知，

检验假设 $$H_0:\mu=\mu_0=3.25, H_1:\mu\neq 3.25,$$

总体方差未知，检验统计量 $$t=\frac{\overline{X}-\mu_0}{S/\sqrt{n}},$$

$$n=5,\overline{x}=3.252,s=0.013,\alpha=0.01,t_{\frac{\alpha}{2}}(n-1)=t_{0.005}(4)=4.6041,$$

拒绝域为 $$|t|=\left|\frac{\overline{x}-\mu_0}{s/\sqrt{n}}\right|\geqslant t_{\frac{\alpha}{2}}(n-1)=t_{0.005}(4)=4.6041,$$

因为 $$|t|=\left|\frac{3.252-3.25}{0.013/\sqrt{5}}\right|=0.344<4.6041,$$

故接受原假设 H_0，即认为这批矿砂镍含量的均值为 3.25.

评注 若提出一个假设，检验的目的仅仅是为了判断这个假设是否成立，此时直接取此假设为原假设即可.

例 8.14 下面列出的是某工厂随机选取的 20 只部件的装配时间(min)：

$$9.8,10.4,10.6,9.6,9.7,9.9,10.9,11.1,9.6,10.2,$$
$$10.3,9.6,9.9,11.2,10.6,9.8,10.5,10.1,10.5,9.7.$$

设装配时间总体服从正态分布 $N(\mu,\sigma^2)$，μ,σ^2 均未知．是否可以认为装配时间的均值显著大于 10(取 $\alpha=0.05$)?

分析 此题检验的目的是为了判断装配时间的均值是否显著大于 10. 事实上，我们关心的是 μ 有没有大于 10，为此取 H_0 为维持现状，即取 $H_0:\mu\leqslant 10$.

解答 设装配时间为 $X, X\sim N(\mu,\sigma^2)$，μ,σ^2 未知，

检验假设 $$H_0:\mu\leqslant\mu_0=10, H_1:\mu>10,$$

总体方差未知，检验统计量 $$t=\frac{\overline{X}-\mu_0}{S/\sqrt{n}},$$

$$n=20,\overline{x}=10.2,\alpha=0.05,t_{\alpha}(n-1)=t_{0.05}(19)=1.7291,s=0.5099,$$

拒绝域为 $$t=\frac{\overline{x}-\mu_0}{s/\sqrt{n}}\geqslant t_{\alpha}(n-1)=1.7291,$$

因为 $$t=\frac{10.2-10}{0.5099/\sqrt{20}}=1.754>1.7291,$$

故拒绝原假设 H_0，即可以认为装配时间的均值显著地大于 10.

评注 注意样本方差观察值 $s^2=\frac{1}{n-1}\sum_{i=1}^{n}(x_i-\overline{x})^2$ 的计算方法.

例 8.15 某种柴油发动机，每升柴油的运转时间服从正态分布，现测试 6 台柴油机，每升柴油的运转时间(min)为

$$28,27,31,29,30,27.$$

按设计要求，每升柴油的运转时间平均应在 30min 以上．问在显著性水平 $\alpha=0.05$ 下，这种柴油机是否符合设计要求？

分析 如果每升柴油的运转时间平均在 30min 以上，那么就符合设计要求，即若 $\mu<30$，则不符合设计要求，若 $\mu\geqslant30$ 就符合设计要求.

解答 设每升柴油的运转时间为 X，$X\sim N(\mu,\sigma^2)$，μ,σ^2 未知.

检验假设 $$H_0:\mu\geqslant\mu_0=30,H_1:\mu<30,$$

总体方差未知，检验统计量 $t=\dfrac{\overline{X}-\mu_0}{S/\sqrt{n}}$，

$$n=6,\overline{x}=28.67,s^2=1.633^2,\alpha=0.05,t_\alpha(n-1)=t_{0.05}(5)=2.015,$$

拒绝域为 $$t=\frac{\overline{x}-\mu_0}{s/\sqrt{n}}\leqslant-t_\alpha(n-1)=-t_{0.05}(5)=-2.0151,$$

因为 $$t=\frac{28.67-30}{1.633/\sqrt{6}}=-2.00>-2.015,$$

故接受原假设 H_0，即认为这种柴油机符合设计要求．

评注 注意单边检验和双边检验拒绝域的不同.

例 8.16 已知 $x_1,x_2,\cdots,x_{10}$ 是取自正态总体 $N(\mu,1)$ 的 10 个观测值，检验假设 $H_0:\mu=\mu_0=0;H_1:\mu\neq0$.

(1) 如果检验的显著性水平 $\alpha=0.05$，且拒绝域 $R=\{|\overline{X}|\geqslant k\}$，求 k 的值.

(2) 若已知 $\overline{x}=1$，是否可以据此样本推断 $\mu=0(\alpha=0.05)$？

(3) 若 $H_0:\mu=0$ 的拒绝域为 $R=\{|\overline{X}|\geqslant0.8\}$，求检验的显著性水平 α.

分析 方差 σ^2 为已知关于正态总体均值 μ 的检验 $H_0:\mu=\mu_0$，$H_1:\mu\neq\mu_0$，选取的统计量为 $Z=\dfrac{\overline{X}-\mu_0}{\sigma/\sqrt{n}}$，由于 $\mu=\mu_0$ 时，$\overline{X}\sim N\left(\mu,\dfrac{\sigma^2}{n}\right)$，$Z\sim N(0,1)$，因此拒绝域 $W=\{|Z|\geqslant z_{\frac{\alpha}{2}}\}$ 与 $\overline{X}$ 的拒绝域 $W=\left\{|\overline{X}-\mu_0|\geqslant\dfrac{\sigma}{\sqrt{n}}z_{\frac{\alpha}{2}}\right\}$ 等价.

解答 (1) 对于 $H_0:\mu=\mu_0=0;H_1:\mu\neq0$，当 H_0 成立时，检验统计量 $Z=\dfrac{\overline{X}-\mu_0}{\sigma/\sqrt{n}}=\sqrt{10}\overline{X}\sim N(0,1)$. 根据 $\alpha=0.05$，所以 $\lambda=1.96$，即 $P\{|Z|\geqslant1.96\}=0.05$. 该检验的拒绝域为

$$R=\{|Z|\geqslant1.96\}=\{|\sqrt{10}\overline{X}|\geqslant1.96\}=\left\{|\overline{X}|\geqslant\frac{1.96}{\sqrt{10}}\right\},\text{于是 }k=\frac{1.96}{\sqrt{10}}\approx0.62.$$

(2) 由(1)知拒绝域 $W=\{|\overline{X}|\geqslant 0.62\}$，如果 $\overline{x}=1$，则 $\overline{x}>0.62$，因此应拒绝 H_0，即不能根据此样本推断 $\mu=0$.

(3) 显著性水平 α 是在 H_0 为真，拒绝 H_0 的概率，即

$\alpha=P\{(x_1,x_2,\cdots,x_{10})\in R|H_0\text{为真}\}=P\{(x_1,x_2,\cdots,x_{10})\in R|\mu=0\}=P\{|\overline{X}|\geqslant 0.8|\mu=0\}$.

由于 $\mu=0$ 时，$\overline{X}\sim N\left(0,\frac{1}{\sqrt{10}}\right)$，所以有

$$\begin{aligned}\alpha&=P\{|\overline{X}|\geqslant 0.8\}=P\{|\sqrt{10}\overline{X}|\geqslant 0.8\sqrt{10}\}=1-P\{|\sqrt{10}\overline{X}|<0.8\sqrt{10}\}\\&=2[1-\Phi(2.53)]=0.0114.\end{aligned}$$

评注　假设检验的拒绝域可以有不同的等价形式，显著性水平是犯第Ⅰ类错误的概率的上限.

例 8.17　某厂有一批产品共 5000 件，必须经检验合格才能出厂．按国家标准，次品率不得超过 10%，今从中任取 100 件，发现了 12 件次品，问这批产品是否能出厂($\alpha=0.05$)？

分析　这是比率的假设检验，比率是通过计算某一性质的观察值而求得，其性质是离散型的计数资料，在理论上这些数据的分布服从二项分布．因此，比率的假设检验一般应按二项分布进行，但是，在大样本条件下，二项分布近似于正态分布，本题是大样本，故可用 Z 检验法来检验此问题.

解答　检验假设　$H_0:p\leqslant p_0=10\%,H_1:p>p_0=10\%$，

设 X 表示 n 件产品中的次品数，$X\sim b(n,p_0)$，$n=100,p_0=10\%$. 由中心极限定理，得

$$\frac{X-np_0}{\sqrt{np_0(1-p_0)}}\sim N(0,1)，\text{即 } Z=\frac{\frac{X}{n}-p_0}{\sqrt{p_0(1-p_0)/n}}\sim N(0,1)，$$

在 H_0 成立的条件下，有 $z=\dfrac{0.12-0.1}{\sqrt{0.1\times 0.9/100}}=0.667$，

由于此检验是单边检验，拒绝域为 $z\geqslant z_\alpha=z_{005}=1.645$，

因为　$z=0.667<1.645$，

故接受原假设 H_0，即认为次品率没有超过 10%，符合国家标准，应准予出厂.

评注　大样本的假设检验需借助于中心极限定理：多个独立的随机变量之和近似服从正态分布，然后再检验.

2. 两个总体均值差的假设检验

设 $X_1,X_2,\cdots,X_{n_1}$ 是来自正态分布总体 $X\sim N(\mu_1,\sigma_1^2)$ 的样本，$Y_1,Y_2,\cdots,Y_{n_2}$ 是来自正态分布总体 $Y\sim N(\mu_2,\sigma_2^2)$ 的样本，且设两样本相互独立．分别记它们的样本均值为 $\overline{X},\overline{Y}$，记样本方差为 S_1^2,S_2^2，μ_1,μ_2 均为未知，则关于均值 $\mu_1-\mu_2$ 的检验，主要有下述两种情况：

1) 当 σ_1^2,σ_2^2 已知时，检验 $\mu_1-\mu_2$ 的假设(Z 检验法)，具体包括：

双边检验：$H_0:\mu_1-\mu_2=\delta,H_1:\mu_1-\mu_2\neq\delta$；

右边检验：$H_0:\mu_1-\mu_2\geqslant\delta,H_1:\mu_1-\mu_2<\delta$；

左边检验：$H_0:\mu_1-\mu_2\leqslant\delta,H_1:\mu_1-\mu_2>\delta$.

2) 当 $\sigma_1^2=\sigma_2^2=\sigma^2$ 未知时，检验 $\mu_1-\mu_2$ 的假设(t 检验法)，具体包括：

双边检验：$H_0:\mu_1-\mu_2=\delta,H_1:\mu_1-\mu_2\neq\delta$；

右边检验：$H_0:\mu_1-\mu_2\geqslant\delta,H_1:\mu_1-\mu_2<\delta$；

左边检验：$H_0:\mu_1-\mu_2\leqslant\delta, H_1:\mu_1-\mu_2>\delta$.

其中 δ 为已知常数，判断结论见表 8-1，常用的是 $\delta=0$ 的情况.

例 8.18 设甲、乙两厂生产同样的电子元件，其寿命（单位：h）X,Y 分别服从正态分布 $N(\mu_1,\sigma_1^2),N(\mu_2,\sigma_2^2)$. 已知它们寿命的标准差分别为 84h 和 96h. 现从两厂生产的电子元件中各取 60 只，测得平均寿命：甲厂为 1295h，乙厂为 1230h，问能否认为两厂生产的电子元件寿命无显著差异（$\alpha=0.05$）？

分析 当甲、乙两厂生产的电子元件寿命均值差 $\mu_1-\mu_2=0$ 时无显著差异，而 $\mu_1-\mu_2\neq 0$ 时有显著差异.

解答 检验假设 $H_0:\mu_1=\mu_2, H_1:\mu_1\neq\mu_2$，

总体方差已知，检验统计量 $Z=\dfrac{\overline{X}-\overline{Y}-(\mu_1-\mu_2)}{\sqrt{\dfrac{\sigma_1^2}{n_1}+\dfrac{\sigma_2^2}{n_2}}}$，

$$n_1=n_2=60, \bar{x}=1295, \bar{y}=1230, \alpha=0.05, z_{\alpha/2}=z_{0.025}=1.96,$$
$$\sigma_1=84, \sigma_2=96,$$

拒绝域为
$$|z|=\left|\frac{\bar{x}-\bar{y}-(\mu_1-\mu_2)}{\sqrt{\dfrac{\sigma_1^2}{n_1}+\dfrac{\sigma_2^2}{n_2}}}\right|\geqslant z_{\alpha/2}=1.96,$$

因为
$$|z|=\left|\frac{1295-1230}{\sqrt{\dfrac{84^2}{60}+\dfrac{96^2}{60}}}\right|=3.94>1.96,$$

故拒绝原假设 H_0，即认为两厂生产的电子元件寿命有显著差异.

评注 此题为 σ_1^2,σ_2^2 已知，检验 $\mu_1-\mu_2$ 的双边假设检验法（Z 检验法）取 $\delta=0$ 的情况.

例 8.19 某中药厂从某种药材中提取某种有效成分．为了提高得率，改革了提炼方法，现对同一质量的药材，用新旧两种方法各做了 10 次试验，其得率（%）分别为

旧方法：78.1，72.4，76.2，74.3，77.4，78.4，76.0，75.5，76.7，77.3；

新方法：79.1，81.0，77.3，79.1，80.0，79.1，79.1，77.3，80.2，82.1.

这两个样本分别来自正态总体 $N(\mu_1,1),N(\mu_2,1)$，且相互独立，问新方法是否提高了得率？（取 $\alpha=0.05$）

分析 若两正态总体均值满足 $\mu_1<\mu_2$，则新方法提高了得率. 否则 $\mu_1\geqslant\mu_2$，新方法没有提高得率.

解答 检验假设：
$$H_0:\mu_1\geqslant\mu_2, H_1:\mu_1<\mu_2,$$

总体方差已知，检验统计量
$$Z=\frac{\overline{X}-\overline{Y}}{\sqrt{\dfrac{\sigma_1^2}{n_1}+\dfrac{\sigma_2^2}{n_2}}},$$

$$n_1=n_2=10, \bar{x}=76.23, \bar{y}=79.43, \alpha=0.05, z_\alpha=z_{0.05}=1.645,$$
$$\sigma_1=\sigma_2=1,$$

拒绝域为
$$z=\frac{\bar{x}-\bar{y}}{\sqrt{\dfrac{\sigma_1^2}{n_1}+\dfrac{\sigma_2^2}{n_2}}}\leqslant -z_\alpha=-1.645,$$

因为 $$z=\frac{76.23-79.43}{\sqrt{\frac{1}{10}+\frac{1}{10}}}=-7.16<-1.645,$$

故拒绝原假设 H_0，即认为新方法提高了得率，值得推广.

评注 此题是要决定新提出的方法是否比原方法好，往往将原方法取为原假设 H_0，而将新方法取为备择假设 H_1.

例 8.20 某地某年高考后随机抽取 15 名男生、12 名女生的物理考试成绩如下：

男生：49，48，47，53，51，43，39，57，56，46，42，44，55，44，40；

女生：46，40，47，51，43，36，43，38，48，54，48，34.

从这 27 名学生的成绩能说明这个地区男女生的物理考试成绩不相上下吗？给定 $\alpha=0.05$，假定男女生的物理考试成绩服从正态分布且具有公共方差.

分析 这个问题即是根据样本判断 $\mu_1=\mu_2$ 还是 $\mu_1\neq\mu_2$.

解答 男生和女生物理考试成绩分别为 X,Y，且 $X\sim N(\mu_1,\sigma_1^2)$，$Y\sim N(\mu_2,\sigma_2^2)$，$\sigma_1^2=\sigma_2^2=\sigma^2$，

检验假设 $$H_0:\mu_1=\mu_2,H_1:\mu_1\neq\mu_2,$$

总体方差未知，检验统计量 $t=\dfrac{\overline{X}-\overline{Y}}{S_w\sqrt{\dfrac{1}{n_1}+\dfrac{1}{n_2}}}$，其中 $S_w^2=\dfrac{(n_1-1)S_1^2+(n_2-1)S_2^2}{n_1+n_2-2}$，

$$n_1=15,n_2=12,\overline{x}=47.6,\overline{y}=44,(n_1-1)s_1^2=469.6,(n_2-1)s_2^2=412,$$

$$s_w=\sqrt{\frac{469.6+412}{25}}=5.94,\alpha=0.05,t_{\alpha/2}(n_1+n_2-2)=t_{0.025}(25)=2.060,$$

拒绝域为 $$|t|=\left|\frac{\overline{x}-\overline{y}}{s_w\sqrt{\frac{1}{n_1}+\frac{1}{n_2}}}\right|\geqslant t_{\alpha/2}(n_1+n_2-2)=t_{0.025}(25)=2.060,$$

因为 $$|t|=\left|\frac{47.6-44}{5.94\sqrt{\frac{1}{15}+\frac{1}{12}}}\right|=1.565<t_{0.025}(25)=2.060,$$

故接受原假设 H_0，即认为这个地区男女生的物理考试成绩不相上下.

评注 此题为 σ_1^2,σ_2^2 未知，检验 $\mu_1-\mu_2$ 的双边假设检验法（t 检验法）.

例 8.21 一制造厂装配车间的新操作工，需要参加近一个月的培训才能达到最佳效率. 今提出了一种新的培训方法，为了比较新老培训方法的效果，随机地选出 18 人，分成两组，每组 9 人，分别按新老方法培训 3 周，培训结束后，各人都装配了一个同类部件，所需时间（以分计）记录如下：

老方法：32，37，35，28，41，44，35，31，34，

新方法：35，31，29，25，34，40，27，32，31.

设这两个样本相互独立，且依次来自正态总体 $N(\mu_1,\sigma^2)$，$N(\mu_2,\sigma^2)$，μ_1,μ_2,σ^2 均未知. 问用新培训方法培训操作工能否缩短部件的装配时间？（取 $\alpha=0.05$）

分析 若用新培训方法培训操作工能缩短部件的装配时间，则 $\mu_1>\mu_2$，否则 $\mu_1\leqslant\mu_2$.

解答 设用老新培训方法培训操作工部件的装配时间分别为 X,Y，且 $X\sim N(\mu_1,\sigma^2)$，$Y\sim N(\mu_2,\sigma^2)$，

检验假设 $H_0:\mu_1\leqslant\mu_2,H_1:\mu_1>\mu_2$，

总体方差未知，检验统计量 $t=\dfrac{\overline{X}-\overline{Y}}{S_w\sqrt{\dfrac{1}{n_1}+\dfrac{1}{n_2}}}$，其中 $S_w^2=\dfrac{(n_1-1)S_1^2+(n_2-1)S_2^2}{n_1+n_2-2}$，

$$n_1=9,n_2=9,\overline{x}=35.222,\overline{y}=31.556,s_1^2=24.444,s_2^2=20.028,$$

$$s_w=\sqrt{\frac{8\times(24.444+20.028)}{16}}=22.236,\alpha=0.05,t_\alpha(n_1+n_2-2)=t_{0.05}(16)=1.7459,$$

拒绝域为 $$t=\frac{\overline{x}-\overline{y}}{s_w\sqrt{\dfrac{1}{n_1}+\dfrac{1}{n_2}}}\geqslant t_\alpha(n_1+n_2-2)=t_{0.05}(16)=1.7459,$$

因为 $$t=\frac{35.222-31.556}{22.236\sqrt{\dfrac{1}{9}+\dfrac{1}{9}}}=1.649<t_{0.05}(16)=1.7459,$$

故接受原假设 H_0，即认为新培训方法培训操作工不能缩短部件的装配时间.

评注 此题是 σ_1^2,σ_2^2 未知，检验 $\mu_1-\mu_2$ 的右边假设检验法．要决定新培训方法是否比老培训方法好，我们将老方法取为原假设 H_0，而将新方法取为备择假设 H_1.

例 8.22 某厂铸造车间为提高铸件的耐磨性而试制了一种镍合金铸件以取代铜合金铸件，为此，从两种铸件中各抽取一个容量分别为 9 和 8 的样本，测得其硬度(一种耐磨性指标)为

铜合金：73.66，64.27，69.34，71.37，69.77，68.12，67.27，68.07，62.61；

镍合金：76.43，76.21，73.58，69.69，65.29，70.83，82.75，72.34.

根据专业经验，硬度服从正态分布，且方差保持不变，试在显著性水平 $\alpha=0.05$ 下判断镍合金的硬度是否有明显提高？

分析 若镍合金的硬度有明显提高，则 $\mu_1<\mu_2$，否则 $\mu_1\geqslant\mu_2$.

解答 设铜合金铸件和镍合金铸件硬度分别为 X,Y，且 $X\sim N(\mu_1,\sigma^2)$，$Y\sim N(\mu_2,\sigma^2)$，

检验假设 $$H_0:\mu_1\geqslant\mu_2,H_1:\mu_1<\mu_2,$$

总体方差未知，检验统计量 $t=\dfrac{\overline{X}-\overline{Y}}{S_w\sqrt{\dfrac{1}{n_1}+\dfrac{1}{n_2}}}$，其中 $S_w^2=\dfrac{(n_1-1)S_1^2+(n_2-1)S_2^2}{n_1+n_2-2}$，

$$n_1=9,n_2=8,\overline{x}=68.2756,\overline{y}=73.39,(n_1-1)s_1^2=91.1552,$$

$$(n_2-1)s_2^2=205.7958,\quad s_w=\sqrt{\frac{91.1552+205.7958}{15}}=4.4494,$$

$$\alpha=0.05,t_\alpha(n_1+n_2-2)=t_{0.05}(15)=1.7531,$$

拒绝域为 $$t=\frac{\overline{x}-\overline{y}}{s_w\sqrt{\dfrac{1}{n_1}+\dfrac{1}{n_2}}}\leqslant -t_\alpha(n_1+n_2-2)=-t_{0.05}(15)=-1.7531,$$

因为 $$t=\frac{68.2756-73.39}{4.4494\sqrt{\dfrac{1}{7}+\dfrac{1}{8}}}=-2.2210<-t_{0.05}(15)=-1.7531,$$

故拒绝原假设 H_0，即认为镍合金的硬度有明显提高.

评注 此题是 σ_1^2,σ_2^2 未知，检验 $\mu_1-\mu_2$ 的左边假设检验法．要决定镍合金的硬度有明显提高，我们将铜合金的硬度高取为原假设 H_0，而将镍合金的硬度有明显提高取为备择假设 H_1.

3. 基于成对数据的检验（t 检验）

设有 n 对相互独立的观察结果：$(X_1,Y_1),(X_2,Y_2),\cdots,(X_n,Y_n)$，令 $D_1=X_1-Y_1,D_2=X_2-Y_2,\cdots,D_n=X_n-Y_n$，则 $D_1,D_2,\cdots,D_n$ 相互独立，今假设 $D_i\sim N(\mu_D,\sigma_D^2)(i=1,2,\cdots,n)$，分别记 $D_1,D_2,\cdots,D_n$ 的样本均值和样本方差的观察值为 $\overline{d}$，s_D^2，其中 μ_D,σ_D^2 均为未知，则关于均值 μ_D 的检验，主要有下述三种情况：

双边检验：$H_0:\mu_D=0,H_1:\mu_D\neq 0$；

右边检验：$H_0:\mu_D\leqslant 0,H_1:\mu_D>0$；

左边检验：$H_0:\mu_D\geqslant 0,H_1:\mu_D<0$.

判断结论见表 8-1.

例 8.23　设我们感兴趣于研究一种新开发的汽油净化添加剂对于汽车行驶里程的影响. 我们选取了 7 辆汽车，对于每辆汽车分别使用了含有添加剂的汽油以及未含有添加剂的汽油. 在这两种情况下分别测得汽车的行驶里程（以某种单位计）如下表所示：

汽车编号	1	2	3	4	5	6	7
里程（不含添加剂）x	24.2	30.4	32.7	19.8	25.0	24.9	22.2
里程（含添加剂）y	23.5	29.6	32.3	17.6	25.3	25.4	20.6
$d=x-y$	0.7	0.8	0.4	2.2	−0.3	−0.5	1.6

能否认为使用两种汽油，汽车行驶的里程有显著差异？$(\alpha=0.05)$

分析　此题中的数据是成对的，对于同一辆汽车测得一对数据. 对应于不同汽车的数据差异是由各种因素引起的. 由于各辆汽车的行驶情况有广泛的差别，我们不能确定表中第一行和第二行能否看成是一个样本. 而表中同一对的两个数据的差异，则可看成是仅由两种汽油的性能的差异所引起的. 这样，局限于各对中两个数据来比较，就能排除其他因素的影响，从而有可能研究单独由汽油性能的影响所引起的汽车行驶里程的差异.

解答　设使用未含有添加剂的汽油和含有添加剂的汽油汽车行驶里程分别为 X,Y，且 $D_i=X_i-Y_i(i=1,2,\cdots,7)$，假设 $D_i\sim N(\mu_D,\sigma_D^2)(i=1,2,\cdots,7)$，

检验假设　$$H_0:\mu_D=0,H_1:\mu_D\neq 0;$$

检验统计量　$$t=\frac{\overline{D}-0}{S_D/\sqrt{n}}.$$

$$n=7,\overline{d}=0.7,s_D=0.9661,\alpha=0.05,t_{\frac{\alpha}{2}}(n-1)=t_{0.025}(6)=2.4469,$$

拒绝域为　$$|t|=\left|\frac{\overline{d}}{s_D/\sqrt{n}}\right|\geqslant t_{\frac{\alpha}{2}}(n-1)=t_{0.025}(6)=2.4469,$$

因为　$$|t|=\left|\frac{0.7}{0.9661/\sqrt{7}}\right|=1.9170<2.4469,$$

故接受原假设 H_0，即认为使用两种汽油，汽车行驶的里程无显著差异.

评注　为了比较两种产品，或两种仪器，两种方法等的差异，我们常在相同的条件下做对比试验，得到一批成对的观察值，然后分析观察数据做出判断，即采用基于成对数据的检验法，并注意此种方法与两个总体均值差的检验法相区别.

8.2.3 正态总体方差的假设检验

正态总体方差的假设检验包括单个总体的方差检验和两个总体的方差比的假设检验．在学习这部分内容时，要求会根据实际问题建立假设，选择合适的统计量，会利用双侧及单侧分位点计算出拒绝域，并根据样本的信息最终做出决策.

1. 单个总体的情况

设 $X_1,X_2,\cdots,X_n$ 是来自正态分布总体 $X\sim N(\mu,\sigma^2)$ 的样本，S 是样本方差，μ,σ^2 均为未知．则关于方差 σ^2 的检验（χ^2 检验法），具体有：

双边检验：$H_0:\sigma^2=\sigma_0^2,H_1:\sigma^2\neq\sigma_0^2$；

右边检验：$H_0:\sigma^2\leqslant\sigma_0^2,H_1:\sigma^2>\sigma_0^2$；

左边检验：$H_0:\sigma^2\geqslant\sigma_0^2,H_1:\sigma^2<\sigma_0^2$.

判断结论见表 8-1.

2. 两个总体方差比的假设检验

设 $X_1,X_2,\cdots,X_{n_1}$ 是来自正态分布总体 $X\sim N(\mu_1,\sigma_1^2)$ 的样本，$Y_1,Y_2,\cdots,Y_{n_2}$ 是来自正态分布总体 $Y\sim N(\mu_2,\sigma_2^2)$ 的样本，且设两样本相互独立．记样本方差分别为 S_1^2,S_2^2，设 $\mu_1,\mu_2,\sigma_1^2,\sigma_2^2$ 均为未知，则关于方差比 $\dfrac{\sigma_1^2}{\sigma_2^2}$ 的检验（F 检验法）具体包括：

双边检验：$H_0:\sigma_1^2=\sigma_2^2,H_1:\sigma_1^2\neq\sigma_2^2$；

右边检验：$H_0:\sigma_1^2\leqslant\sigma_2^2,H_1:\sigma_1^2>\sigma_2^2$；

左边检验：$H_0:\sigma_1^2\geqslant\sigma_2^2,H_1:\sigma_1^2<\sigma_2^2$.

判断结论见表 8-1.

例 8.24 某厂生产的某种型号的电池，其寿命（以 h 计）长期以来服从方差 $\sigma^2=5000$ 的正态分布．现有一批这种电池，从它的生产情况来看，寿命的波动性有所改变．现随机取 26 只电池，测出其寿命的样本方差 $s^2=9200$. 问根据这一数据能否推断这批电池的寿命的波动性较以往的有显著变化（取 $\alpha=0.02$）？

分析 如果这批电池的寿命的波动性较以往的有显著变化，即是这批电池寿命的方差不等于 5000，即若 $\sigma^2=5000$，则无显著变化，若 $\sigma^2\neq5000$，则有显著变化.

解答 设电池的寿命为 $X,X\sim N(\mu,\sigma^2),\mu,\sigma^2$ 未知，

检验假设 $H_0:\sigma^2=\sigma_0^2=5000,H_1:\sigma^2\neq5000$，

检验统计量
$$\chi^2=\frac{(n-1)S^2}{\sigma_0^2},$$

$$n=26,\ s^2=9200,\alpha=0.02,\chi^2_{\alpha/2}(n-1)=\chi^2_{0.01}(25)=44.31,$$
$$\chi^2_{1-\alpha/2}(n-1)=\chi^2_{0.99}(25)=11.52,$$

拒绝域为 $\chi^2=\dfrac{(n-1)s^2}{\sigma_0^2}\geqslant\chi^2_{0.01}(25)=44.31$ 或 $\chi^2=\dfrac{(n-1)s^2}{\sigma_0^2}\leqslant\chi^2_{0.99}(25)=11.52$，

因为
$$\chi^2=\frac{(n-1)s^2}{\sigma_0^2}=\frac{25\times9200}{5000}=46>\chi^2_{0.01}(25)=44.31,$$

故拒绝原假设 H_0，即认为这批电池的寿命的波动性较以往有显著变化.

评注 电池寿命的波动性较以往有无显著变化即是方差较以往的有无显著变化．同时注

意χ^2检验法的拒绝域的形式.

例 8.25 一温度计制造商声称,他的温度计读数的标准差不超过 0.5℃. 检验了一组 16 只温度计,得到样本标准差为 0.7℃. 设温度计读数总体近似服从正态分布 $N(\mu,\sigma^2)$,μ,σ^2 均未知,试检验制造商的断言是否准确? 取 $\alpha=0.05$.

分析 如果温度计的读数的标准差不超过 0.5℃,则制造商的断言准确,即若 $\sigma\leqslant0.5$℃,断言准确,若 $\sigma>0.5$℃,断言不准确.

解答 设温度计读数为 X,$X\sim N(\mu,\sigma^2)$,μ,σ^2 未知,

检验假设 $$H_0:\sigma\leqslant\sigma_0=0.5℃,H_1:\sigma>0.5℃,$$

检验统计量 $$\chi^2=\frac{(n-1)S^2}{\sigma_0^2},$$

$$n=16,\ s=0.7℃,\alpha=0.05,\chi_\alpha^2(n-1)=\chi_{0.05}^2(15)=24.996,$$

拒绝域为 $$\chi^2=\frac{(n-1)s^2}{\sigma_0^2}\geqslant\chi_{0.05}^2(15)=24.996,$$

因为 $$\chi^2=\frac{(n-1)s^2}{\sigma_0^2}=\frac{15\times0.7^2}{0.5^2}=29.4>\chi_{0.05}^2(15)=24.996,$$

故拒绝原假设 H_0,即认为制造商的话不可信.

评注 此题为标准差 σ 的单边检验法,注意拒绝域的形式.

例 8.26 测定某种溶液的水分,它的 10 个测定值给出 $s=0.037\%$,设测定值总体服从正态分布,σ^2 为总体方差,σ^2 未知. 试在显著性水平 $\alpha=0.05$ 下检验假设

$$H_0:\sigma\geqslant0.04\%,H_1:\sigma<0.04\%.$$

分析 此题为标准差 σ 的左边检验法.

解答 设某种溶液的水分为 X,$X\sim N(\mu,\sigma^2)$,μ,σ^2 未知,

检验假设 $$H_0:\sigma\geqslant0.04\%,H_1:\sigma<0.04\%.$$

检验统计量 $$\chi^2=\frac{(n-1)S^2}{\sigma_0^2},$$

$$n=10,\ s=0.037\%,\alpha=0.05,\chi_{1-\alpha}^2(n-1)=\chi_{0.95}^2(9)=3.325,$$

拒绝域为 $$\chi^2=\frac{(n-1)s^2}{\sigma_0^2}\leqslant\chi_{0.95}^2(9)=3.325,$$

因为 $$\chi^2=\frac{(n-1)s^2}{\sigma_0^2}=\frac{9\times0.037\%^2}{0.04\%^2}=7.701>\chi_{0.95}^2(9)=3.325,$$

故拒绝原假设 H_0,即 $\sigma<0.04\%$成立.

评注 正态总体标准差 σ 的左边检验法和 σ^2 的左边检验法的拒绝域相同.

例 8.27 两台车床加工同种零件,分别从两台车床加工的零件中抽取 6 个和 9 个,测量其直径(单位:cm),并计算得到 $s_1^2=0.345$,$s_2^2=0.375$. 假定零件直径服从正态分布,试比较两台车床加工精度有无显著差异(取 $\alpha=0.10$)?

分析 两台车床加工精度有无显著差异是指由它们加工的零件直径的方差是否相等.

解答 设两台车床加工零件直径分别为 X,Y,且 $X\sim N(\mu_1,\sigma_1^2)$,

$Y\sim N(\mu_2,\sigma_2^2)$,设 $\mu_1,\mu_2,\sigma_1^2,\sigma_2^2$ 均为未知,

检验假设: $$H_0:\sigma_1^2=\sigma_2^2,H_1:\sigma_1^2\neq\sigma_2^2;$$

检验统计量 $$F=\frac{S_1^2}{S_2^2},$$

$$n_1=6, n_2=9, s_1^2=0.345, s_2^2=0.375, \alpha=0.10,$$

$$F_{\alpha/2}(n_1-1, n_2-1)=F_{0.05}(5,8)=3.69,$$

$$F_{1-\alpha/2}(n_1-1, n_2-1)=F_{0.95}(5,8)=\frac{1}{F_{0.05}(8,5)}=0.207,$$

拒绝域为 $F=\frac{s_1^2}{s_2^2}\geqslant F_{0.05}(5,8)=3.69$ 或 $F=\frac{s_1^2}{s_2^2}\leqslant F_{0.95}(5,8)=0.207$,

因为 $$0.207<F=\frac{s_1^2}{s_2^2}=\frac{0.345}{0.375}=0.92<3.69,$$

故接受原假设 H_0,即认为两台车床加工精度无显著差异.

评注 两个正态总体的方差比检验用 F 检验法.

例 8.28 测定了 10 位老年男子和 8 位青年男子的血压值(收缩压)如下:

老年男子的血压值:133,120,122,114,130,155,116,140,160,180,

青年男子的血压值:152,136,128,130,114,123,134,128.

通常认为血压值服从正态分布,试检验老年男子血压值的波动是否显著高于青年男子的?($\alpha=0.05$)

分析 此题为两个正态总体方差比的单边检验法.

解答 设老年男子的血压值和青年男子的血压值分别为 X,Y,且 $X\sim N(\mu_1,\sigma_1^2)$,$Y\sim N(\mu_2,\sigma_2^2)$,设 $\mu_1,\mu_2,\sigma_1^2,\sigma_2^2$ 均为未知,

检验假设: $$H_0:\sigma_1^2\leqslant\sigma_2^2, H_1:\sigma_1^2>\sigma_2^2;$$

检验统计量 $$F=\frac{S_1^2}{S_2^2},$$

$$n_1=10, n_2=8, s_1^2=473.33, s_2^2=120.84, \alpha=0.05,$$

$$F_{\alpha}(n_1-1, n_2-1)=F_{0.05}(9,7)=3.68,$$

拒绝域为 $$F=\frac{s_1^2}{s_2^2}\geqslant F_{0.05}(9,7)=3.68,$$

因为 $$F=\frac{s_1^2}{s_2^2}=\frac{473.33}{120.84}=3.917<3.68,$$

故接受原假设 H_0,即认为老年男子血压值的波动不显著高于青年男子的.

评注 两个随机变量波动性的比较即是两总体的方差的比较.

例 8.29 有两台机器生产同一种零件. 分别在两台机器所生产的零件中各取容量 $n_1=40$,$n_2=60$ 的样本,测得零件重量(以 kg 计)的样本方差分别为 $s_1^2=9.66$,$s_2^2=15.46$. 设两样本相互独立. 两总体分别服从 $N(\mu_1,\sigma_1^2)$,$N(\mu_2,\sigma_2^2)$分布,$\mu_1,\mu_2,\sigma_1^2,\sigma_2^2$ 均为未知. 试在显著性水平 $\alpha=0.05$ 下检验假设

$$H_0:\sigma_1^2\geqslant\sigma_2^2, H_1:\sigma_1^2>\sigma_2^2.$$

分析 此题为两个正态总体方差比的左边检验法.

解答 设两台机器生产零件重量分别为 X,Y,且 $X\sim N(\mu_1,\sigma_1^2)$,$Y\sim N(\mu_2,\sigma_2^2)$,

检验假设: $$H_0:\sigma_1^2\geqslant\sigma_2^2, H_1:\sigma_1^2>\sigma_2^2.$$

检验统计量 $$F=\frac{S_1^2}{S_2^2},$$

$$n_1=40, n_2=60, s_1^2=9.66, s_2^2=15.46, \alpha=0.05,$$

$$F_{1-\alpha}(n_1-1,n_2-1)=F_{0.95}(39,59)=\frac{1}{F_{0.05}(59,39)}=\frac{1}{1.64}\approx 0.61,$$

拒绝域为
$$F=\frac{s_1^2}{s_2^2}\leqslant F_{0.95}(39,59)=0.61,$$

因为
$$F=\frac{s_1^2}{s_2^2}=\frac{9.66}{15.46}=0.62>0.61,$$

故接受原假设 H_0，即认为 $\sigma_1^2\geqslant\sigma_2^2$.

评注　注意两个正态总体方差比左边检验法和右边检验法拒绝域的不同且不要混淆.

例 8.30　有一种叫"混乱指标"的尺度去衡量工程师的英语的可理解性，对混乱指标的打分越低表示可理解性越高．分别随机选取 13 篇刊载在工程杂志上的论文，以及 10 篇未出版的学术报告，对它们的打分列于下表：

杂志中的论文（数据Ⅰ）	未出版的报告（数据Ⅱ）
1.79　1.75　1.67　1.65	2.39　2.51　2.86
1.87　1.74　1.94	2.56　2.29　2.49
1.62　2.06　1.33	2.36　2.58
1.96　1.69　1.70	2.62　2.41

设数据Ⅰ，Ⅱ分别来自正态总体 $N(\mu_1,\sigma_1^2)$，$N(\mu_2,\sigma_2^2)$，$\mu_1,\mu_2,\sigma_1^2,\sigma_2^2$ 均为未知，两样本独立．

(1) 试检验假设 $H_0:\sigma_1^2=\sigma_2^2, H_1:\sigma_1^2\neq\sigma_2^2$（取 $\alpha=0.10$）.

(2) 若能接受 H_0，接着检验假设 $H_0':\mu_1=\mu_2, H_1':\mu_1\neq\mu_2$.（取 $\alpha=0.10$）

分析　本题最终是需要检验均值差 $\mu_1-\mu_2$，应首先检验两个总体的方差是否相等，即是否满足方差的齐次性要求.

解答　设混乱指标对杂志中的论文和未出版的报告的英语的打分分别为 X,Y，且 $X\sim N(\mu_1,\sigma_1^2)$，$Y\sim N(\mu_2,\sigma_2^2)$，设 $\mu_1,\mu_2,\sigma_1^2,\sigma_2^2$ 均为未知，

(1) 检验假设：$H_0:\sigma_1^2=\sigma_2^2, H_1:\sigma_1^2\neq\sigma_2^2$；

检验统计量
$$F=\frac{S_1^2}{S_2^2},$$

$$n_1=13, n_2=10, s_1^2=0.034, s_2^2=0.0264, \alpha=0.10,$$

$$F_{\alpha/2}(n_1-1,n_2-1)=F_{0.05}(12,9)=3.07,$$

$$F_{1-\alpha/2}(n_1-1,n_2-1)=F_{0.95}(12,9)=\frac{1}{F_{0.05}(9,12)}=0.357,$$

拒绝域为　$F=\dfrac{s_1^2}{s_2^2}\geqslant F_{0.05}(12,9)=3.07$ 或 $F=\dfrac{s_1^2}{s_2^2}\leqslant F_{0.95}(12,9)=0.357$，

因为
$$0.357<F=\frac{s_1^2}{s_2^2}=\frac{0.034}{0.0264}=1.288<3.07,$$

故接受原假设 H_0，即认为两个总体的方差相等.

(2) 检验假设 $H_0':\mu_1=\mu_2, H_1':\mu_1\neq\mu_2$.

总体方差未知，检验统计量 $t=\dfrac{\overline{X}-\overline{Y}}{S_w\sqrt{\dfrac{1}{n_1}+\dfrac{1}{n_2}}}$，其中 $S_w^2=\dfrac{(n_1-1)S_1^2+(n_2-1)S_2^2}{n_1+n_2-2}$，

$$\overline{x}=1.752,\overline{y}=2.507,s_w^2=\frac{12\times 0.034+9\times 0.0264}{21}=0.0307,$$

$$\alpha=0.10,\quad t_{\alpha/2}(n_1+n_2-2)=t_{0.05}(21)=1.7207,$$

拒绝域为
$$|t|=\left|\frac{\overline{x}-\overline{y}}{s_w\sqrt{\frac{1}{n_1}+\frac{1}{n_2}}}\right|\geqslant t_{\alpha/2}(n_1+n_2-2)=t_{0.05}(21)=1.7207,$$

因为
$$|t|=\left|\frac{1.752-2.507}{\sqrt{0.0307}\sqrt{\frac{1}{13}+\frac{1}{10}}}\right|=10.244>1.7207,$$

故拒绝原假设 H_0，即认为杂志刊载的论文与未出版的学术报告的英语可理解性有显著差异.

评注 当均值和方差都未知时，为了检验均值差 $\mu_1-\mu_2$，应首先检验两个总体的方差是否相等，从而确定是用 Z 检验法还是 t 检验法.

8.3 本章小结

本章主要介绍假设检验的基本概念、基本思想和单个正态总体均值及方差的假设检验，以及两个正态总体均值差和方差比的假设检验.

假设检验部分的重点是假设检验的基本思想，这里要求掌握假设检验的一些基本概念，如：原假设、备择假设、拒绝域、临界点等概念，能够根据问题合理提出假设，求出相应的拒绝域，给出实际问题的合理判断. 这也是我们对实际问题中正态总体分布中的参数进行假设检验的最基础部分. 本章主要研究正态总体参数的假设检验. 由于样本具有随机性，我们利用样本进行检验，给出的判断可能会产生两类错误，要求正确理解两类错误的概念，会求产生两类错误的概率.

正态总体均值和方差的假设检验中包括单个总体和两个总体的假设检验. 在学习这部分内容时，要求会根据实际问题提出假设，给出统计量. 同时要进行归纳总结，掌握常用统计量及其分布，会利用双侧及单侧分位点计算出拒绝域.

这部分内容要求重点掌握单个总体的均值和方差的假设检验，两个总体的均值差检验要注意方差齐性.

8.4 同步习题及解答

8.4.1 同步习题

1. 填空题：

(1) Z 检验和 t 检验都是关于________的假设检验，当________已知时，用 Z 检验；当________未知时，用 t 检验.

(2) 设总体 $X\sim N(\mu,\sigma^2)$，均值 μ 未知，对假设 $H_0:\sigma^2=\sigma_0^2,H_1:\sigma^2\neq\sigma_0^2$ 所使用的统计量是____________.

(3) 设 X 服从正态分布 $N(\mu,\sigma^2)$，方差 σ^2 未知，对假设 $H_0:\mu=\mu_0,H_1:\mu\neq\mu_0$ 进行假设检验时，通常采取的统计量是________，服从________分布，自由度是________.

(4) 在 χ^2 检验时，用统计量 $\chi^2=\frac{(n-1)S^2}{\sigma_0^2}$，若 $H_0:\sigma^2=\sigma_0^2, H_1:\sigma^2\neq\sigma_0^2$ 时，用__________检验，它的拒绝域为__________；若 $H_0:\sigma^2\geqslant\sigma_0^2, H_1:\sigma^2<\sigma_0^2$ 时，用__________检验，它的拒绝域为__________.

(5) 已知 $X\sim N(\mu_1,\sigma^2), Y\sim N(\mu_2,\sigma^2)$，$X,Y$ 独立，设 μ_1,μ_2 均未知，σ^2 已知，对假设 $H_0:\mu_1-\mu_2=\delta, H_1:\mu_1-\mu_2\neq\delta$ 进行检验时，通常采用的统计量是____________，它服从____________分布.

2. 单项选择题：

(1) 在假设检验中，显著性水平 α 表示(　　).

(A) $P\{$接受 $H_0\mid H_0$ 为真$\}=\alpha$；　(B) $P\{$拒绝 $H_0\mid H_0$ 为真$\}=\alpha$；

(C) $P\{$接受 $H_0\mid H_0$ 为假$\}=\alpha$；　(D) $P\{$拒绝 $H_0\mid H_0$ 为假$\}=\alpha$.

(2) 对于正态总体均值 μ 进行假设检验时，如果在显著性水平 $\alpha=0.05$ 下接受 $H_0:\mu=\mu_0$，那么在显著性水平 $\alpha=0.01$ 下，下列结论中正确的是(　　).

(A) 必接受 H_0；　(B) 可能接受，也可能拒绝 H_0；

(C) 必拒绝 H_0；　(D) 不接受，也不拒绝 H_0.

(3) 设总体 $X\sim N(\mu,\sigma^2)$，σ^2 未知，$X_1,X_2,\cdots,X_n$ 是来自总体 X 的一个简单随机样本，则检验假设 $H_0:\mu=\mu_0, H_1:\mu\neq\mu_0$ 的拒绝域与(　　)有关.

(A) 样本值与样本容量 n；

(B) 样本值与显著性水平 α；

(C) 样本值、样本容量 n 及显著性水平 α；

(D) 显著性水平 α 与样本容量 n.

(4) 设总体 $X\sim N(\mu,\sigma^2)$，σ^2 已知，给出显著性水平 α，$X_1,X_2,\cdots,X_n$ 为来自总体 X 的一个简单随机样本，则检验假设 $H_0:\mu=\mu_0, H_1:\mu\neq\mu_0$ 的拒绝域是(　　).

(A) $|Z|\geqslant z_{\frac{\alpha}{2}}$；　(B) $|t|\geqslant t_{\frac{\alpha}{2}}$；

(C) $\chi^2\geqslant\chi^2_{\frac{\alpha}{2}}(n-1)$ 或 $\chi^2\leqslant\chi^2_{1-\frac{\alpha}{2}}(n-1)$；　(D) 以上都不对.

(5) 对于正态总体 $N(\mu,\sigma^2)$ (σ^2 未知) 的假设检验问题：$H_0:\mu\leqslant1, H_1:\mu>1$，若取得显著性水平 $\alpha=0.05$，则其拒绝域为(　　).

(A) $|\overline{X}-1|>z_{0.05}$；　(B) $\overline{X}>1+t_{0.05}(n-1)\frac{s}{\sqrt{n}}$；

(C) $|\overline{X}-1|>t_{0.05}(n-1)\frac{s}{\sqrt{n}}$；　(D) $\overline{X}<1-t_{0.05}(n-1)\frac{s}{\sqrt{n}}$.

(6) 自动装袋机装出的每袋重量服从正态分布，规定每袋重量的方差不超过 a，为了检验自动装袋机的生产是否正常，对它生产的产品进行抽样检查，取原假设 $H_0:\sigma^2\leqslant a$，显著性水平 $\alpha=0.05$，则下列命题正确的是(　　).

(A) 如果生产正常，则检验结果也认为生产正常的概率等于 95%；

(B) 如果生产不正常，则检验结果也认为生产不正常的概率等于 95%；

(C) 如果检验的结果认为生产正常，则生产确实正常的概率等于 95%；

(D) 如果检验的结果认为生产不正常，则生产确实不正常的概率等于 95%.

(7) 机床厂某日从 2 台机器所加工的同一种零件中分别抽取容量为 n_1 和 n_2 的样本，并且已知这些零件的长度都服从正态分布，为检验这两台机器的精度是否相同，则正确的假设是(　　).

(A) $H_0:\mu_1=\mu_2, H_1:\mu_1\neq\mu_2$；　　(B) $H_0:\sigma_1^2=\sigma_2^2, H_1:\sigma_1^2\neq\sigma_2^2$；

(C) $H_0:\sigma_1^2\geqslant\sigma_2^2, H_1:\sigma_1^2<\sigma_2^2$；　　(D) $H_1:\mu_1\geqslant\mu_2, H_1:\mu_1<\mu_2$.

(8) 下列叙述正确的是(　　).

(A)假设检验 $H_0:\sigma_1^2=\sigma_2^2, H_1:\sigma_1^2\neq\sigma_2^2$，要求已知这两个总体的均值相同或经过检验均值相同.

(B) 假设检验 $H_0:\sigma_1^2=\sigma_2^2, H_1:\sigma_1^2\neq\sigma_2^2$，要求这两个总体的均值经过检验为相同.

(C)假设检验 $H_0:\mu_1=\mu_2, H_1:\mu_1\neq\mu_2$，要求已知这两个总体的方差相同或经过检验方差相同.

(D) 假设检验 $H_0:\mu_1=\mu_2, H_1:\mu_1\neq\mu_2$，要求这两个总体的方差已知，否则无法检验.

3. 根据以往经验，某工厂装配一只某种部件的时间(以 min 计)近似服从正态分布，均值为10，标准差为 0.5. 现在随机地选定 10 只部件，测得其装配时间分别为

9.8，10.4，10.6，9.6，9.7，9.9，10.9，11.1，9.5，10.1.

问在显著性水平 $\alpha=0.05$ 下，是否可以认为现在装配时间的均值没有改变？(假定标准差不变)

4. 已知某炼铁厂的铁液含碳量服从正态分布 $N(4.40,0.05^2)$，某日测得 5 炉铁液的含碳量如下：

4.34，4.40，4.42，4.30，4.35.

若标准差不变，该日铁液含碳量的均值是否显著降低？(取 $\alpha=0.05$)

5. 某工厂生产的固体燃料推进器的燃烧率服从正态分布 $N(\mu,\sigma^2)$，$\mu=40\text{cm/s}$，$\sigma=2\text{cm/s}$. 现在用新方法生产了一批推进器. 从中随机取 $n=25$ 只，测得燃烧率的样本均值为 $\bar{x}=41.25\text{cm/s}$. 设在新方法下总体均方差仍为 2cm/s，问用新方法生产的推进器的燃烧率是否较以往生产的推进器的燃烧率有显著提高？取显著性水平 $\alpha=0.05$.

6. 设某次考试考生成绩服从正态分布．从中随机抽出 36 位考生的成绩，算得平均成绩为66.5 分，标准差为 15 分．问是否可以认为这次考试全体考生的平均成绩为 70 分？(取 $\alpha=0.05$)

7. 一化学制品制备过程一天生产的化学制品产量(以 t 计)近似服从正态分布．当设备运转正常时一天产量的均值为 800t. 测得上周 5 天的产量分别为

785，805，790，790，802.

问是否可以认为日产量的均值显著小于 800？(取 $\alpha=0.05$)

8. 某装置的平均工作温度据制造厂声称不高于 190℃. 今从一个由 16 台装置构成的随机样本测得工作温度的平均值和标准差分别为 195℃和 8℃，根据这些数据能否说明平均工作温度比制造厂商所说的要高？设 $\alpha=0.05$，并假定工作温度近似服从正态分布.

9. 某香烟厂生产两种香烟，独立地随机抽取容量大小相同的烟叶标本，测量尼古丁含量的毫克数，实验室分别做了 6 次测定，数据记录如下：

甲	25	28	23	26	29	22
乙	28	23	30	25	21	27

试问：这两种香烟的尼古丁含量有无显著差异．给定 $\alpha=0.05$，假定尼古丁含量服从正态分布且具有公共方差.

10. 某品种小麦产量(单位：kg/m^2) X 服从正态分布，其中 $\sigma^2=0.4$，μ 未知．收获前在麦田的四周取 12 个样点，得到产量的均值 $\bar{x}=1.2$，在麦田的中心取 8 个样点，得到产量的均值 $\bar{y}=1.4$，试检验麦田四周及中心处每平方米产量是否有显著差异？($\alpha=0.05$)

11. 为了试验某谷物的两种不同的种子的优劣，选取了 10 块土质不同的土地，并将每块土

地分为面积相同的两部分,分别播下这两种种子. 设在每块土地的两部分人工管理等条件完全一样. 下面给出各块土地上的单位面积产量:

土地编号 i	1	2	3	4	5	6	7	8	9	10
种子 $A(x_i)$	23	35	29	42	39	29	37	34	35	28
种子 $B(x_i)$	26	39	35	40	38	24	36	27	41	27

设 $D_i=X_i-Y_i(i=1,\cdots,10)$是来自正态总体假设 $N(\mu_D,\sigma_D^2)$的样本,假设 μ_D,σ_D^2均未知. 问这两种种子谷物的产量是否有显著差异(取 $\alpha=0.05$)?

12. 已知某厂生产的维尼纶纤度服从正态分布,标准差 $\sigma_0=0.048$,某日抽取 5 根纤维,测得纤度为

$$1.32,1.55,1.36,1.40,1.44.$$

问这天生产的维尼纶纤度的均方差是否有显著变化($\alpha=0.01$)?

13. 某工厂生产金属丝,产品指标为折断力(单位:kg). 折断力的方差被用作工厂生产精度的表征,方差越小,表明精度越高. 以往工厂一直把该方差保持在 64 及 64 以下. 最近从一批产品中抽取 10 根做折断力试验,测得的结果如下:

$$578,572,570,568,572,570,572,596,584,570.$$

由上述样本值算得 $\bar{x}=575.2,s^2=75.74$. 为此,厂方怀疑金属丝折断力的方差是变大了,如果确实增大了,表明生产精度不如以前,就需对生产流程做进一步检查,以发现生产环节中存在的问题. 现取 $\alpha=0.05$ 做检查.

14. 一种混杂的小麦品种,株高的标准差为 $\sigma_0=14$cm,经过提纯后随机抽取 10 株,它们的株高(以 cm 计)为

$$90,105,101,95,100,100,101,105,93,97.$$

考察提纯后群体是否比原群体整齐? 取显著性水平 $\alpha=0.01$,并设小麦株高服从 $N(\mu,\sigma^2)$.

15. 有甲、乙两台机床,加工同一种零件,从这两台机床加工的零件中随机地抽取若干产品,测得直径(mm)为

甲:20.5,19.8,19.7,20.4,20.1,20.0,19.6,19.9;

乙:19.7,20.8,20.5,19.8,19.4,20.6,19.2.

假定甲、乙机床零件直径都服从正态分布,试比较甲、乙机床加工精度有无显著差异($\alpha=0.05$)?

16. 从某锌矿的东西两支矿脉中,各抽取容量分别为 9 和 8 的样本分析后,计算其样本含锌量(%)的平均值与方差分别为

东支:$\bar{x}=0.230,s_1^2=0.1337,n_1=9$,

西支:$\bar{y}=0.269,s_2^2=0.1736,n_2=8$,

假定东西两支矿脉的含锌量都服从正态分布,对 $\alpha=0.05$,问能否认为两支矿脉的含锌量相同?

8.4.2 同步习题解答

1. (1)正态总体均值,总体方差,总体方差; (2) $\chi^2=\dfrac{(n-1)S^2}{\sigma_0^2}$; (3) $\dfrac{\overline{X}-\mu}{S/\sqrt{n}},t,n-1$;

(4) 双边，$\chi^2 \geqslant \chi^2_{\alpha/2}(n-1)$ 或 $\chi^2 \leqslant \chi^2_{1-\alpha/2}(n-1)$；左边，$\chi^2 \leqslant \chi^2_{1-\alpha}(n-1)$；(5) $Z=\dfrac{\overline{X}-\overline{Y}-\delta}{\sigma\sqrt{\dfrac{1}{n_1}+\dfrac{1}{n_2}}}$，标准正态.

2. (1) (B)；(2) (A)；(3) (D)；(4) (A)；(5) (B)；(6) (A)；(7)(B)；(8)(C).

3. 设装配时间为 X，$X \sim N(\mu, 0.5^2)$，μ 未知，

检验假设 $H_0: \mu=\mu_0=10$，$H_1: \mu \neq 10$，

总体方差已知，检验统计量 $Z=\dfrac{\overline{X}-\mu_0}{\sigma/\sqrt{n}} \sim N(0,1)$，

$$n=10, \bar{x}=10.16, \alpha=0.05, z_{\frac{\alpha}{2}}=z_{0.025}=1.96, \sigma=0.5,$$

拒绝域为
$$|z|=\left|\frac{\bar{x}-\mu_0}{\sigma/\sqrt{n}}\right| \geqslant z_{\frac{\alpha}{2}}=1.96,$$

因为
$$|z|=\left|\frac{10.16-10}{0.5/\sqrt{10}}\right|=1.0119<1.96,$$

故接受原假设 H_0，认为现在装配时间的均值为 10.

4. 设该日铁液含碳量为 X，$X \sim N(\mu, 0.05^2)$，μ 未知，

检验假设
$$H_0: \mu \geqslant \mu_0=4.40, H_1: \mu<\mu_0=4.40,$$

总体方差已知，检验统计量
$$Z=\frac{\overline{X}-\mu_0}{\sigma/\sqrt{n}},$$

$$n=5, \bar{x}=4.362, \alpha=0.05, z_\alpha=z_{0.05}=1.645, \sigma=0.05,$$

拒绝域为
$$z=\frac{\bar{x}-\mu_0}{\sigma/\sqrt{n}} \leqslant -z_\alpha=-1.645,$$

因为
$$z=\frac{4.362-4.40}{0.05/\sqrt{5}}=-1.699<-1.645,$$

故拒绝原假设 H_0，即认为该日铁液含碳量的均值显著降低.

5. 设固体燃料推进器的燃烧率为 X，$X \sim N(\mu, 2^2)$，μ 未知，

检验假设
$$H_0: \mu \leqslant \mu_0=40, H_1: \mu>\mu_0=40,$$

总体方差已知，检验统计量
$$Z=\frac{\overline{X}-\mu_0}{\sigma/\sqrt{n}},$$

$$n=25, \bar{x}=41.25, \alpha=0.05, z_\alpha=z_{0.05}=1.645, \sigma=2,$$

拒绝域为
$$z=\frac{\bar{x}-\mu_0}{\sigma/\sqrt{n}} \geqslant z_\alpha=1.645,$$

因为
$$z=\frac{41.25-40}{2/\sqrt{25}}=3.125>1.645,$$

故拒绝原假设 H_0，即认为用新方法生产的推进器的燃烧率较以往生产的推进器的燃烧率有显著提高.

6. 设该次考试考生的成绩为 X，$X \sim N(\mu, \sigma^2)$，μ, σ^2 未知，

检验假设
$$H_0: \mu=70, H_1: \mu \neq 70,$$

总体方差未知，检验统计量 $$t=\frac{\overline{X}-\mu_0}{S/\sqrt{n}},$$

$$n=36,\overline{x}=66.5,\alpha=0.05,s^2=15^2,t_{0.025}(35)=2.0301,$$

拒绝域为 $$t=\left|\frac{\overline{x}-\mu_0}{s/\sqrt{n}}\right|\geqslant t_{0.025}(35)=2.0301,$$

因为 $$t=\frac{|66.5-70|}{15/\sqrt{36}}=1.4<2.0301,$$

故接受原假设 H_0，即认为这此考试全体考生平均成绩为 70 分.

7. 设一天生产的化学制品产量为 X，$X\sim N(\mu,\sigma^2)$，μ,σ^2 未知，

检验假设 $$H_0:\mu\geqslant\mu_0=800,H_1:\mu<800,$$

总体方差未知，检验统计量 $$t=\frac{\overline{X}-\mu_0}{S/\sqrt{n}},$$

$$n=5,\overline{x}=794.4,s=8.6197,\alpha=0.05,t_\alpha(n-1)=t_{0.05}(4)=2.1318,$$

拒绝域为 $$t=\frac{\overline{x}-\mu_0}{s/\sqrt{n}}\leqslant -t_\alpha(n-1)=-t_{0.05}(4)=-2.1318,$$

因为 $$t=\frac{794.4-800}{8.6197/\sqrt{5}}=-1.5327>-2.1318,$$

故接受原假设 H_0，即认为日产量的均值不是显著小于 800.

8. 设工作温度为 X，$X\sim N(\mu,\sigma^2)$，μ,σ^2 未知，

检验假设 $$H_0:\mu\leqslant\mu_0=190,H_1:\mu>190,$$

总体方差未知，检验统计量 $$t=\frac{\overline{X}-\mu_0}{S/\sqrt{n}},$$

$$n=16,\overline{x}=195,\alpha=0.05,t_\alpha(n-1)=t_{0.05}(15)=1.7531,s=8,$$

拒绝域为 $$t=\frac{\overline{x}-\mu_0}{s/\sqrt{n}}\geqslant t_\alpha(n-1)=t_{0.05}(15)=1.7531,$$

因为 $$t=\frac{195-190}{8/\sqrt{16}}=2.5>1.7531,$$

故拒绝原假设 H_0，即可以认为平均工作温度比制造厂商所说的要高.

9. 设两种香烟的尼古丁含量分别为 X,Y，且 $X\sim N(\mu_1,\sigma_1^2)$，$Y\sim N(\mu_2,\sigma_2^2)$，$\sigma_1^2=\sigma_2^2=\sigma^2$，

检验假设 $$H_0:\mu_1=\mu_2,H_1:\mu_1\neq\mu_2,$$

总体方差未知，检验统计量 $t=\dfrac{\overline{X}-\overline{Y}}{S_w\sqrt{\dfrac{1}{n_1}+\dfrac{1}{n_2}}}$，其中 $S_w^2=\dfrac{(n_1-1)S_1^2+(n_2-1)S_2^2}{n_1+n_2-2}$，

$$n_1=6,n_2=6,\overline{x}=25.5,\overline{y}=25.67,s_1^2=7.5,s_2^2=11.07,$$

$$s_w=\sqrt{\frac{5(7.5+11.07)}{10}}=3.05,\alpha=0.05,t_{\alpha/2}(n_1+n_2-2)=t_{0.025}(10)=2.2281,$$

拒绝域为 $$|t|=\left|\frac{\overline{x}-\overline{y}}{s_w\sqrt{\dfrac{1}{n_1}+\dfrac{1}{n_2}}}\right|\geqslant t_{\alpha/2}(n_1+n_2-2)=t_{0.025}(10)=2.2281,$$

因为 $$|t|=\left|\frac{25.5-25.67}{3.05\sqrt{\frac{1}{6}+\frac{1}{6}}}\right|=0.099<t_{0.025}(10)=2.2281,$$

故接受原假设 H_0，即认为两种香烟的尼古丁含量无显著差异.

10. 设麦田四周及中心处每平方米产量分别为 X,Y，且 $X\sim N(\mu_1,\sigma_1^2)$，$Y\sim N(\mu_2,\sigma_2^2)$，

检验假设 $$H_0:\mu_1=\mu_2,H_1:\mu_1\neq\mu_2,$$

总体方差已知，检验统计量 $Z=\dfrac{\overline{X}-\overline{Y}-(\mu_1-\mu_2)}{\sqrt{\dfrac{\sigma_1^2}{n_1}+\dfrac{\sigma_2^2}{n_2}}}$，

$$n_1=12,n_2=8,\bar{x}=1.2,\bar{y}=1.4,\alpha=0.05,z_{\alpha/2}=z_{0.025}=1.96,$$
$$\sigma_1^2=\sigma_2^2=\sigma^2=0.4,$$

拒绝域为 $$|z|=\left|\frac{\bar{x}-\bar{y}-(\mu_1-\mu_2)}{\sqrt{\frac{\sigma^2}{n_1}+\frac{\sigma^2}{n_2}}}\right|\geqslant z_{\alpha/2}=1.96,$$

因为 $$|z|=\left|\frac{1.2-1.4}{\sqrt{\frac{0.4}{12}+\frac{0.4}{8}}}\right|=0.693<1.96,$$

故接受原假设 H_0，即认为麦田四周及中心处每平方米产量无显著差异.

11. 设两种种子种植的谷物的产量分别为 X,Y，且 $D_i=X_i-Y_i(i=1,\cdots,10)$，假设 $D_i\sim N(\mu_D,\sigma_D^2)(i=1,2,\cdots,10)$，

检验假设 $$H_0:\mu_D=0,H_1:\mu_D\neq 0;$$

检验统计量 $$t=\frac{\overline{D}-0}{S_D/\sqrt{n}}.$$

$$n=10,\bar{d}=-0.2,s_D=4.45,\alpha=0.05,t_{\frac{\alpha}{2}}(n-1)=t_{0.025}(9)=2.2622,$$

拒绝域为 $$|t|=\left|\frac{\bar{d}}{s_D/\sqrt{n}}\right|\geqslant t_{\frac{\alpha}{2}}(n-1)=t_{0.025}(9)=2.2622,$$

因为 $$|t|=\left|\frac{-0.2}{4.45/\sqrt{10}}\right|=0.142<2.2622,$$

故接受原假设 H_0，即认为这两种种子的谷物的产量无显著差异.

12. 设维尼纶纤度为 X，$X\sim N(\mu,\sigma^2)$，μ,σ^2 未知，

检验假设 $$H_0:\sigma=\sigma_0=0.048,H_1:\sigma\neq 0.048,$$

检验统计量 $$\chi^2=\frac{(n-1)S^2}{\sigma_0^2}$$

$$n=5,\ s^2=0.00778,\alpha=0.01,\chi_{\alpha/2}^2(n-1)=\chi_{0.005}^2(4)=14.86,$$
$$\chi_{1-\alpha/2}^2(n-1)=\chi_{0.995}^2(4)=0.207,$$

拒绝域为 $\chi^2=\dfrac{(n-1)s^2}{\sigma_0^2}\geqslant\chi_{0.005}^2(4)=14.86$ 或 $\chi^2=\dfrac{(n-1)s^2}{\sigma_0^2}\leqslant\chi_{0.995}^2(4)=0.207$，

因为 $$0.207<\chi^2=\frac{(n-1)s^2}{\sigma_0^2}=\frac{4\times 0.00778}{0.048^2}=13.51<14.86,$$

故接受原假设 H_0，即认为这天生产的维尼纶纤度的均方差没有显著变化.

13. 金属丝的折断力为 $X, X\sim N(\mu,\sigma^2)$，μ,σ^2 未知，

检验假设 $$H_0:\sigma^2\leqslant\sigma_0^2=64,, H_1:\sigma^2>\sigma_0^2=64,$$

检验统计量 $$\chi^2=\frac{(n-1)S^2}{\sigma_0^2},$$

$$n=10, s^2=75.74, \alpha=0.05, \chi_\alpha^2(n-1)=\chi_{0.05}^2(9)=16.92,$$

拒绝域为 $$\chi^2=\frac{(n-1)s^2}{\sigma_0^2}\geqslant\chi_{0.05}^2(9)=16.92,$$

因为 $$\chi^2=\frac{(n-1)s^2}{\sigma_0^2}=\frac{9\times75.74}{64}=10.65<\chi_{0.05}^2(9)=16.92,$$

故接受原假设 H_0，即认为样本方差的偏大是偶然因素，生产流程正常，故无须再做进一步的检查.

14. 设小麦的株高为 $X, X\sim N(\mu,\sigma^2)$，μ,σ^2 未知，

检验假设 $$H_0:\sigma\geqslant\sigma_0=14, H_1:\sigma<\sigma_0=14.$$

检验统计量 $$\chi^2=\frac{(n-1)S^2}{\sigma_0^2},$$

$$n=10,\ s^2=24.233, \alpha=0.01, \chi_{1-\alpha}^2(n-1)=\chi_{0.99}^2(9)=2.088,$$

拒绝域为 $$\chi^2=\frac{(n-1)s^2}{\sigma_0^2}\leqslant\chi_{0.99}^2(9)=2.088,$$

因为 $$\chi^2=\frac{(n-1)s^2}{\sigma_0^2}=\frac{9\times24.233}{14^2}=1.11<\chi_{0.99}^2(9)=2.088,$$

故拒绝原假设 H_0，即提纯后的群体比原群体整齐.

15. 设甲、乙两台机床加工零件直径分别为 X,Y，且 $X\sim N(\mu_1,\sigma_1^2)$，$Y\sim N(\mu_2,\sigma_2^2)$，设 μ_1，$\mu_2,\sigma_1^2,\sigma_2^2$ 均为未知，

检验假设： $$H_0:\sigma_1^2=\sigma_2^2, H_1:\sigma_1^2\neq\sigma_2^2;$$

检验统计量 $$F=\frac{S_1^2}{S_2^2},$$

$$n_1=8, n_2=7, s_1^2=0.103, s_2^2=0.397, \alpha=0.05,$$
$$F_{\alpha/2}(n_1-1,n_2-1)=F_{0.025}(7,6)=5.70,$$
$$F_{1-\alpha/2}(n_1-1,n_2-1)=F_{0.975}(7,6)=\frac{1}{F_{0.025}(6,7)}=0.195,$$

拒绝域为 $$F=\frac{s_1^2}{s_2^2}\geqslant F_{0.025}(7,6)=5.70 \text{ 或 } F=\frac{s_1^2}{s_2^2}\leqslant F_{0.975}(7,6)=0.195,$$

因为 $$0.195<F=\frac{s_1^2}{s_2^2}=\frac{0.103}{0.397}=0.26<5.70,$$

故接受原假设 H_0，即认为甲、乙两台机床加工精度无显著差异.

16. 设东西矿脉的含锌量分别为 X,Y，且 $X\sim N(\mu_1,\sigma_1^2)$，$Y\sim N(\mu_2,\sigma_2^2)$，设 $\mu_1,\mu_2,\sigma_1^2,\sigma_2^2$ 均为未知，

(1) 检验假设：$H_0:\sigma_1^2=\sigma_2^2, H_1:\sigma_1^2\neq\sigma_2^2$；

检验统计量 $$F=\frac{S_1^2}{S_2^2},$$

$$n_1=9, n_2=8, s_1^2=0.1337, s_2^2=0.1736, \alpha=0.05,$$

$$F_{\alpha/2}(n_1-1,n_2-1)=F_{0.025}(8,7)=4.90,$$

$$F_{1-\alpha/2}(n_1-1,n_2-1)=F_{0.975}(8,7)=\frac{1}{F_{0.025}(7,8)}=\frac{1}{4.53},$$

拒绝域为 $F=\frac{s_1^2}{s_2^2}\geqslant F_{0.025}(8,7)=4.90$ 或 $F=\frac{s_1^2}{s_2^2}\leqslant F_{0.975}(8,7)=\frac{1}{4.53}$,

因为 $$\frac{1}{4.53}<F=\frac{s_1^2}{s_2^2}=\frac{0.1337}{0.1736}=0.7702<4.90,$$

故接受原假设 H_0，即认为两个总体的方差相等.

(2) 检验假设 $$H_0':\mu_1=\mu_2,H_1':\mu_1\neq\mu_2.$$

总体方差未知，检验统计量 $t=\frac{\overline{X}-\overline{Y}}{S_w\sqrt{\frac{1}{n_1}+\frac{1}{n_2}}}$，其中 $S_w^2=\frac{(n_1-1)S_1^2+(n_2-1)S_2^2}{n_1+n_2-2}$,

$$s_w^2=\frac{8\times0.1337+7\times0.1736}{15}=0.15232,$$

$$\alpha=0.05,t_{\alpha/2}(n_1+n_2-2)=t_{0.025}(15)=2.1315,$$

拒绝域为 $$|t|=\left|\frac{\overline{x}-\overline{y}}{s_w\sqrt{\frac{1}{n_1}+\frac{1}{n_2}}}\right|\geqslant t_{\alpha/2}(n_1+n_2-2)=t_{0.025}(15)=2.1315,$$

因为 $$|t|=\left|\frac{0.230-0.269}{\sqrt{0.15232}\sqrt{\frac{1}{9}+\frac{1}{8}}}\right|=0.2057<2.1315,$$

故接受原假设 H_0，即认为两支矿脉的含锌量相同.

第 9 章 自测试题及解答

9.1 自测试题及解答(上)

9.1.1 自测试题(上)

自测试题一

一、填空题(每题 4 分,共 20 分)(2006 春 A):

1. 设 $A\subset B$, $P(A)=0.1$, $P(B)=0.5$, $P(AB)=$________, $P(A\cup B)=$________.

2. 设连续型随机变量 X 的分布函数为

$$F(x)=\begin{cases}0, & x<0,\\ x, & 0\leqslant x<1,\\ 1, & x\geqslant 1.\end{cases}$$

则 X 落在 $\left(-1,\frac{1}{2}\right)$ 内的概率为__________.

3. 设随机变量 X 与 Y 的联合分布律为

X \ Y	2	4
1	0.18	0.12
3	0.42	0.28

则随机变量 $Z=X+Y$ 的分布律为______________________________.

4. 设 $X\sim N(\mu,\sigma^2)$, $Y\sim\chi^2(10)$, 且 X 与 Y 相互独立, 则 $\dfrac{\frac{X-\mu}{\sigma}}{\sqrt{\frac{Y}{10}}}\sim$______________________.

5. 设二维随机变量 (X,Y) 的分布律为

Y \ X	1	2	3
1	0.1	0.3	0.1
2	0.2	0.1	0.2

则 $P\{X=1 \mid Y=2\}=$__________.

二、选择题(每题 4 分,共 20 分):

1. 设随机变量 X 与 Y 相互独立,且 $X\sim N(\mu_1,\sigma_1^2)$,$Y\sim N(\mu_2,\sigma_2^2)$,则 $Z=X-2Y$ 仍具有正态分布,且 $Z\sim$(　　).

(A)$N(\mu_1,\sigma_1^2+\sigma_2^2)$; (B)$N(\mu_1+\mu_2,\sigma_1\sigma_2)$;

(C)$N(\mu_1+\mu_2,\sigma_1^2\sigma_2^2)$; (D) $N(\mu_1-2\mu_2,\sigma_1^2+4\sigma_2^2)$.

2. 随机变量 $X\sim N(0,1)$,分布函数是

$$\Phi(x)=\frac{1}{\sqrt{2\pi}}\int_{-\infty}^{x}\mathrm{e}^{-\frac{t^2}{2}}\mathrm{d}t,-\infty<x<+\infty,$$

且 $P\{X>x\}=\alpha\in(0,1)$,则 $x=$(　　).

(A)$\Phi^{-1}(\alpha)$; (B)$\Phi^{-1}\left(1-\frac{\alpha}{2}\right)$; (C)$\Phi^{-1}(1-\alpha)$; (D)$\Phi^{-1}\left(\frac{\alpha}{2}\right)$.

3. 设 X,Y 为两个随机变量,已知 $\mathrm{Cov}(X,Y)=0$,则必有(　　).

(A)X 与 Y 相互独立; (B)$D(XY)=D(X)\cdot D(Y)$;

(C)$E(XY)=E(X)\cdot E(Y)$; (D)以上都不对.

4. 设 $X_1,X_2,\cdots,X_n$ 是来自于总体 X 的简单随机样本,则 $X_1,X_2,\cdots,X_n$ 必然满足(　　).

(A)独立但分布不同; (B)分布相同但不相互独立;

(C)独立同分布; (D)不能确定.

5. 设 $X_1,X_2,\cdots,X_8$ 和 $Y_1,Y_2,\cdots,Y_{10}$ 分别来自于两个正态总体 $N(-1,4)$ 和 $N(2,5)$ 的样本,且两总体相互独立,S_1^2 和 S_2^2 分别为两个样本的样本方差,则服从 $F(7,9)$ 的统计量是(　　).

(A)$\frac{2S_1^2}{5S_2^2}$; (B)$\frac{4S_2^2}{5S_1^2}$; (C)$\frac{5S_1^2}{2S_2^2}$; (D)$\frac{5S_1^2}{4S_2^2}$.

三、(5 分)某人忘记了电话号码的最后一位数字,因而随意地拨最后一位数字,求:

(1) 不超过三次拨通电话的概率;

(2) 已知最后一位数字是奇数,求不超过三次拨通电话的概率.

四、(5 分)某仓库有同样规格的产品 6 箱,其中 3 箱、2 箱和 1 箱依次是由甲、乙、丙三个厂生产的,且三厂的次品率分别为$\frac{1}{10},\frac{1}{15},\frac{1}{20}$. 现从这 6 箱中任取 1 箱,再从取得的 1 箱中任取 1 件,试求取得的 1 件是次品的概率.

五、(10 分)设随机变量 X 的概率密度为

$$f(x)=\begin{cases}A(1-x), & 0<x<1,\\ 0, & \text{其他}.\end{cases}$$

求:(1) 常数 A;(2) $P\left\{\frac{1}{2}<X<1\right\}$;(3) $E(X),D(X)$.

六、(5 分)设袋子中有标号为 $-1,1,1,2,2,2$ 的 6 个球,从中任取一球,试求:(1)取得的球的标号数 X 的分布律;(2)随机变量 X 的分布函数;(3)$P\left\{X\leqslant\frac{1}{2}\right\}$.

七、(10 分)设 X,Y 的概率密度为 $f(x,y)=\begin{cases}A\cos x\sin y, & 0\leqslant x\leqslant\frac{\pi}{2},0\leqslant y\leqslant\frac{\pi}{2},\\ 0, & \text{其他}.\end{cases}$

(1) 确定常数 A;(2)求随机变量 X 与 Y 的边缘概率密度;(3)判断随机变量 X 与 Y 是否相互

独立.

八、(5 分) 对敌阵地进行 100 次炮击，每次炮击中，炮弹的命中颗数的数学期望为 4，方差为 2.25，求在 100 次炮击中，有 380～420 颗炮弹击中目标的概率的近似值 .($\Phi(1.333)\approx 0.9082$)

九、(10 分)总体 X 的概率密度为 $f(x)=\begin{cases}\theta x^{\theta-1}, & 0<x<1,\\ 0, & 其他,\end{cases}$ 其中，$\theta>0$ 未知，$X_1,X_2,\cdots,X_n$ 是 X 的一个样本，求参数 θ 的矩估计量和极大似然估计量.

十、(5 分)设炮弹速度 X 服从正态分布，取 9 发炮弹做试验，得速度 X 的样本方差为 $11(\mathrm{m/s})^2$，求炮弹速度 X 的方差 σ^2 的 90% 置信区间 .($\chi^2_{0.95}(8)=2.733,\chi^2_{0.05}(8)=15.507$)

十一、(5 分)设随机变量 X 和 Y 相互独立，都服从 $N(0,4^2)$，而 $X_1,X_2,\cdots,X_{16}$ 和 $Y_1,Y_2,\cdots,Y_{16}$ 是分别来自总体 X 和 Y 的样本，试写出统计量 $V=\sum_{i=1}^{16}X_i\Big/\sqrt{\sum_{i=1}^{16}Y_i^2}$ 服从的分布，并证明之.

自测试题二

一、填空题(每题 4 分，共 20 分)(2006 春 B)：

1. 设 $P(A)=\dfrac{1}{2},P(AB)=\dfrac{1}{3}$，则 $P(A\bar{B})=$__________.

2. 随机变量 X 的分布律为

X	-1	0	1
p_k	1/3	1/6	1/2

则 $Y=X^2+1$ 的分布律为______________.

3. 设 $X_1,X_2,\cdots,X_n$ 是来自正态总体 $N(\mu,\sigma^2)$ 的样本，则 $\bar{X}=\dfrac{1}{n}\sum_{i=1}^{n}X_i\sim$__________，$\dfrac{\bar{X}-\mu}{\frac{\sigma}{\sqrt{n}}}\sim$__________.

4. 设随机变量 X 服从参数为 λ 的泊松分布，$P\{X=1\}=P\{X=2\}$，则 $E(X)=$__________，$D(X)=$__________.

5. 设二维随机变量 (X,Y) 的分布律为

X \ Y	0	1	2
0	0.1	0.2	0.3
1	0.1	0.1	0.2

则 $P\{X=1\mid Y=1\}=$__________.

二、选择题(每题 4 分，共 20 分)：

1. A,B 为两个随机事件，且 $B\subset A$，则下列式子正确的是(　　).

(A) $P(A\cup B)=P(A)$；　　(B) $P(AB)=P(A)$；

(C)$P(B|A)=P(A)$；　　(D)$P(B-A)=P(B)-P(A)$.

2. 设两个相互独立的随机变量 X 和 Y 的方差分别为 6 和 3，则随机变量 $2X-3Y$ 的方差为(　　).

(A)51；　　(B)21；　　(C)-3；　　(D)36.

3. 设随机变量 X,Y 相互独立，其分布律分别为

X	-1	1
p_k	$\frac{1}{2}$	$\frac{1}{2}$
Y	-1	1
p_k	$\frac{1}{2}$	$\frac{1}{2}$

则下列式子正确的是(　　).

(A)$P\{X=Y\}=-\dfrac{1}{2}$；　　(B)$P\{X=Y\}=0$；

(C)$P\{X=Y\}=\dfrac{1}{2}$；　　(D)$P\{X=Y\}=1$.

4. 随机变量 X 的分布律为

X	-1	0	$\frac{1}{2}$	1	2
p_k	$\frac{1}{3}$	$\frac{1}{6}$	$\frac{1}{6}$	$\frac{1}{12}$	$\frac{1}{4}$

则 $Y=-X+1$ 的数学期望为(　　).

(A)$\dfrac{2}{3}$；　　(B)$\dfrac{1}{3}$；　　(C)$-\dfrac{1}{3}$；　　(D)$\dfrac{5}{3}$.

5. 随机变量 $X\sim N(\mu,\sigma^2)$，则随 σ 的增大，概率 $P\{|X-\mu|<\sigma\}$是(　　).

(A)单调增加；　　(B)单调减少；　　(C)保持不变；　　(D)增减不变.

三、(5 分)有一题，甲、乙、丙三人独立解出的概率分别为$\dfrac{1}{5},\dfrac{1}{3},\dfrac{1}{4}$，问三人中有人解出此题的概率是多少？

四、(5 分)一批同样规格的零件是由甲、乙、丙三个工厂生产的，三个工厂的产品数量分别是总量的 20%，40%，40%，并且已知三个工厂的产品次品率分别是 0.05，0.04，0.03，任取一个零件，问它是次品的概率是多少？

五、(10 分)设随机变量 X 的概率密度为 $f(x)=\begin{cases} k\cos x, & |x|\leqslant\dfrac{\pi}{2}, \\ 0, & 其他, \end{cases}$ 求：(1) 常数 k；(2) $P\left\{X>\dfrac{\pi}{4}\right\}$；(3) 分布函数 $F(x)$.

六、(5 分)设随机变量 X 的概率密度为 $f(x)=\begin{cases} 3e^{-3x}, & x\geqslant 0, \\ 0, & x<0, \end{cases}$ 求 $Y=2X+3$ 的概率密度.

七、(10 分)设随机变量(X,Y)的概率密度为$f(x,y)=\begin{cases}12e^{-3x-4y}, & x>0,y>0\\ 0, & \text{其他}.\end{cases}$

(1) 求 $P\{X\leqslant1,Y\leqslant2\}$；

(2) 求随机变量 X 与 Y 的边缘概率密度；

(3) 判断随机变量 X 与 Y 是否相互独立.

八、(5 分)$X_1,X_2,\cdots,X_{16}$是来自总体 $X\sim N(2,\sigma^2)$的一个样本，$\overline{X}=\frac{1}{16}\sum_{i=1}^{16}X_i$，求$\frac{4\overline{X}-8}{\sigma}$所服从的分布.

九、(10 分)已知总体 X 的概率密度为

$$f(x)=\begin{cases}\frac{1}{\theta}e^{-\frac{x}{\theta}}, & x>0\\ 0, & x\leqslant0.\end{cases}$$

其中未知参数 $\theta>0$，$X_1,X_2,\cdots,X_n$是总体 X 的一个简单随机样本，求 θ 的矩估计量和极大似然估计量.

十、(6 分)冷抽铜丝折断力 X 服从正态分布，从一批铜丝中任取 10 根．测试折断力的样本均值 $\overline{x}=575.2$，样本方差 $s^2=75.73$. 求方差 σ^2 的置信区间.（置信水平 $1-\alpha=0.95$，$\chi^2_{0.975}(9)=2.70$，$\chi^2_{0.025}(9)=19.0$）

十一、(4 分)设随机变量 X 与 Y 相互独立，且 $X\sim N(1,2)$，$Y\sim N(0,1)$. 求随机变量 $Z=2X-Y+3$ 的概率密度.

自测试题三

一、填空题(每题 4 分，共 20 分)(2006 春 A40 学时)：

1. $P(A\cup B)=$________(答案用公式表示)，若 $A\subset B$，$P(A)=0.1$，$P(B)=0.5$，则 $P(A\cup B)=$________(答案用数表示).

2. 设连续型随机变量 X 的分布函数为

$$F(x)=\begin{cases}0, & x<0,\\ Ax, & 0\leqslant x<1,\\ 1, & x\geqslant1.\end{cases}$$

则 $A=$____________，X 落在$\left(-1,\frac{1}{2}\right)$内的概率为____________.

3. 设袋子中有标号为$-1,1,1,2,2,2$的 6 个球，从中任取一球，试求取得的球的标号数 X 的分布律为________________________________，$P\left\{X\leqslant\frac{1}{2}\right\}=$____________.

4. 设 $X\sim N(\mu,\sigma^2)$，$Y\sim\chi^2(10)$，且 X 与 Y 相互独立，则$\dfrac{\frac{X-\mu}{\sigma}}{\sqrt{\frac{Y}{10}}}\sim$____________________.

5. 甲、乙约定在下午 1 时到 2 时之间到某站乘公共汽车，又这段时间内有四班公共汽车，它们的开车时刻分别为 1:15，1:30，1:45，2:00，如果他们约定见车就乘，则甲、乙同乘一车的概率为________________.

二、选择题(每题 4 分,共 20 分):

1. 设随机变量 X 与 Y 相互独立,且 $X \sim N(1,2)$,$Y \sim N(0,1)$,则随机变量 $Z=2X-Y$ 具有正态分布,且 $Z\sim$(　　).

(A)$N(1,3)$; (B)$N(1,9)$; (C)$N(2,3)$; (D)$N(2,9)$.

2. 设二维随机变量(X,Y)服从均匀分布,其概率密度为 $f(x,y)=\begin{cases} a, & (x,y)\in D, \\ 0, & 其他, \end{cases}$ D 是由直线 $x=2$,$y=2$ 及 x 轴、y 轴所围成的闭区域,则常数 $a=$(　　).

(A)1; (B)$\frac{1}{2}$; (C)$\frac{1}{4}$; (D)$\frac{1}{8}$.

3. 设 X,Y 为两个随机变量,已知 $\mathrm{Cov}(X,Y)=0$,则必有(　　).

(A)X 与 Y 相互独立; (B)$D(XY)=D(X)\cdot D(Y)$;

(C)$E(XY)=E(X)\cdot E(Y)$; (D)以上都不对.

4. 设 $X_1,X_2,\cdots,X_n$ 是来自于总体 X 的简单随机样本,则 $X_1,X_2,\cdots,X_n$ 必然满足(　　).

(A)独立但分布不同; (B)分布相同但不相互独立;

(C)独立同分布; (D)不能确定.

5. 设 $X_1,X_2,\cdots,X_8$ 和 $Y_1,Y_2,\cdots,Y_{10}$ 是分别来自于两个正态总体 $N(-1,4)$ 和 $N(2,5)$ 的样本,且相互独立,S_1^2 和 S_2^2 分别为两个样本的样本方差,则服从 $F(7,9)$ 的统计量是(　　).

(A)$\frac{2S_1^2}{5S_2^2}$; (B)$\frac{4S_2^2}{5S_1^2}$; (C)$\frac{5S_1^2}{2S_2^2}$; (D)$\frac{5S_1^2}{4S_2^2}$.

三、(6 分)某人忘记了电话号码的最后一位数字,因而随意地拨最后一位数字,求:

(1) 不超过三次拨通电话的概率;

(2) 已知最后一位数字是奇数,求不超过三次拨通电话的概率.

四、(6 分)某仓库有同样规格的产品 6 箱,其中 3 箱、2 箱和 1 箱依次是由甲、乙、丙三个厂生产的,且三厂的次品率分别为 $\frac{1}{10},\frac{1}{15},\frac{1}{20}$. 现从这 6 箱中随机任取 1 箱,再从取得的 1 箱中随机任取 1 件,试求取得的 1 件产品是次品的概率.

五、(10 分)设随机变量 X 的概率密度为

$$f(x)=\begin{cases} A(1-x), & 0<x<1, \\ 0, & 其他. \end{cases}$$

求:(1)常数 A;(2)$P\left\{\frac{1}{2}<X<1\right\}$;(3)$E(X)$.

六、(6 分)设炮弹速度 X 服从正态分布,取 9 发炮弹做试验,得速度 X 的样本方差为 11 $(\mathrm{m/s^2})$,求炮弹速度 X 的方差 σ^2 的 90%置信区间.($\chi^2_{0.95}(8)=2.733$,$\chi^2_{0.05}(8)=15.507$)

七、(10 分)设二维随机变量(X,Y)的联合分布律为

X \ Y	1	2	3
1	$\frac{1}{6}$	$\frac{1}{9}$	$\frac{1}{18}$
2	$\frac{1}{3}$	$\frac{2}{9}$	β

(1) 试求常数 β；(2)求随机变量 Y 的边缘分布律；(3)求数学期望 $E(Y)$ 及 $E(Y^2-1)$.

八、(6 分) 对敌阵地进行 100 次炮击，每次炮击中，炮弹的命中颗数的数学期望为 4，方差为 2.25，求在 100 次炮击中，有 380～420 颗炮弹击中目标的概率的近似值 .($\Phi(1.333)\approx 0.9082$)

九、(10 分)总体 X 的概率密度为

$$f(x)=\begin{cases}\theta x^{\theta-1}, & 0<x<1,\\ 0, & \text{其他}.\end{cases}$$

其中，$\theta>0$ 未知，$X_1,X_2,\cdots,X_n$是 X 的一个样本，求参数 θ 的矩估计量和极大似然估计量.

十、(6 分)设随机变量 X 和 Y 相互独立，都服从 $N(0,4^2)$，而 $X_1,X_2,\cdots,X_{16}$ 和 $Y_1,Y_2,\cdots,Y_{16}$ 是分别来自总体 X 和 Y 的样本，试写出统计量 $V=\sum_{i=1}^{16}X_i\Big/\sqrt{\sum_{i=1}^{16}Y_i^2}$ 服从的分布，并证明之.

自测试题四

一、填空题(每题 4 分，共 20 分)(2006 春 B40 学时)：

1. 设 $P(A)=\frac{1}{2}$，$P(AB)=\frac{1}{3}$，则 $P(A\overline{B})=$__________.

2. 随机变量 X 的分布律为

X	-1	0	1
p_k	1/3	1/6	1/2

则 $Y=X^2+1$ 的分布律为____________________.

3. 设 $X_1,X_2,\cdots,X_n$是来自正态总体 $N(\mu,\sigma^2)$的样本，则 $\overline{X}=\frac{1}{n}\sum_{i=1}^{n}X_i\sim$__________，$\frac{\overline{X}-\mu}{\frac{\sigma}{\sqrt{n}}}\sim$__________.

4. 设随机变量 X 服从参数为 λ 的泊松分布，$P\{X=1\}=P\{X=2\}$，则 $E(X)=$__________，$D(X)=$__________.

5. 设二维随机变量(X,Y)的分布律为

X \ Y	0	1	2
0	0.1	0.2	0.3
1	0.1	0.1	0.2

则 $P\{X=1\mid Y=1\}=$__________.

二、选择题(每题 4 分，共 20 分)：

1. A,B 为两个随机事件，且 $B\subset A$，则下列式子正确的是(　　).

(A)$P(A\cup B)=P(A)$；　　(B)$P(AB)=P(A)$；

(C)$P(B|A)=P(A)$；　　(D)$P(B-A)=P(B)-P(A)$.

2. 设两个相互独立的随机变量 X 和 Y 的方差分别为 6 和 3，则随机变量 $2X-3Y$ 的方差

为(　　).

(A)51；　(B)21；　(C)-3；　(D)36.

3. 设随机变量 X,Y 相互独立,其分布律分别为

X	-1	1
p_k	$\frac{1}{2}$	$\frac{1}{2}$

Y	-1	1
p_k	$\frac{1}{2}$	$\frac{1}{2}$

则下列式子正确的是(　　).

(A)$P\{X=Y\}=-\frac{1}{2}$；　(B)$P\{X=Y\}=0$；

(C)$P\{X=Y\}=\frac{1}{2}$；　(D)$P\{X=Y\}=1$.

4. 随机变量 X 的分布律为

X	-1	0	$\frac{1}{2}$	1	2
p_k	$\frac{1}{3}$	$\frac{1}{6}$	$\frac{1}{6}$	$\frac{1}{12}$	$\frac{1}{4}$

则 $Y=-X+1$ 的数学期望为(　　).

(A)$\frac{2}{3}$；　(B)$\frac{1}{3}$；　(C)$-\frac{1}{3}$；　(D)$\frac{5}{3}$.

5. 向单位圆 $x^2+y^2<1$ 内随机地投下三点,则这三点恰有两点落在第一象限中的概率为(　　).

(A)$\frac{1}{64}$；　(B)$\frac{3}{64}$；　(C)$\frac{9}{64}$；　(D)$\frac{27}{64}$.

三、(6 分)有一题,甲、乙、丙三人独立解出的概率分别为$\frac{1}{5},\frac{1}{3},\frac{1}{4}$,问三人中有人解出此题的概率是多少?

四、(6 分)一批同样规格的零件是由甲、乙、丙三个工厂生产的,三个工厂的产品数量分别是总量的 20 %,40 %和 40 %,并且已知三个工厂的产品次品率分别是 5 %,4 %,3 %,任取一个零件,问它是次品的概率是多少?

五、(10 分)设随机变量 X 的概率密度为 $f(x)=\begin{cases} k\cos x, & |x|\leqslant\frac{\pi}{2}, \\ 0, & \text{其他}. \end{cases}$

求:(1)常数 k;(2)$P\left\{X>\frac{\pi}{4}\right\}$;(3)分布函数 $F(x)$.

六、(6 分)设随机变量 X 的概率密度为 $f(x)=\begin{cases} 3e^{-3x}, & x\geqslant 0, \\ 0, & x<0. \end{cases}$ 求 $Y=2X+3$ 的概率密度.

七、(10 分)设二维随机变量(X,Y)服从均匀分布,其概率密度为

$$f(x,y)=\begin{cases}2, & (x,y)\in D,\\ 0, & \text{其他},\end{cases}$$

D是由直线$x+y=1$及x轴、y轴所围成的闭区域.

(1) 求随机变量X与Y的边缘概率密度;

(2) 判断随机变量X与Y是否相互独立;

(3) 求X的数学期望$E(X)$.

八、(6 分)$X_1,X_2,\cdots,X_{16}$是来自总体$X\sim N(2,\sigma^2)$的一个样本,$\overline{X}=\dfrac{1}{16}\sum\limits_{i=1}^{16}X_i$,求$\dfrac{4\overline{X}-8}{\sigma}$所服从的分布.

九、(10 分)已知总体X的概率密度为

$$f(x)=\begin{cases}\dfrac{1}{\theta}e^{-\frac{x}{\theta}} & x>0,\\ 0, & x\leqslant 0.\end{cases}$$

其中未知参数$\theta>0$,$X_1,X_2,\cdots,X_n$是总体X的一个简单随机样本,求θ的矩估计量和极大似然估计量.

十、(6 分)冷抽铜丝折断力X服从正态分布,从一批铜丝中任取 10 根．测试折断力的样本均值$\bar{x}=575.2$,样本方差$s^2=75.73$,求方差σ^2的置信区间．(显著性水平$\alpha=0.05$,$\chi^2_{0.975}(9)=2.70$,$\chi^2_{0.025}(9)=19.0$)

自测试题五

一、填空题(每题 4 分,共 20 分)(2010 春 A):

1. 三个随机事件A,B,C都不发生记为____________.

2. 设随机变量X的分布律为

X	-1	2	3
p_k	$\frac{1}{6}$	$\frac{1}{3}$	C

则$C=$________.

3. 设随机变量$X\sim\pi(\lambda)$,且$E(X)=2$,则$D(X)=$________.

4. 设随机变量X,$E(X)=\mu$,$D(X)=\sigma^2$,则对于任意正数ε,有不等式$P\{|X-\mu|<\varepsilon\}\geqslant$________成立.

5. 设$X_1,X_2,\cdots,X_n$是来自正态总体$N(\mu,\sigma^2)$的样本,$\overline{X}$为样本均值,S^2为样本方差,则统计量$T=\dfrac{\overline{X}-\mu}{S/\sqrt{n}}\sim$________.

二、选择题(每题 4 分,共 20 分):

1. 设事件A,B相互独立,且$P(A)=\dfrac{1}{2}$,$P(B)=\dfrac{1}{2}$,则$P(A-B)=($　　$)$.

(A)0;　　(B)0.25;　　(C)0.5;　　(D)0.75.

2. 设随机变量 X 的概率密度为 $f(x)=\frac{1}{\sqrt{2\pi}}e^{\frac{-x^2+2x-1}{2}}$，$-\infty<x<+\infty$，则 $X\sim$（　　）.

(A) $N(1,2)$；　　(B) $N(1,0)$；

(C) $N(0,1)$；　　(D) $N(1,1)$.

3. 设随机变量 X,Y，$E(X)=3$，$E(Y)=4$，则 $E(3X-2Y+4)=$（　　）.

(A) 1；　　(B) 5；

(C) 11；　　(D) 9.

4. 设 (X,Y) 服从二维正态分布，若 $\rho_{XY}=0$，则（　　）.

(A) X 与 Y 必相互独立；　　(B) X 与 Y 必相关；

(C) X 与 Y 不相关；　　(D) X 与 Y 必不独立.

5. 设 $X_1,X_2,\cdots,X_n$ 是来自正态总体 $N(\mu,\sigma^2)$ 的简单随机样本，其中 μ,σ^2 未知，则下列是统计量的是（　　）.

(A) $V=\overline{X}+\sigma$；　　(B) $\overline{X}=\frac{1}{n}\sum_{i=1}^{n}X_i$；

(C) $W=\frac{1}{n-1}\sum_{i=1}^{n}(X_i-\mu)^2$；　　(D) $\hat{\mu}=\frac{1}{n}\sum_{i=1}^{n}(X_i-\mu)^2$.

三、(8 分) 已知在 10 个产品中有 2 个次品，在其中取两次，每次任取一个，做不放回抽样，求：(1) 两个都是正品的概率；(2) 一个是正品，一个是次品的概率.

四、(8 分) 已知某批产品的合格率为 0.9，检验员检验时，将合格品误认为次品的概率为 0.02，而一个次品被误认为合格品的概率为 0.05，求：(1) 检查任一产品被认为是合格品的概率；(2) 检查后被确认为是合格品的产品确实是合格品的概率.

五、(12 分) 设随机变量 X 的概率密度为

$$f(x)=\begin{cases}Ax, & 0<x<1,\\ 0, & \text{其他}.\end{cases}$$

求：(1) 常数 A；(2) $P\left\{\frac{1}{2}<X<1\right\}$；(3) $E(X)$；(4) $D(X)$.

六、(6 分) 在次品率为 $\frac{1}{10}$ 的一批产品中，任意抽取 100 件，试计算在抽取的产品中次品件数在 10～15 之间的概率．($\Phi(1.67)=0.9525$)

七、(7 分) 设二维随机变量 (X,Y) 的联合分布律为

Y \ X	1	2
1	$\frac{1}{6}$	$\frac{1}{9}$
2	$\frac{5}{18}$	$\frac{4}{9}$

试求：(1) 求 X,Y 的边缘分布律；(2) $P\{X=1|Y=1\}$.

八、(6 分) 设二维随机变量 (X,Y) 的联合概率密度函数为

$$f(x,y)=\begin{cases}3x, & 0\leqslant x\leqslant 1,0\leqslant y\leqslant 1,\\ 0, & \text{其他}.\end{cases}$$

(1) 求 X,Y 的边缘概率密度函数;(2) 判断 X,Y 的相互独立性.

九、(7 分)总体 X 的概率密度为

$$f(x)=\begin{cases}\sqrt{\theta}x^{\sqrt{\theta}-1}, & 0\leqslant x\leqslant 1,\\ 0, & \text{其他},\end{cases}$$

其中,$\theta>0$ 未知,$X_1,X_2,\cdots,X_n$ 是 X 的一个样本,求 θ 的极大似然估计量.

十、(6 分)随机地从一批零件中抽取 16 个,测得长度(单位:cm)为

2.14 2.13 2.13 2.15 2.13 2.12 2.13 2.13

2.15 2.12 2.14 2.12 2.13 2.11 2.14 2.11

设零件长度服从正态分布,其中 $\sigma=0.01$,求总体均值 μ 的置信度为 90%的置信区间.($Z_{0.05}=1.645$)

自测试题六

一、填空题(每题 4 分,共 20 分)(2010 春 B):

1. 三个随机事件 A,B,C 都发生记为__________.

2. 设随机变量 X 的分布律为

X	1	2	3
p_k	$\frac{1}{2}$	$\frac{1}{4}$	C

则 $C=$__________.

3. 设随机变量 $X\sim U(0,1)$,则 $E(X)=$__________.

4. 设随机变量 $X,E(X)=\mu,D(X)=\sigma^2$,则对于任意正数 ε,有不等式 $P\{|X-\mu|\geqslant\varepsilon\}<$__________成立.

5. 若已知统计量 $F\sim F(n_1,n_2)$,则统计量 $\frac{1}{F}\sim$__________.

二、选择题(每题 4 分,共 20 分):

1. 设事件 A,B 相互独立,且 $P(A)=\frac{1}{2},P(B)=\frac{1}{2}$,则 $P(A\cup B)=$(　　).

(A)0; (B)0.25; (C)0.5; (D)0.75.

2. 设随机变量 $X\sim N(1,4)$,则随机变量 $Z=\frac{X-1}{2}\sim$(　　).

(A)$N(1,4)$; (B)$N(1,0)$;

(C)$N(0,1)$; (D)$N(0,4)$.

3. 设随机变量 X 与 Y 相互独立,$D(X)=3,D(Y)=4$. 则 $D(4X-2Y)=$(　　).

(A)4; (B)20;

(C)32; (D)60.

4. 设 X 与 Y 为两个随机变量,已知 $\mathrm{Cov}(X,Y)=0$,则必有(　　).

(A)X 与 Y 相互独立; (B)$D(XY)=D(X)\cdot D(Y)$;

(C)$E(XY)=E(X)\cdot E(Y)$; (D)以上都不对.

5. 设 $X_1,X_2,\cdots,X_n$ 是来自正态总体 $N(\mu,\sigma^2)$ 的简单随机样本,其中 μ,σ^2 未知,则下列不是统计量的是(　　).

(A) $\hat{\mu}=\overline{X}$；　　　　　　　　　　(B) $\overline{X}=\frac{1}{n}\sum_{i=1}^{n}X_i$；

(C) $S^2=\frac{1}{n-1}\sum_{i=1}^{n}(X_i-\overline{X})^2$；　　　　(D) $\hat{\mu}=\frac{1}{n}\sum_{i=1}^{n}(X_i-\mu)^2$.

三、(8分)甲、乙两人各独立打靶一次，事件 A 为甲打中靶，事件 B 为乙打中靶，已知 $P(A)=0.9$，$P(B)=0.8$，求：(1)两人都打中靶的概率；(2)两人至少有一人打中靶的概率.

四、(8分)已知男性中有5%是色盲患者，女性中有0.25%是色盲患者．今从男女人数相等的人群中随机地挑选一人，(1) 问此人是色盲患者的概率；(2)若已知挑选的人是色盲患者，问此人是男性的概率是多少？

五、(12分)设随机变量 X 的概率密度为

$$f(x)=\begin{cases}2Ax, & 0<x<1,\\ 0, & 其他.\end{cases}$$

求：(1)常数 A；(2)$P\{0.3<X<0.7\}$；(3)$E(X)$；(4)$D(X)$.

六、(8分)在次品率为 $\frac{1}{6}$ 的一批产品中，任意抽取300件，试计算在抽取的产品中次品件数在40～60之间的概率．($\Phi(1.55)=0.9394$)

七、(6分)设二维随机变量 (X,Y) 的联合分布律为

Y \ X	1	2	3
1	$\frac{1}{6}$	$\frac{1}{9}$	$\frac{1}{18}$
2	$\frac{1}{3}$	$\frac{2}{9}$	$\frac{1}{9}$

试求 $Z=X+Y$，$M=\max\{X,Y\}$，$N=\min\{X,Y\}$ 的分布律.

八、(6分) 设二维随机变量 (X,Y) 的联合概率密度函数为

$$f(x,y)=\begin{cases}3x, & 0\leqslant x\leqslant 1, 0\leqslant y\leqslant x,\\ 0, & 其他.\end{cases}$$

(1) 求 X,Y 的边缘概率密度函数；(2) 判断 X,Y 的相互独立性.

九、(6分)总体 X 的概率密度为

$$f(x)=\begin{cases}\sqrt{\theta}x^{\sqrt{\theta}-1}, & 0\leqslant x\leqslant 1,\\ 0, & 其他,\end{cases}$$

其中，$\theta>0$ 未知，$X_1,X_2,\cdots,X_n$ 是 X 的一个样本，求 θ 的矩估计量.

十、(6分)随机地从一批零件中抽取9个，测得长度(单位：cm)为

9.9　10.1　9.7　9.6　10.2　8.7　10.7　11.0　10.1

设零件长度服从正态分布，其中 $\sigma^2=0.04$，求总体均值 μ 的置信度为95%的置信区间．($Z_{0.025}=1.96$)

自测试题七

一、填空题(每题4分，共20分)：

1. 设事件 A 和 B 的概率分别为 $\frac{1}{3}$ 与 $\frac{1}{2}$，求：

(1) 若 A 与 B 互不相容，则 $P(B\bar{A})=$______；

(2) 若 $A\subset B$，则 $P(B\bar{A})=$______；

(3) 若 $P(AB)=\frac{1}{8}$，则 $P(B\bar{A})=$______ .

2. 设二维连续型随机变量 (X,Y) 的概率密度为

$$f(x,y)=\frac{3}{\pi^2(1+x^2)(9+y^2)}(-\infty<x<+\infty,-\infty<y<+\infty),$$

则关于 X 的概率密度为______，关于 Y 的概率密度为______.

3. 两个正态总体均值的假设检验：$H_0:\mu_1=\mu_2,H_1:\mu_1\neq\mu_2(\sigma_1^2=\sigma_2^2$未知)，(1)检验统计量为______；(2)拒绝域为______.

4. 设离散型随机变量 X 的分布律为 $P\{X=i\}=p^{i+1},i=0,1$，则 $p=$______.

5. 已知随机变量 X 服从二项分布 $b(n,p)$，且 $E(X)=3.2,D(X)=0.64$，则 $P\{X\neq 0\}=$______.

二、选择题(每题 4 分，共 20 分)：

1. 设 A,B,C 为任意三个事件，则下列各式正确的是(　　).

(A) $A\cup B=(A\bar{B})\cup B$；　(B) $\overline{AB}=A\cup B$；

(C) $\overline{A\cup B}\cap C=\bar{A}\bar{B}\bar{C}$；　(D) $(AB)(A\bar{B})=\Omega$.

2. 设 X_1,X_2 为相互独立的随机变量，且 $X_1\sim N(2,4^2),X_2\sim N(3,3^2)$，则 $E(X_1+X_2)$，$D(X_1+X_2)$分别为(　　).

(A)5,7；　(B)5,25；　(C)5,5；　(D)6,5.

3. 设 $X_1,X_2,\cdots,X_n$ 是来自正态总体 $N(\mu,\sigma^2)$ 的样本，$\bar{X}$ 为样本均值，S^2 为样本方差，则统计量 $T=\frac{\bar{X}-\mu}{S/\sqrt{n}}$ 服从的分布为(　　).

(A) $t(n-1)$；　(B) $t(n)$；　(C) $N(0,1)$；　(D) $t(n-2)$.

4. 设随机变量 X 服从正态分布 $N(\mu,\sigma^2)$，则随着 σ 的增大，概率 $P\{|X-\mu|<\sigma\}$(　　).

(A)单调增加；　(B)单调减少；　(C)保持不变；　(D)增减不定.

5. 设二维随机变量 (X,Y) 满足 $E(XY)=E(X)E(Y)$，则 X 与 Y(　　).

(A)相关；　(B)不相关；　(C)独立；　(D)不独立.

三、计算题

1. (6 分)盒子中放有 12 个乒乓球，其中有 9 个是新的，3 个是旧的．第一次比赛时从中任意取 3 个来用(新的用一次后就成为旧的)，比赛后仍然放回盒子中．第二次比赛时从盒子中任取 3 个，求第二次取出的球都是新球的概率.

2. (8 分)设 $X_1,X_2,\cdots,X_n$ 是来自总体 X 的样本，X 的概率密度为

$$f(x)=\begin{cases}\frac{x}{\theta^2}e^{-\frac{x^2}{2\theta^2}}, & x>0,\\ 0, & x\leqslant 0.\end{cases}$$

求未知参数 θ 的矩估计和极大似然估计.

3. (9 分)设二维随机变量 (X,Y) 的概率密度为

$$f(x,y)=\begin{cases}1, & |y|<x,0<x<1,\\ 0, & 其他.\end{cases}$$

求：(1)$E(X)$，$E(Y)$；(2)$D(X)$，$D(Y)$；(3)$\mathrm{Cov}(X,Y)$.

四、应用题

1.（7 分）对敌阵地进行 100 次炮击，每次炮击中，炮弹的命中颗数的数学期望为 4，方差为 2.25，求在 100 次炮击中，有 380～420 颗炮弹击中目标的概率的近似值.

2.（5 分）设冷抽铜丝的折断力服从正态分布，从一批铜丝中抽取 10 根试验折断力，所得数据为 573，572，570，568，572，570，570，596，584，572，求标准差 σ 的置信度为 0.95 的置信区间.

3.（5 分）某农业试验站为了研究某种新化肥对农作物产量的效力，在若干小区进行试验，测得产量（单位：kg）如下：

施肥：34，35，32，33，34，30.

未施肥：29，27，32，31，28，32，31.

设农场的产量服从正态分布，且认为两总体方差相等，试检验该种化肥对提高产量的效力是否显著（$\alpha=0.10$）.

五、证明题

1.（6 分）设 A，B 为两个随机事件，证明：$P(A\cup B)=P(A)+P(B)-P(AB)$.

2.（7 分）设 X，Y 是相互独立的随机变量，且 $X\sim P(\lambda_1)$，$Y\sim P(\lambda_2)$. 证明：$Z=X+Y\sim P(\lambda_1+\lambda_2)$.

3.（7 分）设 $X_1,X_2,\cdots,X_n$ 是来自总体 X 的样本，又设 $E(X)=\mu$，$D(X)=\sigma^2$. 证明：样本均值 $\overline{X}$、样本方差 S^2 分别为总体均值 μ 和总体方差 σ^2 的无偏估计.

自测试题八

一、填空题（每题 2 分，共 14 分）：

1. 设事件 A，B 满足 $P(A)=0.5$，$P(B)=0.6$，$P(A|B)=0.8$，则 $P(A\cup B)=$__________.

2. 设连续型随机变量 X 的概率密度为 $f(x)=\dfrac{1}{\sqrt{2\pi}}\mathrm{e}^{-\frac{(x-1)^2}{2}}$，则 $X\sim$__________.

3. 设随机变量 X 的分布律为

X	0	1	2	3
p_k	0.1	0.3	0.4	0.2

则分布函数值 $F(2)=$__________.

4. 设随机变量 $X\sim N(\mu,\sigma^2)$，则 $E(X^2)=$__________.

5. 设随机变量 X，Y 相互独立，则 $D(X-2Y)=$__________.

6. 设 $X\sim N(\mu,\sigma^2)$，$Y\sim\chi^2(n)$，且 X，Y 相互独立，则 $\dfrac{x-\mu}{\sigma}\Big/\sqrt{\dfrac{Y}{n}}\sim$__________.

7. 设随机变量 X 的数学期望 $E(X)=\mu$，方差 $D(X)=\sigma^2$，则由切比雪夫不等式可知，$D\{\mu-3\sigma<X<\mu+3\sigma\}\geqslant$__________.

二、判断题（每题 2 分，共 10 分）：

1. 若事件 A，B 互不相容，则 A，B 互为对立事件.　　（　）

2. 若事件$\overline{A}$与 B 相互独立，则 A 与$\overline{B}$ 也相互独立．（　）

3. $\hat{\theta}=2\overline{X}$是总体 X 的概率密度为 $f(x,\theta)=\frac{1}{\theta}(0<x<\theta)$的未知参数 θ 的无偏估计量，其中$\overline{X}$为样本均值．（　）

4. 概率为 1 的事件为必然事件．（　）

5. 在假设检验中，由显著性水平 α 可知，$P\{拒绝 H_0 \mid H_0 为真\}=\alpha$.（　）

三、计算题(每题 7 分，共 14 分)：

1. 一批零件共有 100 个，次品率为 10%，从中连续取两次，每次取一件(不放回抽样)，求：(1)第二次才取到正品的概率 p_1；(2)第二次取到正品的概率 p_2.

2. 设某工厂有甲、乙、丙三个车间，它们生产同一种工件，每个车间产量占该厂总产量的百分数依次为 25%，35%，40%，它们的次品率依次为 5%，4%，2%. 现在从这批工件中任意取一件，(1)求取到次品的概率；(2)已知取到的是次品，求它是甲车间产品的概率.

四、(12 分)

设连续型随机变量 X 的分布函数为

$$F(x)=\begin{cases}0, & x<0,\\ Ax^2, & 0<x\leqslant 1,\\ 1, & x>1,\end{cases}$$

(1) 确定常数 A，求出密度函数 $f(x)$；(2)求 $P\{0.3<x\leqslant 0.7\}$；(3)求 $E(X)$，$D(X)$.

五、(12 分)

设随机变量(X,Y)的分布密度为

$$f(x,y)=\begin{cases}\frac{1}{8}(6-x-y), & 0\leqslant x\leqslant 2, 2\leqslant y\leqslant 4,\\ 0, & 其他,\end{cases}$$

求：(1)$P\{X<1,Y<3\}$；(2)X 的边缘密度；(3)$P\{X+Y\leqslant 4\}$.

六、(10 分)

每次射击中，命中目标的炮弹数的数学期望为 2，均方差为 1.5，求在 100 次射击中有 180～220 发炮弹命中目标的概率．$\left(参考值:\Phi\left(\frac{20}{15}\right)=0.9082, \Phi\left(\frac{15}{20}\right)=0.7934\right)$

七、(12 分)

设总体 X 的密度函数为

$$f(x)=\begin{cases}\sqrt{\theta}x^{\sqrt{\theta}-1}, & 0\leqslant x\leqslant 1,\\ 0, & 其他,\end{cases}$$

其中，$\theta>0$，θ 未知，$X_1,X_2,\cdots,X_n$是来自总体 X 的一个样本，求：(1)θ 的矩估计；(2)θ 的极大似然估计.

八、(8 分)

随机地取某种炮弹 9 发做试验，得炮口速度的样本标准差 $S=11\text{m/s}$，设炮口速度服从正态分布，求这种炮弹的炮口速度的标准差 σ 的置信度为 0.95 的置信区间.（参考值：$\chi^2_{0.025}(8)=17.535$，$\chi^2_{0.05}(8)=15.507$，$\chi^2_{0.975}(8)=2.18$，$\chi^2_{0.95}(8)=2.733$）

九、(8 分)已知甲、乙两个机床生产同一型滚珠，其直径均服从正态分布，今分别取 $n_1=8$，$n_2=9$ 个滚珠，算得各直径的样本方差值为 $S_1^2=0.096$，$S_2^2=0.026$，在显著性水平 $\alpha=0.05$ 下，检验产品直径的方差是否相等.(参考值：$F_{0.025}(7,8)=4.53$，$F_{0.025}(8,7)=4.90$)

自测试题九

一、填空题(每空 2 分，共 30 分)：

1. 设事件 A,B 为任意两个随机事件，则 $P(A\cup B)=$________________.

2. 设随机变量 $X\sim N(\mu,\sigma^2)$，则 X 的密度函数 $f(x)=$________________.

3. 设 $X_1,X_2,\cdots,X_n$ 是来自总体 $X\sim N(\mu,\sigma^2)$，则统计量 $\sum\limits_{i=1}^{n}\left(\dfrac{X_i-\mu}{\sigma}\right)^2\sim$________________.

4. 设 $X\sim N(0,1)$，$Y\sim\chi^2(n)$，则 $T=$________________服从自由度为 n 的 t 分布.

5. 设 $X\sim\chi^2(n_1)$，$Y\sim\chi^2(n_2)$，则 $\dfrac{n_2}{n_1}\cdot\dfrac{X}{Y}\sim$________________.

6. 设显著性水平为 α，检验 $H_0:\mu=\mu_0$，则犯第Ⅰ类错误的概率为 $P\{$________$\}=\alpha$.

7. 设 $X^2\sim\chi^2(n)$，则 $E(X^2)=$________________.

8. 设某仪器有三个灯泡，烧坏第一、二、三个灯泡的概率依次为 0.1，0.2，0.3，当烧坏一个灯泡时，仪器发生故障的概率为 0.25，当烧坏两个灯泡时，仪器发生故障的概率为 0.6，当烧坏三个灯泡时，仪器发生故障的概率为 0.9，设 A 为“仪器发生故障”，B_i 为“第 i 个灯泡烧坏”($i=1,2,3$)，C_k 为“烧坏了 k 个灯泡”($k=0,1,2,3$)，则

$C_1=$________________，$C_2=$________________，

$C_3=$________________，$A=$________________，

$P(C_1)=$________________，$P(C_2)=$________________，

$P(C_3)=$________________，$P(A)=$________________.

二、判断题(每题 2 分，共 10 分)：

1. 三个随机事件 A,B,C 都不发生记为$\overline{ABC}$. (　　)

2. 若随机事件 A,B 相互独立，则$\overline{A}$，$\overline{B}$也相互独立. (　　)

3. 独立的两个随机变量一定不相关. (　　)

4. 设随机变量 X 的数学期望 $E(X)=\mu$，方差 $D(X)=\sigma^2$ 都存在，则对任意正数 $\varepsilon>0$，都有 $P\{|X-\mu|<\varepsilon\}\leqslant\dfrac{\sigma^2}{\varepsilon^2}$. (　　)

5. $D(X-Y)=D(X)+D(Y)$. (　　)

三、(10 分)某射手有五发子弹，每次射击命中目标的概率为 0.9，如果命中就停止射击，如果不命中就继续射击，求子弹剩余数 X 的分布律及分布函数.

四、(10 分)设随机变量 (X,Y) 在区域 $D:x^2+y^2\leqslant 4$ 内服从均匀分布，(1)写出 (X,Y) 的联合概率密度；(2)求 X,Y 的边缘概率密度；(3)判断 X,Y 的独立性.

五、(13 分)设随机变量 X,Y 的联合概率密度为

$$f(x,y)=\begin{cases}k(x^2+y), & x^2\leqslant y\leqslant 1,|x|\leqslant 1,\\0, & \text{其他},\end{cases}$$

(1) 确定常数 k；(2) 求 $E(X)$，$E(Y)$；(3) 计算 $P\{X+Y\leqslant 1\}$.

六、(7 分)设随机变量 X 的概率密度为

$$f(x)=\begin{cases}3e^{-3x}, & x\geqslant 0,\\ 0, & x<0,\end{cases}$$

求 $Y=2X+3$ 的分布密度.

七、(10 分)设总体 X 的概率密度为

$$f(x)=\begin{cases}\theta x^{\theta-1}, & 0<x<1,\\ 0, & 其他,\end{cases}$$

其中,$\theta>0$ 未知,$X_1,X_2,\cdots,X_n$是 X 的一个样本,求参数 θ 的矩估计和极大似然估计.

八、(5 分)设总体 $X\sim N(\mu_1,\sigma_1^2)$,$Y\sim N(\mu_2,\sigma_2^2)$,已知 σ_1^2,σ_2^2,求 $\mu_1-\mu_2$ 的置信度为 $1-\alpha$ 的置信区间.

九、(5 分)设总体 $X\sim N(\mu,\sigma^2)$,μ,σ^2 未知,$X_1,X_2,\cdots,X_n$为 X 的一个样本,求检验 $H_0:\sigma^2=\sigma_0^2$,$H_1:\sigma^2\neq\sigma_0^2$的拒绝域.

自测试题十

一、填空题(每空 3 分,共 21 分):

1. 设 A,B,C 是试验 E 的任意三个事件,则 $P(A\cap B\cap C)=$____________.
2. 设随机变量 $X\sim N(\mu,\sigma^2)$,则 X 的密度函数 $f(x)=$____________.
3. 随机变量 X 的分布函数 $F(x)$是事件____________的概率.
4. 设 X 的概率密度为 $f(x)$,$-\infty<x<+\infty$,则 $Y=2X$ 的概率密度为 $f_Y(y)=$________.
5. 设随机变量 X 的分布律为

X	-2	0	2
p_k	0.4	0.3	0.3

则 $E(X^2)=$____________.

6. 设随机变量 X 的期望 $E(X)=\mu$,$D(X)=\sigma^2$,则由切比雪夫不等式可知 $P\{\mu-3\sigma<X<\mu-3\sigma\}\geqslant$____________.

7. 设 $X_1,X_2,\cdots,X_n$是来自总体 $X\sim N(\mu,\sigma^2)$的一个样本,则统计量 $\sum\limits_{i=1}^{n}\left(\dfrac{X_i-\mu}{\sigma}\right)^2\sim$____________.

二、判断题(每空 2 分,共 10 分):

1. 若事件 A,B 互不相容,则 A,B 为对立事件. (　　)
2. 概率为 1 的事件一定是必然事件. (　　)
3. 若随机变量 X 与 Y 相互独立,则 X 与 Y 一定不相关. (　　)
4. 若随机变量 $X\sim\pi(\lambda)$,则 $E(X)=D(X)$. (　　)
5. 设 X_1,X_2是正态总体 $N(\mu,1)$的一个样本,则 $\hat{\mu}=\dfrac{1}{4}X_1+\dfrac{3}{4}X_2$是总体均值 μ 的无偏估计量. (　　)

三、(10 分)从含有 3 个红球的 15 个球中,一次取一球,不放回地取 3 次,求:(1)取到 3 个都是红球的概率;(2)第二次取到红球的概率;(3)第三次才取到红球的概率.

四、(10 分)设随机变量(X,Y)的联合概率密度为

$$f(x,y)=\begin{cases}k(6-x-y), & 0<x<2,2<y<4,\\ 0, & 其他,\end{cases}$$

求:(1)常数 k;(2)边缘概率密度;(3)$P\{X\leqslant 1.5\}$.

五、(12 分)设随机变量(X,Y)的联合概率密度为

$$f(x,y)=\begin{cases}\frac{1}{8}(x+y), & 0\leqslant x\leqslant 2,0\leqslant y\leqslant 2,\\ 0, & 其他,\end{cases}$$

求:(1)$E(X)$,$E(Y)$;(2)$\mathrm{Cov}(X,Y)$;(3)ρ_{XY}.

六、(8 分)一地区农民年均收入服从 $\mu=500$ 元,$\sigma=20$ 元的正态分布,(1)求该地区农民年均收入在 500～520 元之间的人数的百分比;(2)如果要使农民的年均收入在$(\mu-a,\mu+a)$内的概率不小于 0.95,则 a 至少为多大?(参考值:$\Phi(1)=0.8413$,$\Phi(1.95)=0.9744$,$\Phi(1.96)=0.9750$)

七、(10 分)设 $X_1,X_2,\cdots,X_n$是来自正态总体 X 的一个样本,$X\sim N(\mu,\sigma^2)$,μ 与 σ^2 均未知,求 μ 与 σ^2 的矩估计和极大似然估计.

八、(7 分)某种岩石密度的测量误差 $X\sim N(\mu,\sigma^2)$,取样本值 12 个,得样本方差 $S^2=0.04$,求 σ^2 的置信度为 0.90 的置信区间.

九、(7 分)测定某溶液中的水分,它的 10 个测定值给出,$\overline{X}=0.452\%$,$S=0.037\%$,设测定值总体服从正态分布,μ 为总体均值,试在显著性水平 5%下检验假设 $H_0:\mu=0.5\%$,$H_1:\mu<0.5\%$.(参考值:$t_{0.05}(9)=1.833$)

十、(5 分)设$\hat{\theta}$是参数 θ 的无偏估计,且 $D(\hat{\theta})>0$,试证$\hat{\theta^2}=(\hat{\theta})^2$不是 θ^2 的无偏估计.

9.1.2 自测试题解答(上)

自测试题一答案

一、填空题

1. 0.1,0.5;2. 1/2;

3.

$Z=X+Y$	3	5	7
p_k	0.18	0.54	0.28

4. $t(10)$;5. $\frac{2}{5}$.

二、选择题

1. (D);2. (C);3. (C);4. (C);5. (D).

三、方法一:(1)$\frac{1}{10}+\frac{9}{10}\times\frac{1}{9}+\frac{9}{10}\times\frac{8}{9}\times\frac{1}{8}=0.3$;

(2) $\frac{1}{5}+\frac{4}{5}\times\frac{1}{4}+\frac{4}{5}\times\frac{3}{4}\times\frac{1}{3}=0.6$.

方法二:(1)$1-\frac{9}{10}\times\frac{8}{9}\times\frac{7}{8}=0.3$;

(2) $1-\frac{4}{5}\times\frac{3}{4}\times\frac{2}{3}=0.6$.

四、设 A_1,A_2,A_3 分别表示甲厂、乙厂和丙厂的产品，B 表示"任取 1 件产品为次品"，则有

$$\begin{aligned}P(B)&=P(A_1)P(B|A_1)+P(A_2)P(B|A_2)+P(A_3)P(B|A_3)\\&=\frac{3}{6}\times\frac{1}{10}+\frac{2}{6}\times\frac{1}{15}+\frac{1}{6}\times\frac{1}{20}\\&=29/360\approx 0.081.\end{aligned}$$

五、(1) $\int_{-\infty}^{+\infty}f(x)\mathrm{d}x=\int_0^1 A(1-x)\mathrm{d}x=\frac{1}{2}A=1, A=2$;

(2) $P\left\{\frac{1}{2}<X<1\right\}=\int_{\frac{1}{2}}^1 2(1-x)\mathrm{d}x=0.25$;

(3) $E(X)=\int_{-\infty}^{+\infty}xf(x)\mathrm{d}x=\int_0^1 2x(1-x)\mathrm{d}x=\frac{1}{3}$,

$E(X^2)=\int_{-\infty}^{+\infty}x^2f(x)\mathrm{d}x=\int_0^1 2x^2(1-x)\mathrm{d}x=\frac{1}{6}$,

$D(X)=E(X^2)-(EX)^2=\frac{1}{6}-\frac{1}{9}=\frac{1}{18}$.

六、(1)

X	-1	1	2
p_k	1/6	1/3	1/2

(2) $F(x)=\begin{cases}0, & x<-1,\\ 1/6, & -1\leqslant x<1,\\ 1/2, & 1\leqslant x<2,\\ 1, & x\geqslant 2.\end{cases}$

(3) $P\left\{X\leqslant\frac{1}{2}\right\}=\frac{1}{6}$.

七、(1) $\int_{-\infty}^{+\infty}\int_{-\infty}^{+\infty}f(x,y)\mathrm{d}x\mathrm{d}y=\int_0^{\frac{\pi}{2}}A\cos x\mathrm{d}x\int_0^{\frac{\pi}{2}}\sin y\mathrm{d}y=A=1$;

(2) $f_X(x)=\int_{-\infty}^{+\infty}f(x,y)\mathrm{d}y=\begin{cases}\int_0^{\frac{\pi}{2}}\cos x\sin y\mathrm{d}y, & 0\leqslant x\leqslant\frac{\pi}{2},\\ 0, & \text{其他}\end{cases}$

$=\begin{cases}\cos x, & 0\leqslant x\leqslant\frac{\pi}{2},\\ 0, & \text{其他}.\end{cases}$

$f_Y(y)=\int_{-\infty}^{+\infty}f(x,y)\mathrm{d}x=\begin{cases}\int_0^{\frac{\pi}{2}}\cos x\sin y\mathrm{d}y, & 0\leqslant y\leqslant\frac{\pi}{2},\\ 0, & \text{其他}\end{cases}$

$=\begin{cases}\sin y, & 0\leqslant y\leqslant\frac{\pi}{2},\\ 0, & \text{其他}.\end{cases}$

(3) $f(x,y)=f_X(x).f_Y(y)$，X 与 Y 相互独立.

八、设第 i 次炮击中，炮弹命中颗数为 $X_i(i=1,2,\cdots,100)$，

$$E(X_i)=4,D(X_i)=2.25,$$

$$P\left\{380<\sum_{i=1}^{100}X_i<420\right\}=P\left\{\frac{380-100\times 4}{\sqrt{100\times 2.25}}<\frac{\sum_{i=1}^{100}X_i-100\times 4}{\sqrt{100\times 2.25}}<\frac{420-100\times 4}{\sqrt{100\times 2.25}}\right\}$$

$$=\Phi\left(\frac{4}{3}\right)-\Phi\left(-\frac{4}{3}\right)=0.8164.$$

九、$$EX=\int_{-\infty}^{+\infty}xf(x,\theta)\mathrm{d}x=\int_0^1\theta x^\theta\mathrm{d}x=\frac{\theta}{\theta+1}x^{\theta+1}\Big|_0^1=\frac{\theta}{\theta+1}=\overline{X},$$

$$\hat{\theta}=\frac{\overline{X}}{1-\overline{X}}.$$

$$L(\theta)=\prod_{i=1}^{n}f(x_i,\theta)=\theta^n\left(\prod_{i=1}^{n}x_i\right)^{\theta-1},$$

$$\ln L(\theta)=n\ln\theta+(\theta-1)\left(\sum_{i=1}^{n}\ln x_i\right),$$

$$\frac{\mathrm{d}\ln L(\theta)}{\mathrm{d}\theta}=\frac{n}{\theta}+\sum_{i=1}^{n}\ln x_i=0,$$

$$\hat{\theta}=-\frac{n}{\sum_{i=1}^{n}\ln X_i}.$$

十、$P\left\{\chi^2_{0.95}(8)<\frac{(n-1)s^2}{\sigma^2}<\chi^2_{0.05}(8)\right\}=0.9\left[或\left(\frac{(n-1)s^2}{\chi^2_{\frac{\alpha}{2}}(8)},\frac{(n-1)s^2}{\chi^2_{1-\frac{\alpha}{2}}(8)}\right)\right]$，$n=9$，$1-\alpha=90\%$，$5.675=\frac{8\times 11}{15.507}<\sigma^2<\frac{8\times 11}{2.733}=32.199$，方差 σ^2 的 90%置信区间为(5.675,32.199).

十一、$$\overline{X}=\frac{1}{16}\sum_{i=1}^{16}X_i\sim N(0,1),$$

$$\frac{Y_i}{4}\sim N(0,1),$$

$$\frac{1}{16}\sum_{i=1}^{16}Y_i^2\sim\chi^2(16),$$

$$\frac{\frac{1}{16}\sum_{i=1}^{16}X_i}{\sqrt{\frac{1}{16}\sum_{i=1}^{16}\frac{Y_i^2}{16}}}=\frac{\sum_{i=1}^{16}X_i}{\sqrt{\sum_{i=1}^{16}Y_i^2}}\sim t(16).$$

自测试题二答案

一、填空题

1. $\frac{1}{6}$；

2.

Y	1	2
p_k	$\frac{1}{6}$	$\frac{5}{6}$

3. $N\left(\mu,\frac{\sigma^2}{n}\right)$, $N(0,1)$;

4. 2,2; 5. $\frac{1}{3}$.

二、选择题

1. (A);　2. (A);　3. (C);　4. (A);　5. (C).

三、设 A 表示"甲解出此题"，$P(A)=1/5$，B 表示"乙解出此题"，$P(B)=1/3$，C 表示"丙解出此题"，$P(C)=1/4$，则有

$$P(A\cup B\cup C)=P(A)+P(B)+P(C)-P(AB)-P(BC)-P(AC)+P(ABC)=0.6.$$

四、设 A_1,A_2,A_3 分别表示甲厂、乙厂和丙厂生产的零件，B 表示"任取 1 个零件为次品"，则有

$$P(A_1)=20\%,P(A_2)=40\%,P(A_3)=40\%,$$
$$P(B|A_1)=5\%,P(B|A_2)=4\%,P(B|A_3)=3\%,$$
$$P(B)=P(A_1)P(B|A_1)+P(A_2)P(B|A_2)+P(A_3)P(B|A_3)=0.038.$$

五、(1) $\int_{-\infty}^{+\infty}f(x)\mathrm{d}x=\int_{-\frac{\pi}{2}}^{\frac{\pi}{2}}k\cos x\mathrm{d}x=2k=1, k=\frac{1}{2}$;

(2) $P\left\{X>\frac{\pi}{4}\right\}=\int_{\frac{\pi}{4}}^{\frac{\pi}{2}}\frac{1}{2}\cos x\mathrm{d}x=\frac{1}{4}(2-\sqrt{2})$;

(3) $F(x)=\begin{cases}\frac{1}{2}(\sin x+1), & -\frac{\pi}{2}\leqslant x<\frac{\pi}{2},\\ 0, & x<-\frac{\pi}{2},\\ 1, & x\geqslant\frac{\pi}{2}.\end{cases}$

六、
$$F_Y(y)=P\{Y\leqslant y\}=P\{2X+3\leqslant y\}=P\left\{X\leqslant\frac{1}{2}(y-3)\right\}$$
$$=\begin{cases}0, & y<3,\\ \int_0^{\frac{1}{2}(y-3)}3\mathrm{e}^{-3x}\mathrm{d}x, & y\geqslant 3,\end{cases}$$
$$f_Y(y)=F_Y'(y)=\begin{cases}\frac{3}{2}\mathrm{e}^{-\frac{3}{2}(y-3)}, & y\geqslant 3,\\ 0, & y<3.\end{cases}$$

七、(1) $P\{X\leqslant 1,Y\leqslant 2\}=\int_0^1\mathrm{d}x\int_0^2 12\mathrm{e}^{-3x-4y}\mathrm{d}y=(1-\mathrm{e}^{-3})(1-\mathrm{e}^{-8})$;

(2) $f_X(x)=\int_{-\infty}^{+\infty}f(x,y)\mathrm{d}y=\begin{cases}\int_0^{+\infty}12\mathrm{e}^{-3x-4y}\mathrm{d}y, & x>0,\\ 0, & x\leqslant 0\end{cases}=\begin{cases}3\mathrm{e}^{-3x}, & x>0,\\ 0, & x\leqslant 0.\end{cases}$

$f_Y(y)=\int_{-\infty}^{+\infty}f(x,y)\mathrm{d}x=\begin{cases}\int_0^{+\infty}12\mathrm{e}^{-3x-4y}\mathrm{d}x, & y>0,\\ 0, & y\leqslant 0\end{cases}=\begin{cases}4\mathrm{e}^{-4y}, & y>0,\\ 0, & y\leqslant 0.\end{cases}$

(3) $f(x,y)=f_X(x)\cdot f_Y(y)$，$X$ 与 Y 相互独立.

八、$\overline{X}\sim N\left(2,\dfrac{\sigma^2}{16}\right)$，$\dfrac{\overline{X}-2}{\dfrac{\sigma}{4}}\sim N(0,1)$，即$\dfrac{4\overline{X}-8}{\sigma}\sim N(0,1)$.

九、 $E(X)=\int_{-\infty}^{+\infty}xf(x,\theta)\mathrm{d}x=\int_{0}^{+\infty}\dfrac{x}{\theta}\mathrm{e}^{-\frac{x}{\theta}}\mathrm{d}x=\theta,\hat{\theta}=\overline{X}.$

$$L(\theta)=\prod_{i=1}^{n}f(x_i,\theta)=\frac{1}{\theta^n}\mathrm{e}^{-\frac{\sum\limits_{i=1}^{n}x_i}{\theta}},\ln L(\theta)=-n\ln\theta-\frac{1}{\theta}\Big(\sum_{i=1}^{n}x_i\Big),\frac{\mathrm{d}\ln L(\theta)}{\mathrm{d}\theta}$$
$$=-\frac{n}{\theta}+\frac{1}{\theta^2}\sum_{i=1}^{n}x_i=0,$$
$$\hat{\theta}=\overline{X}.$$

十、$\alpha=0.5$，

$$P\left\{\chi^2_{0.975}(9)<\frac{9s^2}{\sigma^2}<\chi^2_{0.025}(9)\right\}=0.95,35.87=\frac{9\times75.73}{19.0}<\sigma^2<\frac{9\times75.73}{2.70}=252.43,$$

方差σ^2的 95%置信区间为(35.87,252.43).

十一、 $E(Z)=2E(X)-E(Y)+3=5,D(Z)=4D(X)+D(Y)=9,$

$$Z\sim N(5,9),f_Z(z)=\frac{1}{3\sqrt{2\pi}}\mathrm{e}^{-\frac{(z-5)^2}{18}},-\infty<z<+\infty.$$

自测试题三答案

一、填空题

1. $P(A)+P(B)-P(AB)$，0.5；2. 1，1/2；

3.

X	−1	1	2
p_k	1/6	1/3	1/2

$$P\left\{X\leqslant\frac{1}{2}\right\}=1/6;$$

4. $t(10)$；5. $\dfrac{1}{4}$.

二、选择题

1. (D)；2. (C)；3. (C)；4. (C)；5. (D).

三、(1) $\dfrac{1}{10}+\dfrac{9}{10}\times\dfrac{1}{9}+\dfrac{9}{10}\times\dfrac{8}{9}\times\dfrac{1}{8}=0.3$；

(2) $\dfrac{1}{5}+\dfrac{4}{5}\times\dfrac{1}{4}+\dfrac{4}{5}\times\dfrac{3}{4}\times\dfrac{1}{3}=0.6$.

四、设 A_1,A_2,A_3分别表示甲厂、乙厂和丙厂的产品，B 表示“任取 1 件产品为次品”，则有

$$P(A_1)=3/6,P(A_2)=2/6,P(A_3)=1/6,$$
$$P(B|A_1)=1/10,P(B|A_2)=1/15,P(B|A_3)=1/20,$$
$$P(B)=P(A_1)P(B|A_1)+P(A_2)P(B|A_2)+P(A_3)P(B|A_3)=29/360\approx0.081.$$

五、(1) $\int_{-\infty}^{+\infty} f(x)\mathrm{d}x = \int_0^1 A(1-x)\mathrm{d}x = \frac{1}{2}A = 1, A = 2$;

(2) $P\left\{\frac{1}{2} < X < 1\right\} = \int_{\frac{1}{2}}^1 2(1-x)\mathrm{d}x = 0.25$;

(3) $E(X) = \int_{-\infty}^{+\infty} xf(x)\mathrm{d}x = \int_0^1 2x(1-x)\mathrm{d}x = \frac{1}{3}$.

六、

$\alpha=0.1$,

$P\left\{\chi^2_{0.95}(8) < \frac{(n-1)s^2}{\sigma^2} < \chi^2_{0.05}(8)\right\} = 0.9, 5.675 = \frac{8\times 11}{15.507} < \sigma^2 < \frac{8\times 11}{2.733} = 32.199$,

方差 σ^2 的 90%置信区间为(5.675,32.199).

七、(1)由 $\frac{1}{6}+\frac{1}{9}+\frac{1}{18}+\frac{1}{3}+\frac{2}{9}+\beta=1$,得 $\beta=\frac{1}{9}$;

(2)

Y	1	2	3
p_k	$\frac{1}{2}$	$\frac{1}{3}$	$\frac{1}{6}$

(3) $E(Y)=1\times\frac{1}{2}+2\times\frac{1}{3}+3\times\frac{1}{6}=\frac{5}{3}, E(Y^2-1)=0\times\frac{1}{2}+3\times\frac{1}{3}+8\times\frac{1}{6}=\frac{7}{3}$.

八、设第 i 次炮击中,炮弹命中颗数为 $X_i(i=1,2,\cdots,100), E(X_i)=4, D(X_i)=2.25$,

$$P\left\{380 < \sum_{i=1}^{100} X_i < 420\right\} = P\left\{\frac{380-100\times 4}{\sqrt{100\times 2.25}} < \frac{\sum_{i=1}^{100} X_i - 100\times 4}{\sqrt{100\times 2.25}} < \frac{420-100\times 4}{\sqrt{100\times 2.25}}\right\}$$

$$= \Phi\left(\frac{4}{3}\right) - \Phi\left(-\frac{4}{3}\right) = 0.8164.$$

九、
$$EX = \int_{-\infty}^{+\infty} xf(x,\theta)\mathrm{d}x$$

$$= \int_0^1 \theta x^\theta \mathrm{d}x = \frac{\theta}{\theta+1}x^{\theta+1}\Big|_0^1 = \frac{\theta}{\theta+1} = \overline{X}, \hat{\theta} = \frac{\overline{X}}{1-\overline{X}}.$$

$$L(\theta) = \prod_{i=1}^n f(x_i,\theta) = \theta^n\left(\prod_{i=1}^n x_i\right)^{\theta-1},$$

$$\ln L(\theta) = n\ln\theta + (\theta-1)\left(\sum_{i=1}^n \ln x_i\right), \frac{\mathrm{d}\ln L(\theta)}{\mathrm{d}\theta} = \frac{n}{\theta} + \sum_{i=1}^n \ln x_i = 0, \hat{\theta} = -\frac{n}{\sum_{i=1}^n \ln X_i}.$$

十、
$$\overline{X} = \frac{1}{16}\sum_{i=1}^{16} X_i \sim N(0,1), \frac{Y_i}{4} \sim N(0,1), \frac{1}{16}\sum_{i=1}^{16} Y_i^2 \sim \chi^2(16),$$

$$\frac{\frac{1}{16}\sum_{i=1}^{16} X_i}{\sqrt{\frac{1}{16}\sum_{i=1}^{16}\frac{Y_i^2}{16}}} = \frac{\sum_{i=1}^{16} X_i}{\sqrt{\sum_{i=1}^{16} Y_i^2}} \sim t(16).$$

自测试题四答案

一、填空题

1. $\frac{1}{6}$；

2.

Y	1	2
p_k	$\frac{1}{6}$	$\frac{5}{6}$

3. $N\left(\mu,\frac{\sigma^2}{n}\right)$,$N(0,1)$;4. 2,2;5. $\frac{1}{3}$.

二、选择题

1.(A);2.(A);3.(C);4.(A);5.(C).

三、设A表示"甲解出此题"，$P(A)=1/5$,B表示"乙解出此题"，$P(B)=1/3$,C表示"丙解出此题"，$P(C)=1/4$,则有

$$P(A\cup B\cup C)=P(A)+P(B)+P(C)-P(AB)-P(BC)-P(AC)+P(ABC)=0.6.$$

四、设A_1,A_2,A_3分别表示甲厂、乙厂和丙厂生产的零件，B表示"任取1个零件为次品"则有

$P(A_1)=20\%,P(A_2)=40\%,P(A_3)=40\%,P(B|A_1)=5\%,P(B|A_2)=4\%,P(B|A_3)=3\%$.

$$P(B)=P(A_1)P(B|A_1)+P(A_2)P(B|A_2)+P(A_3)P(B|A_3)=0.038.$$

五、(1) $\int_{-\infty}^{+\infty}f(x)\mathrm{d}x=\int_{-\frac{\pi}{2}}^{\frac{\pi}{2}}k\cos x\mathrm{d}x=2k=1,k=\frac{1}{2}$;

(2) $P\left\{X>\frac{\pi}{4}\right\}=\int_{\frac{\pi}{4}}^{\frac{\pi}{2}}\frac{1}{2}\cos x\mathrm{d}x=\frac{1}{4}(2-\sqrt{2})$;

(3) $F(x)=\begin{cases}\frac{1}{2}(\sin x+1), & -\frac{\pi}{2}\leqslant x<\frac{\pi}{2},\\ 0, & x<-\frac{\pi}{2},\\ 1, & x\geqslant\frac{\pi}{2}.\end{cases}$

六、

$$F_Y(y)=P\{Y\leqslant y\}=P\{2X+3\leqslant y\}=P\left\{X\leqslant\frac{1}{2}(y-3)\right\}$$

$$=\begin{cases}0, & y<3,\\ \int_0^{\frac{1}{2}(y-3)}3\mathrm{e}^{-3x}\mathrm{d}x, & y\geqslant 3,\end{cases}$$

$$f_Y(y)=F_Y'(y)=\begin{cases}\frac{3}{2}\mathrm{e}^{-\frac{3}{2}(y-3)}, & y\geqslant 3,\\ 0, & y<3.\end{cases}$$

七、(1) $f_X(x)=\int_{-\infty}^{+\infty}f(x,y)\mathrm{d}y\begin{cases}\int_0^{1-x}2\mathrm{d}y, & 0<x<1,\\ 0, & 其他\end{cases}=\begin{cases}2(1-x), & 0<x<1,\\ 0, & 其他,\end{cases}$

$$f_Y(y)=\int_{-\infty}^{+\infty}f(x,y)\mathrm{d}x\begin{cases}\int_0^{1-y}2\mathrm{d}x, & 0<y<1,\\ 0, & \text{其他}\end{cases}=\begin{cases}2(1-y), & 0<y<1,\\ 0, & \text{其他}.\end{cases}$$

(2) $f\left(\frac{1}{2},\frac{3}{4}\right)=0\neq\frac{1}{2}=f_X\left(\frac{1}{2}\right)\cdot f_Y\left(\frac{3}{4}\right)$，$X$ 与 Y 不相互独立.

(3) $E(X)=\int_{-\infty}^{+\infty}xf(x)\mathrm{d}x=\int_0^1 x2(1-x)\mathrm{d}x=\frac{1}{3}$.

八、$\overline{X}\sim N\left(2,\frac{\sigma^2}{16}\right)$，$\frac{\overline{X}-2}{\frac{\sigma}{4}}\sim N(0,1)$，即$\frac{4\overline{X}-8}{\sigma}\sim N(0,1)$.

九、$E(X)=\int_{-\infty}^{+\infty}xf(x,\theta)\mathrm{d}x=\int_{-\infty}^{+\infty}\frac{x}{\theta}\mathrm{e}^{-\frac{x}{\theta}}\mathrm{d}x=\theta$，$\hat{\theta}=\overline{X}$.

$$L(\theta)=\prod_{i=1}^{n}f(x_i,\theta)=\frac{1}{\theta^n}\mathrm{e}^{-\frac{\sum\limits_{i=1}^{n}x_i}{\theta}},\ln L(\theta)=-n\ln\theta-\frac{1}{\theta}\left(\sum_{i=1}^{n}x_i\right),\frac{\mathrm{d}\ln L(\theta)}{\mathrm{d}\theta}$$

$$=-\frac{n}{\theta}+\frac{1}{\theta^2}\sum_{i=1}^{n}x_i=0,\hat{\theta}=\overline{X}.$$

十、$\alpha=0.05$，

$$P\left\{\chi^2_{0.975}(9)<\frac{9s^2}{\sigma^2}<\chi^2_{0.025}(9)\right\}=0.95,35.87=\frac{9\times75.73}{19.0}<\sigma^2<\frac{9\times75.73}{2.70}=252.43,$$

方差 σ^2 的 95% 置信区间为(35.87,252.43).

自测试题五答案

一、填空题

1. $\overline{A}\,\overline{B}\,\overline{C}$；2. $\frac{1}{2}$；3. 2；4. $1-\frac{\sigma^2}{\varepsilon^2}$；5. $t(n-1)$.

二、选择题

1. (B)；2. (D)；3. (B)；4. (C)；5. (B).

三、(1) $\frac{8}{10}\times\frac{7}{9}=\frac{28}{45}\left(\text{或}\frac{C_8^2}{C_{10}^2}=\frac{28}{45}\right)$；

(2) $\frac{C_8^1C_2^1}{C_{10}^2}=\frac{16}{45}$.

四、设A=｛检查任一产品检验员认为是合格品｝，

B=｛产品是合格品｝，

则(1) $P(A)=P(B)P(A|B)+P(\overline{B})P(A|\overline{B})$

$=0.9\times0.98+0.1\times0.05=0.887$；

(2) $P(B|A)=\frac{P(B)P(A|B)}{P(A)}=\frac{0.9\times0.98}{0.887}=0.994$.

五、(1) $\int_{-\infty}^{+\infty}f(x)\mathrm{d}x=\int_0^1 Ax\mathrm{d}x=\frac{1}{2}A=1,A=2$；

(2) $P\left\{\frac{1}{2}<X<1\right\}=\int_{\frac{1}{2}}^{1}2x\mathrm{d}x=0.75$；

(3)$E(X)=\int_0^1 x\cdot 2x\mathrm{d}x=\frac{2}{3}$；

(4) $E(X^2)=\int_0^1 x^2\cdot 2x\mathrm{d}x=\frac{1}{2}, D(X)=E(X^2)-[E(X)]^2=\frac{1}{18}$.

六、设次品的数量为 X，则 $X\sim b\left(100,\frac{1}{10}\right), E(X)=10, D(X)=9, P\{10<X<15\}=P\left\{\frac{10-10}{\sqrt{9}}<\frac{X-10}{\sqrt{9}}<\frac{15-10}{\sqrt{9}}\right\}=\Phi\left(\frac{5}{3}\right)-\Phi(0)=0.4525$.

七、

Y \ X	1	2	$p_{\cdot j}$
1	$\frac{1}{6}$	$\frac{1}{9}$	$\frac{5}{18}$
2	$\frac{5}{18}$	$\frac{4}{9}$	$\frac{13}{18}$
$p_{i\cdot}$	$\frac{4}{9}$	$\frac{5}{9}$	1

(1)

X	1	2
$p_{i\cdot}$	$\frac{4}{9}$	$\frac{5}{9}$

Y	1	2
$p_{\cdot j}$	$\frac{5}{18}$	$\frac{13}{18}$

(2)
$$P\{X=1|Y=1\}=\frac{P\{X=1,Y=1\}}{P\{Y=1\}}=\frac{\frac{1}{6}}{\frac{5}{18}}=\frac{3}{5}$$

八、(1) $f_X(x)=\int_{-\infty}^{+\infty} f(x,y)\mathrm{d}y=\begin{cases}\int_0^1 3x\mathrm{d}y, & 0\leqslant x\leqslant 1,\\ 0, & \text{其他}\end{cases}=\begin{cases}3x, & 0\leqslant x\leqslant 1,\\ 0, & \text{其他},\end{cases}$

$$f_Y(y)=\int_{-\infty}^{+\infty} f(x,y)\mathrm{d}x=\begin{cases}\int_0^1 3x\mathrm{d}x, & 0\leqslant y\leqslant 1,\\ 0, & \text{其他}\end{cases}=\begin{cases}\frac{3}{2}, & 0\leqslant y\leqslant 1,\\ 0, & \text{其他}.\end{cases}$$

(2) 因为 $f(x,y)\neq f_X(x)\cdot f_Y(y)$，所以 X 与 Y 不独立.

九、$L(\theta)=\prod_{i=1}^{n}\sqrt{\theta}x_i^{\sqrt{\theta}-1}=\theta^{\frac{n}{2}}\left(\prod_{i=1}^{n}x_i\right)^{\sqrt{\theta}-1}, \ln L(\theta)=\frac{n}{2}\ln\theta+(\sqrt{\theta}-1)\sum_{i=1}^{n}\ln x_i$.

令 $\frac{\mathrm{d}\ln L(\theta)}{\mathrm{d}\theta}=\frac{n}{2\theta}+\frac{1}{2\sqrt{\theta}}\sum_{i=1}^{n}\ln x_i=0$，得估计值 $\hat{\theta}=\left(\frac{n}{\sum_{i=1}^{n}\ln x_i}\right)^2$.

十、枢轴变量 $\frac{\overline{X}-\mu}{\sigma/\sqrt{n}}\sim N(0,1)$，

μ 的置信度为 90% 的置信区间为 $\left(\overline{X}-Z_{\frac{\alpha}{2}}\frac{\sigma}{\sqrt{n}},\overline{X}+Z_{\frac{\alpha}{2}}\frac{\sigma}{\sqrt{n}}\right)$.

$\sigma=0.01,\overline{X}=2.13,\alpha=0.1,\frac{\alpha}{2}=0.05,Z_{\frac{\alpha}{2}}=Z_{0.05}=1.645$，故 μ 的置信度为 90% 的置信区间为 $(2.126,2.134)$.

自测试题六答案

一、填空题

1. ABC；2. $\frac{1}{4}$；3. $\frac{1}{2}$；4. $\frac{\sigma^2}{\varepsilon^2}$；5. $F(n_2,n_1)$.

二、选择题

1. (D)；2. (C)；3. (D)；4. (C)；5. (D).

三、(1) $P(AB)=P(A)P(B)=0.72$；

(2) $P(A\cup B)=P(A)+P(B)-P(AB)=0.98$.

四、设 $A=\{$色盲患者$\}$，$B=\{$男性$\}$，则

(1) $P(A)=P(B)P(A|B)+P(\overline{B})P(A|\overline{B})$

$$=0.5\times0.05+0.5\times0.0025=0.02625；$$

(2) $P(B|A)=\frac{P(B)P(A|B)}{P(A)}=\frac{0.5\times0.05}{0.02625}=\frac{20}{21}$.

五、(1) $\int_{-\infty}^{+\infty}f(x)\mathrm{d}x=\int_0^1 2Ax\,\mathrm{d}x=A=1$；

(2) $P\{0.3<X<0.7\}=\int_{0.3}^{0.7}2x\mathrm{d}x=x^2\Big|_{0.3}^{0.7}=0.4$；

(3) $E(X)=\int_0^1 x\cdot 2x\mathrm{d}x=\frac{2}{3}$；

(4) $E(X^2)=\int_0^1 x^2\cdot 2x\mathrm{d}x=\frac{1}{2},D(X)=E(X^2)-[E(X)]^2=\frac{1}{18}$.

六、设次品的数量为 X，则 $X\sim b\left(300,\frac{1}{6}\right)$，

$$E(X)=np=50,D(X)=npq=\frac{125}{3},$$

$$P\{40<X<60\}=P\left\{\frac{40-50}{\sqrt{\frac{125}{3}}}<\frac{X-50}{\sqrt{\frac{125}{3}}}<\frac{60-50}{\sqrt{\frac{125}{3}}}\right\}\approx\Phi\left(\frac{2\sqrt{15}}{3}\right)-\Phi\left(-\frac{2\sqrt{15}}{3}\right)$$

$$=2\Phi(1.55)-1=0.8788.$$

七、

p_k	$\frac{1}{6}$	$\frac{1}{9}$	$\frac{1}{18}$	$\frac{1}{3}$	$\frac{2}{9}$	$\frac{1}{9}$
(X,Y)	(1,1)	(2,1)	(3,1)	(1,2)	(2,2)	(3,2)
$X+Y$	2	3	4	3	4	5
$M=\max\{X,Y\}$	1	2	3	2	2	3
$N=\min\{X,Y\}$	1	1	1	1	2	2

$X+Y$	2	3	4	5
p_k	$\frac{1}{6}$	$\frac{4}{9}$	$\frac{5}{18}$	$\frac{1}{9}$

$M=\max\{X,Y\}$	1	2	3
p_k	$\frac{1}{6}$	$\frac{2}{3}$	$\frac{1}{6}$

Y	1	2
$p_{\cdot j}$	$\frac{5}{18}$	$\frac{13}{18}$

八、(1) $f_X(x)=\int_{-\infty}^{+\infty}f(x,y)\mathrm{d}y=\begin{cases}\int_0^x 3x\mathrm{d}y, & 0\leqslant x\leqslant 1,\\ 0, & \text{其他}\end{cases}=\begin{cases}3x^2, & 0\leqslant x\leqslant 1,\\ 0, & \text{其他},\end{cases}$

$f_Y(y)=\int_{-\infty}^{+\infty}f(x,y)\mathrm{d}x=\begin{cases}\int_y^1 3x\mathrm{d}x, & 0\leqslant y\leqslant 1,\\ 0, & \text{其他}\end{cases}=\begin{cases}\frac{3}{2}(1-y^2), & 0\leqslant y\leqslant 1,\\ 0, & \text{其他};\end{cases}$

(2) 因为 $f(x,y)\neq f_X(x)\cdot f_Y(y)$,所以 X 与 Y 不独立.

九、样本的矩:$A_1=\overline{X}$,

总体的矩:$\mu_1=E(X)=\int_0^1\sqrt{\theta}x^{\sqrt{\theta}-1}x\mathrm{d}x=\frac{\sqrt{\theta}}{\sqrt{\theta}+1}$,

令 $A_1=\mu_1$,

得 θ 的矩估计量为 $\hat{\theta}=\left(\frac{\overline{X}}{1-\overline{X}}\right)^2$.

十、枢轴变量 $\frac{\overline{X}-\mu}{\sigma/\sqrt{n}}\sim N(0,1)$,$\mu$ 的置信度为 95% 的置信区间为 $\left(\overline{X}-Z_{\frac{\alpha}{2}}\frac{\sigma}{\sqrt{n}},\overline{X}+Z_{\frac{\alpha}{2}}\frac{\sigma}{\sqrt{n}}\right)$

$\sigma=0.2,\overline{X}=10,\alpha=0.05,\frac{\alpha}{2}=0.025,Z_{\frac{\alpha}{2}}=Z_{0.025}=1.96$,故 μ 的置信度为 95% 的置信区间为 $(9.969,10.131)$.

自测试题七答案

一、填空题

1. (1) $\frac{1}{2}$,(2) $\frac{1}{6}$,(3) $\frac{3}{8}$.

2. $f_X(x)=\frac{1}{\pi(1+x^2)}$,$f_Y(y)=\frac{3}{\pi(9+y^2)}$.

3. (1) $t=\frac{\overline{X}-\overline{Y}}{\sqrt{\frac{(n_1-1)S_1^2+(n_2-1)S_2^2}{n_1+n_2-2}}}\cdot\sqrt{\frac{n_1n_2}{n_1+n_2}}$;(2) $|t|>t_{\frac{\alpha}{2}}(n_1+n_2-2)$.

4. $\frac{\sqrt{5}-1}{2}$.

5. 0.9984.

二、选择题

1. (A);2. (B);3. (A);4. (C);5. (B).

三、计算题

1. 设 A_i 表示第一次从中取出 i 个新球,$i=0,1,2,3$,B 表示第二次比赛取出的球都是新球. 由全概率公式有

$$P(B)=\sum_{i=0}^{3}P(A_i)P(B|A_i)=\frac{1\times 84}{220\times 220}+\frac{27\times 56}{220\times 220}+\frac{108\times 35}{220\times 220}+\frac{84\times 20}{220\times 220}$$
$$=0.1458.$$

2. 矩估计:

$$E(X)=\int_0^{+\infty}x\cdot\frac{x}{\theta^2}\mathrm{e}^{-\frac{x^2}{2\theta^2}}\mathrm{d}x=-x\mathrm{e}^{-\frac{x^2}{2\theta^2}}\Big|_0^{+\infty}+\int_0^{+\infty}\mathrm{e}^{-\frac{x^2}{2\theta^2}}\mathrm{d}x=\theta\int_0^{+\infty}\mathrm{e}^{-\frac{u^2}{2}}\mathrm{d}u=\theta\frac{\sqrt{2\pi}}{2}.$$

所以,$\overline{X}=\theta\dfrac{\sqrt{2\pi}}{2}$,矩估计量$\hat{\theta}=\sqrt{\dfrac{2}{\pi}}\overline{X}$.

极大似然估计:

似然函数

$$L(\theta)=\prod_{i=1}^{n}f(x_i,\theta)=\theta^{-2n}\prod_{i=1}^{n}x_i\mathrm{e}^{-\frac{\sum\limits_{i=1}^{n}x_i^2}{2\theta^2}},$$

两边取自然对数,得

$$\ln L(\theta)=-2n\ln\theta+\sum_{i=1}^{n}\ln x_i-\frac{\sum\limits_{i=1}^{n}x_i^2}{2\theta^2};$$

$$\frac{\mathrm{d}\ln L(\theta)}{\mathrm{d}\theta}=-\frac{2n}{\theta}+\frac{1}{\theta^3}\sum_{i=1}^{n}x_i^2=0,\quad \theta^2=\frac{\sum\limits_{i=1}^{n}x_i^2}{2n}.$$

极大似然估计量为

$$\hat{\theta}=\sqrt{\frac{\sum\limits_{i=1}^{n}x_i^2}{2n}}.$$

3. (1) $E(X)=\iint\limits_D xf(x,y)\mathrm{d}x\mathrm{d}y=\int_0^1\mathrm{d}x\int_{-x}^{x}x\,\mathrm{d}y=\int_0^1 2x^2\mathrm{d}x=\dfrac{2}{3}$,

$E(Y)=\iint\limits_D yf(x,y)\mathrm{d}x\mathrm{d}y=\int_0^1\mathrm{d}x\int_{-x}^{x}y\,\mathrm{d}y=0$;

(2) $D(X)=E(X^2)-(EX)^2=\int_0^1\mathrm{d}x\int_{-x}^{x}x^2\mathrm{d}y-\dfrac{4}{9}=\dfrac{17}{18}$,

$D(Y)=E(Y^2)-(EY)^2=\int_0^1\mathrm{d}x\int_{-x}^{x}y^2\mathrm{d}y-0=\int_0^1\dfrac{2}{3}x^3\mathrm{d}x=\dfrac{1}{6}$;

(3) $\mathrm{Cov}(X,Y)=E(XY)-E(X)E(Y)=0-0=0$.

四、应用题

1. 设第 i 次炮击中,炮弹命中颗数为 X_i,$i=1,2,\cdots,100$. 由题意知

$$\sigma^2=D(X_i)=2.25,E(X_i)=4,$$

要求 $P\left\{380<\sum\limits_{i=1}^{100}X_i\leqslant 420\right\}$,有

$$P\left\{380<\sum_{i=1}^{100}X_i\leqslant 420\right\}=P\left\{\frac{380-100\times 4}{\sqrt{225}}<\frac{\sum\limits_{i=1}^{100}X_i-100\times 4}{\sqrt{225}}\leqslant\frac{420-100\times 4}{\sqrt{225}}\right\}$$

$$=P\left\{-\frac{4}{3}<\frac{\sum\limits_{i=1}^{100}X_i-400}{15}\leqslant\frac{4}{3}\right\}=\Phi\left(\frac{4}{3}\right)-\Phi\left(-\frac{4}{3}\right)$$

$$=2\Phi\left(\frac{4}{3}\right)-1=0.8164.$$

2. 枢轴变量为 $\chi^2=\frac{(n-1)S^2}{\sigma^2}$，方差 σ^2 的置信区间为 $\left(\frac{(n-1)S^2}{\chi^2_{\frac{\alpha}{2}}(n-1)},\frac{(n-1)S^2}{\chi^2_{1-\frac{\alpha}{2}}(n-1)}\right)$，$\sigma$ 的置信区间为 $\left[\sqrt{\frac{(n-1)S^2}{\chi^2_{\frac{\alpha}{2}}(n-1)}},\sqrt{\frac{(n-1)S^2}{\chi^2_{1-\frac{\alpha}{2}}(n-1)}}\right]$，$S^2=75.12222$，$\chi^2_{\frac{\alpha}{2}}(9)=19.023$，$\chi^2_{0.975}(9)=2.7$，标准差 σ 的置信度为 0.95 的置信区间为(5.97,15.82).

3. 依题意应提出假设 $H_0:\mu_1\leqslant\mu_2$，$H_1:\mu_1>\mu_2$，因为方差未知但相等，故选择统计量为

$$t=\frac{\overline{X}-\overline{Y}}{S_w\sqrt{\frac{1}{n_1}+\frac{1}{n_2}}}\sim t(n_1+n_2-2),\quad S_w^2=\frac{(n_1-1)S_1^2+(n_2-1)S_2^2}{n_1+n_2-2},$$

拒绝域为 $W=\{t>t_\alpha(n_1+n_2-2)\}$，实际计算得 $n_1=6$，$n_2=7$，$\overline{x}=33$，$\overline{y}=30$，

$$S_1^2=3.2,\ S_2^2=4,\ S_w^2=3.636,\ t_{0.1}(11)=1.3634.$$

因为 $t=1.4819>t_{0.1}(11)=1.3634$，故拒绝原假设，即认为该种化肥对提高农作物的产量的效率是显著的.

五、证明题

1. 对于任意事件 A 与 B，有 $A\cup B=A\cup(B-AB)$，又因为 A 与 $B-AB$ 互不相容，所以有 $P(A\cup B)=P(A)+P(B-AB)$，又因为 $AB\subset B$，有

$$P(B-AB)=P(B)-P(AB),$$

从而

$$P(A\cup B)=P(A)+P(B)-P(AB).$$

2. 因为 X,Y 是相互独立的随机变量，且 $X\sim P(\lambda_1)$，$Y\sim P(\lambda_2)$，则 $Z=X+Y$ 有

$$P\{Z=i\}=P\{X+Y=i\}=\sum_{k=0}^{i}P\{X=k\}P\{Y=i-k\}.$$

而 $P\{X=k\}=\frac{\lambda_1^k}{k!}e^{-\lambda_1}(k=0,1,2,\cdots)$，$P\{Y=i-k\}=\frac{\lambda_2^{i-k}}{(i-k)!}e^{-\lambda_2}(i-k=0,1,2,\cdots)$.

所以

$$P\{Z=i\}=\sum_{k=0}^{i}\frac{\lambda_1^k}{k!}e^{-\lambda_1}\cdot\frac{\lambda_2^{i-k}}{(i-k)!}e^{-\lambda_2}=\frac{1}{i!}e^{-(\lambda_1+\lambda_2)}\cdot\sum_{k=0}^{i}\frac{i!}{k!(i-k)!}\lambda_1^k\lambda_2^{i-k}$$

$$=\frac{1}{i!}e^{-(\lambda_1+\lambda_2)}\cdot\sum_{k=0}^{i}C_i^k\lambda_1^k\lambda_2^{i-k}=\frac{1}{i!}(\lambda_1+\lambda_2)^i e^{-(\lambda_1+\lambda_2)}(i=0,1,2,\cdots),$$

故 $Z=X+Y\sim P(\lambda_1+\lambda_2)$.

3. 因为 $E(\overline{X})=E\left(\frac{1}{n}\sum\limits_{i=1}^{n}X_i\right)=\frac{1}{n}\sum\limits_{i=1}^{n}\mu=\mu$，所以 $\overline{X}$ 是 μ 的无偏估计.

因为 $E(S^2)=E\left(\frac{1}{n-1}\sum_{i=1}^{n}(X_i-\overline{X})^2\right)=\frac{1}{n-1}E\left(\sum_{i=1}^{n}(X_i-\mu)^2-n(\overline{X}-\mu)^2\right)$

$$=\frac{1}{n-1}\sum_{i=1}^{n}E(X_i-\mu)^2-\frac{n}{n-1}E(\overline{X}-\mu)^2$$

$$=\frac{1}{n-1}\sum_{i=1}^{n}D(X_i)-\frac{n}{n-1}D(\overline{X})$$

$$=\frac{n}{n-1}\sigma^2-\frac{1}{n-1}\sigma^2=\sigma^2.$$

所以，S^2 是 σ^2 的无偏估计.

自测试题八答案

一、填空题

1. 0.62；2. $N(1,1)$；3. 0.8；4. $\mu^2+\sigma^2$；5. $D(X)+4D(Y)$；6. $t(n)$；7. $\frac{8}{9}$.

二、判断题

1. ×；2. √；3. √；4. ×；5. √.

三、1. (1) $p_1=\frac{10}{100}\cdot\frac{90}{99}=\frac{1}{11}=0.091$；(2) $p_2=\frac{99}{100}\cdot\frac{98}{99}+\frac{10}{100}\cdot\frac{90}{99}=0.9$.

2. 设 B_1,B_2,B_3 分别为甲、乙、丙车间生产的产品；$A=\{$取到次品$\}$.

(1) $P(A)=\sum_{i=1}^{3}P(B_i)P(A|B_i)=0.25\times0.05+0.35\times0.04+0.4\times0.02=0.0345$；

(2) $P(B_1|A)=\frac{P(B_1)P(A|B_1)}{P(A)}=\frac{0.25\times0.05}{0.0345}=0.3623$.

四、(1) $f(x)=\begin{cases}2Ax, & 0<x\leqslant1,\\ 0, & \text{其他};\end{cases}$ $1=\int_0^1 2Ax\,dx=Ax^2\Big|_0^1=A$.

(2) $P\{0.3<x\leqslant0.7\}=F(0.7)-F(0.3)=0.7^2-0.3^2=0.4$.

(3) $E(X)=\int_0^1 x\cdot2x\,dx=\frac{2}{3}x^3\Big|_0^1=\frac{2}{3}$；$E(X^2)=\int_0^1 x^2\cdot2x\,dx=\frac{1}{2}x^4\Big|_0^1=\frac{1}{2}$；

$$D(X)=E(X^2)-[E(X)]^2=\frac{1}{2}-\left(\frac{2}{3}\right)^2=\frac{1}{18}.$$

五、(1) $P\{X<1,Y<3\}=\int_0^1 dx\int_2^3\frac{1}{8}(6-x-y)\,dy=\frac{3}{8}$.

(2) $f_X(x)=\int_{-\infty}^{+\infty}f(x,y)\,dy=\begin{cases}\int_2^4\frac{1}{8}(6-x-y)\,dy, & 0\leqslant x\leqslant2,\\ 0, & \text{其他}\end{cases}$

$$=\begin{cases}\frac{1}{4}(3-x), & 0\leqslant x\leqslant2,\\ 0, & \text{其他}.\end{cases}$$

(3) $P\{X+Y\leqslant4\}=\int_0^2 dx\int_2^{4-x}\frac{1}{8}(6-x-y)\,dy=\frac{2}{3}$.

六、设 X_i 表示第 i 次射击命中目标的炮弹数($i=1,2,\cdots,100$)，则

$$E(X_i)=2,D(X_i)=1.5^2,$$

于是，

$$P\left\{180<\sum_{i=1}^{100}X_i<220\right\}=P\left\{-\frac{20}{15}<\frac{\sum\limits_{i=1}^{100}X_i-100\times 2}{15}\leqslant\frac{20}{15}\right\}=\Phi\left(\frac{20}{15}\right)-\Phi\left(-\frac{20}{15}\right)$$

$$=2\Phi\left(\frac{20}{15}\right)-1=2\times 0.9082-1=0.8164.$$

七、$E(X)=\int_0^1 x\cdot\sqrt{\theta}x^{\sqrt{\theta}-1}\mathrm{d}x=\int_0^1\sqrt{\theta}x^{\sqrt{\theta}}\mathrm{d}x=\frac{\sqrt{\theta}}{\sqrt{\theta}+1}x^{\sqrt{\theta}+1}\Big|_0^1=\frac{\sqrt{\theta}}{\sqrt{\theta}+1}$，令$\frac{\sqrt{\theta}}{\sqrt{\theta}+1}=\overline{X}$，

$$\hat{\theta}=\left(\frac{\overline{X}}{1-\overline{X}}\right)^2;$$

$$L(\theta)=\prod_{i=1}^{n}\sqrt{\theta}X_i^{\sqrt{\theta}-1}=\theta^{\frac{n}{2}}\left(\prod_{i=1}^{n}X_i\right)^{\sqrt{\theta}-1},\ln L(\theta)=\frac{n}{2}\ln\theta+(\sqrt{\theta}-1)\sum_{i=1}^{n}\ln X_i,$$

$$\frac{\mathrm{d}\ln L(\theta)}{\mathrm{d}\theta}=\frac{n}{2\theta}+\frac{1}{2\sqrt{\theta}}\sum_{i=1}^{n}\ln X_i=0,\hat{\theta}=\left(\frac{n}{\sum\limits_{i=1}^{n}\ln X_i}\right)^2.$$

八、枢轴变量$\frac{(n-1)S^2}{\sigma^2}\sim\chi^2(n-1)$，置信区间$\left[\sqrt{\frac{(n-1)S^2}{\chi^2_{\frac{\alpha}{2}}(n-1)}},\sqrt{\frac{(n-1)S^2}{\chi^2_{1-\frac{\alpha}{2}}(n-1)}}\right]$，

$n=9,S=11,\chi^2_{0.025}(8)=17.535,\chi^2_{0.975}(8)=2.18,(7.4,21.07)$.

九、$H_0:\sigma_1^2=\sigma_2^2,H_1:\sigma_1^2\neq\sigma_2^2$，

统计量：$F=\frac{S_1^2}{S_2^2}\sim F(n_1-1,n_2-1)$，

拒绝域$C=\{F\leqslant F_{1-\frac{\alpha}{2}}(n_1-1,n_2-1)$或者$F\geqslant F_{\frac{\alpha}{2}}(n_1-1,n_2-1)\}$，$F=\frac{0.096}{0.026}=3.69$，

$$F_{\frac{\alpha}{2}}(n_1-1,n_2-1)=F_{0.025}(7,8)=4.53,F_{1-\frac{\alpha}{2}}(n_1-1,n_2-1)=F_{0.975}(7,8)=\frac{1}{4.907},$$

$C=\{F\leqslant 0.2038$ 或 $F\geqslant 4.53\}$，故接受H_0，认为两机床产品直径的方差相等.

自测试题九答案

一、1. $P(A)+P(B)-P(AB)$；2. $\frac{1}{\sqrt{2\pi}\sigma}\mathrm{e}^{-\frac{(x-\mu)}{\sigma^2}},-\infty<x<+\infty$；3. $\chi^2(n)$；

4. $\frac{X}{\sqrt{\frac{Y}{n}}}$；5. $F(n_1,n_2)$；6. 拒绝$H_0|H_0$为真；7. n；

8. $C_1=B_1\overline{B_2}\overline{B_3}\cup\overline{B_1}B_2\overline{B_3}\cup\overline{B_1}\overline{B_2}B_3,C_2=B_1B_2\overline{B_3}\cup B_1\overline{B_2}B_3\cup\overline{B_1}B_2B_3$，
$C_3=B_1B_2B_3,A=A(C_1\cup C_2\cup C_3),P(C_1)=0.398,P(C_2)=0.092$，
$P(C_3)=0.006,P(A)=0.16$.

二、1. ×；2. √；3. √；4. ×；5. ×.

三、

X	0	1	2	3	4
p_k	0.1^4	$0.1^3\times 0.9$	$0.1^2\times 0.9$	0.1×0.9	0.9

$$F(x)=\begin{cases}0, & x<0,\\ 0.0001, & 0\leqslant x<1,\\ 0.0010, & 1\leqslant x<2,\\ 0.0100, & 2\leqslant x<3,\\ 0.1000, & 3\leqslant x<4,\\ 1, & x\geqslant 4.\end{cases}$$

四、(1) $f(x,y)=\begin{cases}\dfrac{1}{4\pi}, & x^2+y^2\leqslant 4,\\ 0, & \text{其他};\end{cases}$

(2) $f_X(x)=\int_{-\sqrt{4-x^2}}^{\sqrt{4-x^2}}\dfrac{1}{4\pi}\mathrm{d}y=\dfrac{2}{4\pi}\sqrt{4-x^2}=\dfrac{\sqrt{4-x^2}}{2\pi},|x|\leqslant 2,$

$$f_Y(y)=\frac{\sqrt{4-y^2}}{2\pi},|y|\leqslant 2;$$

(3) $f(x,y)\neq f_X(x)\cdot f_Y(y)$,所以 X 与 Y 不独立.

五、(1) $1=k\int_{-1}^{1}\mathrm{d}x\int_{x^2}^{1}(x^2+y)\mathrm{d}y=k\int_{-1}^{1}\left[x^2y+\dfrac{1}{2}y^2\right]_{x^2}^{1}\mathrm{d}x$

$$=k\int_{-1}^{1}\left(x^2-x^4+\frac{1}{2}-\frac{1}{2}x^4\right)\mathrm{d}x=k\int_{-1}^{1}\left(x^2+\frac{1}{2}-\frac{3}{2}x^4\right)\mathrm{d}x$$

$$=k\left[\frac{1}{3}x^3+\frac{1}{2}x-\frac{3}{10}x^5\right]_{-1}^{1}=k\left(\frac{2}{3}+1-\frac{6}{10}\right)=\frac{16}{15}k,\text{故 } k=\frac{15}{16}.$$

(2) $E(X)=\dfrac{15}{16}\int_{-1}^{1}\mathrm{d}x\int_{x^2}^{1}x(x^2+y)\mathrm{d}y=\dfrac{15}{16}\int_{-1}^{1}x\left[x^2y+\dfrac{1}{2}y^2\right]_{x^2}^{1}\mathrm{d}x$

$$=\frac{15}{16}\int_{-1}^{1}x\left(x^2-x^4+\frac{1}{2}-\frac{1}{2}x^4\right)\mathrm{d}x=0,$$

$$E(Y)=\frac{15}{16}\int_{-1}^{1}\mathrm{d}x\int_{x^2}^{1}y(x^2+y)\mathrm{d}y=\frac{15}{16}\int_{-1}^{1}\left[\frac{1}{2}x^2y^2+\frac{1}{3}y^3\right]_{x^2}^{1}\mathrm{d}x$$

$$=\frac{37}{56}.$$

(3) $P\{X+Y\leqslant 1\}=\iint\limits_{x+y\leqslant 1}\dfrac{15}{16}(x^2+y)\mathrm{d}x\mathrm{d}y$

$$=\int_{-1}^{0}\mathrm{d}x\int_{x^2}^{1}\frac{15}{16}(x^2+y)\mathrm{d}y+\int_{0}^{\frac{-1+\sqrt{5}}{2}}\mathrm{d}x\int_{x^2}^{1-x}\frac{15}{16}(x^2+y)\mathrm{d}y=\cdots\cdots\text{(余下略)}$$

六、$F_Y(y)=P\{Y\leqslant y\}=P\{2X+3\leqslant y\}=P\left\{X\leqslant\dfrac{y-3}{2}\right\}$,

当 $y>3$ 时,$F_Y(y)=0$,

当 $y\leqslant 3$ 时,$F_Y(y)=\int_{0}^{\frac{3-y}{2}}3\mathrm{e}^{-3x}\mathrm{d}x$;$f_Y(y)=3\mathrm{e}^{-3\cdot\frac{3-y}{2}}\cdot\left(-\dfrac{1}{2}\right)=-\dfrac{3}{2}\mathrm{e}^{\frac{3y-9}{2}}$,

因此,$f_Y(y)=\begin{cases}-\dfrac{3}{2}\mathrm{e}^{\frac{3y-9}{2}}, & y>3,\\ 0, & y\leqslant 3.\end{cases}$

七、$E(X)=\int_0^1 x\theta x^{\theta-1}\mathrm{d}x=\int_0^1\theta x^\theta\mathrm{d}x=\frac{\theta}{\theta+1}x^{\theta+1}\Big|_0^1=\frac{\theta}{\theta+1}$，令$\frac{\theta}{\theta+1}=\overline{X}$，

得矩估计量$\hat{\theta}=\frac{\overline{X}}{1-\overline{X}}$.

极大似然函数 $L(\theta)=\prod_{i=1}^{n}\theta X_i^{\theta-1}=\theta^n\left(\prod_{i=1}^{n}X_i\right)^{\theta-1}$，

$$\ln L(\theta)=n\ln\theta+(\theta-1)\sum_{i=1}^{n}\ln X_i,\ \frac{\mathrm{d}(\ln L(\theta))}{\mathrm{d}\theta}=\frac{n}{\theta}+\sum_{i=1}^{n}\ln X_i=0,$$

极大似然估计量 $\hat{\theta}=-\frac{n}{\sum\limits_{i=1}^{n}\ln X_i}$.

八、枢轴变量 $u=\frac{\overline{X}-\overline{Y}-(\mu_1-\mu_2)}{\sqrt{\frac{\sigma_1^2}{n_1}+\frac{\sigma_2^2}{n_2}}}\sim N(0,1)$，

所求的置信区间为$\left(\overline{X}-\overline{Y}-Z_{\frac{\alpha}{2}}\sqrt{\frac{\sigma_1^2}{n_1}+\frac{\sigma_2^2}{n_2}},\overline{X}-\overline{Y}+Z_{\frac{\alpha}{2}}\sqrt{\frac{\sigma_1^2}{n_1}+\frac{\sigma_2^2}{n_2}}\right)$.

九、$H_0:\sigma_1^2=\sigma_2^2,H_1:\sigma_1^2\neq\sigma_2^2$，

统计量：$F=\frac{S_1^2}{S_2^2}\sim F(n_1-1,n_2-1)$，

拒绝域：$C=\{F\leqslant F_{1-\frac{\alpha}{2}}(n_1-1,n_2-1)$或者$F\geqslant F_{\frac{\alpha}{2}}(n_1-1,n_2-1)\}$.

自测试题十答案

一、1. $P(A)P(B|A)P(C|AB)$；2. $\frac{1}{\sqrt{2\pi}\sigma}\mathrm{e}^{-\frac{(x-\mu)^2}{\sigma^2}},-\infty<x<+\infty$；3. $\{X\leqslant x\}$；

4. $\frac{1}{2}f\left(\frac{y}{2}\right)$；5. 2.8；6. $1-\frac{\sigma^2}{(3\sigma)^2}=\frac{8}{9}$；7. $\chi^2(n)$.

二、1. ×；2. ×；3. √；4. √；5. √.

三、设所求的(1)(2)(3)事件分别为A,B,C，则

$$P(A)=\frac{C_3^3}{C_{15}^3}=\frac{1}{455}\approx0.0022;P(B)=\frac{C_{14}^1C_3^1C_{13}^1}{C_{15}^1C_{14}^1C_{13}^1}=\frac{1}{5}=0.2;$$

$$P(C)=\frac{C_{12}^1C_{11}^1C_3^1}{C_{15}^1C_{14}^1C_{13}^1}=\frac{6}{455}\approx0.0132.$$

四、(1)$k=\frac{1}{8}$；(2)$f_X(x)=\begin{cases}\frac{3}{4}(3-x), & 0<x\leqslant2,\\0, & \text{其他};\end{cases}$ $f_Y(y)=\begin{cases}\frac{1}{4}(5-y), & 2<y\leqslant4,\\0, & \text{其他};\end{cases}$

(3) $P\{X\leqslant1.5\}=\frac{27}{32}$.

五、(1)$E(X)=\frac{7}{6},E(Y)=\frac{7}{6}$；(2)$\mathrm{Cov}(X,Y)=-\frac{1}{36}$；(3)$\rho_{XY}=-\frac{1}{11}$.

六、设X表示该地区农民的年均收入，由已知得$X\sim N(500,20^2)$.

(1) $P\{500<X<520\}=\Phi\left(\frac{520-500}{20}\right)-\Phi\left(\frac{500-500}{20}\right)=\Phi(1)-\Phi(0)$

$=0.8413-0.5=0.3413.$

(2) $P\{\mu-a<X<\mu+a\}=\Phi\left(\frac{a}{20}\right)-\Phi\left(-\frac{a}{20}\right)=2\Phi\left(\frac{a}{20}\right)-1\geqslant 0.95$，$\Phi\left(\frac{a}{20}\right)\geqslant 0.975$，由 $\Phi(x)$ 单调增加，得 $\frac{a}{20}\geqslant 1.96$，$a\geqslant 3.92$.

七、由于 $E(X)=\mu$，$D(X)=\sigma^2$，于是 μ 与 σ^2 的矩估计分别为

$$\hat{\mu}=\overline{X}=\frac{1}{n}\sum_{i=1}^{n}X_i,\hat{\sigma}^2=\frac{1}{n}\sum_{i=1}^{n}(X_i-\overline{X})^2.$$

似然函数为

$$L(X_1,X_2,\cdots,X_n;\mu,\sigma^2)=\prod_{i=1}^{n}\frac{1}{\sqrt{2\pi}\sigma}\mathrm{e}^{-\frac{(X_i-\mu)^2}{2\sigma^2}}=\left(\frac{1}{2\pi\sigma^2}\right)^{\frac{n}{2}}\mathrm{e}^{-\frac{1}{2\sigma^2}\sum_{i=1}^{n}(X_i-\mu)^2},$$

两边取自然对数：$\ln L=-\frac{n}{2}\ln(2\pi)-\frac{n}{2}\ln\sigma^2-\frac{1}{2\sigma^2}\sum_{i=1}^{n}(X_i-\mu)^2$，

由于分布 X 中有两个未知参数 μ 与 σ^2，因此 L 是 μ 与 σ^2 的二元函数，分别对 μ 与 σ^2 求偏导数，并令其为 0，有

$$\frac{\partial\ln L}{\partial\mu}=\frac{1}{\sigma^2}\sum_{i=1}^{n}(X_i-\mu)=0,\frac{\partial\ln L}{\partial\sigma^2}=-\frac{n}{2\sigma^2}+\frac{1}{2\sigma^4}\sum_{i=1}^{n}(X_i-\mu)^2=0.$$

解上述关于 μ 与 σ^2 的方程组，得到 μ 与 σ^2 的极大似然估计分别为

$$\hat{\mu}=\frac{1}{n}\sum_{i=1}^{n}X_i=\overline{X},\hat{\sigma}^2=\frac{1}{n}\sum_{i=1}^{n}(X_i-\hat{\mu})^2=\frac{1}{n}\sum_{i=1}^{n}(X_i-\overline{X})^2.$$

八、σ^2 的 $(1-\alpha)$ 置信区间为 $\left[\frac{(n-1)S^2}{\chi^2_{\frac{\alpha}{2}}(n-1)},\frac{(n-1)S^2}{\chi^2_{1-\frac{\alpha}{2}}(n-1)}\right]$，$1-\alpha=0.90$，$\alpha=0.10$，$n=12$，

$S^2=0.04$. $\chi^2_{\frac{\alpha}{2}}(n-1)=\chi^2_{0.05}(11)=19.675$，$\chi^2_{1-\frac{\alpha}{2}}(n-1)=\chi^2_{0.95}(11)=4.575$，

$$\frac{(n-1)S^2}{\chi^2_{\frac{\alpha}{2}}(n-1)}=\frac{11\times 0.04}{19.675}=0.0224,\frac{(n-1)S^2}{\chi^2_{1-\frac{\alpha}{2}}(n-1)}=\frac{11\times 0.04}{4.575}=0.0962,$$

σ^2 的 0.90 置信区间为 $(0.0224, 0.0962)$.

九、$H_0:\mu=\mu_0=0.5\%$，$H_1:\mu\neq\mu_0$，总体方差未知，检验统计量为

$$t=\frac{\overline{X}-\mu}{S/\sqrt{n}}\sim t(n-1),$$

拒绝域为 $W=\{t<-t_\alpha(n-1)\}$，$\overline{X}=0.452\%$，$S=0.037\%$，$n=10$，$\alpha=0.05$，$t_{0.05}(9)=1.833$，

$t=\frac{0.452\%-0.5\%}{0.037\%/\sqrt{10}}\approx -4.1024<-1.833$，拒绝 H_0.

十、$E(\hat{\theta})=\theta$，$D(\hat{\theta})=E[(\hat{\theta}-E(\hat{\theta}))^2]=E[(\hat{\theta}-\theta)^2]=E(\hat{\theta}^2)-2\theta E(\hat{\theta})+\theta^2$

$=E(\hat{\theta}^2)-\theta^2>0$，故 $E(\hat{\theta}^2)>\theta^2$，即 $\hat{\theta}^2$ 不是 θ^2 的无偏估计.

9.2 自测试题及解答(下)

9.2.1 自测试题(下)

自测试题十一

一、填空题(每题 4 分,共 20 分)(2018 春 A):

1. 随机事件 A,B,C 中至少有两个事件发生是________________(用 A,B,C 的运算关系表示).

2. 设随机变量 X 的分布函数为 $F(x)=\begin{cases}0, & x<0,\\ 0.4, & 0\leqslant x<1,\\ 0.7, & 1\leqslant x<3,\\ 1, & 3\leqslant x,\end{cases}$ 则 X 的分布律为__________.

3. 设随机变量 X 服从参数为 λ 的泊松分布,且 $E(X)=2$,则 $P\{X=2\}=$____________.

4. 设随机变量 X 服从正态分布,即 $X\sim N(0,0.25)$,随机变量 Y 服从二项分布,即 $Y\sim b(8,0.5)$,且 X 与 Y 相互独立,则 $D(4X-Y+5)+E(X^2)=$____________________.

5. 从 6 双不同型号的鞋子中随机取出 6 只,求取出的鞋子中恰好有一对成双的概率是________________.

二、单项选择题(每题 4 分,共 20 分):

1. 设事件 A 与 B 互不相容,且 $P(A)>0,P(B)>0$,则下列式子正确的是(　　).

(A) $A=\overline{B}$;　　(B) $P(AB)=P(A)P(B)$;

(C) $P(A\cup B)=P(A)+P(B)$;　　(D) $P(A|B)=P(A)$.

2. 设 $X_1,X_2,\cdots,X_n,\cdots$ 是独立同分布的随机变量序列,具有期望 $E(X_k)=\mu$,方差 $D(X_k)=\sigma^2\neq0,(k=1,2,\cdots)$,当 n 趋于无穷时随机变量 $Y_n=\dfrac{\sum\limits_{k=1}^{n}X_k-n\mu}{\sqrt{n}\sigma}$ 近似服从(　　).

(A) $t(n-1)$;　　(B) $\chi^2(n-1)$;　　(C) $N(0,1)$;　　(D) $N(\mu,\sigma^2)$.

3. 下列结论正确的是(　　).

(A)对于随机变量 X,Y,若 $E(XY)=E(X)E(Y)$,则 $D(X-Y)=D(X)+D(Y)$;

(B)如果非负函数 $F_1(x)$、$F_2(x)$ 分别为随机变量 X,Y 的分布函数,则函数 $F_1(x)+F_2(x)$ 必为某一随机变量的分布函数;

(C)对于随机变量 X,Y,有 $E(XY)=E(X)E(Y)$;

(D)对于随机变量 X,Y,若 $D(X+Y)=D(X)+D(Y)$,则 X 与 Y 相互独立.

4. 设 $(X_1,X_2,\cdots,X_n)$ 为来自总体 $N(1,2^2)$ 的一个样本,$\overline{X}$ 为样本均值,则下列结论中正确的是(　　).

(A) $\dfrac{\overline{X}-1}{2/\sqrt{n}}\sim t(n)$;　　(B) $\dfrac{1}{4}\sum\limits_{i=1}^{n}(X_i-1)^2\sim\chi^2(n)$;

(C)$\dfrac{\overline{X}-1}{\sqrt{2}/\sqrt{n}}\sim N(0,1)$；　　　　　　(D)$\dfrac{1}{4}\sum_{i=1}^{n}(X_i-1)^2\sim F(n,1)$.

5. 设随机变量 X 服从正态分布，其概率密度 $f(x)$ 在 $x=1$ 处有驻点，且 $f(1)=1$，则 X 服从下列哪个正态分布？（　　）

(A)$N(1,1)$；　　(B)$N\left(1,\dfrac{1}{2\pi}\right)$；　　(C)$N\left(1,\dfrac{1}{\sqrt{2\pi}}\right)$；　　(D)$N(0,1)$.

三、(6 分)设 A,B,C 为三个随机事件，且 $P(A)=P(B)=P(C)=\dfrac{1}{4}$，$P(AC)=0$，$P(AB)=P(BC)=\dfrac{1}{16}$，求 A,B,C 中至少有一个发生的概率.

四、(6 分)有 4 盒种子，其中 1 盒种子的发芽率为 80%，其他 3 盒种子的发芽率为 20%. 现在随机选取其中 1 盒，从中任取 1 粒种子，该种子能发芽的概率为多少？若该种子能发芽，则它来自发芽率高的一盒的概率是多少？

五、(6 分)假定某学院三年级男生的身高(单位:cm)服从正态分布 $N(175,5^2)$，(1)在该学院三年级任选 1 名男生，问这名男生身高超过 180cm 的概率是多少？(2)在该学院三年级任选 3 名男生，问其中至少有 2 名学生身高超过 180cm 的概率是多少？(保留到小数点后两位，$\Phi(1)=0.84$).

六、(6 分)设随机变量 X 的分布函数为 $F(x)=0.5\Phi(x)+0.5\Phi\left(\dfrac{x-4}{2}\right)$，其中 $\Phi(x)$ 为标准正态分布函数，证明：$E(X)=2$.

七、(6 分)已知随机变量 (X,Y) 服从二维正态分布，且 X 与 Y 分别服从正态分布 $N(1,3^2)$ 和 $N(0,4^2)$，X 与 Y 的相关系数 $\rho_{XY}=-\dfrac{1}{2}$，设 $Z=\dfrac{X}{3}+\dfrac{Y}{2}$，(1)求 Z 的方差 $D(Z)$；(2)求 $\mathrm{Cov}(X,Z)$；(3)问 X 与 Z 是否相互独立？为什么？

八、(8 分)设二维随机变量 (X,Y) 的联合概率密度为

$$f(x,y)=\begin{cases}A, x^2+y^2\leqslant 1, x\geqslant 0, & y\geqslant 0,\\ 0, & \text{其他},\end{cases}$$

(1)确定常数 A；(2)求随机变量 X 与 Y 的边缘概率密度；(3)判断随机变量 X 与 Y 是否相互独立；(4)求概率 $P\{X<Y\}$.

九、(6 分)某种金属密度的测量误差 $X\sim N(\mu,\sigma^2)$，取样本值 12 个，得样本方差 $S^2=0.04$，求 σ^2 的 0.90 的置信区间 .($\chi^2_{0.05}(11)=19.675$，$\chi^2_{0.95}(11)=4.575$)

十、(10 分)设总体 X 的概率密度为 $f(x)=\begin{cases}\sqrt{\theta}x^{\sqrt{\theta}-1}, & 0\leqslant x\leqslant 1,\\ 0, & \text{其他},\end{cases}$ 其中 $\theta>0$，θ 未知，X_1，X_2，…，X_n 是来自总体 X 的一个简单随机样本，求：(1)参数 θ 的矩估计量；(2)参数 θ 的极大似然估计量.

十一、(6 分)证明样本方差 $S^2=\dfrac{1}{n-1}\sum_{i=1}^{n}(X_i-\overline{X})^2$ 是总体方差 σ^2 的无偏估计量，并求 $D(S^2)$.

自测试题十二

一、填空题(每题 3 分，共 15 分)(2003 春 A)：

1. 设随机变量 X,Y 相互独立，$D(X)=1,D(Y)=\frac{1}{4}$，则 $D(X-2Y)=$________________.

2. 设事件 A,B 满足 $P(A)=0.5,P(B)=0.6,P(A|B)=0.8$，则 $P(A\cup B)=$________________.

3. 设 $X_1,X_2,\cdots,X_n$ 是来自正态总体 $X\sim N(\mu,\sigma^2)$ 的简单随机样本，$\overline{X}$ 是样本均值，S^2 是样本方差，则 $\overline{X}=$________________，$\overline{X}\sim$________________，$\frac{(n-1)S^2}{\sigma^2}\sim$________________.

4. 设随机变量 X 的数学期望 $E(X)=\mu$，方差 $D(X)=\sigma^2$，则由切比雪夫不等式可知，$P\{\mu-3\sigma<x<\mu+3\sigma\}\geqslant$________________.

5. 已知随机变量 X 服从二项分布 $b(n,p)$，且 $E(X)=3.2,D(X)=0.64$，则 $P\{X\neq 0\}=$________________.

二、选择题(每题 3 分，共 15 分)

1. 设 $X_1,X_2,\cdots,X_n$ 是来自正态总体 $N(\mu,\sigma^2)$ 的简单随机样本，其中 μ,σ^2 未知，则下面不是统计量的是(　　).

(A) $\hat{\mu}=X_i$；　　(B) $\overline{X}=\frac{1}{n}\sum_{i=1}^{n}X_i$；

(C) $S^2=\frac{1}{n-1}\sum_{i=1}^{n}(X_i-\overline{X})^2$；　　(D) $\hat{\mu}=\frac{1}{n}\sum_{i=1}^{n}(X_i-\mu)^2$.

2. 设 $X\sim N(\mu,\sigma^2)$，σ^2 已知，给出显著性水平 α，检验问题 $H_0:\mu=\mu_0,H_1:\mu\neq\mu_0$，拒绝域是(　　).

(A) $|Z|\geqslant Z_{\frac{\alpha}{2}}$；　　(B) $|t|\geqslant t_{\frac{\alpha}{2}}(n-1)$；

(C) $\chi^2\geqslant\chi^2_{\frac{\alpha}{2}}(n-1)$ 或者 $\chi^2\leqslant\chi^2_{1-\frac{\alpha}{2}}(n-1)$；　　(D)以上都不对.

3. 设随机变量 X 的概率密度为 $f(x)=\begin{cases}3e^{-3x}, & x\geqslant 0,\\ 0, & x<0,\end{cases}$ 则 $Y=X^2$ 的概率密度为(　　).

(A) $f(y)=\frac{3}{2}\cdot\frac{1}{\sqrt{y}}e^{-3\sqrt{y}},-\infty<y<+\infty$；　　(B) $f(y)=\begin{cases}\frac{3}{2}\cdot\frac{1}{\sqrt{y}}e^{-3\sqrt{y}}, & y>0,\\ 0, & y\leqslant 0;\end{cases}$

(C) $f(y)=3e^{-3y},-\infty<y<+\infty$；　　(D) $f(y)=\begin{cases}3e^{-3y}, & y>0,\\ 0, & y\leqslant 0.\end{cases}$

4. 设随机变量 X 服从正态分布 $N(\mu,\sigma^2)$，则随着 σ 的增大，概率 $P\{|X-\mu|<\sigma\}$(　　).

(A)单调增加；　　(B)单调减少；　　(C)保持不变；　　(D)增减不定.

5. 设二维随机变量 (X,Y) 满足 $E(XY)=E(X)\cdot E(Y)$，则 X 与 Y(　　).

(A)相关；　　(B)不相关；　　(C)独立；　　(D)不独立.

三、(8 分)箱中装有 10 件产品，其中有 1 件是次品，在 9 件合格品中有 6 件是一等品，3 件是二等品．现从箱中任取 3 件，试求：(1)取得 3 件都是合格品，但仅仅有 1 件是一等品的概率；(2)取得 3 件产品至少有一件是一等品的概率.

四、(8 分)设某工厂有甲、乙、丙三个车间，它们生产同一种零件，每个车间产量占该厂总产量的百分比依次为 25%，35%，40%，它们的次品率依次为 5%，4%，2%．现从这批零件中任取一件，(1)求取到次品的概率；(2)已知取到的是次品，求它是甲车间产品的概率.

五、(10 分)设一口袋里装有编号为 1，1，2，3 的四个球，随机从中不放回地一次抽取一球，

以 X 表示第一次抽取球上的编号，Y 表示第二次抽取球上的编号，(1)写出(X,Y)的联合分布律；(2)写出关于 X 的边缘分布律；(3)求 $E(X)$ 及 $E(X^2)$.

六、(管理系学生不做此题)(10 分)设(X,Y)的联合概率密度为

$$f(x,y)=\begin{cases}x^2+Axy, & 0\leqslant x\leqslant 1,0\leqslant y\leqslant 2,\\0, & \text{其他},\end{cases}$$

(1)确定常数 A；(2)求概率 $P\{X+Y>1\}$；(3)求关于 Y 的边缘概率密度.

七、(10 分)设总体 X 的概率密度为 $f(x)=\begin{cases}\theta x^{\theta-1}, & 0<x<1,\\0, & \text{其他},\end{cases}$ 其中 $\theta>0$ 未知，$X_1,X_2,\cdots,X_n$是 X 的一个样本，求参数 θ 的矩估计和极大似然估计.

八、(10 分)已知甲、乙两个机床生产同一型滚珠，其直径均服从正态分布，今分别取 $n_1=8$，$n_2=9$ 个滚珠，算得各直径的样本方差值为 $S_1^2=0.096$，$S_2^2=0.026$，在显著性水平 $\alpha=0.05$ 下，检验产品直径的方差是否相等.(参考值：$F_{0.025}(7,8)=4.53$，$F_{0.025}(8,7)=4.90$)

九、(8 分)设总体 X 服从正态分布 $N(\mu,\sigma^2)$，μ 未知，取 12 个样本观察值，测得其样本方差为 $S^2=1.356$，求总体方差 σ^2 的置信度为 0.95 的置信区间.(参考值：$\chi^2_{0.025}(11)=21.92$，$\chi^2_{0.975}(11)=3.816$)

十、(6 分)一电梯载有 5 位旅客自一层上升，旅客有 4 个楼层(4 个出口)可下电梯，如到达一个楼层没有旅客下电梯，电梯就不停．以 X 表示电梯停止次数，设每位旅客在各个楼层(出口)下电梯是等可能的，并设每位旅客是否下电梯是相互独立的，求所有旅客走出时电梯平均停止次数 $E(X)$.

十一、(仅管理系学生做此题)(10 分)设随机变量 X 服从标准正态分布 $X\sim N(0,1)$，求随机变量 $Y=\mathrm{e}^X$的概率密度.

自测试题十三

一、填空题(每题 4 分，共 20 分)(2008 春 A)：

1. 设随机事件 A,B 及其和事件 $A\cup B$ 的概率分别为 0.4，0.3 和 0.6. 若$\overline{B}$表示 B 的对立事件，那么积事件 $A\overline{B}$ 的概率 $P(A\overline{B})$为____________________.

2. 已知连续型随机变量 X 的概率密度函数为 $f(x)=\dfrac{1}{\sqrt{\pi}}\mathrm{e}^{-x^2+2x-1}(-\infty<x<+\infty)$，则连续型随机变量 X 的数学期望为____________________.

3. 设事件 A 与 B 相互独立，A 与 B 都不发生的概率为$\dfrac{1}{9}$，A 发生且 B 不发生的概率与 B 发生且 A 不发生的概率相等，则 A 发生的概率为____________________.

4. 设 X 为随机变量，c 是常数，则 $E[(X-c)^2]$在 $c=$__________时取到最小值.

5. 设离散型随机变量 X 的分布律为 $P\{X=i\}=p^{i+1}$，$i=0,1$，则 $p=$__________.

二、选择题(每题 4 分，共 20 分)：

1. 设 $f(x,y)$是二维随机变量(X,Y)的概率密度函数，则 $\int_{-\infty}^{+\infty}\int_{-\infty}^{+\infty}f(x,y)\mathrm{d}x\mathrm{d}y=(\quad)$.

(A)0；　　(B)1；　　(C)-1；　　(D)∞.

2. 设 X,Y 是两个相互独立的随机变量，它们的分布函数分别是 $F_X(x)$，$F_Y(y)$，则 $M=\max\{X,Y\}$的分布函数是(　　).

(A)$F_M(z)=P\{M\geqslant z\}$； (B)$F_M(z)=1-[1-F_X(z)][1-F_Y(z)]$；

(C)$F_M(z)=[1-F_X(z)][1-F_Y(z)]$； (D)$F_M(z)=F_X(z)F_Y(z)$.

3. 设 $X\sim N(\mu,\sigma^2)$，$X_1,X_2,\cdots,X_n$ 为来自 X 的样本，则 σ^2 的无偏估计量为(　　).

(A) $\frac{1}{n}\sum_{i=1}^{n}(X_i-\overline{X})^2$； (B) $\frac{1}{n+1}\sum_{i=1}^{n}(X_i-\overline{X})^2$；

(C) $\frac{1}{n-1}\sum_{i=1}^{n}(X_i-\overline{X})^2$； (D) $\frac{1}{n}\sum_{i=1}^{n}X_i-\overline{X}^2$.

4. $X_1,X_2,\cdots,X_n$ 为来自总体 $X\sim N(\mu,\sigma^2)$ 的样本，则下面错误的是(　　).

(A)$\overline{X}\sim N\left(\mu,\frac{\sigma^2}{n}\right)$； (B) $\sum_{i=1}^{n}X_i^2\sim\chi^2(n)$；

(C)$\frac{\overline{X}-\mu}{\sigma/\sqrt{n}}\sim N(0,1)$； (D)$\frac{\overline{X}-\mu}{S/\sqrt{n}}\sim t(n-1)$.

5. 随机变量 $X\sim N(0,1)$，分布函数是 $\Phi(x)=\frac{1}{\sqrt{2\pi}}\int_{-\infty}^{x}\mathrm{e}^{-\frac{t^2}{2}}\mathrm{d}t,-\infty<x<+\infty$，且 $P\{X>x\}=\alpha\in(0,1)$，则 $x=($　　$)$.

(A)$\Phi^{-1}(\alpha)$； (B)$\Phi^{-1}\left(1-\frac{\alpha}{2}\right)$； (C)$\Phi^{-1}(1-\alpha)$； (D)$\Phi^{-1}\left(\frac{\alpha}{2}\right)$.

三、(9 分)甲、乙两人各自独立打靶一次，事件 A 为甲打中靶，事件 B 为乙打中靶，已知 $P(A)=0.9,P(B)=0.8$. 求：

(1) 两人均打中靶的概率；

(2) 两人至少有一人打中靶的概率；

(3) 两人都没有打中靶的概率.

四、(6 分)设某人从外地赶来参加紧急会议，他乘火车、轮船、汽车或飞机来的概率分别是 $\frac{3}{10},\frac{1}{5},\frac{1}{10}$ 和 $\frac{2}{5}$. 若他乘火车、轮船或汽车来迟到的概率分别是 $\frac{1}{4},\frac{1}{3},\frac{1}{2}$，如果他乘飞机来则不会迟到，问他乘火车的可能性有多大?

五、(9 分)设连续型随机变量 X 的概率密度函数为 $f(x)=\begin{cases}c\mathrm{e}^{-x}, & x>0,\\ 0, & x\leqslant 0,\end{cases}$ 求：(1)常数 c；(2)分布函数 $F(x)$；(3)$Y=2X+1$ 的密度 $f_Y(y)$.

六、(6 分)设连续型随机变量 (X,Y) 的概率密度函数为

$$f(x,y)=\begin{cases}x+y, 0\leqslant x\leqslant 1, & 0\leqslant y\leqslant 1,\\ 0, & \text{其他}.\end{cases}$$

(1) 求边缘概率密度函数 $f_X(x),f_Y(y)$；(2) 判断 X 与 Y 的独立性.

七、(6 分)设总体 X 的概率密度函数为 $f(x)=\begin{cases}\mathrm{e}^{-(x-\theta)}, & x\geqslant\theta,\\ 0, & x<\theta,\end{cases}$ 其中 $\theta>0$ 是未知参数，$X_1,X_2,\cdots,X_n$ 为来自总体 X 的样本，求参数 θ 的矩估计量 $\hat{\theta}$.

八、(8 分)设 X 表示在 10 次独立重复射击中击中目标的次数，每次命中的概率为 0.4，求：(1)X 的分布律；(2)X^2 的数学期望.

九、(6 分)若在某学校中，随机抽取 25 名同学测量身高，假设所测身高近似服从正态分布，其中 μ 未知，样本标准差为 12cm，试求该班学生身高方差 σ^2 的置信度为 0.95 的置信区间.

$\chi^2_{0.025}(24)=39.364, \chi^2_{0.975}(24)=12.401$)

十、(6 分)车间有同型号机床 200 部，在某段时间内每台机床开动的概率为 0.7，假定各机床开关是相互独立的，开动时每台机床要消耗电能 15 单位，问电站最少要供应这个车间多少单位电能，才能以 95% 的概率保证不至于因供电不足而影响生产？($\Phi(1.64)=0.95, \sqrt{42}\approx 6.48$)

十一、(4 分)设 X_1, X_2, X_3, X_4, X_5 是来自正态总体 $N(0,\sigma^2)$ 的一个简单随机样本，若 $\dfrac{a(X_1+X_2)}{\sqrt{X_3^2+X_4^2+X_5^2}}$ 服从 $t(n)$ 分布，求 a 和 n 的值.

自测试题十四

一、填空题(每题 3 分，共 15 分)(2004 春 A)：

1. 设随机变量 $X\sim N(\mu,\sigma^2)$，则 $E(X^2)=$____________.

2. 设 X 的分布密度为 $f(x), -\infty<x<+\infty$，则 $Y=2X$ 的分布密度为 $f_Y(y)=$__________.

3. 设事件 A, B 满足 $P(A)=0.5, P(B)=0.6, P(A|B)=0.8$，则 $P(A\cup B)=$__________.

4. 已知随机变量 X 服从二项分布 $b(n,p)$，且 $E(X)=3.2, D(X)=0.64$，则 $P\{X\neq 0\}=$__________.

5. 设随机变量 $X_1\sim N(1,2), X_2\sim N(0,3), X_3\sim N(2,1)$，且 X_1, X_2, X_3 相互独立，则 $P\{0\leqslant 2X_1+3X_2-X_3\leqslant 6\}=$____________.(参考值：$\Phi(1)=0.8413$)

二、选择题(每题 3 分，共 15 分)：

1. 设 A, B, C 为任意三个事件，则下列各式正确的是(　　).

(A) $A\cup B=(A\bar{B})\cup B$；　(B) $\overline{AB}=A\cup B$；

(C) $\overline{A\cup B}\cap C=\overline{ABC}$；　(D) $(AB)(A\bar{B})=\Omega$.

2. 做试验"将一枚均匀的硬币抛掷三次"，恰有一次出现正面的概率是(　　).

(A) $\dfrac{1}{2}$；　(B) $\dfrac{1}{3}$；　(C) $\dfrac{1}{8}$；　(D) $\dfrac{3}{8}$.

3. 设 $X_1, X_2, \cdots, X_n$ 是来自正态总体 $N(\mu,\sigma^2)$ 的样本，$\bar{X}$ 为样本均值，S^2 为样本方差，则统计量 $T=\dfrac{\bar{X}-\mu}{S/\sqrt{n}}$ 服从的分布为(　　).

(A) $t(n-1)$；　(B) $t(n)$；　(C) $N(0,1)$；　(D) $t(n-2)$.

4. 设 $X_1, X_2, \cdots, X_n$ 是来自正态总体 $N(\mu,\sigma^2)$ 的简单随机样本，其中 μ, σ^2 未知，则下面不是统计量的是(　　).

(A) $\hat{\mu}=X_i$；　(B) $\bar{X}=\dfrac{1}{n}\sum\limits_{i=1}^{n}X_i$；

(C) $S^2=\dfrac{1}{n-1}\sum\limits_{i=1}^{n}(X_i-\bar{X})^2$；　(D) $\hat{\mu}=\dfrac{1}{n}\sum\limits_{i=1}^{n}(X_i-\mu)^2$.

5. 下列说法正确的是(　　).

(A) 如果备择假设 H_1 是正确的，但做出的决策是拒绝备择假设 H_1，则犯了弃真错误；

(B)如果备择假设 H_1 是错误的，但做出的决策是接受备择假设 H_1，则犯了取伪错误；

(C)如果原假设 H_0 是正确的，但做出的决策是接受备择假设 H_1，则犯了弃真错误；

(D)如果原假设 H_0 是错误的，但做出的决策是接受备择假设 H_1，则犯了取伪错误.

三、(8 分)将 3 个球随机地放入 4 个杯子中去，随机变量 X 表示杯子中可能出现的最多的球的个数．求：(1)随机变量 X 的分布律；(2)随机变量 X 的函数 $Y=X^2+1$ 的分布律；(3)数学期望 $E(X)$.

四、(8 分)已知男性中有 5%是色盲患者，女性中有 0.25%是色盲患者．今从男女人数相等的人群中随机地挑选一人，(1)问此人是色盲患者的概率；(2)若已知挑选的人恰好是色盲患者，问此人是男性的概率是多少？

五、(10 分)设连续型随机变量 X 的分布函数为

$$F(x)=\begin{cases}0, & x<0,\\ Ax^2, & 0<x\leqslant 1,\\ 1, & x>1,\end{cases}$$

(1) 确定常数 A，求出密度函数 $f(x)$；(2) 求 $P\{0.3<x\leqslant 0.7\}$；(3) 求 $E(X)$，$D(X)$.

六、(10 分)设随机变量 (X,Y) 的联合分布密度为

$$f(x,y)=\begin{cases}k, (x,y) & \text{满足 } x^2+y^2\leqslant 4,\\ 0, & \text{其他},\end{cases}$$

(1) 确定常数 k；(2)求 X,Y 的边缘密度；(3)判别 X,Y 的相互独立性；(4)求 $P\{X+Y\leqslant 2\}$.

七、(10 分)设 $X_1,X_2,\cdots,X_n$ 是来自正态总体 $N(\mu,\sigma^2)$ 的简单随机样本，其中 μ,σ^2 未知，求 μ 和 σ^2 的矩估计和极大似然估计.

八、(7 分)某种岩石密度的测量误差 $X\sim N(\mu,\sigma^2)$．取样本值 12 个，得样本方差 $S^2=0.04$ 求 σ^2 的 0.90 的置信区间．($\chi^2_{0.05}(11)=19.675$，$\chi^2_{0.95}(11)=4.575$)

九、(7 分)已知某炼铁厂的铁水含碳量在正常情况下服从正态分布 $X\sim N(4.55,0.108^2)$．现在测了五炉铁水 $X_1,X_2,\cdots,X_5$，其样本均值 $\overline{X}=4.364$，假设标准差不改变，试在显著性水平 5%下检验假设 $H_0:\mu=4.55$，$H_1:\mu\neq 4.55$.($Z_{0.025}=1.96$，$t_{0.025}(4)=2.7764$)

十、(6 分)某幼儿园共有 m 个孩子，“六一”儿童节，幼儿园收到每位家长送来的礼物各一件，共 m 件，老师将这些礼物随机地分发给每一个孩子各一份，求正好得到自己家长送来的礼物的孩子数 X 的数学期望.

十一、(4 分)设 $F_\alpha(n_1,n_2)$ 为 $F(n_1,n_2)$ 分布的上 α 分位点，证明：$F_{1-\alpha}(n_1,n_2)=\dfrac{1}{F_\alpha(n_2,n_1)}$.

自测试题十五

一、填空题(每题 3 分，共 15 分)(2005 春 A)：

1. 设 $P(B)=\dfrac{1}{2}$，$P(AB)=\dfrac{1}{3}$，则 $P(B-A)=$__________.

2. 设离散型随机变量 X 的分布律为 $P\{X=i\}=p^{i+1}$，$i=0,1$，则 $p=$__________.

3. 设 $X\sim N(\mu,\sigma^2)$，则 $E(X)=$__________，$D(X)=$__________.

4. 在一个袋子中有 5 个相同的球，分别标有号码 1,2,3,4,5，从中任意取出 3 个球，则取得 3 个球中最大号码是 4 的概率为__________.

5. 设 $X_1,X_2,\cdots,X_n$是来自总体 $N(\mu,\sigma^2)$的一个样本，而 $\overline{X}=\frac{1}{n}\sum_{i=1}^{n}X_i$，则$\sum_{i=1}^{n}\left(\frac{X_i-\overline{X}}{\sigma}\right)^2\sim$ ________________________.

二、选择题(每题 3 分，共 12 分)：

1. 设 $P(A)=0.8$，$P(B)=0.7$，$P(A|B)=0.8$，则下列结论正确的是(　　).

(A)事件 A 与 B 互斥；　　(B)$A\subset B$；

(C)事件 A 与 B 相互独立；　　(D)$P(A\cup B)=P(A)+P(B)$.

2. 设 A 与 B 为相互独立的事件，且 $P(A\cup B)=0.6$，$P(A)=0.4$，则 $P(B)=$(　　).

(A)$\frac{1}{5}$；　　(B)$\frac{1}{3}$；

(C)$\frac{3}{5}$；　　(D)$\frac{2}{5}$.

3. 设 X_1,X_2是正态总体 $N(\mu,1)$的一个样本，则$\hat{\mu}=\frac{1}{4}X_1+\frac{3}{4}X_2$是总体均值 μ 的(　　).

(A)无偏估计量；　　(B)矩估计量；

(C)极大似然估计量；　　(D)不是统计量.

4. 设 $X_1,X_2,\cdots,X_n$是来自正态总体$N(\mu,\sigma^2)$的简单随机样本，其中 μ,σ^2 未知，则下列不是统计量的是(　　).

(A) $\hat{\mu}=\overline{X}$；　　(B) $\overline{X}=\frac{1}{n}\sum_{i=1}^{n}X_i$；

(C) $S^2=\frac{1}{n-1}\sum_{i=1}^{n}(X_i-\overline{X})^2$；　　(D) $\hat{\mu}=\frac{1}{n}\sum_{i=1}^{n}(X_i-\mu)^2$.

三、(10 分)甲、乙两人各独立打靶一次，事件 A 为甲打中靶，事件 B 为乙打中靶，已知 $P(A)=0.9$，$P(B)=0.8$. (1)求两人均打中靶的概率；(2)求两人中至少有一人打中靶的概率；(3)求两人都不中靶的概率.

四、(8 分)已知某批产品的合格率为 0.9，检验员检验时，将合格品误认为次品的概率为 0.02，而将次品误认为合格品的概率为 0.05，求：(1)检查任一产品被认为是合格品的概率；(2)检查后被确认为合格品的产品确实是合格品的概率.

五、(10 分)设连续型随机变量 X 的分布函数为$F(x)=\begin{cases}ax^2+b, & 0<x<1,\\ 1, & x\geqslant 1,\\ 0, & x\leqslant 0,\end{cases}$ 求：(1)a,b；(2)X 的数学期望$E(X)$；(3)$P\{-1<X<2\}$.

六、(10 分)从含有三个正品，两个次品的五个产品中抽取两个产品，每次抽取一个后不放回，设 X 表示第一次取到的次品个数(“$X=0$”表示第一次取到正品，“$X=1$”表示第一次取到次品)，Y 表示第二次取到的次品个数，求：(1)(X,Y)的联合分布律；(2)关于 X 的边缘分布律；(3)$E(X)$和 $E(X^2)$.

七、(12 分)设二维随机变量(X,Y)的联合概率密度为 $f(x,y)=\begin{cases}k, 0\leqslant x\leqslant 1, & 0\leqslant y\leqslant 1-x,\\ 0, & \text{其他},\end{cases}$ (1) 确定常数 k；(2) 求 X,Y 的边缘概率密度；(3) 判别 X,Y 的相互独立性；(4) 求 $E(X)$和 $D(X)$.

八、(10 分)设总体 X 的概率密度为 $f(x)=\begin{cases}(\theta+1)x^{\theta}, & 0<x<1,\\ 0, & 其他,\end{cases}$ 其中 $\theta>-1$ 未知,X_1,X_2,…,X_n是 X 的一个样本,求参数 θ 的矩估计量和极大似然估计量.

九、(7 分)设 $X_1,X_2,\cdots,X_n$是来自正态总体 $X\sim N(\mu,\sigma^2)$的样本,已知 $n=40$,σ^2 未知 $\overline{X}=2.7$,$\sum\limits_{i=1}^{n}(X_i-\overline{X})^2=225$,求 μ 的置信度为 95%的置信区间.($t_{0.025}(39)=2.0227$)

十、(6 分)设 $X_1,X_2,\cdots,X_n$是来自总体 X 的一个样本,且 $E(X)=\mu$,$D(X)=\sigma^2$,证明 样本方差 S^2 是总体方差 σ^2 的无偏估计.

自测试题十六

一、填空题(每题 4 分,共 20 分)(2006 春 A):

1. 设 $A\subset B$,$P(A)=0.1$,$P(B)=0.5$,$P(AB)=$______,$P(A\cup B)=$__________;

2. 设连续型随机变量 X 的分布函数为

$$F(x)=\begin{cases}0, & x<0,\\ x, & 0\leqslant x<1,\\ 1, & x\geqslant 1,\end{cases}$$

则 X 落在 $\left(-1,\dfrac{1}{2}\right)$内的概率为______________.

3. 设随机变量 X 与 Y 的联合分布律为

X \ Y	2	4
1	0.18	0.12
3	0.42	0.28

则随机变量 $Z=X+Y$ 的分布律为______________________________.

4. 设 $X\sim N(\mu,\sigma^2)$,$Y\sim\chi^2(10)$,且 X 与 Y 相互独立,则 $\dfrac{\frac{X-\mu}{\sigma}}{\sqrt{Y/10}}\sim$__________.

5. 设二维随机变量(X,Y)的分布律为

Y \ X	1	2	3
1	0.1	0.3	0.1
2	0.2	0.1	0.2

则 $P\{X=1\mid Y=2\}=$__________.

二、选择题(每题 4 分,共 20 分):

1. 设随机变量 X 与 Y 相互独立,$X\sim N(\mu_1,\sigma_1^2)$,$Y\sim N(\mu_2,\sigma_2^2)$,则 $Z=X-2Y$ 仍具有正态分布,且 $Z\sim$(　　).

(A)$N(\mu_1,\sigma_1^2+\sigma_2^2)$;　　(B)$N(\mu_1+\mu_2,\sigma_1\sigma_2)$;

(C)$N(\mu_1+\mu_2,\sigma_1^2\sigma_2^2)$;　　(D)$N(\mu_1-2\mu_2,\sigma_1^2+4\sigma_2^2)$.

2. 随机变量 $X \sim N(0,1)$，分布函数是 $\Phi(x)=\frac{1}{\sqrt{2\pi}}\int_{-\infty}^{x} \mathrm{e}^{-\frac{t^2}{2}}\mathrm{d}t$，$-\infty<x<+\infty$，且 $P\{X>x\}=\alpha\in(0,1)$，则 $x=($　　$)$.

(A)$\Phi^{-1}(\alpha)$；　(B)$\Phi^{-1}\left(1-\frac{\alpha}{2}\right)$；　(C)$\Phi^{-1}(1-\alpha)$；　(D)$\Phi^{-1}\left(\frac{\alpha}{2}\right)$.

3. 设 X 与 Y 为两个随机变量，已知 $\mathrm{Cov}(X,Y)=0$，则必有(　　).

(A)X 与 Y 相互独立；　(B)$D(XY)=D(X)\cdot D(Y)$；

(C)$E(XY)=E(X)\cdot E(Y)$；　(D)以上都不对.

4. 设 $X_1,X_2,\cdots,X_n$ 是来自总体 X 的简单随机样本，则 $X_1,X_2,\cdots,X_n$ 必须满足(　　).

(A)独立但分布不同；　(B)分布相同但不互相独立；

(C)独立同分布；　(D)不能确定.

5. 设 $X_1,X_2,\cdots,X_8$ 和 $Y_1,Y_2,\cdots,Y_{10}$ 为分别来自于两个正态总体 $N(-1,4)$ 和 $N(2,5)$ 的样本，且两总体相互独立，S_1^2 和 S_2^2 分别为两个样本的样本方差，则服从 $F(7,9)$ 的统计量是(　　).

(A)$\frac{2S_1^2}{5S_2^2}$；　(B)$\frac{4S_2^2}{5S_1^2}$；　(C)$\frac{5S_1^2}{2S_2^2}$；　(D)$\frac{5S_1^2}{4S_2^2}$.

三、(5 分)某人忘记了电话号码的最后一位数字，因而随意地拨最后一位数字，求：(1)不超过三次拨通的概率；(2)已知最后一位数字是奇数，求不超过三次拨通电话的概率.

四、(5 分)某仓库有同样规格的产品 6 箱，其中 3 箱、2 箱和 1 箱依次是由甲、乙、丙三个工厂生产的，且三个工厂的次品率分别为 $\frac{1}{10},\frac{1}{15},\frac{1}{20}$. 现在从这 6 箱中任意选取一箱，并从该箱中任取 1 件产品，试求取得的产品是次品的概率.

五、(10 分)设随机变量 X 的概率密度为 $f(x)=\begin{cases}A(1-x), & 0<x<1,\\ 0, & \text{其他},\end{cases}$ 求：(1)常数 A；(2) $P\left\{\frac{1}{2}<X<1\right\}$；(3)$E(X)$，$D(X)$.

六、(5 分)设袋子中有标号为 $-1,1,1,2,2,2$ 的 6 个球，从中任取一球，试求：(1)取得的球的标号数 X 的分布律；(2)随机变量 X 的分布函数；(3)$P\left\{X\leqslant\frac{1}{2}\right\}$.

七、(10 分)设 X,Y 的概率密度为 $f(x,y)=\begin{cases}A\cos x\sin y, & 0\leqslant x\leqslant\frac{\pi}{2},0\leqslant y\leqslant\frac{\pi}{2},\\ 0, & \text{其他},\end{cases}$ (1)确定常数 A；(2)求随机变量 X 与 Y 的边缘概率密度；(3)判断随机变量 X 与 Y 是否相互独立.

八、(5 分)对敌阵地进行 100 次炮击，每次炮击中，炮弹的命中颗数的数学期望为 4，方差为 2.25，求在 100 次炮击中，有 380～420 颗炮弹击中目标的概率的近似值.($\Phi(1.333)\approx 0.9082$)

九、(10 分)总体 X 的概率密度为 $f(x)=\begin{cases}\theta x^{\theta-1}, & 0<x<1,\\ 0, & \text{其他},\end{cases}$ 其中，$\theta>0$ 未知，$X_1,X_2,\cdots,X_n$ 是 X 的一个样本，求参数 θ 的矩估计量和极大似然估计量.

十、(5 分)设炮弹速度 X 服从正态分布，取 9 发炮弹做试验，得速度 X 的样本方差为 $11(\mathrm{m/s})^2$，求炮弹速度 X 的方差 σ^2 的 90%的置信区间 .($\chi_{0.95}^2(8)=2.733$，$\chi_{0.05}^2(8)=15.507$)

十一、(5 分)设随机变量 X 和 Y 相互独立,都服从 $N(0,4^2)$,而 $X_1,X_2,\cdots,X_{16}$ 和 $Y_1,Y_2,\cdots,Y_{16}$ 是分别来自总体 X 和 Y 的样本,试写出统计量 $V=\sum_{i=1}^{16}X_i\Big/\sqrt{\sum_{i=1}^{16}Y_i^2}$ 服从的分布,并证明之.

自测试题十七

一、填空题(每小题 4 分,共 20 分):

1. 设事件 A 与 B 的概率分别为 $\frac{1}{3}$ 与 $\frac{1}{2}$,则

(1)若 A 与 B 互不相容,则 $P(B\overline{A})=$____________;

(2)若 $A\subset B$,则 $P(B\overline{A})=$____________;

(3)若 $P(AB)=\frac{1}{8}$,则 $P(B\overline{A})=$____________.

2. 设二维随机变量 (X,Y) 的概率密度为

$$f(x,y)=\frac{3}{\pi^2(1+x^2)(9+y^2)}(-\infty<x<+\infty,-\infty<y<+\infty),$$

则关于 X 的概率密度为__________,关于 Y 的概率密度为__________.

3. 设总体 $X\sim N(\mu,\sigma^2)$,μ 未知,检验 $H_0:\sigma^2=\sigma_0^2$;$H_1:\sigma^2>\sigma_0^2$,应选用________检验,相应的统计量__________,当________时,拒绝原假设 H_0.

4. 设离散型随机变量 X 的分布律为 $P\{X=i\}=p^{i+1}$,$i=0,1$,则 $p=$__________.

5. 已知随机变量 X 服从二项分布 $b(n,p)$,且 $E(X)=3.2$,$D(X)=0.64$,则 $P\{X\neq 0\}=$________.

二、选择题(每小题 4 分,共 20 分):

1. 设 A,B,C 为任意三个事件,则下列各式正确的是(　　).

(A)$A\cup B=(A\overline{B})\cup B$; (B)$\overline{AB}=A\cup B$;

(C)$\overline{A\cup B}\cap C=\overline{A}\,\overline{B}\,\overline{C}$; (D)$(AB)(A\overline{B})=\Omega$.

2. 设 X_1,X_2 为相互独立的随机变量,且 $X_1\sim N(2,4^2)$,$X_2\sim N(3,3^2)$,则 $E(X_1+X_2)$,$D(X_1+X_2)$ 分别为(　　).

(A)5,7; (B)5,25; (C)5,5; (D)6,5.

3. 设 $X_1,X_2,\cdots,X_n$ 是来自正态总体 $N(\mu,\sigma^2)$ 的样本,$\overline{X}$ 为样本均值、S^2 为样本方差,则统计量 $T=\frac{\overline{X}-\mu}{S/\sqrt{n}}$ 服从的分布为(　　).

(A)$t(n-1)$; (B)$t(n)$; (C)$N(0,1)$; (D)$t(n-2)$.

4. 设随机变量 X 服从正态分布 $N(\mu,\sigma^2)$,则随着 σ 的增大,概率 $P\{|X-\mu|<\sigma\}$(　　).

(A)单调增加; (B)单调减少; (C)保持不变; (D)增减不定.

5. 设二维随机变量 (X,Y) 满足 $E(XY)=E(X)\cdot E(Y)$,则 X 与 Y(　　).

(A)相关; (B)不相关; (C)独立; (D)不独立.

三、计算题(共 23 分):

1. (6 分)盒子中放有 12 个乒乓球,其中 9 个是新的,3 个是旧的. 第一次比赛时从中任取 3

个来用(新的用一次后就成为旧的),比赛后仍放回盒子中,第二次比赛时从盒子中任取 3 个,求第二次取出的球都是新球的概率.

2.(8 分)设 $X_1,X_2,\cdots,X_n$ 是来自总体 X 的样本,X 的概率密度为

$$f(x)=\begin{cases}\dfrac{x}{\theta^2}e^{-\frac{x^2}{2\theta^2}}, & x>0,\\ 0, & x\leqslant 0,\end{cases}$$

求参数 θ 的矩估计量和极大似然估计量.

3.(9 分)设二维随机变量(X,Y)的概率密度为

$$f(x,y)=\begin{cases}1, |y|<x, & 0<x<1,\\ 0, & \text{其他},\end{cases}$$

求:(1) $E(X),E(Y)$;(2) $D(X),D(Y)$;(3) $\mathrm{Cov}(X,Y)$.

四、应用题(共 17 分)

1.(7 分)对敌阵地进行 100 次炮击,每次炮击中,炮弹的命中颗数的数学期望为 4,方差为 2.25,求在 100 次炮击中,有 380~420 颗炮弹击中目标的概率的近似值.

2.(5 分)设冷抽铜丝的折断力服从正态分布,从一批铜丝中抽取 10 根试验折断力,得数据为 573,572,570,568,572,570,570,596,584,572. 求标准差 σ 的置信度为 0.95 的置信区间.

3.(5 分)某农业试验站为了研究某种新化肥对农作物产量的效力,在若干小区进行试验,测得产量(单位:kg)如下:

施肥:34,35,32,33,34,30;未施肥:29,27,32,31,28,32,31.

设农场的产量服从正态分布,且认为两总体方差相等,请检验这种化肥对提高产量的效力是否显著($\alpha=0.10$).

五、证明题(共 20 分)

1.(6 分)设 A,B 为两个随机事件,证明:$P(A\cup B)=P(A)+P(B)-P(AB)$.

2.(7 分)设 X,Y 是两个相互独立的随机变量,且 $X\sim\pi(\lambda_1)$,$Y\sim\pi(\lambda_2)$,证明:
$Z=X+Y\sim\pi(\lambda_1+\lambda_2)$.

3.(7 分)设 $X_1,X_2,\cdots,X_n$ 是来自总体 X 的一个样本,且 $E(X)=\mu$,$D(X)=\sigma^2$. 证明:样本均值 $\overline{X}$ 与样本方差 S^2 分别为总体均值 μ 和总体方差 σ^2 的无偏估计.

自测试题十八

一、填空题(每小题 2 分,共 16 分):

1. 设事件 A,B 满足 $P(A)=0.5$,$P(B)=0.6$,$P(A|B)=0.8$,则 $P(A\cup B)=$__________.
2. 设连续型随机变量 X 的概率密度为 $f(x)=\dfrac{1}{\sqrt{2\pi}}e^{-\frac{(x-1)^2}{2}}$,则 $X\sim$__________.
3. 设随机变量 X 的分布律为

X	0	1	2	3
p_k	0.1	0.3	0.4	0.2

则分布函数值 $F(2)=$__________.

4. 设随机变量 $X\sim N(\mu,\sigma^2)$,则 $E(X^2)=$__________.
5. 设随机变量 X,Y 相互独立,则 $D(X-2Y)=$__________.

6. 设 $X \sim N(\mu,\sigma^2)$，$Y \sim \chi^2(n)$，且 X,Y 相互独立，则 $\dfrac{X-\mu}{\sigma}\Big/\sqrt{\dfrac{Y}{n}} \sim$ ________.

7. 设随机变量 X 的数学期望 $E(X)=\mu$，方差 $D(X)=\sigma^2$，则由切比雪夫不等式可知 $P\{\mu-3\sigma<X<\mu+3\sigma\} \geqslant$ ________.

8. 参数 θ 的置信度为 $1-\alpha$ 的置信区间 (θ_1,θ_2) 的统计意义是________.

二、判断题(每小题 2 分，共 8 分)：

1. 若事件 A,B 互不相容，则 A,B 互为对立事件. (　　)

2. 若事件 $\overline{A}$ 与 B 相互独立，则 A 与 $\overline{B}$ 也相互独立. (　　)

3. $\hat{\theta}=2\overline{X}$ 是总体 X 的概率密度为 $f(x;\theta)=\dfrac{1}{\theta}(0<x<\theta)$ 的未知参数 θ 的无偏估计量，其中 $\overline{X}$ 为样本均值. (　　)

4. 概率为 1 的事件为必然事件. (　　)

三、计算题(每小题 7 分，共 14 分)

1. 一批零件共有 100 个，次品率为 10%，从中连续取两次，每次取一件(不放回抽样)，求：(1)第二次才取到正品的概率 p_1；(2)第二次取到正品的概率 p_2.

2. 设某工厂有甲、乙、丙三个车间，它们生产同一种零件，每个车间产量占该厂总产量的百分数依次为 25%，35%，40%，它们的次品率依次为 5%，4%，2%. 现在从这批零件中任取一件，(1)求取到次品的概率；(2)已知取到的是次品，求它是甲车间产品的概率.

四、(12 分)设连续型随机变量 X 的分布函数为

$$F(x)=\begin{cases}0, & x<0,\\ Ax^2, & 0<x\leqslant 1,\\ 1, & x>1,\end{cases}$$

(1) 确定常数 A，求出密度函数 $f(x)$；(2) 求 $P\{0.3<x\leqslant 0.7\}$；(3) 求 $E(X),D(X)$.

五、(12 分)设随机变量 (X,Y) 的分布密度为

$$f(x,y)=\begin{cases}\dfrac{1}{8}(6-x-y), & 0\leqslant x\leqslant 2, 2\leqslant y\leqslant 4,\\ 0, & \text{其他},\end{cases}$$

求：(1) $P\{X<1,Y<3\}$；(2) X 的边缘密度；(3) $P\{X+Y\leqslant 4\}$.

六、(10 分)在次品率为 $\dfrac{1}{6}$ 的一批产品中，任意抽取 300 件，试计算在抽取的产品中次品件数在 40～60 之间的概率.($\Phi(1.55)=0.9394$)

七、(12 分)设总体 X 的密度为

$$f(x)=\begin{cases}\sqrt{\theta}x^{\sqrt{\theta}-1}, & 0\leqslant x\leqslant 1,\\ 0, & \text{其他},\end{cases}$$

其中，$\theta>0$，θ 未知，$X_1,X_2,\cdots,X_n$ 是来自总体 X 的一个样本，求：(1) θ 的矩估计量；(2) θ 的极大似然估计量.

八、(8 分)随机地取某种炮弹 9 发做试验，得炮口速度的样本标准差 $S=11(\text{m/s})$，设炮口速度服从正态分布，求这种炮弹的炮口速度的标准差 σ 的置信度为 0.95 的置信区间.(参考值：$\chi^2_{0.025}(8)=17.535$，$\chi^2_{0.05}(8)=15.507$，$\chi^2_{0.975}(8)=2.18$，$\chi^2_{0.95}(8)=2.733$)

九、(8 分)已知甲、乙两个机床生产同一型号滚珠，其直径均服从正态分布，今分别取 $n_1=$

8, $n_2=9$ 个滚珠,算得各直径的样本方差值为 $S_1^2=0.096$, $S_2^2=0.026$,在显著性水平 $\alpha=0.05$ 下,检验产品直径的方差是否相等?(参考值:$F_{0.025}(7,8)=4.53$, $F_{0.025}(8,7)=4.90$)

自测试题十九

一、填空题(每空 2 分,共 30 分):

1. 设事件 A,B 为任意两个随机事件,则 $P(A\cup B)=$______________.
2. 设随机变量 $X\sim N(\mu,\sigma^2)$,则 X 的密度函数 $f(x)=$______________.
3. 设 $X_1,X_2,\cdots,X_n$ 来自总体 $X\sim N(\mu,\sigma^2)$,则统计量 $\sum\limits_{i=1}^{n}\left(\dfrac{X_i-\mu}{\sigma}\right)^2\sim$__________.
4. 设 $X\sim N(0,1)$, $Y\sim\chi^2(n)$,则 $T=$__________服从自由度为 n 的 t 分布.
5. 设 $X\sim\chi^2(n_1)$, $Y\sim\chi^2(n_2)$,则 $\dfrac{n_2}{n_1}\cdot\dfrac{X}{Y}\sim$______________.
6. 设显著性水平为 α,检验 $H_0:\mu=\mu_0$,则犯第Ⅰ类错误的概率为 $P\{$__________$\}=\alpha$.
7. 设 $X^2\sim\chi^2(n)$,则 $E(X^2)=$______________.
8. 设某仪器有三个灯泡,烧坏第一、二、三个灯泡的概率依次为 0.1,0.2,0.3,当烧坏一个灯泡时,仪器发生故障的概率为 0.25;当烧坏两个灯泡时,仪器发生故障的概率为 0.6;当烧坏三个灯泡时,仪器发生故障的概率为 0.9,设 A 为“仪器发生故障”,B_i 为“第 i 个灯泡被烧坏”($i=1,2,3$),C_k 为“烧坏了 k 个灯泡”($k=0,1,2,3$),则

$C_1=$______________, $C_2=$______________,

$C_3=$______________, $A=$______________,

$P(C_1)=$________, $P(C_2)=$________, $P(C_3)=$________, $P(A)=$________.

二、判断题(每小题 2 分,共 10 分):

1. 三个随机事件 A,B,C 都不发生记为 $\overline{ABC}$. ( )
2. 若随机事件 A,B 相互独立,则 $\overline{A}$, $\overline{B}$ 也相互独立. ( )
3. 独立的两个随机变量一定不相关. ( )
4. 设随机变量 X 的数学期望 $E(X)=\mu$,方差 $D(X)=\sigma^2$ 都存在,则对任意正数 $\varepsilon>0$,都有 $P\{|X-\mu|<\varepsilon\}\leqslant\dfrac{\sigma^2}{\varepsilon^2}$. ( )
5. $D(X-Y)=D(X)+D(Y)$. ( )

三、(10 分)某射手有 5 发子弹,每次射击命中目标的概率为 0.9,如果命中目标就停止射击,如果不命中就一直射到子弹用尽,求子弹剩余数 X 的分布律及分布函数.

四、(10 分)设随机变量 (X,Y) 在区域 $D:x^2+y^2\leqslant4$ 内服从均匀分布,(1)写出 (X,Y) 的联合概率密度;(2)求 X,Y 的边缘概率密度;(3)判断 X,Y 的独立性.

五、(13 分)设随机变量 X,Y 的联合概率密度为

$$f(x,y)=\begin{cases}k(x^2+y), & x^2\leqslant y\leqslant1,\ |x|\leqslant1,\\0, & \text{其他},\end{cases}$$

(1) 确定常数 k;(2) 求 $E(X)$, $E(Y)$;(3) 计算 $P\{X+Y\leqslant1\}$.

六、(7 分)设随机变量 X 的概率密度为

$$f(x)=\begin{cases}3\mathrm{e}^{-3x}, & x\geqslant0,\\0, & x<0,\end{cases}$$

求 $Y=2X+3$ 的分布密度.

七、(10 分)设总体 X 的概率密度为

$$f(x)=\begin{cases}\theta x^{\theta-1}, & 0<x<1,\\ 0, & \text{其他},\end{cases}$$

其中,$\theta>0$ 未知,$X_1,X_2,\cdots,X_n$ 是 X 的一个样本,求参数 θ 的矩估计量和极大似然估计量.

八、(5 分)设总体 $X\sim N(\mu_1,\sigma_1^2)$,$Y\sim N(\mu_2,\sigma_2^2)$,已知 σ_1^2,σ_2^2,求 $\mu_1-\mu_2$ 的置信度为 $1-\alpha$ 的置信区间.

九、(5 分)设总体 $X\sim N(\mu,\sigma^2)$,μ,σ^2 未知,$X_1,X_2,\cdots,X_n$ 是 X 的一个样本,求检验 $H_0:\sigma^2=\sigma_0^2$;$H_1:\sigma^2\neq\sigma_0^2$ 的拒绝域.

自测试题二十

一、填空题(每小题 3 分,共 21 分):

1. 设 A,B,C 是试验 E 的任意三个事件,则 $P(A\cap B\cap C)=$________________.
2. 设随机变量 $X\sim N(\mu,\sigma^2)$,则 X 的密度函数为 $f(x)=$________________.
3. 随机变量 X 的分布函数 $F(x)$ 是事件________________的概率.
4. 设 X 的分布密度为 $f(x)$,$-\infty<x<+\infty$,则 $Y=2X$ 的分布密度为 $f_Y(y)=$________.
5. 设随机变量 X 的分布律为

X	-2	0	2
p_k	0.4	0.3	0.3

则 $E(X^2)=$________________.

6. 设随机变量 $X\sim\chi^2(10)$,则 $E(X)=$____________,$D(X)=$____________.
7. 设 $X_1,X_2,\cdots,X_n$ 是来自总体 $X\sim N(\mu,\sigma^2)$ 的样本,而 $\overline{X}=\frac{1}{n}\sum_{i=1}^{n}X_i$,则 $\sum_{i=1}^{n}\left(\frac{X_i-\overline{X}}{\sigma}\right)^2\sim$____________.

二、判断题(每小题 2 分,共 10 分):

1. 若事件 A,B 为对立事件,则 A,B 为互不相容事件. ( )
2. 概率为 0 的事件一定是不可能事件. ( )
3. 若随机变量 X 与 Y 相互独立,则 X 与 Y 一定不相关. ( )
4. 若随机变量 $X\sim\pi(\lambda)$,则 $E(X)=D(X)$. ( )
5. 设 X_1,X_2 是正态总体 $N(\mu,1)$ 的一个样本,则 $\hat{\mu}=\frac{1}{4}X_1+\frac{3}{4}X_2$ 是总体均值 μ 的无偏估计量. ( )

三、(10 分)从含有 3 个红球的 15 个球中,一次取一球,不放回地取 3 次,求:(1)取到 3 个都是红球的概率;(2)第二次取到红球的概率;(3)第三次才取到红球的概率.

四、(10 分)设随机变量 X 的概率密度为

$$f(x)=\begin{cases}k\cos x, & |x|\leqslant\frac{\pi}{2},\\ 0, & \text{其他},\end{cases}$$

求：(1) 常数 k；(2) 分布函数 $F(x)$；(3) $P\left\{X>\frac{\pi}{4}\right\}$.

五、(12 分)设随机变量(X,Y)的联合概率密度为

$$f(x,y)=\begin{cases}\frac{1}{8}(x+y), & 0\leqslant x\leqslant 2,0\leqslant y\leqslant 2,\\ 0, & 其他,\end{cases}$$

求 (1) $E(X),E(Y)$；(2) $\mathrm{Cov}(X,Y)$；(3) ρ_{XY}.

六、(8 分)某地区农民年均收入服从 $\mu=500$ 元,$\sigma=20$ 元的正态分布,求：(1)该地区农民年均收入在 500～520 元之间的人数的百分比；(2)如果要使农民的年均收入在$(\mu-a,\mu+a)$内的概率不小于 0.95,则 a 至少为多大?（参考值：$\Phi(1)=0.8413,\Phi(1.95)=0.9744,\Phi(1.96)=0.9750$）

七、(10 分)设 $X_1,X_2,\cdots,X_n$是来自正态总体 X 的一个样本,$X\sim N(\mu,\sigma^2)$,μ 与σ^2均未知,求 μ 与σ^2的矩估计量和极大似然估计量.

八、(7 分)某种岩石密度的测量误差 $X\sim N(\mu,\sigma^2)$,取样本值 12 个,得样本方差 $S^2=0.04$,求 σ^2的 0.90 的置信区间.

九、(7 分)测定某溶液中的水分,它的 10 个测定值给出,$\overline{X}=0.452\%$,$S=0.037\%$,设测定值总体服从正态分布,μ 为总体均值,试在显著性水平 5%下检验假设 $H_0:\mu=0.5\%$,$H_1:\mu<0.5\%$.（参考值：$t_{0.05}(9)=1.833$）

十、(5 分)设$\hat{\theta}$是参数 θ 的无偏估计,且 $D(\hat{\theta})>0$,试证$\hat{\theta}^2=(\hat{\theta})^2$不是 θ^2的无偏估计.

自测试题二十一

一、填空题(每小题 3 分,共 15 分)：

1. 设事件 A,B 相互独立且 $P(A)=\frac{1}{4}$,$P(B)=\frac{1}{2}$,则 $P(A-B)=$____________.

2. 设随机变量 $X\sim N(\mu,\sigma^2)$,则 $P\{X=\mu\}=$________,$P\{X\geqslant\mu\}=$________.

3. 设随机变量 $X\sim\pi(\lambda)$,且 $E(X)=2$,则 $P\{X=2\}=$____________.

4. 设 $X_1,X_2,\cdots,X_n$是总体 $N(\mu,9)$的样本,对给定的 $\alpha\in(0,1)$,则 μ 的 $1-\alpha$ 的置信区间为____________.

5. 设总体 $X\sim N(\mu,\sigma^2)$,原假设为 $H_0:\mu=\mu_0$,若选择拒绝域为$(z_\alpha,+\infty)$,则相应的备择假设为 H_1:____________；若选择拒绝域为$(-\infty,-z_{\frac{\alpha}{2}})\cup(z_{\frac{\alpha}{2}},+\infty)$,则相应的备择假设为 H_1:____________.

二、选择题(每小题 3 分,共 15 分)：

1. 已知 $P(A)=p,P(B)=q,P(A\cup B)=r$,则下列各式正确的是(　　).

(A)$P(A-B)=p-q$；　　(B)$P(A\overline{B})=r-q$；

(C)$P(B\overline{A})=r-p$；　　(D)$P(\overline{A}\,\overline{B})=1-r$.

2. 做试验“将一枚均匀的硬币抛掷三次”,恰有一次出现正面的概率是(　　).

(A)$\frac{1}{2}$；　　(B)$\frac{1}{3}$；　　(C)$\frac{1}{8}$；　　(D)$\frac{3}{8}$.

3. 设随机变量 X 的数学期望为μ,方差为 $\sigma^2>0$,则使 $E(a+bX)=0$ 与 $D(a+bX)=1$ 成

立的 a 与 b 分别为(　　).

(A)$a=-\frac{\mu}{\sigma},b=\frac{1}{\sigma}$；　　(B)$a=-\frac{1}{\sigma},b=\frac{\mu}{\sigma}$

(C) $a=-\mu,b=\sigma$；　　(D) $a=\mu,b=\frac{1}{\sigma}$.

4. 设 $X_1,X_2,\cdots,X_n$ 是来自正态总体 $N(\mu,\sigma^2)$ 的简单随机样本，其中 μ 与 σ^2 未知，则下面不是统计量的是(　　).

(A) $\hat{\mu}=X_i$；　　(B) $\overline{X}=\frac{1}{n}\sum_{i=1}^{n}X_i$；

(C)$S^2=\frac{1}{n-1}\sum_{i=1}^{n}(X_i-\overline{X})^2$；　　(D) $\hat{\mu}=\frac{1}{n}\sum_{i=1}^{n}(X_i-\mu)^2$.

5. 设 $X\sim N(\mu,\sigma^2)$，σ^2 已知，给出显著性水平 α，检验假设 $H_0:\mu=\mu_0$，$H_1:\mu\neq\mu_0$，拒绝域是(　　).

(A)$|Z|\geqslant z_{\frac{\alpha}{2}}$；　　(B) $|t|\geqslant t_{\frac{\alpha}{2}}(n-1)$；

(C)$\chi^2\geqslant\chi^2_{\frac{\alpha}{2}}(n-1)$或 $\chi^2\leqslant\chi^2_{1-\frac{\alpha}{2}}(n-1)$；　　(D)以上都不对.

三、(10 分)箱中装有 10 件产品，其中有 1 件次品，在 9 件合格品中有 6 件一等品，3 件二等品，现从箱中任取 3 件，试求：(1) 取得 3 件都是合格品，但仅有 1 件是一等品的概率；(2) 取of 3 件产品中至少有 2 件是一等品的概率.

四、(10 分)某地抽样调查结果表明，考生的外语成绩(百分制)近似地服从正态分布，平均成绩为 72 分，96 分以上的占考生总数的 2.3%，试求考生的外语成绩在 60～84 分之间的概率.($\Phi(2.0)=0.977,\Phi(1.0)=0.841$)

五、(10 分)设 X 和 Y 是两个相互独立的随机变量，X 在(0,1)上服从均匀分布，Y 的概率密度为

$$f_Y(y)=\begin{cases}\frac{1}{2}y, & y>0,\\ 0, & y\leqslant 0,\end{cases}$$

(1) 求 X 和 Y 的联合概率密度；

(2) 设含有 a 的二次方程为 $a^2+2Xa+Y=0$，试求 a 有实根的概率.

六、(8 分)设一口袋里装有编号为 1,1,2,3 的四个球，随机从中不放回地一次抽取一球，以 X 表示第一次抽取的球上的编号，Y 表示第二次抽取的球上的编号，(1)写出(X,Y)的联合分布律；(2)写出关于 X 的边缘分布律；(3)求 $E(X)$及 $E(X^2)$.

七、(8 分)设二维离散型随机变量(X,Y)的分布律为

X \ Y	1	2	3
1	$\frac{1}{6}$	$\frac{1}{9}$	$\frac{1}{18}$
2	$\frac{1}{3}$	α	β

已知 X 和 Y 相互独立，求：(1)α 与 β；(2)$P\{X-Y=0\}$.

八、(8 分)设总体 $X\sim\pi(\lambda)$，而 $X_1,X_2,\cdots,X_n$ 是来自总体 X 的一个样本，试分别用矩估计

法和极大似然估计法求参数 λ 的估计量 $\hat{\lambda}$.

九、(8 分)设有某种清漆的 9 个样品，其干燥时间(以 h 计)分别为

$$6.0\quad 5.7\quad 5.8\quad 6.5\quad 7.0\quad 6.3\quad 5.6\quad 6.1\quad 5.0$$

设干燥时间总体服从正态分布 $N(\mu,\sigma^2)$，求 μ 的置信度为 0.95 的置信区间. ($t_{0.025}(8)=2.3060$)

十、(8 分)某种导线，要求其电阻的标准差不得超过 0.005Ω，今年生产的一批导线中取样本 9 根，测得 $S=0.007\Omega$，设总体服从正态分布，问在显著性水平 $\alpha=0.05$ 下能否认为这批导线的标准差显著地偏大? ($\chi^2_{0.05}(8)=15.507$)

9.2.2 自测试题解答(下)

自测试题十一答案

一、填空题

1. $AB\cup AC\cup BC$；

2.

X	0	1	3
p_k	0.4	0.3	0.3

3. $2e^{-2}$；4. $\frac{25}{4}$；5. $\frac{120}{231}$.

二、单项选择题

1. (C)；2. (C)；3. (A)；4. (B)；5. (B).

三、设 D 表示 A,B,C 中至少有一个发生，则有

$$P(D)=P(A\cup B\cup C)=P(A)+P(B)+P(C)-P(AB)-P(AC)-P(BC)+P(ABC)$$
$$=\frac{1}{4}+\frac{1}{4}+\frac{1}{4}-\frac{1}{16}-0-\frac{1}{16}+0=\frac{5}{8}.$$

四、设 A_1 表示取出种子来自 1 盒，A_2 表示取出种子来自其他 3 盒，B 表示该种子能发芽，则(1) $P(B)=P(B|A_1)P(A_1)+P(B|A_2)P(A_2)=\frac{4}{5}\times\frac{1}{4}+\frac{1}{5}\times\frac{3}{4}=\frac{7}{20}=0.35$，所以，任取 1 粒种子，该种子能发芽的概率为 0.35；(2) $P(A_1\mid B)=\frac{P(B|A_1)P(A_1)}{P(B)}=\frac{\frac{4}{5}\times\frac{1}{4}}{0.35}=\frac{4}{7}$，所以，该种子能发芽，则它来自发芽率高的 1 盒的概率是 $\frac{4}{7}$.

五、设 X 表示三年级男生的身高，$X\sim N(175,5^2)$，

(1) $P\{X>180\}=1-P\{X\leqslant 180\}=1-P\left\{\frac{X-175}{5}\leqslant\frac{180-175}{5}\right\}$

$$=1-P\left\{\frac{X-175}{5}\leqslant 1\right\}=1-\Phi(1)=0.16.$$

因此，在该学院三年级任选 1 名男生，这名男生身高超过 180cm 的概率是 0.16.

(2) 设 Y 表示任选 3 名男生，有 Y 人身高超过 180cm，则 $Y\sim B(3,0.16)$，$P\{Y\geqslant 2\}=$

$P\{Y=2\}+P\{Y=3\}=C_3^2 0.16^2\times 0.84+C_3^3 0.16^3=0.07$，因此，在该学院三年级任选 3 名男生，其中至少有 2 名学生身高超过 180cm 的概率是 0.07.

六、证明：令 $\Phi'(x)=\varphi(x)$，$F'(x)=f(x)$，则

$$f(x)=F'(x)0.5\varphi(x)+0.5\times\frac{1}{2}\varphi\left(\frac{x-4}{2}\right)$$

$$=0.5\varphi(x)+0.25\varphi\left(\frac{x-4}{2}\right),$$

$$E(X)=\int_{-\infty}^{+\infty}x\cdot f(x)\mathrm{d}x$$

$$=\int_{-\infty}^{+\infty}\left[0.5x\cdot\varphi(x)+0.25x\varphi\left(\frac{x-4}{2}\right)\right]\mathrm{d}x$$

$$=0.5\int_{-\infty}^{+\infty}x\varphi(x)\mathrm{d}x+0.25\int_{-\infty}^{+\infty}x\varphi\left(\frac{x-4}{2}\right)\mathrm{d}x=0+0.25\int_{-\infty}^{+\infty}x\varphi\left(\frac{x-4}{2}\right)\mathrm{d}x,$$

令 $\frac{x-4}{2}=t$，则 $x=2t+4$，则有

$$E(X)=0.25\int_{-\infty}^{+\infty}(2t+4)\varphi(t)\mathrm{d}(2t+4)=0.25\times 2\int_{-\infty}^{+\infty}t\varphi(t)\mathrm{d}t+0.25\times 2\int_{-\infty}^{+\infty}4\varphi(t)\mathrm{d}t$$

$$=0+0.5\int_{-\infty}^{+\infty}4\varphi(t)\mathrm{d}t=0.5\times 4\times 1=2,$$

所以，$E(X)=2$.

七、(1) $D(Z)=D\left(\frac{X}{3}+\frac{Y}{2}\right)=\frac{1}{9}D(X)+\frac{1}{4}D(Y)+2\times\frac{1}{3}\times\frac{1}{2}\mathrm{Cov}(X,Y)$，$\mathrm{Cov}(X,Y)$

$$=\rho_{XY}\cdot\sqrt{D(X)}\sqrt{D(Y)}=-\frac{1}{2}\times 3\times 4=-6,$$

所以
$$D(Z)=\frac{1}{9}\times 9+\frac{1}{4}\times 16+\frac{1}{3}\times(-6)=3.$$

(2) $\mathrm{Cov}(X,Z)=\mathrm{Cov}\left(X,\frac{X}{3}+\frac{Y}{2}\right)=\mathrm{Cov}\left(\frac{X}{3},X\right)+\mathrm{Cov}\left(\frac{Y}{2},X\right)$

$$=\frac{1}{3}D(X)+\frac{1}{2}\mathrm{Cov}(X,Y)=\frac{1}{3}\times 9+\frac{1}{2}\times(-6)=0,$$

所以
$$\mathrm{Cov}(X,Z)=0.$$

(3) X 与 Z 相互独立．因为 X 与 Y 都服从于正态分布，$Z=\frac{X}{3}+\frac{Y}{2}$ 是 X 与 Y 的线性组合，所以 Z 也服从于正态分布．又因为 $\mathrm{Cov}(X,Z)=0$，所以 $\rho_{XZ}=0$，因为二维正态分布 $\rho=\rho_{XZ}=0$，所以 X 与 Z 相互独立.

八、(1) $\iint\limits_{\substack{x^2+y^2\leqslant 1\\ x\geqslant 0,y\geqslant 0}}f(x,y)\mathrm{d}x\mathrm{d}y=1$，即 $\int_0^{\frac{\pi}{2}}\mathrm{d}\theta\int_0^1 Ar\mathrm{d}r=1$，即 $\frac{\pi}{4}A=1$，所以 $A=\frac{4}{\pi}$.

(2) $f(x,y)=\begin{cases}\frac{4}{\pi},x^2+y^2\leqslant 1, & x\geqslant 0,y\geqslant 0,\\ 0, & \text{其他},\end{cases}$

$$f_X(x)=\begin{cases}\int_0^{\sqrt{1-x^2}}f(x,y)\mathrm{d}y, & 0\leqslant x\leqslant 1,\\ 0, & \text{其他}\end{cases}=\begin{cases}\int_0^{\sqrt{1-x^2}}\frac{4}{\pi}\mathrm{d}y, & 0\leqslant x\leqslant 1,\\ 0, & \text{其他}\end{cases}$$

$$=\begin{cases}\dfrac{4}{\pi}\sqrt{1-x^2}, & 0\leqslant x\leqslant 1,\\ 0, & \text{其他}.\end{cases}$$

$$f_Y(y)=\begin{cases}\displaystyle\int_0^{\sqrt{1-y^2}} f(x,y)\mathrm{d}x, & 0\leqslant y\leqslant 1,\\ 0, & \text{其他}\end{cases}=\begin{cases}\displaystyle\int_0^{\sqrt{1-y^2}}\frac{4}{\pi}\mathrm{d}x, & 0\leqslant y\leqslant 1,\\ 0, & \text{其他}\end{cases}$$

$$=\begin{cases}\dfrac{4}{\pi}\sqrt{1-y^2}, & 0\leqslant y\leqslant 1,\\ 0, & \text{其他}.\end{cases}$$

(3) $f_X(x)\cdot f_Y(y)=\dfrac{16\sqrt{1-x^2}\cdot\sqrt{1-y^2}}{\pi^2}\neq f(x,y)$，所以 X 与 Y 不相互独立.

(4) $P\{X<Y\}=\displaystyle\iint\limits_{\substack{x<y\\ x^2+y^2\leqslant 1\\ x\geqslant 0,y\geqslant 0}} f(x,y)\mathrm{d}x\mathrm{d}y=\int_{\frac{\pi}{4}}^{\frac{\pi}{2}}\mathrm{d}\theta\int_0^1\frac{4}{\pi}r\mathrm{d}r=\int_{\frac{\pi}{4}}^{\frac{\pi}{2}}\frac{2}{\pi}\mathrm{d}\theta=\frac{2}{\pi}\cdot\frac{\pi}{4}=\frac{1}{2}.$

所以 概率 $P\{X<Y\}=\dfrac{1}{2}$.

九、σ^2 的置信区间为$\left(\dfrac{(n-1)S^2}{\chi^2_{\frac{\alpha}{2}}(n-1)},\dfrac{(n-1)S^2}{\chi^2_{1-\frac{\alpha}{2}}(n-1)}\right)$，其中 $n-1=11$，$S^2=0.04$，$1-\alpha=0.90$，$\alpha=0.10$，$\dfrac{\alpha}{2}=0.05$，$\chi^2_{0.05}(11)=19.675$，$\chi^2_{0.95}(11)=4.575$，所以，$\dfrac{(n-1)S^2}{\chi^2_{\frac{\alpha}{2}}(n-1)}=\dfrac{11\times 0.04}{19.675}=0.022$，$\dfrac{(n-1)S^2}{\chi^2_{1-\frac{\alpha}{2}}(n-1)}=\dfrac{11\times 0.04}{4.575}=0.096$. 因此，$\sigma^2$ 的 0.90 的置信区间为(0.022，0.096).

十、(1) $\mu_1=E(X)=\displaystyle\int_0^1 x\cdot f(x)\mathrm{d}x=\int_0^1 x\sqrt{\theta}x^{\sqrt{\theta}-1}\mathrm{d}x=\frac{\sqrt{\theta}}{\sqrt{\theta}+1}x^{\sqrt{\theta}+1}\Big|_0^1=\frac{\sqrt{\theta}}{\sqrt{\theta}+1}A_1=\bar{X}$，令 $A_1=\mu_1$，所以$\sqrt{\theta}=\dfrac{\bar{X}}{1-\bar{X}}$，$\hat{\theta}=\left(\dfrac{\bar{X}}{1-\bar{X}}\right)^2$是参数 θ 的矩估计量.

(2)
$$L(\theta)=L(x_1,x_2,\cdots,x_n;\theta)=\prod_{i=1}^n f(x_i;\theta)=\theta^{\frac{n}{2}}\prod_{i=1}^n x_i^{\sqrt{\theta}-1},$$
$$\ln L(\theta)=\frac{n}{2}\ln\theta+(\sqrt{\theta}-1)\sum_{i=1}^n\ln x_i,$$

令 $\dfrac{\mathrm{d}\ln L(\theta)}{\mathrm{d}\theta}=\dfrac{n}{2\theta}+\dfrac{1}{2\sqrt{\theta}}\displaystyle\sum_{i=1}^n\ln x_i=0$，$\hat{\theta}=\left(\dfrac{n}{\sum\limits_{i=1}^n\ln x_i}\right)^2$是极大似然估计值，所以，$\hat{\theta}=\left(\dfrac{n}{\sum\limits_{i=1}^n\ln X_i}\right)^2$是极大似然估计量.

十一、(1)
$$E(S^2)=E\left[\frac{1}{n-1}\sum_{i=1}^n(X_i-\bar{X})^2\right]=\frac{1}{n-1}E\left(\sum_{i=1}^n X_i^2-n\bar{X}^2\right)$$
$$=\frac{1}{n-1}\left[\sum_{i=1}^n E(X_i^2)-nE(\bar{X}^2)\right]$$
$$=\frac{1}{n-1}\left[n(\sigma^2+\mu^2)-n\left(\frac{\sigma^2}{n}+\mu^2\right)\right]$$

$$=\frac{1}{n-1}(n\sigma^2-\sigma^2)=\sigma^2,$$

所以,$E(S^2)=\sigma^2$,因此样本方差 $S^2=\frac{1}{n-1}\sum_{i=1}^{n}(X_i-\overline{X})^2$ 是总体方差 σ^2 的无偏估计量.

(2) 因为 $\sum_{i=1}^{n}\left(\frac{X_i-\overline{X}}{\sigma}\right)^2\sim\chi^2(n-1)$,所以,

$$D(S^2)=D\left[\frac{1}{n-1}\sum_{i=1}^{n}(X_i-\overline{X})^2\right]=D\left[\frac{\sigma^2}{n-1}\sum_{i=1}^{n}\left(\frac{X_i-\overline{X}}{\sigma}\right)^2\right]$$

$$=\frac{\sigma^4}{(n-1)^2}D\left[\sum_{i=1}^{n}\left(\frac{X_i-\overline{X}}{\sigma}\right)^2\right]=\frac{\sigma^4}{(n-1)^2}\cdot 2(n-1)=\frac{2\sigma^4}{n-1}.$$

所以,$D(S^2)=\frac{2\sigma^4}{n-1}$.

自测试题十二答案

一、填空题

1. 2;2. 0. 62;3. $\frac{1}{n}\sum_{i=1}^{n}X_i,N\left(\mu,\frac{\sigma^2}{n}\right),\chi^2(n-1)$; 4. $\frac{8}{9}$;5. 0. 9984.

二、选择题

1. (D);2. (A);3. (B);4. (C);5. (B).

三、(1)设所求事件为 A,则 $P(A)=\frac{C_6^1\cdot C_3^2}{C_{10}^3}=\frac{3}{20}$.

(2) 设 B 表示"取得 3 件产品中至少有一件是一等品",则 $P(B)=1-P(\overline{B})=1-\frac{C_4^3}{C_{10}^3}=\frac{29}{30}$.

四、设 B_1,B_2,B_3 分别为甲、乙、丙车间生产的产品,$A=\{$取到次品$\}$;

(1) $P(A)=\sum_{i=1}^{3}P(B_i)\cdot P(A|B_i)=0.25\times0.05+0.35\times0.04+0.4\times0.02=0.0345.$

(2) $P(B_1|A)=\frac{P(B_1)\cdot P(A|B_1)}{P(A)}=\frac{0.25\times0.05}{0.0345}=0.3623.$

五、(1)(X,Y)的联合分布律为

X \ Y	1	2	3
1	$\frac{2}{12}$	$\frac{2}{12}$	$\frac{2}{12}$
2	$\frac{2}{12}$	0	$\frac{1}{12}$
3	$\frac{2}{12}$	$\frac{1}{12}$	0

(2) 关于 X 的边缘分布律为

X	1	2	3
p_k	$\frac{1}{2}$	$\frac{1}{4}$	$\frac{1}{4}$

(3) $E(X)=1\times\frac{1}{2}+2\times\frac{1}{4}+3\times\frac{1}{4}=\frac{7}{4}$，$E(X^2)=1^2\times\frac{1}{2}+2^2\times\frac{1}{4}+3^2\times\frac{1}{4}=\frac{15}{4}$.

六、(1) $1=\int_{-\infty}^{+\infty}\int_{-\infty}^{+\infty}f(x,y)\mathrm{d}x\mathrm{d}y=\int_0^1\mathrm{d}x\int_0^2(x^2+Axy)\mathrm{d}y=\int_0^1(2x^2+2Ax)\mathrm{d}x=\frac{2}{3}+A$，所以 $A=\frac{1}{3}$.

(2) $P\{X+Y>1\}=\iint\limits_{x+y>1}f(x,y)\mathrm{d}x\mathrm{d}y=\int_0^1\mathrm{d}x\int_{1-x}^2(x^2+\frac{1}{3}xy)\mathrm{d}y=\frac{65}{72}$.

(3) $f_Y(y)=\begin{cases}\int_0^1\left(x^2+\frac{1}{3}xy\right)\mathrm{d}y, & 0\leqslant y\leqslant 2,\\ 0, & \text{其他}\end{cases}=\begin{cases}\frac{1}{3}+\frac{y}{6}, & 0\leqslant y\leqslant 2,\\ 0, & \text{其他}.\end{cases}$

七、由于 $E(X)=\mu$，$D(X)=\sigma^2$，于是 μ 与 σ^2 的矩估计分别为

$$\hat{\mu}=\overline{X}=\frac{1}{n}\sum_{i=1}^{n}X_i,\hat{\sigma}^2=\frac{1}{n}\sum_{i=1}^{n}(X_i-\overline{X})^2.$$

似然函数：$L(X_1,X_2,\cdots,X_n;\mu,\sigma^2)=\prod_{i=1}^{n}\frac{1}{\sqrt{2\pi}\sigma}\mathrm{e}^{-\frac{(X_i-\mu)^2}{2\sigma^2}}=\left(\frac{1}{2\pi\sigma^2}\right)^{\frac{n}{2}}\mathrm{e}^{-\frac{1}{2\sigma^2}\sum\limits_{i=1}^{n}(X_i-\mu)^2}$，

两边取自然对数，得 $\ln L=-\frac{n}{2}\ln(2\pi)-\frac{n}{2}\ln\sigma^2-\frac{1}{2\sigma^2}\sum_{i=1}^{n}(X_i-\mu)^2$，

由于分布 X 中含有两个未知参数 μ 与 σ^2，因此，似然函数 L 为 μ 与 σ^2 的二元函数.

关于 μ 与 σ^2 求偏导数，得

$$\frac{\partial\ln L}{\partial\mu}=\frac{1}{\sigma^2}\sum_{i=1}^{n}(X_i-\mu)=0,\frac{\partial\ln L}{\partial\sigma^2}=-\frac{n}{2\sigma^2}+\frac{1}{2\sigma^4}\sum_{i=1}^{n}(X_i-\mu)^2=0,$$

解得

$$\hat{\mu}=\frac{1}{n}\sum_{i=1}^{n}X_i=\overline{X},\hat{\sigma}^2=\frac{1}{n}\sum_{i=1}^{n}(X_i-\hat{\mu})^2=\frac{1}{n}\sum_{i=1}^{n}(X_i-\overline{X})^2.$$

八、$H_0:\sigma_1^2=\sigma_2^2$，$H_1:\sigma_1^2\neq\sigma_2^2$，统计量 $F=\frac{S_1^2}{S_2^2}\sim F(n_1-1,n_2-1)$，

拒绝域 $C=\{F\leqslant F_{1-\frac{\alpha}{2}}(n_1-1,n_2-1)$ 或者 $F\geqslant F_{\frac{\alpha}{2}}(n_1-1,n_2-1)\}$，$F=\frac{0.096}{0.026}=3.69$，$F_{\frac{\alpha}{2}}(n_1-1,n_2-1)=F_{0.025}(7,8)=4.53$，$F_{1-\frac{\alpha}{2}}(n_1-1,n_2-1)=F_{0.975}(7,8)=\frac{1}{4.90}$，$C=\{F\leqslant 0.2038$ 或者 $F\geqslant 4.53\}$，故而接受 H_0，认为两个机床产品直径的方差相等.

九、σ^2 的置信区间为 $\left(\frac{(n-1)S^2}{\chi^2_{\frac{\alpha}{2}}(n-1)},\frac{(n-1)S^2}{\chi^2_{1-\frac{\alpha}{2}}(n-1)}\right)$，将 $n=12$，$S^2=1.356$，$\chi^2_{0.025}(11)=21.92$，$\chi^2_{0.975}(11)=3.816$ 代入得所求置信区间为(0.68,3.909).

十、引入 $X_i=\begin{cases}0, & \text{第 } i \text{ 层出口没人出电梯},\\ 1, & \text{第 } i \text{ 层出口有人出电梯},\end{cases}$ 则所有乘客走出电梯时，停止次数

$$X=\sum_{i=1}^{4}X_i,P\{X_i=0\}=\frac{3^5}{4^5}=0.2373,P\{X_i=1\}=1-\frac{3^5}{4^5}$$

$$=0.7627,E(X)=\sum_{i=1}^{4}E(X_i)=4\left(1-\frac{3^5}{4^5}\right)=4\times 0.7627=3.0508.$$

十一、当 $y\leqslant 0$ 时，$F(y)=P\{Y\leqslant y\}=P\{e^X\leqslant y\}=0$，当 $y>0$ 时，$F(y)=P\{Y\leqslant y\}=P\{e^X\leqslant y\}=P\{X\leqslant \ln y\}=\int_{-\infty}^{\ln y}f(x)\,dx=\frac{1}{\sqrt{2\pi}}\int_0^{\ln y}e^{-\frac{x^2}{2}}\,dx$，因此，有

$$f(y)=\begin{cases}\frac{1}{\sqrt{2\pi}y}e^{-\frac{(\ln y)^2}{2}}, & y>0,\\ 0, & y\leqslant 0.\end{cases}$$

自测试题十三答案

一、填空题

1. 0.3；2. 1；3. $\frac{2}{3}$；4. $E(X)$；5. $\frac{-1+\sqrt{5}}{2}$.

二、选择题

1. (B)；2. (D)；3. (C)；4. (B)；5. (C).

三、(1) 0.72；(2) 0.98；(3) 0.02.

四、$\frac{9}{23}$.

五、(1) $c=1$；(2) $F(x)=\begin{cases}0, & x\leqslant 0,\\ \int_0^x e^{-t}dt=1-e^{-x}, & x>0;\end{cases}$ (3) $f_Y(y)=\begin{cases}0, & y\leqslant 1\\ \frac{1}{2}e^{\frac{y-1}{2}}, & y>1.\end{cases}$

六、(1) $f_X(x)=\begin{cases}x+\frac{1}{2}, & 0\leqslant x\leqslant 1,\\ 0, & 其他,\end{cases}$ $f_Y(y)=\begin{cases}y+\frac{1}{2}, & 0\leqslant y\leqslant 1,\\ 0, & 其他;\end{cases}$

(2) 因为 $f_X(x)\cdot f_Y(y)\neq f(x,y)$，所以 X 与 Y 不独立.

七、$E(X)=\int_0^{+\infty}xe^{-(x-\theta)}\,dx=\theta+1$，令 $\overline{X}=\theta+1$，解出 $\hat{\theta}=\overline{X}-1$.

八、(1) $P\{X=k\}=C_{10}^k(0.4)^k\cdot(0.6)^{10-k}, k=0,1,2,\cdots,10$；

(2) $X\sim B(10,0.4)$，$E(X^2)=D(X)+(EX)^2=10\times0.4\times0.6+(10\times0.4)^2=18.4$.

九、置信区间为 $\left(\frac{(n-1)S^2}{\chi^2_{\frac{\alpha}{2}}(n-1)},\frac{(n-1)S^2}{\chi^2_{1-\frac{\alpha}{2}}(n-1)}\right)$，其中 $n=25,\alpha=0.05,S=12$，代入得置信区间为(87.80,278.69).

十、用 X 表示任一时刻车间内同型号工作机床的数量，则 $X\sim B(200,0.7)$，且 $E(X)=140$，$D(X)=42$，假定至少需要 m 单位电能，则有 $P\left\{X\leqslant\frac{m}{15}\right\}=0.95$，由中心极限定理，得

$$0.95=P\left\{X\leqslant\frac{m}{15}\right\}=P\left\{\frac{X-140}{\sqrt{42}}\leqslant\frac{\frac{m}{15}-140}{\sqrt{42}}\right\}\approx\Phi\left(\frac{\frac{m}{15}-140}{\sqrt{42}}\right),$$

从而有 $\frac{\frac{m}{15}-140}{\sqrt{42}}=1.64$，故 $m=2259$，因此，至少需要准备 2259 单位电能.

十一、$a=\sqrt{\frac{3}{2}}$，$n=3$.

自测试题十四答案

一、填空题

1. $\mu^2+\sigma^2$；2. $\frac{1}{2}f\left(\frac{y}{2}\right)$；3. 0.62；4. 0.9984；5. 0.3413.

二、选择题

1. (A)；2. (D)；3. (A)；4. (D)；5. (C).

三、(1) $P\{X=1\}=\frac{4\times3\times2}{4^3}=\frac{6}{16}$；同理 $P\{X=2\}=\frac{9}{16}$；$P\{X=3\}=\frac{1}{16}$；从而随机变量 X 的分布律为

X	1	2	3
p_k	$\frac{6}{16}$	$\frac{9}{16}$	$\frac{1}{16}$

(2) 随机变量 X 的函数 $Y=X^2+1$ 的分布律为

Y	2	5	10
p_k	$\frac{6}{16}$	$\frac{9}{16}$	$\frac{1}{16}$

(3) 数学期望 $E(X)=1\times\frac{6}{16}+2\times\frac{9}{16}+3\times\frac{1}{16}=\frac{27}{16}$.

四、(1)设 B_1,B_2 分别表示“男性”“女性”；$A=\{$挑选的人是色盲患者$\}$，

$$P(A)=\sum_{i=1}^{2}P(B_i)P(A|B_i)=0.5\times0.05+0.5\times0.0025=0.02625.$$

(2) $P(B_1|A)=\frac{P(B_1)P(A|B_1)}{P(A)}=\frac{0.5\times0.05}{0.02625}=\frac{20}{21}$.

五、(1) $f(x)=\begin{cases}2Ax, & 0<x\leqslant1,\\ 0, & \text{其他};\end{cases}$ $1=\int_0^1 2Ax\,dx=Ax^2\Big|_0^1=A$，即 $A=1$，因此有

$$f(x)=\begin{cases}2x, & 0<x\leqslant1,\\ 0, & \text{其他};\end{cases}$$

(2) $P\{0.3<x\leqslant0.7\}=F(0.7)-F(0.3)=0.7^2-0.3^2=0.4$；

(3) $E(X)=\int_0^1 x\cdot2x\,dx=\frac{2}{3}x^3\Big|_0^1=\frac{2}{3}$，$E(X)^2=\int_0^1 x^2\cdot2x\,dx=\frac{1}{2}x^4\Big|_0^1=\frac{1}{2}$，因此有

$$D(X)=E(X)^2-(EX)^2=\frac{1}{2}-\left(\frac{2}{3}\right)^2=\frac{1}{18}.$$

六、(1) $1=\int_0^{2\pi}d\theta\int_0^2 kr\,dr=4\pi k$，$k=\frac{1}{4\pi}$.

(2) $$f_X(x)=\int_{-\infty}^{+\infty}f(x,y)\,dy=\begin{cases}\int_{-\sqrt{4-x^2}}^{\sqrt{4-x^2}}\frac{1}{4\pi}dy, & -2\leqslant x\leqslant2,\\ 0, & \text{其他}\end{cases}$$

$$=\begin{cases}\frac{1}{2\pi}\sqrt{4-x^2}, & -2\leqslant x\leqslant2,\\ 0, & \text{其他}.\end{cases}$$

同理可得 $f_Y(y)=\int_{-\infty}^{+\infty}f(x,y)\mathrm{d}x=\begin{cases}\dfrac{1}{2\pi}\sqrt{4-y^2}, & -2\leqslant y\leqslant 2,\\ 0, & 其他.\end{cases}$

(3) 因为 $0=f\left(\frac{3}{4},\frac{3}{4}\right)\neq f_X\left(\frac{3}{4}\right)\cdot f_Y\left(\frac{3}{4}\right)=\frac{1}{4\pi^2}\left[4-\left(\frac{3}{4}\right)^2\right]$,所以 X 与 Y 不独立.

(4) $P\{X+Y\leqslant 2\}=1-\int_0^2\mathrm{d}x\int_{2-x}^{\sqrt{4-x^2}}\frac{1}{4\pi}\mathrm{d}y=\frac{3\pi+2}{4\pi}$.

七、由 $E(X)=\mu,D(X)=\sigma^2$,于是 μ 与 σ^2 的矩估计分别为

$$\hat{\mu}=\overline{X}=\frac{1}{n}\sum_{i=1}^n X_i,\hat{\sigma}^2=\frac{1}{n}\sum_{i=1}^n(X_i-\overline{X})^2.$$

似然函数:$L(X_1,X_2,\cdots,X_n;\mu,\sigma^2)=\prod_{i=1}^n\frac{1}{\sqrt{2\pi}\sigma}\mathrm{e}^{-\frac{(X_i-\mu)^2}{2\sigma^2}}=\left(\frac{1}{2\pi\sigma^2}\right)^{\frac{n}{2}}\mathrm{e}^{-\frac{1}{2\sigma^2}\sum_{i=1}^n(X_i-\mu)^2}$,

两边取自然对数,得

$$\ln L=-\frac{n}{2}\ln(2\pi)-\frac{n}{2}\ln\sigma^2-\frac{1}{2\sigma^2}\sum_{i=1}^n(X_i-\mu)^2,$$

两边分别对 μ 与 σ^2 求偏导数,并令其为零,有

$$\frac{\partial\ln L}{\partial\mu}=\frac{1}{\sigma^2}\sum_{i=1}^n(X_i-\mu)^2=0,\frac{\partial\ln L}{\partial\sigma^2}=-\frac{n}{2\sigma^2}+\frac{1}{2\sigma^4}\sum_{i=1}^n(X_i-\mu)^2=0,$$

解得 μ 与 σ^2 的极大似然估计分别为

$$\hat{\mu}=\frac{1}{n}\sum_{i=1}^n X_i=\overline{X},\hat{\sigma}^2=\frac{1}{n}\sum_{i=1}^n(X_i-\hat{\mu})^2=\frac{1}{n}\sum_{i=1}^n(X_i-\overline{X})^2.$$

八、σ^2 的 $1-\alpha$ 的置信区间为$\left[\frac{(n-1)S^2}{\chi^2_{\frac{\alpha}{2}}(n-1)},\frac{(n-1)S^2}{\chi^2_{1-\frac{\alpha}{2}}(n-1)}\right]$,这里 $1-\alpha=0.90,\alpha=0.10,n=12$,

$S^2=0.04,\chi^2_{\frac{\alpha}{2}}(n-1)=\chi^2_{0.05}(11)=19.675,\chi^2_{1-\frac{\alpha}{2}}(n-1)=\chi^2_{0.95}(11)=4.575$,

$\frac{(n-1)S^2}{\chi^2_{\frac{\alpha}{2}}(n-1)}=\frac{11\times0.04}{19.675}=0.0224,\frac{(n-1)S^2}{\chi^2_{1-\frac{\alpha}{2}}(n-1)}=\frac{11\times0.04}{4.575}=0.0962$,因此,$\sigma^2$ 的 0.90 的置信区间为(0.0224,0.0962).

九、总体方差已知,检验统计量 $Z=\frac{\overline{X}-\mu_0}{\sigma/\sqrt{n}}\sim N(0,1)$,拒绝域为 $W=\{|Z|\geqslant Z_{\frac{\alpha}{2}}\}$,

$\overline{X}=4.364,\sigma^2=0.108^2,n=5,\alpha=0.05,Z_{0.025}=1.96,Z=-3.85$,因为 $|Z|=3.85>1.96$ 故拒绝原假设 H_0.

十、设 X 为正好得到自己家长送来的礼物的孩子数,做分解假设

$$X_i=\begin{cases}1, & 第\,i\,个孩子恰好收到自家礼物,\\ 0, & 第\,i\,个孩子没有收到自家礼物,\end{cases}i=1,2,\cdots,m.$$

则有

X_i	0	1
p_k	$\frac{m-1}{m}$	$\frac{1}{m}$

$E(X_i)=1\times\frac{1}{m}+0\times\frac{m-1}{m}=\frac{1}{m}$，$X=X_1+X_2+\cdots+X_m$，注意到

$$E(X)=E(X)_1+E(X)_2+\cdots+E(X_m)=m\times\frac{1}{m}=1.$$

十一、因为

$$1-\alpha=P\{F>F_{1-\alpha}(n_1,n_2)\}=P\left\{\frac{1}{F}<\frac{1}{F_{1-\alpha}(n_1,n_2)}\right\}=1-P\left\{\frac{1}{F}\geqslant\frac{1}{F_{1-\alpha}(n_1,n_2)}\right\}$$
$$=1-P\left\{\frac{1}{F}>\frac{1}{F_{1-\alpha}(n_1,n_2)}\right\}.$$

故 $P\left\{\frac{1}{F}>\frac{1}{F_{1-\alpha}(n_1,n_2)}\right\}=\alpha$，而 $\frac{1}{F}\sim F(n_2,n_1)$，故由上 α 分位点的定义知 $F_\alpha(n_2,n_1)=\frac{1}{F_{1-\alpha}(n_1,n_2)}$，即 $F_{1-\alpha}(n_1,n_2)=\frac{1}{F_\alpha(n_2,n_1)}$.

自测试题十五答案

一、填空题

1. $\frac{1}{6}$；2. $\frac{-1+\sqrt{5}}{2}$；3. μ,σ^2；4. $\frac{3}{10}$；5. $\chi^2(n-1)$.

二、选择题

1. (C)；2. (B)；3. (A)；4. (D).

三、(1) $0.9\times0.8=0.72$；(2) $0.9+0.8-0.72=0.98$；(3) $P(\bar{A}\bar{B})=0.1\times0.2=0.02$.

四、(1) $P(A)=P(B)P(A|B)+P(\bar{B})P(A|\bar{B})=0.9\times0.98+0.1\times0.05=0.887$.

(2) $P(B|A)=\frac{P(B)P(A|B)}{P(A)}=\frac{0.9\times0.98}{0.887}=0.994$.

五、(1) 由于 $F(x)$ 为连续函数，故有 $F(0-0)=F(0)$，即 $b=0$. 而 $F(1)=F(1+0)$，即 $1=a$，所以，$a=1,b=0$. 所以 $f(x)=\begin{cases}2x, & 0\leqslant x\leqslant1,\\ 0, & \text{其他}.\end{cases}$

(2) $E(X)=2\int_0^1 x\cdot x\mathrm{d}x=\frac{2}{3}$.

(3) $P\{-1<X<2\}=\int_0^1 2x\mathrm{d}x=1$.

六、(1) (X,Y) 的联合分布律为

X \ Y	0	1	$p_{i\cdot}$
0	$\frac{3}{10}$	$\frac{3}{10}$	$\frac{6}{10}$
1	$\frac{3}{10}$	$\frac{1}{10}$	$\frac{4}{10}$

(2) 关于 X 的边缘分布律为

X	0	1
$p_{i\cdot}$	$\frac{6}{10}$	$\frac{4}{10}$

(3) $E(X)=0\times\frac{6}{10}+1\times\frac{4}{10}=\frac{4}{10}=\frac{2}{5}$；$E(X^2)=0^2\times\frac{6}{10}+1^2\times\frac{4}{10}=\frac{4}{10}=\frac{2}{5}$.

七、(1) $1=\iint\limits_D k\mathrm{d}\sigma=k\cdot\frac{1}{2}, k=2$；(2)～(4)略.

八、(1) $\mu_1=E(X)=\int_0^1(\theta+1)x^\theta\cdot x\mathrm{d}x=\frac{\theta+1}{\theta+2}, A_1=\overline{X}$，令 $A_1=\mu_1$，得 $\hat{\theta}=\frac{2\overline{X}-1}{1-\overline{X}}$，即为 θ 的矩估计量.

(2) 极大似然估计法：作函数 $L=\prod\limits_{i=1}^{n}(\theta+1)x_i^\theta=(\theta+1)^n\left[\prod\limits_{i=1}^{n}x_i\right]^\theta$，取自然对数，得到 $\ln L=n\ln(\theta+1)+\theta\sum\limits_{i=1}^{n}\ln x_i$，令 $\frac{\mathrm{d}\ln L}{\mathrm{d}\theta}=\frac{n}{\theta+1}+\sum\limits_{i=1}^{n}\ln x_i=0$，得 $\hat{\theta}=-1-\frac{n}{\sum\limits_{i=1}^{n}\ln x_i}$. θ 的极大似然估计为 $\hat{\theta}=-1-\frac{n}{\sum\limits_{i=1}^{n}\ln x_i}$.

九、因为方差未知，所以 μ 的置信度为95%的置信区间为

$$\left(\overline{X}-\frac{S}{\sqrt{n}}t_{0.025}(n-1),\overline{X}+\frac{S}{\sqrt{n}}t_{0.025}(n-1)\right)=(1.932,3.468).$$

十、$S^2=\frac{1}{n-1}\sum\limits_{i=1}^{n}(X_i-\overline{X})^2$，经过计算，$E(S^2)=\cdots=\sigma^2$. 所以，样本方差 S^2 是总体方差 σ^2 的无偏估计.

自测试题十六答案

一、填空题

1. 0.1，0.5；2. $\frac{1}{2}$；

3.

$Z=X+Y$	3	5	7
p_k	0.18	0.54	0.28

4. $t(10)$；5. $\frac{2}{5}$.

二、选择题

1. (D)；2. (C)；3. (C)；4. (C)；5. (D).

三、方法一：(1) $\frac{1}{10}+\frac{9}{10}\times\frac{1}{9}+\frac{9}{10}\times\frac{8}{9}\times\frac{1}{8}=0.3$；(2) $\frac{1}{5}+\frac{4}{5}\times\frac{1}{4}+\frac{4}{5}\times\frac{3}{4}\times\frac{1}{3}=0.6$.

方法二：(1) $1-\frac{9}{10}\times\frac{8}{9}\times\frac{7}{8}=1-0.7=0.3$；(2) $1-\frac{4}{5}\times\frac{3}{4}\times\frac{2}{3}=1-\frac{2}{5}=0.6$.

四、设 A_1,A_2,A_3 分别表示甲工厂、乙工厂和丙工厂的产品，B 表示"任取1件产品为次品"，$P(A_1)=\frac{3}{6}, P(A_2)=\frac{2}{6}, P(A_3)=\frac{1}{6}$，　$P(B|A_1)=\frac{1}{10}, P(B|A_2)=\frac{1}{15}, P(B|A_3)=\frac{1}{20}$，

$P(B)=P(A_1)P(B|A_1)+P(A_2)P(B|A_2)+P(A_3)P(B|A_3)=\frac{29}{360}\approx0.081$.

五、(1) $1=\int_{-\infty}^{+\infty}f(x)\mathrm{d}x=\int_{0}^{1}A(1-x)\mathrm{d}x, A=2$;

(2) $P\left\{\frac{1}{2}<X<1\right\}=\int_{\frac{1}{2}}^{1}2(1-x)\mathrm{d}x=0.25$;

(3) $E(X)=\int_{-\infty}^{+\infty}xf(x)\mathrm{d}x=\int_{0}^{1}2x(1-x)\mathrm{d}x=\frac{1}{3}$,

$E(X^2)=\int_{-\infty}^{+\infty}x^2f(x)\mathrm{d}x=\int_{0}^{1}2x^2(1-x)\mathrm{d}x=\frac{1}{6}, D(X)=E(X^2)-(EX)^2=\frac{1}{6}-\frac{1}{9}=\frac{1}{18}$.

六、(1)

X	-1	1	2
p_k	$\frac{1}{6}$	$\frac{1}{3}$	$\frac{1}{2}$

(2) $F(x)=\begin{cases}0, & x<-1,\\ \frac{1}{6}, & -1\leqslant x<1,\\ \frac{1}{2}, & 1\leqslant x<2,\\ 1, & x\geqslant 2;\end{cases}$ (3) $P\left\{X\leqslant\frac{1}{2}\right\}=\frac{1}{6}$.

七、(1) $1=\int_{-\infty}^{+\infty}\int_{-\infty}^{+\infty}f(x,y)\mathrm{d}x\mathrm{d}y=\int_{0}^{\frac{\pi}{2}}A\cos x\mathrm{d}x\int_{0}^{\frac{\pi}{2}}\sin y\mathrm{d}y=A, A=1$.

(2) $f_X(x)=\int_{-\infty}^{+\infty}f(x,y)\mathrm{d}y=\begin{cases}\int_{0}^{\frac{\pi}{2}}\cos x\sin y\mathrm{d}y, & 0\leqslant x\leqslant\frac{\pi}{2},\\ 0, & \text{其他}\end{cases}=\begin{cases}\cos x, & 0\leqslant x\leqslant\frac{\pi}{2},\\ 0, & \text{其他}.\end{cases}$

$f_Y(y)=\int_{-\infty}^{+\infty}f(x,y)\mathrm{d}x=\begin{cases}\int_{0}^{\frac{\pi}{2}}\cos x\sin y\mathrm{d}x, & 0\leqslant y\leqslant\frac{\pi}{2},\\ 0, & \text{其他}\end{cases}=\begin{cases}\sin y, & 0\leqslant y\leqslant\frac{\pi}{2},\\ 0, & \text{其他}.\end{cases}$

(3) 由于 $f(x,y)=f_X(x)f_Y(y)$，X 与 Y 相互独立.

八、设第 i 次炮击中，炮弹命中颗数为 $X_i(i=1,2,\cdots,100)$，$E(X_i)=4$，$D(X_i)=2.25$.

$$P\left\{380<\sum_{i=1}^{100}X_i<420\right\}=P\left\{\frac{380-100\times4}{\sqrt{100\times2.25}}<\frac{\sum_{i=1}^{100}X_i-100\times4}{\sqrt{100\times2.25}}<\frac{420-100\times4}{\sqrt{100\times2.25}}\right\}$$

$$=\Phi\left(\frac{4}{3}\right)-\Phi\left(-\frac{4}{3}\right)=0.8164.$$

九、$E(X)=\int_{-\infty}^{+\infty}xf(x,\theta)\mathrm{d}x=\int_{0}^{1}\theta x^{\theta}\mathrm{d}x=\frac{\theta}{\theta+1}x^{\theta+1}\Big|_{0}^{1}=\frac{\theta}{\theta+1}=\overline{X}$，因此，$\hat{\theta}=\frac{\overline{X}}{1-\overline{X}}$.

似然函数：$L(\theta)=\prod_{i=1}^{n}f(x_i,\theta)=\theta^n\left(\prod_{i=1}^{n}x_i\right)^{\theta-1}$，$\ln L(\theta)=n\ln\theta+(\theta-1)\left(\sum_{i=1}^{n}\ln x_i\right)$，$\frac{\mathrm{d}\ln L(\theta)}{\mathrm{d}\theta}=\frac{n}{\theta}+\sum_{i=1}^{n}\ln x_i=0$，因此，$\hat{\theta}=-\frac{n}{\sum_{i=1}^{n}\ln X_i}$.

十、$\alpha=0.1, P\left\{\chi^2_{0.95}(8)<\frac{(n-1)S^2}{\sigma^2}<\chi^2_{0.05}(8)\right\}=0.9$,

$$5.675=\frac{8\times11}{15.507}<\sigma^2<\frac{8\times11}{2.733}=32.199,$$

方差 σ^2 的 90%的置信区间为(5.675,32.199).

十一、$\overline{X}=\frac{1}{16}\sum_{i=1}^{16}X_i\sim N(0,1), \frac{Y_i}{4}\sim N(0,1), \frac{1}{16}\sum_{i=1}^{16}Y_i^2\sim\chi^2(16)$,

$$\frac{\frac{1}{16}\sum_{i=1}^{16}X_i}{\sqrt{\frac{1}{16}\sum_{i=1}^{16}\frac{Y_i^2}{16}}}=\frac{\sum_{i=1}^{16}X_i}{\sqrt{\sum_{i=1}^{16}Y_i^2}}\sim t(16).$$

自测试题十七答案

一、填空题

1. (1)$\frac{1}{2}$,(2)$\frac{1}{6}$,(3)$\frac{3}{8}$;2. $f_X(x)=\frac{1}{\pi(1+x^2)}, f_Y(y)=\frac{3}{\pi(9+y^2)}$;

3. $\chi^2, \chi^2=\frac{(n-1)S^2}{\sigma^2}, \frac{(n-1)S^2}{\sigma_0^2}>\chi^2_\alpha(n-1)$;4. $\frac{\sqrt{5}-1}{2}$;5. 0.9984.

二、选择题

1.(A);2.(B);3.(A);4.(C);5.(B).

三、1. 设 A_i 表示第一次比赛中取出 i 个新球,$i=0,1,2,3$. B 表示第二次比赛中取出的球都是新球,由全概率公式有

$$P(B)=\sum_{i=0}^{3}P(A_i)P(B|A_i)=\frac{1\times84}{220\times220}+\frac{27\times56}{220\times220}+\frac{108\times35}{220\times220}+\frac{84\times20}{220\times220}=0.1458.$$

2. 矩估计:$E(X)=\int_0^{+\infty}x\frac{x}{\theta^2}\mathrm{e}^{-\frac{x^2}{2\theta^2}}\mathrm{d}x=\theta\int_0^{+\infty}\mathrm{e}^{-\frac{u^2}{2}}\mathrm{d}u=\theta\frac{\sqrt{2\pi}}{2}$,于是有 $\overline{X}=\theta\frac{\sqrt{2\pi}}{2}$,矩估计量为 $\hat{\theta}=\sqrt{\frac{2}{\pi}}\overline{X}$.

极大似然估计:似然函数 $L(\theta)=\prod_{i=1}^{n}f(x_i,\theta)=\theta^{-2n}\prod_{i=1}^{n}x_i\cdot\mathrm{e}^{-\frac{\sum_{i=1}^{n}x_i^2}{2\theta^2}}$,

两边取自然对数,得 $\ln L(\theta)=-2n\ln\theta+\sum_{i=1}^{n}\ln x_i-\frac{\sum_{i=1}^{n}x_i^2}{2\theta^2}$,

关于参数求导数,得 $\frac{\mathrm{d}\ln L(\theta)}{\mathrm{d}\theta}=-\frac{2n}{\theta}+\frac{1}{\theta^3}\sum_{i=1}^{n}x_i^2=0, \theta^2=\frac{\sum_{i=1}^{n}x_i^2}{2n}$,

极大似然估计量为 $\hat{\theta}=\sqrt{\frac{\sum_{i=1}^{n}x_i^2}{2n}}$.

3. (1) $$E(X)=\iint_D xf(x,y)\mathrm{d}x\mathrm{d}y=\int_0^1\mathrm{d}x\int_{-x}^{x}x\,\mathrm{d}y=\frac{2}{3},$$

$$E(Y)=\iint_D yf(x,y)\mathrm{d}x\mathrm{d}y=\int_0^1\mathrm{d}x\int_{-x}^{x}y\mathrm{d}y=0.$$

(2)
$$D(X)=E(X^2)-(EX)^2=\int_0^1\mathrm{d}x\int_{-x}^{x}x^2\mathrm{d}y-\frac{4}{9}=\frac{1}{18},$$

$$D(Y)=E(Y^2)-(EY)^2=\int_0^1\mathrm{d}x\int_{-x}^{x}y^2\mathrm{d}y-0=\frac{1}{6}.$$

(3)
$$\mathrm{Cov}(X,Y)=E(XY)-E(X)\cdot E(Y)=0-0=0.$$

四、1. 设在第 i 次炮击中，炮弹命中颗数为 X_i，$i=1,2,\cdots,100$。由题设知 $\sigma^2=D(X_i)=2.25$，$E(X_i)=4$，要求 $P\left\{380<\sum\limits_{i=1}^{100}X_i\leqslant 420\right\}$，于是有

$$P\left\{380<\sum_{i=1}^{100}X_i\leqslant 420\right\}=P\left\{\frac{380-100\times 4}{\sqrt{100\times 2.25}}<\frac{\sum\limits_{i=1}^{100}X_i-100\times 4}{\sqrt{100\times 2.25}}\leqslant\frac{420-100\times 4}{\sqrt{100\times 2.25}}\right\}$$

$$=P\left\{-\frac{20}{\sqrt{225}}<\frac{\sum\limits_{i=1}^{100}X_i-100\times 4}{\sqrt{100\times 2.25}}\leqslant\frac{20}{\sqrt{225}}\right\}$$

$$=\Phi\left(\frac{4}{3}\right)-\Phi\left(-\frac{4}{3}\right)=2\Phi\left(\frac{4}{3}\right)-1=0.8164.$$

2. 枢轴变量为 $\chi^2=\dfrac{(n-1)S^2}{\sigma^2}$，方差 σ^2 的置信区间为 $\left(\dfrac{(n-1)S^2}{\chi^2_{\frac{\alpha}{2}}(n-1)},\dfrac{(n-1)S^2}{\chi^2_{1-\frac{\alpha}{2}}(n-1)}\right)$，$\sigma$ 的置信区间为 $\left(\sqrt{\dfrac{(n-1)S^2}{\chi^2_{\frac{\alpha}{2}}(n-1)}},\sqrt{\dfrac{(n-1)S^2}{\chi^2_{1-\frac{\alpha}{2}}(n-1)}}\right)$，$S^2=75.12222$，$\chi^2_{\frac{\alpha}{2}}(9)=19.023$，$\chi^2_{0.975}(9)=2.7$，故标准差 σ 的置信度为 0.95 的置信区间为(5.97,15.82).

3. 依题意提出假设，$H_0:\mu_1\leqslant\mu_2$；$H_1:\mu_1>\mu_2$. 由于方差未知但相等，故选择统计量为

$$t=\frac{\overline{X}-\overline{Y}}{S_w\sqrt{\dfrac{1}{n_1}+\dfrac{1}{n_2}}}\sim t(n_1+n_2-2),S_w^2=\frac{(n_1-1)S_1^2+(n_2-1)S_2^2}{n_1+n_2-2},$$

拒绝域为 $W=\{t>t_\alpha(n_1+n_2-2)\}$，实际计算得 $n_1=6$，$n_2=7$. $\overline{X}=33$，$\overline{Y}=30$，$S_1^2=3.2$，$S_2^2=4$，$S_w^2=3.636$，$t_{0.1}(11)=1.3634$.

由于 $t=1.4819>t_{0.1}(11)=1.3634$，故拒绝原假设，即认为这种化肥对提高农作物产量的效力是显著的.

五、1. 略.

2. 设 $Z=X+Y$，由于 X 与 Y 是相互独立的随机变量，且 $X\sim\pi(\lambda_1)$，$Y\sim\pi(\lambda_2)$，于是有

$$P\{Z=i\}=P\{X+Y=i\}=\sum_{k=0}^{i}P\{X=k\}\cdot P\{Y=i-k\}=\sum_{k=0}^{i}\frac{\lambda_1^k}{k!}\mathrm{e}^{-\lambda_1}\cdot\frac{\lambda_2^{i-k}}{(i-k)!}\mathrm{e}^{-\lambda_2}$$

$$=\frac{1}{i!}\mathrm{e}^{-(\lambda_1+\lambda_2)}\sum_{k=0}^{i}\frac{i!}{k!(i-k)!}\lambda_1^k\lambda_2^{i-k}=\frac{1}{i!}\mathrm{e}^{-(\lambda_1+\lambda_2)}\sum_{k=0}^{i}\mathrm{C}_i^k\lambda_1^k\lambda_2^{i-k}=\frac{1}{i!}(\lambda_1+\lambda_2)^i\mathrm{e}^{-(\lambda_1+\lambda_2)},$$

$i=0,1,2,\cdots$，故 $Z=X+Y\sim\pi(\lambda_1+\lambda_2)$.

3. 由于 $E(\overline{X})=E\left(\dfrac{1}{n}\sum\limits_{i=1}^{n}X_i\right)=\dfrac{1}{n}\sum\limits_{i=1}^{n}E(X_i)=\dfrac{1}{n}\sum\limits_{i=1}^{n}\mu=\mu$，故 $\overline{X}$ 是 μ 的无偏估计. 又由于

$$\begin{aligned}E(S^2) &= E\left[\frac{1}{n-1}\sum_{i=1}^{n}(X_i-\overline{X})^2\right] = \frac{1}{n-1}E\left[\sum_{i=1}^{n}(X_i-\mu)^2 - n(\overline{X}-\mu)^2\right] \\ &= \frac{1}{n-1}\sum_{i=1}^{n}E(X_i-\mu)^2 - \frac{n}{n-1}E(\overline{X}-\mu)^2 \\ &= \frac{1}{n-1}\sum_{i=1}^{n}D(X_i) - \frac{n}{n-1}D(\overline{X}) \\ &= \frac{n}{n-1}\sigma^2 - \frac{1}{n-1}\sigma^2 \\ &= \sigma^2,\end{aligned}$$

所以 S^2 是 σ^2 的无偏估计.

自测试题十八答案

一、填空题

1. 0.62；2. $N(1,1)$；3. 0.8；4. $\mu^2+\sigma^2$；5. $D(X)+4D(Y)$；6. $t(n)$；

7. $\frac{8}{9}$；8. $P\{\theta_1<\theta<\theta_2\}=1-\alpha$.

二、判断题

1. ×；2. √；3. √；4. ×.

三、计算题

1. (1) $p_1=\frac{10}{100}\cdot\frac{90}{99}=\frac{1}{11}=0.091$；(2) $p_2=\frac{90}{100}\cdot\frac{89}{99}+\frac{10}{100}\cdot\frac{90}{99}=0.89$.

2. 设 B_1,B_2,B_3 分别为甲、乙、丙车间生产的零件；$A=\{$取到次品$\}$.

(1) $P(A)=\sum_{i=1}^{3}P(B_i)P(A|B_i)=0.25\times0.05+0.35\times0.04+0.4\times0.02=0.0345$.

(2) $P(B_1|A)=\frac{P(B_1)P(A|B_1)}{P(A)}=\frac{0.25\times0.05}{0.0345}=0.3623$.

四、(1) $f(x)=\begin{cases}2Ax, & 0<x\leqslant1,\\ 0, & \text{其他};\end{cases}$ $1=\int_0^1 2Ax\mathrm{d}x=Ax^2\Big|_0^1=A$，即 $A=1$；

(2) $P\{0.3<x\leqslant0.7\}=F(0.7)-F(0.3)=0.7^2-0.3^2=0.4$；

(3) $E(X)=\int_0^1 x\cdot2x\mathrm{d}x=\frac{2}{3}$，$E(X^2)=\int_0^1 x^2\cdot2x\mathrm{d}x=\frac{1}{2}$，$D(X)=E(X^2)-[E(X)]^2=\frac{1}{18}$.

五、(1) $P\{X<1,Y<3\}=\int_0^1\mathrm{d}x\int_2^3\frac{1}{8}(6-x-y)\mathrm{d}y=\frac{3}{8}$；

(2) $f_X(x)=\int_{-\infty}^{+\infty}f(x,y)\mathrm{d}y=\begin{cases}\int_2^4\frac{1}{8}(6-x-y)\mathrm{d}y, & 0\leqslant x\leqslant2,\\ 0, & \text{其他}\end{cases}$

$$=\begin{cases}\frac{1}{4}(3-x), & 0\leqslant x\leqslant2,\\ 0, & \text{其他}.\end{cases}$$

(3) $P\{X+Y\leqslant4\}=\int_0^2\mathrm{d}x\int_2^{4-x}\frac{1}{8}(6-x-y)\mathrm{d}y=\frac{2}{3}$.

六、设在抽取的产品中次品的件数为 X，则 $X\sim b\left(300,\frac{1}{6}\right)$，$E(X)=np=50$，$D(X)=$

$npq=\dfrac{125}{3}$，从而有

$$P\{40<X<60\}=P\left\{\frac{40-50}{\sqrt{\frac{125}{3}}}<\frac{X-50}{\sqrt{\frac{125}{3}}}<\frac{60-50}{\sqrt{\frac{125}{3}}}\right\}=\Phi\left(\frac{2\sqrt{15}}{5}\right)-\Phi\left(-\frac{2\sqrt{15}}{5}\right)$$
$$=2\Phi(1.55)-1=0.8788.$$

七、(1) $E(X)=\int_0^1 x\cdot\sqrt{\theta}x^{\sqrt{\theta}-1}\mathrm{d}x=\int_0^1\sqrt{\theta}x^{\sqrt{\theta}}\mathrm{d}x=\dfrac{\sqrt{\theta}}{\sqrt{\theta}+1}$，令$\dfrac{\sqrt{\theta}}{\sqrt{\theta}+1}=\bar{X}$，$\hat{\theta}=\left(\dfrac{\bar{X}}{1-\bar{X}}\right)^2$，

(2) 似然函数　$L(\theta)=\prod\limits_{i=1}^{n}\sqrt{\theta}X_i^{\sqrt{\theta}-1}=\theta^{\frac{n}{2}}\left(\prod\limits_{i=1}^{n}X_i\right)^{\sqrt{\theta}-1}$，$\ln L(\theta)=\dfrac{n}{2}\ln\theta+(\sqrt{\theta}-1)\sum\limits_{i=1}^{n}\ln X_i$，

$\dfrac{\mathrm{d}\ln L(\theta)}{\mathrm{d}\theta}=\dfrac{n}{2\theta}+\dfrac{1}{2\sqrt{\theta}}\sum\limits_{i=1}^{n}\ln X_i=0$，$\hat{\theta}=\left(\dfrac{n}{\sum\limits_{i=1}^{n}\ln X_i}\right)^2$.

八、枢轴变量$\dfrac{(n-1)S^2}{\sigma^2}\sim\chi^2(n-1)$，置信区间$\left[\sqrt{\dfrac{(n-1)S^2}{\chi^2_{\frac{\alpha}{2}}(n-1)}},\sqrt{\dfrac{(n-1)S^2}{\chi^2_{1-\frac{\alpha}{2}}(n-1)}}\right]$，$n=9$，$S=11$，

$\chi^2_{0.025}(8)=17.535$，$\chi^2_{0.975}(8)=2.18$，故所求的置信区间为(7.4,21.07).

九、$H_0:\sigma_1^2=\sigma_2^2$，$H_1:\sigma_1^2\neq\sigma_2^2$. 统计量 $F=\dfrac{S_1^2}{S_2^2}\sim F(n_1-1,n_2-1)$，

拒绝域 $C=\{F\leqslant F_{1-\frac{\alpha}{2}}(n_1-1,n_2-1)$或者$F\geqslant F_{\frac{\alpha}{2}}(n_1-1,n_2-1)\}$，

$$F=\frac{0.096}{0.026}=3.69,\ F_{\frac{\alpha}{2}}(n_1-1,n_2-1)=F_{0.025}(7,8)=4.53,$$

$$F_{1-\frac{\alpha}{2}}(n_1-1,n_2-1)=F_{0.975}(7,8)=\frac{1}{4.907},\ C=\{F\leqslant 0.2038\text{ 或者 }F\geqslant 4.53\},$$

故接受 H_0，认为两机床产品直径的方差相等.

自测试题十九答案

一、填空题

1. $P(A)+P(B)-P(AB)$；2. $\dfrac{1}{\sqrt{2\pi}\sigma}\mathrm{e}^{-\frac{(x-\mu)2}{\sigma^2}}$，$-\infty<x<+\infty$；3. $\chi^2(n)$； 4. $\dfrac{X}{\sqrt{\frac{Y}{n}}}$；

5. $F(n_1,n_2)$； 6. 拒绝$H_0\mid H_0$为真；7. n；

8. $C_1=B_1\bar{B_2}\bar{B_3}\cup\bar{B_1}B_2\bar{B_3}\cup\bar{B_1}\bar{B_2}B_3$，$C_2=B_1B_2\bar{B_3}\cup B_1\bar{B_2}B_3\cup\bar{B_1}B_2B_3$，$C_3=B_1B_2B_3$，
$A=A(C_1\cup C_2\cup C_3)$，$P(C_1)=0.398$，$P(C_2)=0.092$，$P(C_3)=0.006$，$P(A)=0.16$.

二、判断题

1. ×；2. √； 3. √； 4. ×；5. ×.

三、

X	0	1	2	3	4
p_k	0.1^4	$0.1^3\times0.9$	$0.1^2\times0.9$	0.1×0.9	0.9

$$F(x)=\begin{cases}0, & x<0,\\ 0.0001, & 0\leqslant x<1,\\ 0.0010, & 1\leqslant x<2,\\ 0.0100, & 2\leqslant x<3,\\ 0.1000, & 3\leqslant x<4,\\ 1, & x\geqslant 4\end{cases}$$

四、(1) $f(x,y)=\begin{cases}\dfrac{1}{4\pi}, & x^2+y^2\leqslant 4,\\ 0, & 其他;\end{cases}$

(2) $f_X(x)=\int_{-\sqrt{4-x^2}}^{\sqrt{4-x^2}}\frac{1}{4\pi}\mathrm{d}y=\frac{\sqrt{4-x^2}}{2\pi},|x|\leqslant 2;f_Y(y)=\frac{\sqrt{4-y^2}}{2\pi},|y|\leqslant 2;$

(3) $f(x,y)\neq f_X(x)f_Y(y)$，故 X 与 Y 不独立.

五、(1) $1=k\int_{-1}^{1}\mathrm{d}x\int_{x^2}^{1}(x^2+y)\mathrm{d}y=\frac{32}{30}k$，故 $k=\frac{15}{16}$.

(2) $E(X)=\frac{15}{16}\int_{-1}^{1}\mathrm{d}x\int_{x^2}^{1}x(x^2+y)\mathrm{d}y=0,E(Y)=\frac{15}{16}\int_{-1}^{1}\mathrm{d}x\int_{x^2}^{1}y(x^2+y)\mathrm{d}y=\frac{37}{56}$.

(3) $$P\{X+Y\leqslant 1\}=\iint\limits_{x+y\leqslant 1}\frac{15}{16}(x^2+y)\mathrm{d}\sigma$$

$$=\int_{-1}^{0}\mathrm{d}x\int_{x^2}^{1}\frac{15}{16}(x^2+y)\mathrm{d}y+\int_{0}^{\frac{-1+\sqrt{5}}{2}}\mathrm{d}x\int_{x^2}^{1-x}\frac{15}{16}(x^2+y)\mathrm{d}y.$$

六、$F_Y(y)=P\{Y\leqslant y\}=P\{2X+3\leqslant y\}=P\left\{X\leqslant\frac{y-3}{2}\right\}$,

当 $y<3$ 时，$F_Y(y)=0$;

当 $y\geqslant 3$ 时，$F_Y(y)=\int_0^{\frac{y-3}{2}}3\mathrm{e}^{-3x}\mathrm{d}x;\varphi_Y(y)=3\mathrm{e}^{-3\cdot\frac{y-3}{2}}\cdot\frac{1}{2}=\frac{3}{2}\mathrm{e}^{\frac{-3y+9}{2}}$;

故 $\varphi_Y(y)=\begin{cases}\dfrac{3}{2}\mathrm{e}^{\frac{-3y+9}{2}}, & y\geqslant 3,\\ 0, & y<3.\end{cases}$

自测试题二十答案

一、填空题

1. $P(A)P(B|A)P(C|AB)$；2. $\frac{1}{\sqrt{2\pi}\sigma}\mathrm{e}^{-\frac{(x-\mu)^2}{\sigma^2}},-\infty<x<+\infty$；3. $\{X\leqslant x\}$；4. $\frac{1}{2}f\left(\frac{y}{2}\right)$；

5. 2.8；6. 10,20；7. $\chi^2(n-1)$.

二、判断题

1. √；2. ×；3. √；4. √；5. √.

三、设所求的(1)(2)(3)事件分别记为 A,B,C，则

$$P(A)=\frac{C_3^3}{C_{15}^3}=\frac{1}{455}\approx 0.0022;P(B)=\frac{C_{14}^1C_3^1C_{13}^1}{C_{15}^1C_{14}^1C_{13}^1}=\frac{1}{5}=0.2;$$

$$P(C)=\frac{A_{12}^2C_3^1}{C_{15}^1C_{14}^1C_{13}^1}=\frac{66}{455}.$$

四、(1) $1=k\int_{-\frac{\pi}{2}}^{\frac{\pi}{2}}\cos x\mathrm{d}x=2k, k=\frac{1}{2}$;

(2) 当 $x<-\frac{\pi}{2}$时，$F(x)=\int_{-\infty}^{x}0\mathrm{d}x=0$;

当$-\frac{\pi}{2}\leqslant x<\frac{\pi}{2}$时，$F(x)=\int_{-\frac{\pi}{2}}^{x}\frac{1}{2}\cos x\mathrm{d}x=\frac{1}{2}(\sin x+1)$;

当 $x\geqslant\frac{\pi}{2}$时，$F(x)=\int_{-\frac{\pi}{2}}^{\frac{\pi}{2}}\frac{1}{2}\cos x\mathrm{d}x=1$.

于是，有
$$F(x)=\begin{cases}0, & x<-\frac{\pi}{2}\\ \frac{1}{2}(\sin x+1), & -\frac{\pi}{2}\leqslant x<\frac{\pi}{2}.\\ 1, & x\geqslant\frac{\pi}{2}\end{cases}$$

(3) $P\left\{X>\frac{\pi}{4}\right\}=1-P\left\{X\leqslant\frac{\pi}{4}\right\}=1-F\left(\frac{\pi}{4}\right)=\frac{1}{2}\left(1-\frac{\sqrt{2}}{2}\right)$.

五、(1) $E(X)=\frac{7}{6}, E(Y)=\frac{7}{6}$；(2) $\mathrm{Cov}(X,Y)=-\frac{1}{36}$；(3) $\rho_{XY}=-\frac{1}{11}$.

六、设 X 表示该地区农民的年均收入，由已知，得 $X\sim N(500,20^2)$.

(1) $P\{500<X<520\}=\Phi\left(\frac{520-500}{20}\right)-\Phi\left(\frac{500-500}{20}\right)$

$=\Phi(1)-\Phi(0)=0.8413-0.5=0.3413$.

(2) $P\{\mu-a<X<\mu+a\}=\Phi\left(\frac{a}{20}\right)-\Phi\left(-\frac{a}{20}\right)=2\Phi\left(\frac{a}{20}\right)-1\geqslant0.95, \Phi\left(\frac{a}{20}\right)\geqslant0.975$，由 $\Phi(x)$ 单调增加，得$\frac{a}{20}\geqslant1.96, a\geqslant39.2$.

七、由于 $E(X)=\mu, D(X)=\sigma^2$，于是 μ 与 σ^2 的矩估计量分别为
$$\hat{\mu}=\bar{X}=\frac{1}{n}\sum_{i=1}^{n}X_i, \hat{\sigma}^2=\frac{1}{n}\sum_{i=1}^{n}(X_i-\bar{X})^2.$$
似然函数：$L(X_1,X_2,\cdots,X_n;\mu,\sigma^2)=\prod_{i=1}^{n}\frac{1}{\sqrt{2\pi}\sigma}\mathrm{e}^{-\frac{(X_i-\mu)^2}{2\sigma^2}}=\left(\frac{1}{2\pi\sigma^2}\right)^{\frac{n}{2}}\mathrm{e}^{-\frac{1}{2\sigma^2}\sum\limits_{i=1}^{n}(X_i-\mu)^2}$，两边取自然对数，得 $\ln L=-\frac{n}{2}\ln(2\pi)-\frac{n}{2}\ln\sigma^2-\frac{1}{2\sigma^2}\sum_{i=1}^{n}(X_i-\mu)^2$.

由于分布 X 中有两个未知参数 μ 与 σ^2，因此 L 是 μ 与 σ^2 的二元函数，分别对 μ 与 σ^2 求偏导数，并令其为 0，得
$$\frac{\partial\ln L}{\partial\mu}=\frac{1}{\sigma^2}\sum_{i=1}^{n}(X_i-\mu)=0, \frac{\partial\ln L}{\partial\sigma^2}=-\frac{n}{2\sigma^2}+\frac{1}{2\sigma^4}\sum_{i=1}^{n}(X_i-\mu)^2=0.$$
解上述关于 μ 与 σ^2 的方程组，得到 μ 与 σ^2 的极大似然估计量分别为
$$\hat{\mu}=\frac{1}{n}\sum_{i=1}^{n}X_i=\bar{X}, \hat{\sigma}^2=\frac{1}{n}\sum_{i=1}^{n}(X_i-\hat{\mu})^2=\frac{1}{n}\sum_{i=1}^{n}(X_i-\bar{X})^2.$$

八、σ^2 的 $(1-\alpha)$ 的置信区间为 $\left[\frac{(n-1)S^2}{\chi^2_{\frac{\alpha}{2}}(n-1)}, \frac{(n-1)S^2}{\chi^2_{1-\frac{\alpha}{2}}(n-1)}\right]$，$1-\alpha=0.90, \alpha=0.10, n=12$，$S^2=0.04, \chi^2_{\frac{\alpha}{2}}(n-1)=\chi^2_{0.05}(11)=19.675, \chi^2_{1-\frac{\alpha}{2}}(n-1)=\chi^2_{0.95}(11)=4.575$,

$$\frac{(n-1)S^2}{\chi^2_{\frac{\alpha}{2}}(n-1)}=\frac{11\times 0.04}{19.675}=0.0224,\frac{(n-1)S^2}{\chi^2_{1-\frac{\alpha}{2}}(n-1)}=\frac{11\times 0.04}{4.575}=0.0962,$$

σ^2的 0.90 的置信区间为(0.0224,0.0962).

九、$H_0:\mu=\mu_0=0.5\%$,$H_1:\mu=\mu_0<0.5\%$,总体方差未知,检验统计量为 $t=\frac{\overline{X}-\mu}{S/\sqrt{n}}\sim t(n-1)$,拒绝域为 $W=\{t<-t_\alpha(n-1)\}$,$\overline{X}=0.452\%$,$S=0.037\%$,$n=10$,$\alpha=0.05$,$t_{0.05}(9)=1.833$,$t=\frac{0.452\%-0.5\%}{0.037\%/\sqrt{10}}\approx-4.1024<-1.833$,拒绝 H_0.

十、$E(\hat{\theta})=0$,$D(\hat{\theta})=E[(\hat{\theta}-E(\hat{\theta}))^2]=E[(\hat{\theta}-\theta)^2]=E(\hat{\theta}^2)-2\theta E(\hat{\theta})-\theta^2=E(\hat{\theta}^2)-\theta^2>0$,故 $E(\hat{\theta}^2)>\theta^2$,即$\hat{\theta}^2$不是 θ^2的无偏估计.

自测试题二十一答案

一、填空题

1. $\frac{1}{8}$; 2. $0,\frac{1}{2}$; 3. $2\mathrm{e}^{-2}$; 4. $(\overline{X}\pm Z_{\frac{\alpha}{2}})$; 5. $\mu>\mu_0,\mu\neq\mu_0$.

二、选择题

1. (D);2. (D);3. (A);4. (D);5. (A).

三、(1) $p_1=\frac{C_6^1C_3^2}{C_{10}^3}=\frac{3}{20}=0.15$;(2) $p_2=\frac{C_6^2C_4^1+C_6^3}{C_{10}^3}=\frac{2}{3}$.

四、设 X 表示考生的外语成绩,由题设,知 $X\sim N(\mu,\sigma^2)$,其中 $\mu=72$,现在求 σ^2. 由于 $P\{X\geqslant 96\}=0.023$,于是有 $P\left\{\frac{X-\mu}{\sigma}\geqslant\frac{96-72}{\sigma}\right\}=0.023$,从而有 $1-\Phi\left(\frac{24}{\sigma}\right)=0.023$,$\Phi\left(\frac{24}{\sigma}\right)=0.977$,$\frac{24}{\sigma}=2$,$\sigma=12$,故 $X\sim N(72,12^2)$. 所求概率为

$$\begin{aligned}P\{60\leqslant X\leqslant 84\}&=P\left\{\frac{60-72}{12}\leqslant\frac{X-72}{12}\leqslant\frac{84-72}{12}\right\}=\Phi(1)-\Phi(-1)=2\Phi(1)-1\\&=2\times 0.841-1=0.682.\end{aligned}$$

五、(1)由题意,知 $f_X(x)=\begin{cases}1, & 0<x<1,\\0, & \text{其他},\end{cases}$ 由于 X 与 Y 相互独立,于是 X 与 Y 的联合概率密度为 $f(x,y)=f_X(x)\cdot f_Y(y)=\begin{cases}\frac{1}{2}y, & 0<x<1,y>0,\\0, & \text{其他}.\end{cases}$

(2) 方程 $a^2+2Xa+Y=0$ 有实根的充要条件是 $4X^2-4Y\geqslant 0$,即 $Y\leqslant X^2$,故所求概率为

$$P\{Y\leqslant X^2\}=\int_0^1\mathrm{d}x\int_0^{x^2}\frac{1}{2}y\mathrm{d}y=\frac{1}{20}.$$

六、(1) (X,Y)的分布律为

X \ Y	1	2	3
1	$\frac{2}{12}$	$\frac{2}{12}$	$\frac{2}{12}$

（续）

X \ Y	1	2	3
2	$\frac{2}{12}$	0	$\frac{1}{12}$
3	$\frac{2}{12}$	$\frac{1}{12}$	0

(2) X 的边缘分布律为

X	1	2	3
$p_{i\cdot}$	$\frac{1}{2}$	$\frac{1}{4}$	$\frac{1}{4}$

(3) $E(X)=1\times\frac{1}{2}+2\times\frac{1}{4}+3\times\frac{1}{4}=\frac{7}{4}$；$E(X^2)=1^2\times\frac{1}{2}+2^2\times\frac{1}{4}+3^2\times\frac{1}{4}=\frac{15}{4}$.

七、列表如下：

X \ Y	1	2	3	$p_{i\cdot}$
1	$\frac{1}{6}$	$\frac{1}{9}$	$\frac{1}{18}$	$\frac{1}{3}$
2	$\frac{1}{3}$	α	β	
$p_{\cdot j}$		$\frac{1}{9}+\alpha$	$\frac{1}{18}+\beta$	

(1) 要使 X 与 Y 相互独立，必须

$$\begin{cases} p_{12}=p_{1\cdot}p_{\cdot 2}, \\ p_{13}=p_{1\cdot}p_{\cdot 3}, \end{cases} \quad 即\begin{cases} \frac{1}{9}=\frac{1}{3}\left(\frac{1}{9}+\alpha\right), \\ \frac{1}{18}=\frac{1}{3}\left(\frac{1}{18}+\beta\right), \end{cases} \quad 解得\ \alpha=\frac{2}{9},\beta=\frac{1}{9}.$$

(2) $P\{X-Y=0\}=P\{X=1,Y=1\}+P\{X=2,Y=2\}=\frac{1}{6}+\frac{2}{9}=\frac{7}{18}$.

八、由于 $X\sim\pi(\lambda)$，于是 $E(X)=\lambda$. 令 $\hat{\lambda}=\overline{X}$，即为矩估计量，同时有

$$P\{X=x\}=\frac{\lambda^x e^{-\lambda}}{x!},x=0,1,2,\cdots.$$

所以
$$L=\prod_{i=1}^{n}\frac{\lambda^{x_i}e^{-\lambda}}{x_i!}=e^{-\lambda n}\prod_{i=1}^{n}\frac{\lambda^{x_i}}{x_i!},\ln L=-\lambda n+\ln\lambda\cdot\sum_{i=1}^{n}x_i-\sum_{i=1}^{n}\ln(x_i!),$$

求导数 $\frac{\mathrm{d}\ln L}{\mathrm{d}\lambda}=-n+\frac{1}{\lambda}\sum_{i=1}^{n}x_i=0$，得 $\hat{\lambda}=\frac{1}{n}\sum_{i=1}^{n}x_i$.

故参数 λ 的极大似然估计量为 $\hat{\lambda}=\frac{1}{n}\sum_{i=1}^{n}X_i=\overline{X}$.

九、由于 $\overline{X}=6.0,S^2=0.33,1-\alpha=0.95,\alpha=0.05,\frac{\alpha}{2}=0.025,n=9,S=0.5745$，

故 μ 的 0.95 的置信区间为 (6 ± 0.442)，即 $(5.558,6.442)$.

十、在显著性水平 $\alpha=0.05$ 下检验假设：$H_0:\sigma\leqslant\sigma_0=0.005$，$H_1:\sigma>\sigma_0=0.005$，由于 $n=9$ $S^2=4.9\times10^{-5}$，$\chi_\alpha^2(n-1)=\chi_{0.05}^2(8)=15.507$，于是有

$$\frac{(n-1)S^2}{\sigma_0^2}=\frac{8\times4.9\times10^{-5}}{2.5\times10^{-5}}=15.68.$$

由于 $15.68>15.507$，拒绝 H_0，这批导线的标准差显著地增大.

附　录

“概率统计”课外习题全解

第 1 章　随机事件及其概率

1.2　随机事件及其运算

1. 设 A,B,C 是三个随机事件，试用 A,B,C 的运算关系表示下列各事件：

(1) 只有 A 发生；　　(2) A 和 B 都发生而 C 不发生；

(3) A,B,C 都发生；　　(4) A,B,C 至少有一个发生；

(5) 至少有两个事件发生；　　(6) 恰有一个事件发生；

(7) 恰有两个事件发生；　　(8) 不多于一个事件发生；

(9) 不多于两个事件发生；　　(10) 三个事件都不发生.

解：(1) $A\overline{B}\,\overline{C}$（只有 A 发生，则同时 B 与 C 均不发生）；

(2) $AB\overline{C}$；

(3) ABC；

(4) $A\cup B\cup C$；

(5) $AB\cup AC\cup BC$（或者 $AB\overline{C}\cup A\overline{B}C\cup\overline{A}BC\cup ABC$）；

(6) $A\overline{B}\,\overline{C}\cup\overline{A}B\overline{C}\cup\overline{A}\,\overline{B}C$；

(7) $AB\overline{C}\cup A\overline{B}C\cup\overline{A}BC$；

(8) 不多于一个事件发生，意思就是至少有 2 个事件不发生，或者说至少有 2 个事件发生是不可能的，故 $\overline{B}\,\overline{C}\cup\overline{A}\,\overline{C}\cup\overline{A}\,\overline{B}$（或者 $\overline{AB\cup AC\cup BC}$）；

(9) $\overline{ABC}$（或者 $\overline{A}\cup\overline{B}\cup\overline{C}$ 或者 $AB\overline{C}\cup A\overline{B}C\cup\overline{A}BC\cup\overline{A}\,\overline{B}C\cup\overline{A}B\overline{C}\cup A\overline{B}\,\overline{C}\cup\overline{A}\,\overline{B}\,\overline{C}$）；

(10) $\overline{A}\,\overline{B}\,\overline{C}$.

2. 一批产品中有合格品和废品，从中有放回地抽取三个产品，每次取一个．设 A_i 表示事件“第 i 次抽得废品”，试用 A_i 的运算关系表示下列各个事件：

(1) 第一次、第二次中至少有一次抽到废品；

(2) 只有第一次抽到废品；

(3) 三次都抽到废品；

(4) 至少有一次抽到合格品；

(5) 只有两次抽到废品.

解：(1) $A_1\cup A_2$；

(2) $A_1\overline{A_2}\,\overline{A_3}$;

(3) $A_1A_2A_3$;

(4) $\overline{A_1}\cup\overline{A_2}\cup\overline{A_3}$(或者$\overline{A_1A_2A_3}$);

(5) $A_1A_2\overline{A_3}\cup A_1\overline{A_2}A_3\cup\overline{A_1}A_2A_3$.

1.3 概率

1. 已知$P(A)=P(B)=P(C)=\frac{1}{4}$,$P(AB)=\frac{1}{6}$,$P(AC)=P(BC)=0$,求$A,B,C$均不发生的概率.

解:$P(\overline{A}\,\overline{B}\,\overline{C})=P(\overline{A\cup B\cup C})=1-P(A\cup B\cup C)$

$=1-[P(A)+P(B)+P(C)-P(AB)-P(AC)-P(BC)+P(ABC)]$

$=1-\left(\frac{1}{4}+\frac{1}{4}+\frac{1}{4}-\frac{1}{6}-0-0+0\right)=\frac{5}{12}$.

2. 已知A,B两事件满足条件$P(AB)=P(\overline{A}\,\overline{B})=q$,且$P(A)=p$,求$P(B)$,$P(\overline{A}B)$.

解:因为$P(\overline{A}\,\overline{B})=P(\overline{A\cup B})=1-P(A\cup B)=1-[P(A)+P(B)-P(AB)]=P(AB)$,

所以$P(B)=1-P(A)=1-p$,

$P(\overline{A}B)=P(B-AB)=P(B)-P(AB)=1-p-q$.

3. 已知$A\subset B$,$AC=\varnothing$,$P(A)=0.2$,$P(B)=0.4$,$P(BC)=0.1$,$P(C)=0.3$,求$P(B-A)$,$P(B\cup C)$,$P(B-C-A)$.

解:因为$A\subset B$,所以$P(B-A)=P(B)-P(A)=0.4-0.2=0.2$,

$P(B\cup C)=P(B)+P(C)-P(BC)=0.4+0.3-0.1=0.6$,

$P(B-C-A)=P(B)-P(BC)-P(A)=0.4-0.1-0.2=0.1$.

4. 设有n个人,每个人都等可能地被分配到N个房间中的任意一间去住($n\leqslant N$),求下列事件的概率:

(1) 指定的n个房间各住1人;

(2) 恰好有n个房间,其中各住1人.

解:(1) 设$A=\{$指定n个房间各住1人$\}$,则$P(A)=\frac{n!}{N^n}$;

(2) 设$B=\{$恰有n个房间,其中各住1人$\}$,则$P(B)=\frac{C_N^n n!}{N^n}$.

5. 从5个数字1,2,3,4,5中等可能地、有放回地连续抽取3个数字,试求下列事件的概率:

(1) $A=\{$3个数字完全不同$\}$;

(2) $B=\{$3个数字不含1和5$\}$;

(3) $C=\{$3个数字中5恰好出现两次$\}$;

(4) $D=\{$3个数字中至少有一次出现5$\}$.

解:(1) $P(A)=\frac{5\times4\times3}{5^3}=\frac{12}{25}=0.48$;

(2) $P(B)=\frac{3^3}{5^3}=\frac{27}{125}=0.216$;

(3) $P(C)=\frac{C_3^2\cdot C_4^1}{5^3}=\frac{12}{125}=0.096$;

(4) $P(D)=1-\frac{4^3}{5^3}=\frac{61}{125}=0.488$.

6. 将 3 个球随机地放在 4 个杯子中去,求杯子中球的最大个数分别为 1,2,3 的概率.

解:设 $A_i=\{$杯子中球的最大个数为 i 个$\}$,$i=1,2,3$,则

$$P(A_1)=\frac{4\times3\times2}{4^3}=\frac{3}{8},P(A_2)=\frac{C_4^1\cdot C_3^2\cdot C_3^1}{4^3}=\frac{9}{16},P(A_3)=\frac{C_4^1}{4^3}=\frac{1}{16}.$$

7. 电话号码由 8 位数字组成,每个数字可以是 0,1,2,3,…,9 中任一数字,求电话号码由完全不同的数字组成的概率.

解:设 $A=\{8$ 位电话号码由完全不同数字组成$\}$,则 $P(A)=\frac{A_{10}^8}{10^8}\approx0.018$.

8. 从 1~100 的 100 个整数中随机地取一个数,求它能被 6 或 8 整除的概率.

解:设 $A=\{$能被 6 整除$\}$,$B=\{$能被 8 整除$\}$,则

$16<\frac{100}{6}<17,12<\frac{100}{8}<13,4<\frac{100}{24}<5$,

故 $P(A\cup B)=P(A)+P(B)-P(AB)=\frac{16}{100}+\frac{12}{100}-\frac{4}{100}=0.24$.

9. 一批零件共有 100 个,次品率为 10%,从中连续取两次,每次取一件(不放回抽样),求:

(1) 第二次才取到正品的概率;

(2) 第二次取到正品的概率.

解:设 $A_i=\{$第 i 次取到正品$\}$,$i=1,2$,则

(1) $P(\overline{A}_1A_2)=P(\overline{A}_1)P(A_2)=\frac{10}{100}\cdot\frac{90}{99}=\frac{1}{11}$;

(2) $P(A_2)=P(A_1A_2)+P(\overline{A}_1A_2)=P(A_1)P(A_2)+P(\overline{A}_1A_2)=\frac{90}{100}\cdot\frac{89}{99}+\frac{1}{11}=\frac{99}{110}$.

10. 某人忘记了电话号码的最后一个数字,因而随意地拨最后一个数,求:(1) 不超过三次拨通电话的概率;(2) 已知最后一个数字是奇数,求不超过三次拨通电话的概率.

解:(1) 方法一:设 $A_i=\{$第 i 次拨通电话$\}$,$i=1,2,3$,$A=\{$三次内拨通电话$\}$,则

$$P(\overline{A}_1\overline{A}_2\overline{A}_3)=\frac{9}{10}\cdot\frac{8}{9}\cdot\frac{7}{8}=\frac{7}{10},$$

故 $P(A)=1-P(\overline{A}_1\overline{A}_2\overline{A}_3)=1-\frac{7}{10}=\frac{3}{10}$.

方法二:$P(A)=\frac{1}{10}+\frac{9}{10}\cdot\frac{1}{9}+\frac{9}{10}\cdot\frac{8}{9}\cdot\frac{1}{8}=\frac{3}{10}$.

(2) 方法一:设 $B=\{$最后一个数字是奇数,不超过 3 次拨通电话$\}$,则

$$P(B)=1-\frac{4}{5}\cdot\frac{3}{4}\cdot\frac{2}{3}=\frac{3}{5}=0.6.$$

方法二:$P(B)=\frac{1}{5}+\frac{4}{5}\cdot\frac{1}{4}+\frac{4}{5}\cdot\frac{3}{4}\cdot\frac{1}{3}=\frac{3}{5}=0.6$.

11. 在长度为 c 的线段内任取两点将其分成 3 段,求它们可以构成一个三角形的概率.

解:设线段被分成三段,长度分别为 $x,y,c-x-y$,则样本空间 S 为 $0<x<c,0<y<c,0<$

$x+y<c$，则 $\mu(S)=\frac{1}{2}c^2$，由题意可知，要使三角形成立，则由两边之和大于第三边知 $0<x<\frac{c}{2}$，$0<y<\frac{c}{2}$，$0<c-x-y<\frac{c}{2}$，即 $0<x<\frac{c}{2}$，$0<y<\frac{c}{2}$，$x+y>\frac{c}{2}$，则 $\mu(A)=\frac{1}{2}\left(\frac{c}{2}\right)^2=\frac{1}{8}c^2$，故所求概率为

$$p=\frac{\frac{1}{8}c^2}{\frac{1}{2}c^2}=\frac{1}{4}.$$

1.4　条件概率与乘法原理

1. 计算题：

(1) 已知 $P(A)=0.7$，$P(A-B)=0.3$，求 $P(\overline{AB})$；

(2) 已知 $P(\overline{A})=0.3$，$P(B)=0.4$，$P(A\overline{B})=0.5$，求 $P(B|A\cup\overline{B})$.

解：(1)因为 $P(A-B)=P(A-AB)=P(A)-P(AB)$，

解得 $P(AB)=P(A)-P(A-B)=0.7-0.3=0.4$，

所以 $P(\overline{AB})=1-P(AB)=1-0.4=0.6$.

(2) 因为 $P(B|A\cup\overline{B})=\frac{P(BA\cup B\overline{B})}{P(A\cup\overline{B})}=\frac{P(BA)}{P(A)-P(\overline{B})-P(A\overline{B})}$，

由 $P(\overline{A})=0.3$，$P(B)=0.4$，得 $P(A)=1-P(\overline{A})=0.7$，$P(\overline{B})=1-P(B)=0.6$，

又由 $P(A\overline{B})=P(A-AB)=P(A)-P(AB)$，得 $P(AB)=P(A)-P(A\overline{B})=0.2$，

所以 $P(B|A\cup\overline{B})=\frac{P(BA)}{P(A)+P(\overline{B})-P(A\overline{B})}=\frac{0.2}{0.7+0.6-0.5}=0.25$.

2. 掷三枚骰子，已知得到的三个点数不同，求其中含有 1 点的概率.

解：设 $A=\{$其中含有 1 点$\}$，$\overline{A}=\{$三个不同点中不含有 1 点$\}$，则

$$P(A)=1-P(\overline{A})=1-\frac{5\times4\times3}{6\times5\times4}=\frac{1}{2}\left[\text{或者 } P(A)=\frac{C_3^1\times5\times4}{6\times5\times4}=\frac{1}{2}\right].$$

3. 一批同样规格的零件是由甲、乙、丙三个工厂生产的，三个工厂的产品数量分别是总量的 20%，40%，40%，并且已知三个工厂的产品次品率分别为 5%，4%，3%. 今任取一个零件，求：

(1) 它是次品的概率；

(2) 发现它是次品，且该产品属于甲工厂生产的概率.

解：设 $A=\{$任取一零件是次品$\}$，$B_i=\{$零件是 i 工厂生产的$\}$，$i=1,2,3$，分别表示甲、乙、丙工厂，则

(1) $P(A)=P(AB_1)+P(AB_2)+P(AB_3)$

$=P(B_1)P(A|B_1)+P(B_2)P(A|B_2)+P(B_3)P(A|B_3)$

$=0.2\times0.05+0.4\times0.04+0.4\times0.03=0.038.$

(2) $P(B_1|A)=\frac{P(AB_1)}{P(A)}=\frac{P(B_1)P(A|B_1)}{P(A)}=\frac{0.2\times0.05}{0.038}\approx0.263.$

4. 一学生接连参加同一课程的两次考试，第一次及格的概率为 p，若第一次及格则第二次及格的概率也为 p；若第一次不及格则第二次及格的概率为 $\frac{p}{2}$.

(1) 若至少有一次及格则他能取得某种资格，求他取得该资格的概率；

(2) 若已知他第二次已经及格，求他第一次及格的概率.

解：设 $A=\{$取得资格$\}$，$B_i=\{$第 i 次考试及格$\}$，$i=1,2$，则

(1) $P(A)=P(B_1\cup B_2)=P(B_1\cup \bar{B}_1B_2)$

$$=P(B_1)+P(\bar{B}_1)P(B_2\mid \bar{B}_1)=p+(1-p)\cdot\frac{p}{2}=\frac{3}{2}p-\frac{1}{2}p^2.$$

(2) $P(B_1\mid B_2)=\dfrac{P(B_1B_2)}{P(B_2)}=\dfrac{P(B_1)P(B_2\mid B_1)}{P(B_1)P(B_2\mid B_1)+P(\bar{B}_1)P(B_2\mid \bar{B}_1)}$

$$=\frac{p\cdot p}{p\cdot p+(1-p)\cdot\frac{p}{2}}=\frac{2p}{p+1}.$$

1.5 随机事件的相互独立性

1. 计算题：

(1) 设 A,B 两事件相互独立，且已知 $P(A\cup B)=0.6$，$P(A)=0.4$，求 $P(B)$；

(2) 事件 A,B,C 两两独立，且满足 $P(A)=P(B)=P(C)<\frac{1}{2}$，$P(A\cup B\cup C)=\frac{9}{16}$，$ABC=\varnothing$，求 $P(A)$；

(3) 设事件 A 与 B 相互独立，两事件中只有 A 发生及只有 B 发生的概率都是 $\frac{1}{4}$，求 $P(A)$ 与 $P(B)$.

解：(1) $P(A\cup B)=P(A)+P(B)-P(AB)=P(A)+P(B)-P(A)P(B)$

即 $0.6=0.4+P(B)-0.4P(B)$，解得 $P(B)=\frac{1}{3}$.

(2) $P(A\cup B\cup C)=P(A)+P(B)+P(C)-P(AB)-P(AC)-P(BC)+P(ABC)$

$$=P(A)+P(B)+P(C)-P(A)P(B)-P(A)P(C)-P(B)P(C)$$

$$+P(ABC)=3P(A)-3[P(A)]^2+0=\frac{9}{16},$$

解得 $P(A)=0.25$.

(3) 由题意，有 $P(A\bar{B})=P(\bar{A}B)=\frac{1}{4}$，即 $P(A)P(\bar{B})=P(\bar{A})P(B)=\frac{1}{4}$，以及 $P(A)-P(AB)=P(B)-P(AB)=\frac{1}{4}$，故 $P(A)=P(B)$，从而，有 $P(A)[1-P(A)]=\frac{1}{4}$，解得 $P(A)=P(B)=\frac{1}{2}$.

2. 在一次试验中，事件 A 发生的概率为 $p(0<p<1)$，现进行 n 次独立重复试验，求：

(1) A 至少发生一次的概率；(2) A 至多发生一次的概率.

解：(1) 设 $A=\{A$ 至少发生一次$\}$，即为 A 一次也不发生的逆事件，则

$$P(A)=1-P(\bar{A})=1-(1-p)^n;$$

(2) 设 $B=\{A$ 至多发生一次$\}$，即包括 A 一次也不发生及 A 仅发生一次，则

$$P(B)=(1-p)^n+C_n^1p(1-p)^{n-1}.$$

3. 有一题，甲、乙、丙三人独立解出的概率分别是 $\frac{1}{5},\frac{1}{3},\frac{1}{4}$，问三人中至少有一人解出此题

的概率是多少？

解：设 $A_i=\{$第 i 个人解出此题$\}$，$i=1,2,3$，分别表示甲、乙、丙，则三人中至少有一人解出此题的概率为

$$P(A_1\cup A_2\cup A_3)=1-P(\overline{A_1\cup A_2\cup A_3})=1-P(\overline{A}_1)P(\overline{A}_2)P(\overline{A}_3)$$
$$=1-\left(1-\frac{1}{5}\right)\left(1-\frac{1}{3}\right)\left(1-\frac{1}{4}\right)=0.6.$$

4. 一工人看管三台机床，在1h中甲、乙、丙三台机床需要工人看管的概率分别是0.9，0.8，0.85，求在1h中：

(1) 没有一台机床需要看管的概率；

(2) 至少有一台机床需要看管的概率；

(3) 至多只有一台机床需要看管的概率.

解：(1) 设 $A=\{$没有一台机床需要看管$\}$，则 $P(A)=(1-0.9)(1-0.8)(1-0.85)=0.003$；

(2) 设 $B=\{$至少有一台机床需要看管$\}$，则 $P(B)=1-P(A)=1-0.003=0.997$；

(3) 设 $B=\{$至多只有一台机床需要看管$\}$，则

$P(C)=P(A)+0.9(1-0.8)(1-0.85)+(1-0.9)0.8(1-0.85)+(1-0.9)(1-0.8)0.85=0.059$.

5. 设 $P(A)>0,P(B)>0$，证明：A,B 相互独立的充要条件是 $P(A|B)=P(A|\overline{B})$.

证明：必要性.

因为 A,B 相互独立，所以 $P(AB)=P(A)P(B)$，故

$$P(A|B)=\frac{P(AB)}{P(B)}=P(A)=\frac{P(A\overline{B})}{P(\overline{B})}=P(A|\overline{B}).$$

充分性.

由于 $P(A|B)=P(A|\overline{B})$，所以 $\dfrac{P(AB)}{P(B)}=\dfrac{P(A\overline{B})}{P(\overline{B})}=\dfrac{P(A)-P(AB)}{1-P(B)}$，故可解得

$P(AB)=P(A)P(B)$，即 A,B 相互独立.

第1章总习题

1. 填空题：

(1) 设事件 A 与 B 的概率分别为 $\frac{1}{3}$ 与 $\frac{1}{2}$，

1) 若 A 与 B 互不相容，则 $P(B\overline{A})=$__________；

2) 若 $A\subset B$，则 $P(B\overline{A})=$__________；

3) 若 $P(AB)=\frac{1}{8}$，则 $P(B\overline{A})=$__________.

(2) 设事件 A,B 满足 $P(A)=0.5,P(B)=0.6,P(A|B)=0.8$，则 $P(A\cup B)=$______.

(3) 已知事件 A 发生必导致事件 B 发生，且 $0<P(B)<1$，则 $P(A|\overline{B})=$__________.

(4) 某射手在3次射击中至少命中一次的概率为0.875，则该射手在一次射击中命中的概

率为__________.

解:(1) 1) 填$\frac{1}{2}$.

因为 A 与 B 互不相容,所以 $P(AB)=P(\varnothing)=0$,从而

$$P(B\overline{A})=P(B)-P(AB)=\frac{1}{2}-0=\frac{1}{2}.$$

2) 填$\frac{1}{6}$.

因为 $A\subset B$,所以 $P(B\overline{A})=P(B)-P(AB)=P(B)-P(A)=\frac{1}{2}-\frac{1}{3}=\frac{1}{6}$.

3) 填$\frac{3}{8}$.

因为 $P(AB)=\frac{1}{8}$,所以 $P(B\overline{A})=P(B)-P(AB)=\frac{1}{2}-\frac{1}{8}=\frac{3}{8}$.

(2) 填 0.62.

由 $P(A|B)=\frac{P(AB)}{P(B)}=\frac{P(AB)}{0.6}=0.8$,解得 $P(AB)=0.48$,从而

$$P(A\cup B)=P(A)+P(B)-P(AB)=0.5+0.6-0.48=0.62.$$

(3) 填 0.

由于事件 A 发生必导致事件 B 发生,则 $A\subset B$,即有 $AB=A$,从而

$$P(A|\overline{B})=\frac{P(A\overline{B})}{P(\overline{B})}=\frac{P(A)-P(AB)}{P(\overline{B})}=0.$$

(4) 填$\frac{1}{2}$.

设所求概率为 p,则三次均未命中的概率为 $1-0.875=0.125=\frac{1}{8}=(1-p)^3$,解得 $p=\frac{1}{2}$.

2. 单项选择题:

(1) 设 A,B,C 为任意 3 个事件,则下列各式正确的是(   ).

(A) $A\cup B=(A\overline{B})\cup B$; (B) $\overline{AB}=A\cup B$;

(C) $\overline{A\cup BC}=\overline{A}\,\overline{B}\,\overline{C}$; (D) $(AB)\cap(A\overline{B})=\Omega$.

(2) 已知 $P(A)=p,P(B)=q,P(A\cup B)=r$,则下列各式不正确的是(   ).

(A) $P(A-B)=p-q$; (B) $P(A\overline{B})=r-q$;

(C) $P(B\overline{A})=r-p$; (D) $P(\overline{A}\,\overline{B})=1-r$.

(3) 做试验“将一枚均匀的硬币抛掷 3 次”,恰有一次出现正面的概率是(   ).

(A) $\frac{1}{2}$; (B) $\frac{1}{3}$; (C) $\frac{1}{8}$; (D) $\frac{3}{8}$.

解:(1)选择(A).

$\overline{AB}=\overline{A}\cup\overline{B}$,故(B)错;$\overline{A\cup BC}=\overline{A}\,\overline{B}\,\overline{C}$,故(C)错;$(AB)\cap(A\overline{B})=\varnothing$,故(D)错.

(2) 选择(A).

$P(A-B)=P(A-AB)=P(A)-P(AB)=P(A\cup B)-P(B)=r-q$,故(A)错;

$P(A\overline{B})=P(A-AB)=P(A)-P(AB)=P(A\cup B)-P(B)=r-q$,故(B)正确;

$P(B\overline{A})=P(B-AB)=P(B)-P(AB)=P(A\cup B)-P(A)=r-p$,故(C)正确;

$P(\overline{A}\,\overline{B})=P(\overline{A\cup B})=1-P(A\cup B)=1-r$,故(D)正确.

(3) 选择(D).

$p=C_3^1\frac{1}{2}\cdot\left(\frac{1}{2}\right)^2=\frac{3}{8}$,故(D)正确.

3. 某仓库有同样规格的产品 6 箱,其中 3 箱、2 箱、1 箱依次是由甲、乙、丙三个厂生产的,且三个厂的次品率分别为$\frac{1}{10},\frac{1}{15},\frac{1}{20}$,现从这 6 箱中任取一箱,再从该箱中任取一件,试求取得的一件是次品的概率.

解:设 $A=\{$取得的一件是次品$\}$,$B_i=\{$产品是 i 厂生产的$\}$,$i=1,2,3$,分别表示甲厂、乙厂、丙厂,则

$$\begin{aligned}P(A)&=P(AB_1)+P(AB_2)+P(AB_3)\\&=P(B_1)P(A|B_1)+P(B_2)P(A|B_2)+P(B_3)P(A|B_3)\\&=\frac{3}{6}\times\frac{1}{10}+\frac{2}{6}\times\frac{1}{15}+\frac{1}{6}\times\frac{1}{20}\approx 0.08.\end{aligned}$$

4. 一袋子中有 a 个白球,b 个黑球,求:

(1) 不放回地任取 $m+n$ 个球,恰有 m 个白球 n 个黑球的概率;

(2) 不放回抽取,每次一个,第 k 次恰取到白球的概率.

解:(1)设 $A=\{$任取 $m+n$ 个球,恰有 m 个白球,n 个黑球$\}$,则 $P(A)=\frac{C_a^mC_b^n}{C_{a+b}^{m+n}}$.

(2) 设 $B=\{$第 k 次恰取到白球$\}$,则 $P(B)=\frac{C_{a+b-1}^{a-1}}{C_{a+b}^{a}}=\frac{a}{a+b}$.

5. 现有两种报警系统 A 与 B,系统单独使用时,系统 A 有效的概率为 0.92,系统 B 有效的概率为 0.93,在 A 失灵的条件下,B 有效的概率为 0.85,求:

(1) 在 B 失灵的条件下,A 有效的概率;

(2) 这两个系统至少有一个有效的概率.

解:由于 $P(A)=0.92$,$P(B)=0.93$,$P(B|\overline{A})=\frac{P(\overline{A}B)}{P(\overline{A})}=\frac{P(B)-P(AB)}{1-P(A)}=0.85$,解得 $P(AB)=0.862$.

(1) $P(A|\overline{B})=\frac{P(A\overline{B})}{P(\overline{B})}=\frac{P(A)-P(AB)}{1-P(B)}=\frac{0.92-0.862}{1-0.93}\approx 0.83$;

(2) $P(A\cup B)=P(A)+P(B)-P(AB)=0.92+0.93-0.862=0.988$.

6. 从 5 双不同的鞋子中任取 4 只,问这 4 只鞋子中至少有两只配成一双的概率是多少?

解:设 $A=\{$4 只鞋中至少有 2 只配成一双$\}$,则 $\overline{A}=\{$4 只鞋中均不成双$\}$,

$$P(A)=1-P(\overline{A})=1-\frac{10\times 8\times 6\times 4}{10\times 9\times 8\times 7}=\frac{13}{21}.$$

7. 设事件 A 与 B 相互独立,证明 $\overline{A}$ 与 B 也相互独立.

证明：因为 A 与 B 相互独立，所以 $P(AB)=P(A)P(B)$，故

$$P(\overline{A}B)=P(B-AB)=P(B)-P(A)P(B)=P(B)[1-P(A)]=P(B)P(\overline{A}),$$

从而 $\overline{A}$ 与 B 也相互独立.

8. 已知事件 A,B 相互独立且互不相容，求 $\min\{P(A),P(B)\}$.

解：因为 A,B 相互独立，所以 $P(AB)=P(A)P(B)$，又因为 A 与 B 互不相容，所以 $P(AB)=P(\varnothing)=0=P(A)P(B)$，所以 $P(A)=0$ 或者 $P(B)=0$，而 $P(A)\geqslant 0,P(B)\geqslant 0$，故 $\min\{P(A),P(B)\}=0$.

第2章 随机变量及其分布

2.1 随机变量

2.2 随机变量的分布函数

1. 选择题：

(1) 设 $F_1(x)$ 与 $F_2(x)$ 分别为随机变量 X_1 与 X_2 的分布函数，为了使 $F(x)=aF_1(x)-bF_2(x)$ 是某一随机变量的分布函数，在下列各组中应取(　　).

(A)$a=\frac{3}{5},b=-\frac{2}{5}$；　　(B)$a=\frac{2}{3},b=\frac{2}{3}$；

(C)$a=-\frac{1}{2},b=\frac{3}{2}$；　　(D)$a=\frac{1}{2},b=-\frac{3}{2}$.

(2) 下列函数中，可以作为某一随机变量的分布函数的是(　　).

(A)$F(x)=\frac{1}{1+x^2}$；　　(B)$F(x)=\frac{1}{\pi}\arctan x+\frac{1}{2}$；

(C)$F(x)=\begin{cases}\frac{1}{2}(1-\mathrm{e}^{-x}), & x>0,\\ 0, & x\leqslant 0;\end{cases}$　　(D) $F(x)=\int_{-\infty}^{x}f(t)\mathrm{d}t$，其中$\int_{-\infty}^{+\infty}f(t)\,\mathrm{d}t=1$.

解：(1) 选择(A).

因为 $F(x)=aF_1(x)-bF_2(x)$，由 $F(-\infty)=0,F(+\infty)=1$，得

$F(+\infty)=aF_1(+\infty)-bF_2(+\infty)=a-b=1$，符合这一关系的只有(A)选项.

(2) 选择(B).

由于 $F(+\infty)=0\neq 1$，故(A)错误；

由于 $F(+\infty)=\lim\limits_{x\to+\infty}\frac{1}{2}(1-\mathrm{e}^{-x})=\frac{1}{2}\neq 1$，故(C)错误；

由于被积函数 $f(t)$ 不一定是非负函数，从而 $F(x)$ 不一定是不减的函数，故(D)错误.

2. 设随机变量 X 的分布函数为

$$F(x)=\begin{cases}A, & x<0,\\ B\sin x, & 0\leqslant x\leqslant\frac{\pi}{2},\\ C, & x>\frac{\pi}{2},\end{cases}$$

(1) 确定常数 A,B,C；(2) 求 $P\left\{|X|<\frac{\pi}{6}\right\}$.

解：(1)由 $F(-\infty)=0$，得 $A=0$；由 $F(+\infty)=1$，得 $C=1$；又由 $F(x)$ 的连续性，有

$$F\left(\frac{\pi}{2}^{+}\right)=F\left(\frac{\pi}{2}^{-}\right)=F\left(\frac{\pi}{2}\right),\text{得 } B=C=1.$$

(2) 由题意知 X 为连续型随机变量，故

$$P\left\{|X|<\frac{\pi}{6}\right\}=F\left(\frac{\pi}{6}\right)-F(0)=\frac{1}{2}.$$

2.3 离散型随机变量及其分布律

1. 填空题：

(1) 设离散型随机变量 X 的分布律为 $P\{X=k\}=\alpha\beta^k(0<\beta<1,k=1,2,\cdots)$，且 $\alpha>0$，则 $\beta=$______.

(2) 一实习生用同一台机器接连独立地制造 3 个同种零件，第 i 个零件是不合格品的概率为$\frac{1}{i+1}$，其中 $i=1,2,3$. 以 X 表示 3 个零件中合格品的个数，则 $P\{X=2\}=$______.

(3)设随机变量 $X\sim b\left(200,\frac{1}{40}\right)$，则 $P\{X=3\}=$______$\approx$______.

解：(1) $\frac{1}{1+\alpha}$.

由于 $\sum\limits_{k=1}^{\infty}P\{X=k\}=1$，得$\sum\limits_{k=1}^{\infty}\alpha\beta^k=\alpha\cdot\frac{\beta}{1-\beta}=1$，解得 $\beta=\frac{1}{1+\alpha}$.

(2) $\frac{11}{24}$.

$$P\{X=2\}=\left(1-\frac{1}{2}\right)\left(1-\frac{1}{3}\right)\frac{1}{4}+\left(1-\frac{1}{2}\right)\frac{1}{3}\left(1-\frac{1}{4}\right)+\frac{1}{2}\left(1-\frac{1}{3}\right)\left(1-\frac{1}{4}\right)=\frac{11}{24}.$$

(3) $C_{200}^{3}\left(\frac{1}{40}\right)^{3}\left(\frac{39}{40}\right)^{197}$；$\frac{5^3e^{-5}}{3!}\left(\lambda=np=200\times\frac{1}{40}=5\right)$.

2. 一袋子装有 5 个球，编号为 1,2,3,4,5. 从袋中同时取 3 个球，以 X 表示取出的三个球中的最大号码，写出随机变量 X 的分布律.

解：

X	3	4	5
p_k	$\frac{C_2^2}{C_5^3}$	$\frac{C_3^2}{C_5^3}$	$\frac{C_4^2}{C_5^3}$

即

X	3	4	5
p_k	$\frac{1}{10}$	$\frac{3}{10}$	$\frac{6}{10}$

3. 设离散型随机变量 X 的分布函数为

$$F(x)=\begin{cases}0, & x<-1,\\ 0.2, & -1\leqslant x<2,\\ 0.7, & 2\leqslant x<4,\\ 1, & x\geqslant 4.\end{cases}$$

求 X 的分布律.

解：

X	-1	2	4
p_k	$0.2-0$	$0.7-0.2$	$1-0.7$

即

X	-1	2	4
p_k	0.2	0.5	0.3

4. 一批零件中有 9 个正品和 3 个次品，安装时，从中任取一件，如果取到次品，则不放回再取一件，直到取到正品为止，求在取到正品前取到次品数 X 的概率分布律.

解：

X	0	1	2	3
p_k	$\frac{9}{12}$	$\frac{3}{12}\cdot\frac{9}{11}$	$\frac{3}{12}\cdot\frac{2}{11}\cdot\frac{9}{10}$	$\frac{3}{12}\cdot\frac{2}{11}\cdot\frac{1}{10}\cdot\frac{9}{9}$

即

X	0	1	2	3
p_k	$\frac{3}{4}$	$\frac{9}{44}$	$\frac{9}{220}$	$\frac{1}{220}$

5. 热水器在安装前均进行水压试验，设每片散热器通过水压试验的概率为 $\frac{9}{10}$，遇到通不过时，就停止试验，求试验次数 X 的分布律.

解：

X	1	2	3	…	k	…
p_k	$\frac{1}{10}$	$\frac{9}{10}\cdot\frac{1}{10}$	$\left(\frac{9}{10}\right)^2\cdot\frac{1}{10}$	…	$\left(\frac{9}{10}\right)^{k-1}\cdot\frac{1}{10}$	…

或者 $P\{X=k\}=\left(\frac{9}{10}\right)^{k-1}\frac{1}{10}(k=1,2,3,\cdots)$.

6. 一批灯泡共有 40 只，其中有 3 只是坏的，其余 37 只是好的，现从中随机地抽取 4 只进行检验，令 X 表示 4 只灯泡中坏的只数，试求出 X 的分布律.

解：

X	0	1	2	3
P_k	$\frac{C_{37}^4}{C_{40}^4}$	$\frac{C_3^1C_{37}^3}{C_{40}^4}$	$\frac{C_3^2C_{37}^2}{C_{40}^4}$	$\frac{C_3^3C_{37}^1}{C_{40}^4}$

或者 $P\{X=k\}=\frac{C_3^kC_{37}^{4-k}}{C_{40}^k}(k=0,1,2,3)$.

7. 进行重复独立试验，每次试验成功率为$\frac{3}{4}$，以 X 表示首次成功的试验次数，写出 X 的分布律.

解：

X	1	2	3	…	k	…
p_k	$\frac{3}{4}$	$\frac{1}{4}\cdot\frac{3}{4}$	$\left(\frac{1}{4}\right)^2\cdot\frac{3}{4}$	…	$\left(\frac{1}{4}\right)^{k-1}\cdot\frac{3}{4}$	…

或者 $P\{X=k\}=\left(\frac{1}{4}\right)^{k-1}\frac{3}{4}(k=1,2,3,\cdots)$

8. 袋中装有 6 个大小相同的球，4 个红色，2 个白色．现从中连取 5 次，每次取一球，求取得红球的个数 X 的分布律：

(1) 每次取出球观察颜色后，即放回袋中，拌匀后再取下一个球；

(2) 每次取出球观察颜色后，不再放回袋中，再取下一个球.

解：(1)$X\sim b\left(5,\frac{2}{3}\right)$，则 $P\{X=k\}=C_5^k\left(\frac{2}{3}\right)^k\left(\frac{1}{3}\right)^{5-k}\quad(k=0,1,2,3,4,5)$.

(2)

X	3	4
p_k	$\frac{C_4^3C_2^2}{C_6^5}$	$\frac{C_4^4C_2^1}{C_6^5}$

即

X	3	4
p_k	$\frac{2}{3}$	$\frac{1}{3}$

9. 一个工人看管 12 台同一类型的机器，在一段时间内每台机器需要工人维修的概率为$\frac{1}{10}$，求这段时间内至少有两台机器需要工人维修的概率.

解：设 $X=\{$需要工人维修的机器台数$\}$，则 $X\sim b\left(12,\frac{1}{10}\right)$，故

$$P\{X\geqslant 2\}=1-P\{X=1\}-P\{X=0\}=1-C_{12}^1\left(\frac{1}{10}\right)\left(\frac{9}{10}\right)^{11}-C_{12}^0\left(\frac{1}{10}\right)^0\left(\frac{9}{10}\right)^{12}\approx 0.341.$$

10. 一电话总机每分钟收到呼唤的次数服从参数为 4 的泊松分布．求：

(1) 某 1min 恰有 8 次呼唤的概率；

(2) 某 1min 的呼唤次数大于 3 的概率.

解：设 $X=\{$每分钟收到呼唤的次数$\}$，则 $X\sim\pi(4)$，故

(1) $P\{X=8\}=\frac{4^8e^{-4}}{8!}\approx 0.0298$.

(2) $$P\{X>3\}=1-P\{X=3\}-P\{X=2\}-P\{X=1\}-P\{X=0\}$$
$$=1-\frac{4^3e^{-4}}{3!}-\frac{4^2e^{-4}}{2!}-\frac{4^1e^{-4}}{1!}-\frac{4^0e^{-4}}{0!}\approx 0.5665.$$

11. 设每次射击时命中率为 0.2,问至少必须进行多少次独立射击才能使至少击中一次的概率不少于 0.9?

解:设 $X=\{$射击命中的次数$\}$,则 $X\sim b(n,0.2)$,故

$$P\{X\geqslant 1\}=1-P\{X=0\}=1-C_n^0(0.2)^0(0.8)^n\geqslant 0.9,$$

解得 $n\geqslant 10.3$,从而取 $n=11$.

2.4　连续型随机变量及其概率密度

1. 填空题:

(1)设随机变量 X 的概率密度为 $f(x)$,则 $\int_{-\infty}^{+\infty}f(x)\mathrm{d}x=$____;分布函数 $F(x)=$____.

(2) 设随机变量 $X\sim N(\mu,\sigma^2)$,则 $P\{X=\mu\}=$________,$P\{X\geqslant\mu\}=$________.

(3) 设随机变量 X 的概率密度函数为

$$f(x)=\begin{cases}\mathrm{e}^{-(x-a)}, & x>x_0,\\ 0, & \text{其他},\end{cases}$$

则 $x_0=$________.

解:(1) $\int_{-\infty}^{+\infty}f(x)\mathrm{d}x=1$;$F(x)=\int_{-\infty}^{x}f(t)\mathrm{d}t$.

(2) 因为连续型随机变量在固定点取值的概率均为零,所以 $P\{X=\mu\}=0$,又因为正态分布的概率密度函数的图形关于直线 $x=\mu$ 对称,所以 $P\{X\geqslant\mu\}=\frac{1}{2}$.

(3) 由 $\int_{-\infty}^{+\infty}f(x)\mathrm{d}x=1$,得 $\int_{x_0}^{+\infty}\mathrm{e}^{-(x-a)}\mathrm{d}x=-\mathrm{e}^{-(x-a)}\Big|_{x_0}^{+\infty}=\mathrm{e}^{-(x_0-a)}=1$,即 $x_0=a$.

2. 随机变量 X 的分布函数为 $F(x)=A+B\arctan x$,$-\infty<x<+\infty$,求:

(1) 系数 A,B;(2) X 的概率密度;(3) X 落在区间$(-1,1)$内的概率.

解:(1) 由 $\begin{cases}F(+\infty)=1,\\ F(-\infty)=0,\end{cases}$ 得 $\begin{cases}A+\frac{\pi}{2}B=1,\\ A-\frac{\pi}{2}B=0,\end{cases}$ 解得 $\begin{cases}A=\frac{1}{2},\\ B=\frac{1}{\pi};\end{cases}$

(2) $f(x)=F'(x)=\frac{1}{\pi}\cdot\frac{1}{1+x^2}(-\infty<x<+\infty)$;

(3) $P\{-1<X<1\}=F(1)-F(-1)=\frac{1}{\pi}\left[\frac{\pi}{4}-\left(-\frac{\pi}{4}\right)\right]=\frac{1}{2}$.

3. 设连续型随机变量 X 的分布函数为

$$F(x)=\begin{cases}0, & x<1,\\ \ln x, & 1\leqslant x<\mathrm{e},\\ 1, & x\geqslant \mathrm{e}.\end{cases}$$

求:(1) 概率密度 $f(x)$;(2) $P\{X<2\}$;(3) $P\{0<X\leqslant 3\}$;(4) $P\left\{0<X<\frac{5}{2}\right\}$.

解:(1) $f(x)=F'(x)=\begin{cases}\frac{1}{x}, & 1<x<\mathrm{e},\\ 0, & \text{其他}.\end{cases}$

(2) $P\{X<2\}=F(2)=\ln 2$.

(3) $P\{0<X\leqslant 3\}=F(3)-F(0)=1$.

(4) $P\left\{0<X<\frac{5}{2}\right\}=F\left(\frac{5}{2}\right)-F(0)=\ln\frac{5}{2}$.

4. 设连续型随机变量 X 的概率密度为

$$f(x)=\begin{cases}\dfrac{C}{\sqrt{1-x^2}}, & |x|<1,\\ 0, & \text{其他}.\end{cases}$$

求:(1) 系数 C;(2) $P\left\{|X|<\frac{1}{2}\right\}$.

解:(1) 由 $\int_{-\infty}^{+\infty}f(x)\mathrm{d}x=1$,得 $\int_{-1}^{1}\frac{C}{\sqrt{1-x^2}}\mathrm{d}x=C\arcsin x\Big|_{-1}^{1}=\pi C=1$,解得 $C=\frac{1}{\pi}$;

(2) $P\left\{|X|<\frac{1}{2}\right\}=\int_{-\frac{1}{2}}^{\frac{1}{2}}\frac{1}{\pi}\cdot\frac{1}{\sqrt{1-x^2}}\mathrm{d}x=\frac{1}{\pi}\arcsin x\Big|_{-\frac{1}{2}}^{\frac{1}{2}}=\frac{1}{\pi}\left[\frac{\pi}{6}-\left(-\frac{\pi}{6}\right)\right]=\frac{1}{3}$.

5. 设随机变量 X 在(1,6)上服从均匀分布,求方程 $x^2+Xx+1=0$ 有实根的概率.

解:随机变量 X 的概率密度为 $f(x)=\begin{cases}\frac{1}{5}, & 1<x<6,\\ 0, & \text{其他},\end{cases}$

方程有实根,即 $\Delta=X^2-4\geqslant0$,解得 $X\geqslant2$,考虑到 X 在(1,6)上服从均匀分布,从而有

$$P\{X\geqslant2\}=P\{2\leqslant X<6\}=\int_2^6\frac{1}{5}\mathrm{d}x=0.8.$$

6. 设某型号的电子元件,其寿命(单位:h)服从指数分布,概率密度为

$$f(x)=\begin{cases}\dfrac{1}{600}\mathrm{e}^{-\frac{x}{600}}, & x>0,\\ 0, & x\leqslant0.\end{cases}$$

求该型号电子元件的寿命小于 200h 的概率.

解:设 X 表示电子元件的寿命,则

$$P\{X<200\}=\int_0^{200}\frac{1}{600}\mathrm{e}^{-\frac{x}{600}}\mathrm{d}x=-\mathrm{e}^{-\frac{x}{600}}\Big|_0^{200}=1-\mathrm{e}^{-\frac{1}{3}}.$$

7. 设 $X\sim N(1.5,4)$,求:(1) $P\{X\leqslant3.5\}$,$P\{X<-4\}$,$P\{X>2\}$,$P\{|X|<3\}$;(2)求 C 的值,使 $P\{X>C\}=P\{X\leqslant C\}$.

解:(1)

$$P\{X\leqslant3.5\}=\Phi\left(\frac{3.5-1.5}{2}\right)=\Phi(1)=0.8413,$$

$$P\{X<-4\}=\Phi\left(\frac{-4-1.5}{2}\right)=1-\Phi\left(\frac{4+1.5}{2}\right)=1-\Phi(2.75)=0.003,$$

$$P\{X>2\}=1-P\{X\leqslant2\}=1-\Phi\left(\frac{2-1.5}{2}\right)=1-\Phi(0.25)=0.4013,$$

$$P\{|X|<3\}=P\{-3<X<3\}=\Phi\left(\frac{3-1.5}{2}\right)-\Phi\left(\frac{-3-1.5}{2}\right)=\Phi(0.75)-\Phi(-2.25)$$

$$=\Phi(0.75)-[1-\Phi(2.25)]=0.7734-1+0.9878=0.7612;$$

(2) 由 $P\{X>C\}=1-P\{X\leqslant C\}=P\{X\leqslant C\}$,故 $P\{X\leqslant C\}=0.5$,从而 $C=\mu=1.5$.

8. 设随机变量 $X\sim N(2,\sigma^2)$,且 $P\{2<X<4\}=0.3$,求 $P\{X<0\}$.

解：由 $P\{2<X<4\}=\Phi\left(\frac{4-2}{\sigma}\right)-\Phi\left(\frac{2-2}{\sigma}\right)=\Phi\left(\frac{2}{\sigma}\right)-\Phi(0)=\Phi\left(\frac{2}{\sigma}\right)-0.5=0.3$，得 $\Phi\left(\frac{2}{\sigma}\right)=0.8$，故

$$P\{X<0\}=\Phi\left(\frac{0-2}{\sigma}\right)=\Phi\left(-\frac{2}{\sigma}\right)=1-\Phi\left(\frac{2}{\sigma}\right)=1-0.8=0.2.$$

9. 某机器生产的螺栓的长度 $X(\text{cm})\sim N(10.05,0.06^2)$，规定长度范围在 10.05 ± 0.12 内为合格品，求一螺栓为不合格产品的概率.

解：所求概率为

$$\begin{aligned}p&=1-P\{10.05-0.12<X<10.05+0.12\}=1-P\{9.93<X<10.17\}\\&=1-\Phi\left(\frac{10.17-10.05}{0.06}\right)+\Phi\left(\frac{9.93-10.05}{0.06}\right)\\&=1-\Phi(2)+\Phi(-2)=2[1-\Phi(2)]=0.0456.\end{aligned}$$

2.5 随机变量的函数的分布

1. 设离散型随机变量 X 的分布律为

X	-2	-1	0	1	3
p_k	$\frac{1}{5}$	$\frac{1}{6}$	$\frac{1}{5}$	$\frac{1}{15}$	$\frac{11}{30}$

求：(1) $Y=X^2$；(2) $Y=2X-6$ 的分布律.

解：列表法

p_k	$\frac{1}{5}$	$\frac{1}{6}$	$\frac{1}{5}$	$\frac{1}{15}$	$\frac{11}{30}$
X	-2	-1	0	1	3
X^2	4	1	0	1	9
$2X-6$	-10	-8	-6	-4	0

故所求分布律为

X^2	0	1	4	9
p_k	$\frac{1}{5}$	$\frac{7}{30}$	$\frac{1}{5}$	$\frac{11}{30}$

$2X-6$	-10	-8	-6	-4	0
p_k	$\frac{1}{5}$	$\frac{1}{6}$	$\frac{1}{5}$	$\frac{1}{15}$	$\frac{11}{30}$

2. 设连续型随机变量 X 的概率密度为

$$f(x)=\begin{cases}\lambda e^{-\lambda x}, & x>0,\\0, & \text{其他}.\end{cases}$$

求：$Y=-2X-3$ 的概率密度.

解：公式法．由 $y=-2x-3$，得 $x=-\dfrac{y+3}{2}$，且 $x'=-\dfrac{1}{2}<0$，故

$$f_Y(y)=\begin{cases}\lambda e^{-\lambda\left(-\frac{y+3}{2}\right)}\cdot\left|-\dfrac{1}{2}\right|, & -\dfrac{y+3}{2}>0,\\ 0, & \text{其他}\end{cases}=\begin{cases}\dfrac{1}{2}\lambda e^{\frac{\lambda}{2}(y+3)}, & y<-3,\\ 0, & y\geqslant -3.\end{cases}$$

3. 设连续型随机变量 X 的概率密度为

$$f(x)=\begin{cases}\dfrac{2}{\pi(1+x^2)}, & x\geqslant 0,\\ 0, & \text{其他}.\end{cases}$$

求：(1) $Y=\ln X$ 的概率密度；(2) $P\{Y\leqslant 0\}$．

解：(1) 由于 $y=\ln x$ 在 $(0,+\infty)$ 上恒有 $y'=\dfrac{1}{x}>0$，故有反函数 $x=e^y$，$x'=e^y$，

所以 $f_Y(y)=\dfrac{2}{\pi(1+e^{2y})}e^y\quad(y\in\mathbf{R})$．

(2) $P\{y\leqslant 0\}=\displaystyle\int_{-\infty}^{0}\frac{2}{\pi(1+e^{2y})}e^y\mathrm{d}y=\frac{2}{\pi}\arctan e^y\Big|_{-\infty}^{0}=\frac{2}{\pi}\left(\frac{\pi}{4}-0\right)=\frac{1}{2}$.

4. 设连续型随机变量 X 的概率密度为

$$f(x)=\frac{1}{\sqrt{\pi}}e^{-x^2+2x-1},x\in(-\infty,+\infty),$$

求 $Y=X^2$ 的概率密度.

解：公式法. 由于 $y=x^2$ 在 $(-\infty,0)$ 上有反函数 $x=-\sqrt{y}$，$x'=-\dfrac{1}{2\sqrt{y}}$；$y=x^2$ 在 $(0,+\infty)$ 上有反函数 $x=\sqrt{y}$，$x'=\dfrac{1}{2\sqrt{y}}$，利用公式，得

$$f_Y(y)=\begin{cases}\dfrac{1}{\sqrt{\pi}}e^{-(-\sqrt{y})^2+2(-\sqrt{y})-1}\cdot\left|-\dfrac{1}{2\sqrt{y}}\right|+\dfrac{1}{\sqrt{\pi}}e^{-(\sqrt{y})^2+2(\sqrt{y})-1}\cdot\left|\dfrac{1}{2\sqrt{y}}\right|, & y>0,\\ 0, & \text{其他}\end{cases}$$

$$=\begin{cases}\dfrac{1}{2e\sqrt{\pi y}}e^{-y+2\sqrt{y}}+e^{-y-2\sqrt{y}}, & y>0,\\ 0, & \text{其他}.\end{cases}$$

第 2 章总习题

1. 填空题：

(1)设随机变量 X 的分布函数为 $F(x)=\begin{cases}\dfrac{1}{1+x^2}, & x<0,\\ \underline{①}, & x\geqslant 0,\end{cases}$ 试求①为__________.

(2) 设随机变量 X 的概率密度为

$$f(x)=\begin{cases}kx^b, & 0<x<1(b>0,k>0),\\ 0, & \text{其他}.\end{cases}$$

且 $P\left\{X>\dfrac{1}{2}\right\}=0.75$，则 $k=$__________.

(3) 设随机变量 X 服从 $(0,1)$ 内的均匀分布，则随机变量 $Y=X^2$ 在 $(0,1)$ 的概率密度是

________.

解：(1) 填1.

因为 $F(+\infty)=1$，所以当 $x\geqslant 0$ 时，$F(x)=1$.

(2) 填2.

由 $\int_{-\infty}^{+\infty} f(x)\mathrm{d}x=1$，得 $\int_0^1 kx^b\mathrm{d}x=\frac{k}{b+1}=1$，即 $k=b+1$；

又由于 $P\left\{X>\frac{1}{2}\right\}=\int_{\frac{1}{2}}^1 kx^b\mathrm{d}x=\frac{k}{b+1}\left[1-\left(\frac{1}{2}\right)^{b+1}\right]=1-\left(\frac{1}{2}\right)^k=0.75$，解得 $k=2$.

(3) 填 $\frac{1}{2\sqrt{y}}$.

公式法. X 的概率密度为 $f(x)=\begin{cases}1, & 0<x<1,\\ 0, & 其他,\end{cases}$

由于 $y=x^2$ 在 $(0,1)$ 上有反函数 $x=\sqrt{y}$，$x'=\frac{1}{2\sqrt{y}}$，利用公式，得 Y 在 $(0,1)$ 内的概率密度为 $f_Y(y)=\frac{1}{2\sqrt{y}}$.

2. 单项选择题：

(1)下列函数中可作为某随机变量概率密度函数的是(　　).

(A) $f_1(x)=\begin{cases}\sin x, & 0\leqslant x\leqslant \pi,\\ 0, & 其他;\end{cases}$　　(B) $f_2(x)=\begin{cases}\sin x, & 0\leqslant x\leqslant \frac{3\pi}{2},\\ 0, & 其他;\end{cases}$

(C) $f_3(x)=\begin{cases}\sin x, & 0\leqslant x\leqslant \frac{\pi}{2},\\ 0, & 其他;\end{cases}$　　(D) $f_4(x)=\begin{cases}\sin x, & -\frac{\pi}{2}\leqslant x\leqslant \frac{\pi}{2},\\ 0, & 其他.\end{cases}$

(2) 设随机变量 $X\sim N(\mu,\sigma^2)$，则随 σ 的增大，概率 $P\{|X-\mu|<\delta\}$(　　).

(A)单调增加；　(B)单调减少；　(C)保持不变；　(D)增减不定.

(3) 设随机变量 X 的概率密度为 $f(x)=\frac{1}{2\sqrt{\pi}}\mathrm{e}^{-\frac{(x+3)^2}{4}}(-\infty<x<+\infty)$，则 $Y=(\quad)\sim N(0,1)$.

(A) $\frac{X+3}{2}$；　(B) $\frac{X+3}{\sqrt{2}}$；　(C) $\frac{X-3}{2}$；　(D) $\frac{X-3}{\sqrt{2}}$.

解：(1) 选择(C).

因为 $\int_{-\infty}^{+\infty} f_1(x)\mathrm{d}x=\int_0^{\pi}\sin x\mathrm{d}x=2\neq 1$，所以(A)错；

因为当 $\pi\leqslant x\leqslant \frac{3}{2}\pi$ 时，$f_2(x)\leqslant 0$，所以(B)错；

因为 $\int_{-\infty}^{+\infty} f_3(x)\mathrm{d}x=\int_0^{\frac{\pi}{2}}\sin x\mathrm{d}x=1$，且非负，所以(C)正确；

因为 $\int_{-\infty}^{+\infty} f_4(x)\mathrm{d}x=\int_{-\frac{\pi}{2}}^{\frac{\pi}{2}}\sin x\mathrm{d}x=0\neq 1$，所以(D)错.

(2) 选择(C).

因为 $P\{|X-\mu|<\delta\}=P\left\{\left|\frac{X-\mu}{\delta}\right|<1\right\}=2\Phi(1)-1$，所以不变.

(3) 选择(B).

由 X 的概率密度知 $X\sim N(-3,2)$，标准化得 $Y=\dfrac{X+3}{\sqrt{2}}\sim N(0,1)$.

3. 设离散型随机变量 X 的分布函数为

$$F(x)=\begin{cases}0, & x<-1,\\ a, & -1\leqslant x<1,\\ \dfrac{2}{3}-a, & 1\leqslant x<2,\\ a+b, & x\geqslant 2.\end{cases}$$

且 $P\{X=2\}=\dfrac{1}{2}$，求 a,b 和 X 的分布律.

解：因为 $F(+\infty)=1$，所以 $a+b=1$；

又因为 $P\{X=2\}=F(2)-F(2^-)=a+b-\left(\dfrac{2}{3}-a\right)=2a+b-\dfrac{2}{3}=\dfrac{1}{2}$，

二者联立解得 $a=\dfrac{1}{6}$，$b=\dfrac{5}{6}$，易求得 X 的分布律为

X	-1	1	2
p_k	$\frac{1}{6}$	$\frac{1}{3}$	$\frac{1}{2}$

4. 在区间$[0,a]$上任意投掷一个质点，以 X 表示这个质点的坐标．设这个质点落在$[0,a]$中任意小区间内的概率与这个小区间的长度成正比，试求 X 的分布函数.

解：由题意知 $F(x)=\begin{cases}0, & x<0,\\ kx, & 0\leqslant x<a,\\ 1, & x\geqslant a,\end{cases}$ 由当 $0\leqslant x\leqslant a$ 时，$P\{0\leqslant X\leqslant x\}=kx$，取 $x=a$，知

$P\{0\leqslant X\leqslant a\}=ka=1$，解得 $k=\dfrac{1}{a}$，即 $F(x)=\begin{cases}0, & x<0,\\ \dfrac{x}{a}, & 0\leqslant x<a,\\ 1, & x\geqslant a.\end{cases}$

5. 设连续型随机变量 X 的概率密度为

$$f(x)=\begin{cases}k\cos x, & |x|<\dfrac{\pi}{2},\\ 0, & \text{其他}.\end{cases}$$

求：(1) 系数 k；(2) 分布函数 $F(x)$；(3) $P\left\{X>\dfrac{\pi}{4}\right\}$.

解：(1) $\displaystyle\int_{-\infty}^{+\infty}f(x)\mathrm{d}x=\int_{-\frac{\pi}{2}}^{\frac{\pi}{2}}k\cos x\mathrm{d}x=k\sin x\Big|_{-\frac{\pi}{2}}^{\frac{\pi}{2}}=2k=1$，解得 $k=\dfrac{1}{2}$.

(2) $$F(x)=P\{X\leqslant x\}=\begin{cases}0, & x<-\dfrac{\pi}{2},\\ \displaystyle\int_{-\frac{\pi}{2}}^{x}\frac{1}{2}\cos t\mathrm{d}t, & -\dfrac{\pi}{2}\leqslant x<\dfrac{\pi}{2},\\ \displaystyle\int_{-\frac{\pi}{2}}^{\frac{\pi}{2}}\frac{1}{2}\cos x\mathrm{d}x+\int_{\frac{\pi}{2}}^{x}0\mathrm{d}x, & x\geqslant\dfrac{\pi}{2}\end{cases}$$

$$=\begin{cases}0, & x<-\frac{\pi}{2},\\ \frac{1}{2}(1+\sin x), & -\frac{\pi}{2}\leqslant x<\frac{\pi}{2},\\ 1, & x\geqslant\frac{\pi}{2}.\end{cases}$$

(3) $P\left\{X>\frac{\pi}{4}\right\}=\int_{\frac{\pi}{4}}^{\frac{\pi}{2}}\frac{1}{2}\cos x\mathrm{d}x=\frac{1}{2}\sin x\Big|_{\frac{\pi}{4}}^{\frac{\pi}{2}}=\frac{1}{2}\left(1-\frac{\sqrt{2}}{2}\right)$.

6. 设顾客在某银行的窗口等待服务的时间 X(以 min 计)服从指数分布,其概率密度为

$$f(x)=\begin{cases}\frac{1}{5}\mathrm{e}^{-\frac{x}{5}}, & x>0,\\ 0, & 其他,\end{cases}$$

某顾客在窗口等待服务,若超过 10min,他就离开,他一个月要到银行 5 次,以 Y 表示一个月内他未等到服务而离开窗口的次数,写出 Y 的分布律,并求 $P\{Y\geqslant1\}$.

解:令 $p=P\{X>10\}=\int_{10}^{+\infty}\frac{1}{5}\mathrm{e}^{-\frac{x}{5}}\mathrm{d}x=-\mathrm{e}^{-\frac{x}{5}}\Big|_{10}^{+\infty}=\mathrm{e}^{-2}$,则 $Y\sim b(5,p)=b(5,\mathrm{e}^{-2})$,

从而 $P\{Y=k\}=\mathrm{C}_5^k(\mathrm{e}^{-2})^k(1-\mathrm{e}^{-2})^{5-k}(k=0,1,2,3,4,5)$,

所以 $P\{Y\geqslant1\}=1-P\{Y=0\}=1-(1-\mathrm{e}^{-2})^5\approx0.5167$.

7. 设随机变量 $X\sim b(2,p)$,$Y\sim b(3,p)$,且 $P\{X\geqslant1\}=\frac{5}{9}$,求 $P\{Y\geqslant1\}$.

解:由 $X\sim b(2,p)$,故 $P\{X\geqslant1\}=1-P\{X=0\}=1-(1-p)^2=\frac{5}{9}$,解得 $p=\frac{1}{3}$;

又由于 $Y\sim b(3,p)$,所以 $P\{Y\geqslant1\}=1-P\{Y=0\}=1-(1-p)^3=1-\frac{8}{27}=\frac{19}{27}$.

8. 将 3 个球随机地放入 4 个杯子中去,随机变量 X 表示杯子中可能出现的最多的球的个数,求:(1)随机变量 X 的分布律;(2)随机变量的函数 $Y=X^2+1$ 的分布律.

解:(1)

X	1	2	3
p_k	$\frac{A_4^3}{4^3}$	$\frac{C_3^2\cdot4\cdot3}{4^3}$	$\frac{4}{4^3}$

即

X	1	2	3
p_k	$\frac{3}{8}$	$\frac{9}{16}$	$\frac{1}{16}$

(2)

p_k	$\frac{3}{8}$	$\frac{9}{16}$	$\frac{1}{16}$
X	1	2	3
X^2+1	2	5	10

即

Y	2	5	10
p_k	$\frac{3}{8}$	$\frac{9}{16}$	$\frac{1}{16}$

第3章　多维随机变量及其分布

3.1　二维随机变量及联合分布函数

1. 填空题：

(1)设(X,Y)的分布函数为

$$F(x,y)=\begin{cases}1-e^{-0.01x}-e^{-0.01y}+e^{-0.01(x+y)}, & x\geqslant 0,y\geqslant 0,\\ 0, & 其他,\end{cases}$$

则 $P\{X\leqslant 120,Y\leqslant 120\}=$__________.

(2) 设(X,Y)在区域 $D:x^2+y^2\leqslant R^2$ 上服从均匀分布，则 $P\{X\leqslant Y\}=$__________.

(3) 设(X,Y)的分布律为

X \ Y	1	2
1	0.1	0.2
2	0.2	0.5

则 $P\{0<X\leqslant 3,1<Y\leqslant 4\}=$__________.

解：(1) $P\{X\leqslant 120,Y\leqslant 120\}=F(120,120)=1-e^{-0.01\times 120}-e^{-0.01\times 120}+e^{-0.01\times(120+120)}$

$$=1-2e^{-1.2}+e^{-2.4}.$$

(2) 由于(X,Y)的概率密度为 $f(x,y)=\begin{cases}\dfrac{1}{\pi R^2}, & x^2+y^2\leqslant R^2,\\ 0, & 其他,\end{cases}$

所以 $P\{X\leqslant Y\}=\iint\limits_D \mathrm{d}x\mathrm{d}y=\dfrac{1}{\pi R^2}\iint\limits_D \mathrm{d}x\mathrm{d}y=\dfrac{1}{\pi R^2}\cdot\dfrac{\pi R^2}{2}=\dfrac{1}{2}.$

(3) $P\{0<X\leqslant 3,1<Y\leqslant 4\}=P\{X=1,Y=2\}+P\{X=2,Y=2\}=0.2+0.5=0.7.$

2. 盒子里装有3个黑球，2个红球，2个白球，在其中任取4个球，以X表示取到黑球的个数，以Y表示取到红球的个数，求X和Y的联合分布律.

解：(X,Y)的联合分布律为

Y \ X	0	1	2	3
0	0	0	$\frac{C_3^2C_2^2}{C_7^4}$	$\frac{C_3^3C_2^1}{C_7^4}$
1	0	$\frac{C_3^1C_2^1C_2^2}{C_7^4}$	$\frac{C_3^2C_2^1C_2^1}{C_7^4}$	$\frac{C_3^3C_2^1}{C_7^4}$
2	$\frac{C_2^2C_2^2}{C_7^4}$	$\frac{C_3^1C_2^2C_2^1}{C_7^4}$	$\frac{C_3^2C_2^2}{C_7^4}$	0

即

Y \ X	0	1	2	3
0	0	0	$\frac{3}{35}$	$\frac{2}{35}$
1	0	$\frac{6}{35}$	$\frac{12}{35}$	$\frac{2}{35}$
2	$\frac{1}{35}$	$\frac{6}{35}$	$\frac{3}{35}$	0

3. 从含有 3 个正品，2 个次品的 5 个产品中依次抽取两个，每次抽取一个后不放回，设 X 表示“第一次取到的次品个数”，Y 表示“第二次取到的次品个数”，试求(X,Y)的分布律.

解：(X,Y)的联合分布律为

Y \ X	0	1
0	$\frac{3}{5}\cdot\frac{2}{4}$	$\frac{2}{5}\cdot\frac{3}{4}$
1	$\frac{3}{5}\cdot\frac{2}{4}$	$\frac{2}{5}\cdot\frac{1}{4}$

即

Y \ X	0	1
0	$\frac{3}{10}$	$\frac{3}{10}$
1	$\frac{3}{10}$	$\frac{1}{10}$

4. 设二维随机变量(X,Y)的概率密度为

$$f(x,y)=\begin{cases}k(6-x-y), & 0<x<2,2<y<4,\\ 0, & \text{其他}.\end{cases}$$

求：(1) k；(2) $P\{X<1,Y<3\}$；(3) $P\{X+Y\leqslant 4\}$.

解：(1) $\int_{-\infty}^{+\infty}\mathrm{d}x\int_{-\infty}^{+\infty}f(x,y)\mathrm{d}y=k\int_0^2\mathrm{d}x\int_2^4(6-x-y)\mathrm{d}y=k\int_0^2(6-2x)\mathrm{d}x=8k=1$，解得 $k=\frac{1}{8}$.

(2) $P\{X<1,Y<3\}=\frac{1}{8}\int_0^1\mathrm{d}x\int_2^3(6-x-y)\mathrm{d}y=\frac{3}{8}$.

(3) $P\{X+Y\leqslant 4\}=\frac{1}{8}\int_0^2\mathrm{d}x\int_2^{4-x}(6-x-y)\mathrm{d}y=\frac{1}{8}\int_0^2\left(6-4x+\frac{1}{2}x^2\right)\mathrm{d}x=\frac{2}{3}$.

3.2 边缘分布

1. 设二维随机变量(X,Y)在平面区域 $G=\{(x,y)\mid -y\leqslant x\leqslant y,0\leqslant y\leqslant 1\}$上服从均匀分布，求其边缘概率密度 $f_X(x)$，$f_Y(y)$.

解：(X,Y)的联合概率密度为 $f(x,y)=\begin{cases}1, & (x,y)\in G,\\ 0, & \text{其他},\end{cases}$ 则

$$f_X(x)=\int_{-\infty}^{+\infty}f(x,y)\mathrm{d}y=\begin{cases}\int_{-x}^{1}\mathrm{d}y=1+x, & -1\leqslant x<0,\\ \int_{x}^{1}\mathrm{d}y=1-x, & 0\leqslant x\leqslant 1,\\ 0, & \text{其他},\end{cases}$$

$$f_Y(y)=\int_{-\infty}^{+\infty}f(x,y)\mathrm{d}x=\begin{cases}\int_{-y}^{y}\mathrm{d}x=2y, & 0\leqslant y\leqslant 1,\\ 0, & \text{其他}.\end{cases}$$

2. 设二维随机变量(X,Y)只取下列数组中的值$(0,0)$，$(-1,1)$，$\left(-1,\frac{1}{3}\right)$，$(2,0)$，其相应的概率依次为$\frac{1}{6}$，$\frac{1}{3}$，$\frac{1}{12}$，$\frac{5}{12}$，试列出$(X,Y)$的分布律，并求出关于$Y$的边缘分布律.

解：

Y \ X	-1	0	2	$p_{\cdot j}$
0	0	$\frac{1}{6}$	$\frac{5}{12}$	$\frac{7}{12}$
$\frac{1}{3}$	$\frac{1}{12}$	0	0	$\frac{1}{12}$
1	$\frac{1}{3}$	0	0	$\frac{1}{3}$

即

Y	0	$\frac{1}{3}$	1
$p_{\cdot j}$	$\frac{7}{12}$	$\frac{1}{12}$	$\frac{1}{3}$

3. 设二维随机变量(X,Y)的概率密度为

$$f(x,y)=\begin{cases}A\cos x\sin y, & 0\leqslant x\leqslant\frac{\pi}{2},0\leqslant y\leqslant\frac{\pi}{2},\\ 0, & \text{其他}.\end{cases}$$

求：(1) 系数A；(2) 边缘概率密度.

解：(1) $$\int_{-\infty}^{+\infty}\mathrm{d}x\int_{-\infty}^{+\infty}f(x,y)\mathrm{d}y=A\int_0^{\frac{\pi}{2}}\cos x\mathrm{d}x\int_0^{\frac{\pi}{2}}\sin y\mathrm{d}y=A=1.$$

(2) $$f_X(x)=\int_{-\infty}^{+\infty}f(x,y)\mathrm{d}y=\begin{cases}\int_0^{\frac{\pi}{2}}\cos x\sin y\mathrm{d}y, & 0\leqslant x\leqslant\frac{\pi}{2},\\ 0, & \text{其他}\end{cases}=\begin{cases}\cos x, & 0\leqslant x\leqslant\frac{\pi}{2},\\ 0, & \text{其他}.\end{cases}$$

$$f_Y(y)=\int_{-\infty}^{+\infty}f(x,y)\mathrm{d}x=\begin{cases}\int_0^{\frac{\pi}{2}}\cos x\sin y\mathrm{d}x, & 0\leqslant y\leqslant\frac{\pi}{2},\\ 0, & \text{其他}\end{cases}=\begin{cases}\sin y, & 0\leqslant y\leqslant\frac{\pi}{2},\\ 0, & \text{其他}.\end{cases}$$

3.4 随机变量的相互独立性

1. 填空题：

(1) 某射手对目标独立地进行两次射击，已知其第一次射击命中率为0.5，第二次射击命中

率为 0.6,以随机变量 X_i 表示第 i 次射击结果,即

$$X_i=\begin{cases}0, & \text{第 } i \text{ 次射未中},\\ 1, & \text{第 } i \text{ 次射命中}\end{cases} \quad (i=1,2),$$

则二维随机变量(X_1,X_2)的分布律为

X_1 \ X_2	0	1
0	—	—
1	—	0.3

(2) 设 X 与 Y 相互独立,均服从(0,1)上的均匀分布,则 $f_X(x)\cdot f_Y(y)$ 的表达式为______________.

解:(1) $P\{X_1=0,X_2=0\}=P\{X_1=0\}P\{X_2=0\}=(1-0.5)(1-0.6)=0.2$,

$P\{X_1=0,X_2=1\}=P\{X_1=0\}P\{X_2=1\}=(1-0.5)0.6=0.3$,

$P\{X_1=1,X_2=0\}=P\{X_1=1\}P\{X_2=0\}=0.5(1-0.6)=0.2$.

X_1 \ X_2	0	1
0	0.2	0.3
1	0.2	0.3

(2) 因为 $f_X(x)=\begin{cases}1, & 0<x<1,\\ 0, & \text{其他},\end{cases}$ $f_Y(y)=\begin{cases}1, & 0<y<1,\\ 0, & \text{其他},\end{cases}$

所以 $f_X(x)f_Y(y)=\begin{cases}1, 0<x<1, & 0<y<1,\\ 0, & \text{其他}.\end{cases}$

2. 若二维随机变量(X,Y)的分布律为

Y \ X	1	2	3
1	$\frac{1}{8}$	a	$\frac{1}{24}$
2	b	$\frac{1}{4}$	$\frac{1}{8}$

求:(1) a 和 b 应满足的条件;(2) 若 X 与 Y 相互独立,a 与 b 的值.

解:(1) 易求得边缘分布律如下:

Y \ X	1	2	3	$p_{\cdot j}$
1	$\frac{1}{8}$	a	$\frac{1}{24}$	$a+\frac{1}{6}$
2	b	$\frac{1}{4}$	$\frac{1}{8}$	$b+\frac{3}{8}$
$p_{i\cdot}$	$b+\frac{1}{8}$	$a+\frac{1}{4}$	$\frac{1}{6}$	

因为$\left(a+\frac{1}{6}\right)+\left(b+\frac{3}{8}\right)=1$,

且$a\geqslant0,b\geqslant0$,解得

$$a+b=\frac{11}{24},a\geqslant0,b\geqslant0.$$

(2) 由X与Y的相互独立性,知

$$p_{3\cdot}\cdot p_{\cdot1}=\frac{1}{6}\left(a+\frac{1}{6}\right)=p_{31}=\frac{1}{24},\text{解得 }a=\frac{1}{12};\text{再由 }a+b=\frac{11}{24},\text{得 }b=\frac{3}{8}.$$

3. 设二维随机变量(X,Y)的概率密度为

$$f(x,y)=\begin{cases}e^{-y}, & 0<x<y,\\ 0, & \text{其他}.\end{cases}$$

(1) 求出边缘概率密度;

(2) 问X与Y是否相互独立?

解:(1) $$f_X(x)=\int_{-\infty}^{+\infty}f(x,y)\mathrm{d}y=\begin{cases}\int_x^{+\infty}e^{-y}\mathrm{d}y, & x>0,\\ 0, & \text{其他}\end{cases}=\begin{cases}e^{-x}, & x>0,\\ 0, & \text{其他}.\end{cases}$$

$$f_Y(y)=\int_{-\infty}^{+\infty}f(x,y)\mathrm{d}x=\begin{cases}\int_0^{y}e^{-y}\mathrm{d}x, & y>0,\\ 0, & \text{其他}\end{cases}=\begin{cases}ye^{-y}, & y>0,\\ 0, & \text{其他}.\end{cases}$$

(2) 因为$f_X(x)\cdot f_Y(y)\neq f(x,y)$,所以$X$与$Y$不相互独立.

4. 设X和Y是两个相互独立的随机变量,X在$(0,1)$上服从均匀分布,Y的概率密度为

$$f_Y(y)=\begin{cases}\frac{1}{2}e^{-\frac{y}{2}}, & y>0,\\ 0, & y\leqslant0.\end{cases}$$

(1) 求X和Y的联合概率密度;

(2) 设含a的二次方程为$a^2+2Xa+Y=0$,试求a有实根的概率.

解:(1) $f_X(x)=\begin{cases}1, & 0<x<1,\\ 0, & \text{其他},\end{cases}$ $f_Y(y)=\begin{cases}\frac{1}{2}e^{-\frac{y}{2}}, & y>0,\\ 0, & \text{其他},\end{cases}$ 因为X与Y相互独立,所以

$$f(x,y)=f_X(x)\cdot f_Y(y)=\begin{cases}\frac{1}{2}e^{-\frac{y}{2}}, & 0<x<1,y>0,\\ 0, & \text{其他}.\end{cases}$$

(2) $\Delta=4X^2-4Y\geqslant0$,即$X^2\geqslant Y$,则

$$P\{X^2\geqslant Y\}=\int_0^1\mathrm{d}x\int_0^{x^2}\frac{1}{2}e^{-\frac{y}{2}}\mathrm{d}y$$

$$=\int_0^1(1-e^{-\frac{x^2}{2}})\mathrm{d}x=1-\int_0^1e^{-\frac{x^2}{2}}\mathrm{d}x=1-\sqrt{2\pi}[\Phi(1)-\Phi(0)]=0.1445.$$

3.5 随机变量的函数的分布

1. 填空题:

(1) 已知二维连续型随机变量(X,Y)的概率密度为$f(x,y)$,则$P\{X+Y\leqslant b\}=$____;若$Z=X+Y$的概率密度为$f_Z(z)$,则$P\{X+Y\leqslant b\}=$____________.

(2) 若随机变量X与Y相互独立,且均服从$N(0,\sigma^2)$,则$Z=X+Y$服从________分布,其

概率密度 $f_Z(z)=$_____________.

解:(1)
$$P\{X+Y\leqslant b\}=\int_{-\infty}^{+\infty}\mathrm{d}x\int_{-\infty}^{b-x}f(x,y)\mathrm{d}y,$$
$$P\{X+Y\leqslant b\}=P\{Z\leqslant b\}=\int_{-\infty}^{b}f_Z(z)\mathrm{d}z.$$

(2)
$$Z=X+Y\sim N(0,2\sigma^2),f_Z(z)=\frac{1}{\sqrt{2\pi}\sqrt{2}\sigma}\mathrm{e}^{-\frac{(z-0)^2}{2(\sqrt{2}\sigma)^2}}=\frac{1}{2\sqrt{\pi}\sigma}\mathrm{e}^{-\frac{z^2}{4\sigma^2}}.$$

2. 设(X,Y)的分布律为

Y \ X	-1	0	1	2
1	$\frac{1}{8}$	$\frac{1}{16}$	$\frac{1}{16}$	$\frac{1}{4}$
2	$\frac{1}{16}$	$\frac{1}{4}$	$\frac{1}{8}$	$\frac{1}{16}$

(1) 试求:$Z=X+Y,M=\max\{X,Y\},N=\min\{X,Y\}$的概率分布;

(2) 求(X,Y)关于X和Y的边缘分布律;

(3) 判断X和Y是否相互独立.

解:(1)倒表法:

p_{ij}	$\frac{1}{8}$	$\frac{1}{16}$	$\frac{1}{16}$	$\frac{1}{4}$	$\frac{1}{16}$	$\frac{1}{8}$	$\frac{1}{4}$	$\frac{1}{16}$
(X,Y)	$(-1,1)$	$(-1,2)$	$(0,1)$	$(0,2)$	$(1,1)$	$(1,2)$	$(2,1)$	$(2,2)$
Z	0	1	1	2	2	3	3	4
M	1	2	1	2	1	2	2	2
N	-1	-1	0	0	1	1	1	2

所以所求分布律分别为

Z	0	1	2	3	4
p_k	$\frac{1}{8}$	$\frac{1}{8}$	$\frac{5}{16}$	$\frac{3}{8}$	$\frac{1}{16}$

M	1	2
p_k	$\frac{1}{4}$	$\frac{3}{4}$

N	-1	0	1	2
p_k	$\frac{3}{16}$	$\frac{5}{16}$	$\frac{7}{16}$	$\frac{1}{16}$

(2)

X	-1	0	1	2
$p_{i\cdot}$	$\frac{3}{16}$	$\frac{5}{16}$	$\frac{3}{16}$	$\frac{5}{16}$

Y	1	2
$p_{\cdot j}$	$\frac{1}{2}$	$\frac{1}{2}$

(3) 因为 $p_{1\cdot}\cdot p_{\cdot 1}=\frac{3}{16}\cdot\frac{1}{2}=\frac{3}{32}\neq p_{11}=\frac{1}{8}$，所以 X 与 Y 不相互独立.

3. 设 X 和 Y 是两个相互独立的随机变量，其概率密度分别为

$$f_X(x)=\begin{cases}1, & 0\leqslant x\leqslant 1,\\ 0, & \text{其他},\end{cases}\quad f_Y(y)=\begin{cases}e^{-y}, & y>0,\\ 0, & \text{其他}.\end{cases}$$

求随机变量 $Z=X+Y$ 的概率密度.

解：$f_X(x)\cdot f_Y(z-x)=\begin{cases}e^{-(z-x)}, & 0\leqslant x\leqslant 1, z-x>0,\\ 0, & \text{其他},\end{cases}$

根据 z 的取值确定

$$f_Z(z)=\int_{-\infty}^{+\infty}f_X(x)\cdot f_Y(z-x)\mathrm{d}x=\begin{cases}\int_0^z e^{-(z-x)}\mathrm{d}x, & 0\leqslant z\leqslant 1,\\ \int_0^1 e^{-(z-x)}\mathrm{d}x, & z>1,\\ 0, & z<0\end{cases}=\begin{cases}1-e^{-z}, & 0\leqslant z\leqslant 1,\\ (e-1)e^{-z}, & z>1,\\ 0, & z<0.\end{cases}$$

第 3 章总习题

1. 选择题：

(1)下列叙述错误的是(　　).

(A)联合分布决定边缘分布；

(B) 边缘分布不能决定联合分布；

(C)两个随机变量各自的联合分布不同，但边缘分布可能相同；

(D) 边缘分布之积即为联合分布.

(2) 设两个随机变量 X 与 Y 相互独立，且 $X\sim N(0,1)$，$Y\sim N(1,1)$，则下列各式成立的是(　　).

(A)$P\{X-Y\leqslant 0\}=\frac{1}{2}$；　　(B)$P\{X-Y\leqslant 1\}=\frac{1}{2}$；

(C)$P\{X+Y\leqslant 0\}=\frac{1}{2}$；　　(D)$P\{X+Y\leqslant 1\}=\frac{1}{2}$.

(3) 已知 $X_i(i=1,2)$的分布函数为 $F_i(x)$，设 $F(x)=aF_1(x)-bF_2(x)$是某一随机变量的分布函数，则下列各组数值正确的是(　　).

(A)$a=\frac{3}{5},b=-\frac{2}{5}$；　　(B)$a=\frac{2}{3},b=\frac{2}{3}$；

(C)$a=-\frac{1}{2},b=\frac{3}{2}$；　　(D)$a=\frac{3}{5},b=\frac{2}{5}$.

(4) 设随机变量 X 与 Y 相互独立且同分布，即 $P\{X=-1\}=P\{Y=-1\}=\frac{1}{2}$，$P\{X=1\}=P\{Y=1\}=\frac{1}{2}$，则(　　).

(A)$P\{X=Y\}=\frac{1}{2}$；　　(B)$P\{X=Y\}=1$；

(C)$P\{X+Y=0\}=\frac{1}{4}$；　　(D)$P\{XY=1\}=\frac{1}{4}$.

解：(1) 选择(D).

因为只有当随机变量 X 与 Y 相互独立时，才有边缘分布之积即为联合分布，所以(D)错误.

(2) 选择(D).

因为 $X\sim N(0,1)$，$Y\sim N(1,1)$，所以 $X+Y\sim N(1,2)$，$X-Y\sim N(-1,2)$，

由正态分布的图形可知，对称轴左或右的概率均为$\frac{1}{2}$. 所以(D)正确.

(3) 选择(A).

由于 $F(-\infty)=0$，$F(+\infty)=1$，得 $a-b=1$，只有(A)符合，所以选择(A).

(4) 选择(A).

$$P\{X=Y\}=P\{X=-1,Y=-1\}+P\{X=1,Y=1\}$$
$$=P\{X=-1\}P\{Y=-1\}+P\{X=1\}P\{Y=1\}=\frac{1}{2}\cdot\frac{1}{2}+\frac{1}{2}\cdot\frac{1}{2}=\frac{1}{2},$$

$$P\{X+Y=0\}=P\{X=-1,Y=1\}+P\{X=1,Y=-1\}$$
$$=P\{X=-1\}P\{Y=1\}+P\{X=1\}P\{Y=-1\}=\frac{1}{2}\cdot\frac{1}{2}+\frac{1}{2}\cdot\frac{1}{2}=\frac{1}{2},$$

$$P\{XY=1\}=P\{X=-1,Y=-1\}+P\{X=1,Y=1\}$$
$$=P\{X=-1\}P\{Y=-1\}+P\{X=1\}P\{Y=1\}=\frac{1}{2}\cdot\frac{1}{2}+\frac{1}{2}\cdot\frac{1}{2}=\frac{1}{2}.$$

2. 设(X,Y)的分布函数为 $F(x,y)=A\left(B+\arctan\frac{x}{2}\right)\left(C+\arctan\frac{y}{3}\right)$，求：(1)系数 A，B 和 C；(2)(X,Y)的概率密度；(3)边缘分布函数及边缘概率密度.

解：(1)由于 $F(+\infty,+\infty)=1$，$F(-\infty,-\infty)=0$，$F(+\infty,-\infty)=0$，$F(-\infty,+\infty)=0$，得

$$A\left(B+\frac{\pi}{2}\right)\left(C+\frac{\pi}{2}\right)=1,A\left(B-\frac{\pi}{2}\right)\left(C-\frac{\pi}{2}\right)=0,A\left(B+\frac{\pi}{2}\right)\left(C-\frac{\pi}{2}\right)=0,A\left(B-\frac{\pi}{2}\right)\left(C+\frac{\pi}{2}\right)=0,$$

解得 $A=\frac{1}{\pi^2}$，$B=C=\frac{\pi}{2}$，从而

$$F(x,y)=\frac{1}{\pi^2}\left(\frac{\pi}{2}+\arctan\frac{x}{2}\right)\left(\frac{\pi}{2}+\arctan\frac{y}{3}\right)\quad -\infty<x,y<+\infty.$$

(2) $$f(x,y)=\frac{\partial^2 F(x,y)}{\partial x\partial y}=\frac{\partial}{\partial y}\left[\frac{1}{\pi^2}\cdot\frac{1}{2}\cdot\frac{1}{1+\frac{x^2}{4}}\left(\frac{\pi}{2}+\arctan\frac{y}{3}\right)\right]=\frac{6}{\pi(4+x^2)(9+y^2)}.$$

(3) $$F_X(x)=\lim_{y\to+\infty}F(x,y)=\frac{1}{\pi}\left(\frac{\pi}{2}+\arctan\frac{x}{2}\right),-\infty<x<+\infty,$$

$$F_Y(y)=\lim_{x\to+\infty}F(x,y)=\frac{1}{\pi}\left(\frac{\pi}{2}+\arctan\frac{y}{3}\right),-\infty<y<+\infty,$$

$$f_X(x)=F'_X(x)=\frac{2}{\pi(4+x^2)},$$

$$f_Y(y)=F'_Y(y)=\frac{3}{\pi(9+y^2)}.$$

3. 将 3 封信随机投入编号为 1,2,3,4 的 4 个邮筒．记 X 为 1 号邮筒内信的数目，Y 为有信的邮筒数目．求：(1)X 与 Y 的联合概率分布；(2)Y 的边缘分布；(3)在 $X=0$ 条件下，Y 的条件分布；(4)判别 X 与 Y 是否相互独立.

解：(1)

Y \ X	0	1	2	3
1	$\frac{C_3^1}{4^3}$	0	0	$\frac{1}{4^3}$
2	$\frac{C_3^2C_3^2\cdot 2}{4^3}$	$\frac{C_3^1C_3^1}{4^3}$	$\frac{C_3^2C_3^1}{4^3}$	0
3	$\frac{3!}{4^3}$	$\frac{C_3^1C_3^2\cdot 2!}{4^3}$	0	0

即

Y \ X	0	1	2	3
1	$\frac{3}{64}$	0	0	$\frac{1}{64}$
2	$\frac{9}{32}$	$\frac{9}{64}$	$\frac{9}{64}$	0
3	$\frac{3}{32}$	$\frac{9}{32}$	0	0

(2)

Y	1	2	3
$p_{\cdot j}$	$\frac{1}{16}$	$\frac{9}{16}$	$\frac{3}{8}$

(3)

$Y\mid X=0$	1	2	3
$p_{Y\mid X}$	$\frac{1}{9}$	$\frac{2}{3}$	$\frac{2}{9}$

(4) 因为 $p_{11}\neq p_{\cdot 1}\cdot p_{1\cdot}$，所以 X 与 Y 不相互独立.

4. 设二维随机变量(X,Y)的概率密度为

$$f(x,y)=\begin{cases}Ce^{-3x-4y}, & x>0,y>0,\\ 0, & 其他.\end{cases}$$

(1) 求 C； (2) 求边缘分布函数 $f_X(x),f_Y(y)$；

(3) 求(X,Y)的联合分布函数； (4) 讨论 X 与 Y 的独立性；

(5) 求 $P\{0<X\leqslant 1,0<Y\leqslant 2\}$； (6) 求 $X+Y$ 的概率分布.

解：(1) $\int_{-\infty}^{+\infty}dx\int_{-\infty}^{+\infty}f(x,y)dy=C\int_0^{+\infty}e^{-3x}dx\int_0^{+\infty}e^{-4y}dy=1$，解得 $C=12$.

(2) $f_X(x)=\int_{-\infty}^{+\infty}f(x,y)dy=\begin{cases}12\int_0^{+\infty}e^{-3x-4y}dy, & x>0,\\ 0, & x\leqslant 0\end{cases}=\begin{cases}3e^{-3x}, & x>0,\\ 0, & x\leqslant 0.\end{cases}$

同理 $f_Y(y)=\begin{cases}4e^{-4y}, & y>0,\\0, & y\leqslant 0.\end{cases}$

(3) $F(x,y)=P\{X\leqslant x,Y\leqslant y\}=\begin{cases}12\int_0^x e^{-3x}dx\int_0^y e^{-4y}dy, & x>0,y>0,\\0, & \text{其他}\end{cases}$

$=\begin{cases}(e^{-3x}-1)(e^{-4y}-1), & x>0,y>0,\\0, & \text{其他}.\end{cases}$

(4) 因为 $f(x,y)=f_X(x)\cdot f_Y(y)$，所以 X 与 Y 相互独立.

(5) $P\{0<X\leqslant 1,0<Y\leqslant 2\}=12\int_0^1 e^{-3x}dx\int_0^2 e^{-4y}dy=(e^{-3}-1)(e^{-8}-1)$.

(6) 由于 X 与 Y 相互独立，所以

$$f_Z(z)=\int_{-\infty}^{+\infty}f_X(x)\cdot f_Y(z-x)dx=\begin{cases}\int_0^z 12e^{-3x}e^{-4(z-x)}dx, & z>0,\\0, & z\leqslant 0\end{cases}=\begin{cases}12e^{-4z}(e^z-1), & z>0,\\0, & z\leqslant 0.\end{cases}$$

第 4 章 随机变量的数字特征

4.1 数学期望

1. 设随机变量 X 的分布律为

X	-2	0	2
p_k	0.4	0.3	0.3

求 $E(X^2)$.

解：$E(X^2)=(-2)^2\times 0.4+0^2\times 0.3+2^2\times 0.3=2.8$.

2. 设二维连续型随机变量 (X,Y) 的联合密度函数为

$$f(x,y)=\begin{cases}ye^{-(x+y)}, & x>0,y>0,\\0, & \text{其他}.\end{cases}$$

求 $E(X)$.

解：$E(X)=\int_{-\infty}^{+\infty}\int_{-\infty}^{+\infty}xf(x,y)dxdy=\int_0^{+\infty}xe^{-x}dx\int_0^{+\infty}ye^{-y}dy=1\times 1=1$.

3. 随机变量 X 的分布律为

X	-1	0	$\frac{1}{2}$	1	2
p_k	$\frac{1}{3}$	$\frac{1}{6}$	$\frac{1}{6}$	$\frac{1}{12}$	$\frac{1}{4}$

试求 $Y_1=-X+1,Y_2=X^2$ 的数学期望.

解：$E(Y_1)=E(-X+1)$

$$=(1+1)\times\frac{1}{3}+(0+1)\times\frac{1}{6}+\left(-\frac{1}{2}+1\right)\times\frac{1}{6}+(-1+1)\times\frac{1}{12}+(-2+1)\times\frac{1}{4}=\frac{2}{3},$$

$E(Y_2)=E(X^2)$

$$=(-1)^2\times\frac{1}{3}+0^2\times\frac{1}{6}+\left(\frac{1}{2}\right)^2\times\frac{1}{6}+1^2\times\frac{1}{12}+2^2\times\frac{1}{4}=\frac{35}{24}.$$

4. 某商店一天的营业额 X(以万元计)是一个随机变量．已知 X 的概率密度为

$$f(x)=\begin{cases}\frac{6}{181}(11x-x^2), & 5<x<6,\\ 0, & \text{其他}.\end{cases}$$

一天的盈利 $Y=g(X)=\frac{1}{2}X-1$,求 $E(Y)$.

解:$E(Y)=E\left(\frac{1}{2}X-1\right)=\int_{-\infty}^{+\infty}\left(\frac{1}{2}x-1\right)f(x)\mathrm{d}x$

$$=\int_5^6\left(\frac{1}{2}x-1\right)\cdot\frac{6}{181}(11x-x^2)\mathrm{d}x\approx 1.75(\text{万元}).$$

5. 将 n 个球放入 M 个盒子中去,设每个球落入各个盒子是等可能的,求有球的盒子数 X 的数学期望.

解:令 $X=X_1+X_2+\cdots+X_M$,其中

$$X_i=\begin{cases}0, & \text{第 } i \text{ 个盒中无球},\\ 1, & \text{第 } i \text{ 个盒中有球}\end{cases}\quad(i=1,2,\cdots,M),$$

X_i	0	1
p_k	$\left(1-\frac{1}{M}\right)^n$	$1-\left(1-\frac{1}{M}\right)^n$

故 $E(X_i)=1-\left(1-\frac{1}{M}\right)^n$,

所以 $E(X)=\sum_{i=1}^{M}E(X_i)=M\left[1-\left(1-\frac{1}{M}\right)^n\right]$.

6. 设二维随机变量(X,Y)的分布律为

Y \ X	0	1	2	3
1	0	$\frac{3}{8}$	$\frac{3}{8}$	0
3	$\frac{1}{8}$	0	0	$\frac{1}{8}$

求 $E(X)$,$E(Y)$及 $E(XY)$.

解: $E(X)=0\times\left(0+\frac{1}{8}\right)+1\times\left(\frac{3}{8}+0\right)+2\times\left(\frac{3}{8}+0\right)+3\times\left(0+\frac{1}{8}\right)=\frac{3}{2}$,

$$E(Y)=1\times\left(0+\frac{3}{8}+\frac{3}{8}+0\right)+3\times\left(\frac{1}{8}+0+0+\frac{1}{8}\right)=\frac{3}{2},$$

$$E(XY)=0\times1\times0+1\times1\times\frac{3}{8}+2\times1\times\frac{3}{8}+3\times1\times0+0\times3\times\frac{1}{8}+1\times3\times0+2\times3\times0+3\times3\times\frac{1}{8}$$

$$=\frac{9}{4}.$$

4.2 *方差*

1. 填空题:

(1) 设随机变量 $X\sim b(n,p)$,$E(X)=8$,$D(X)=1.6$,则 $p=$__________.

(2) 设 X 服从正态分布,其密度函数曲线以 $x=3$ 为对称轴,则 $E(X)=$_________.

(3) 若 $X\sim N(0,1)$,则 $E(X^2)=$_________.

(4) 若 $X\sim U(2,6)$,则 $D(2X-3)=$_________.

(5) 设 X 和 Y 是相互独立的随机变量,则 $D(X-2Y)=$_________.

(6) 设 $X_1,X_2,\cdots,X_n$ 相互独立,且都服从正态分布 $N(\mu,\sigma^2)$,则 $E\left(\frac{1}{n}\sum_{i=1}^{n}X_i\right)=$________,

$D\left(\frac{1}{n}\sum_{i=1}^{n}X_i\right)=$________.

(7)设随机变量 Z 服从参数为 λ 的指数分布,则 $P\{Z\geqslant\sqrt{D(Z)}\}=$_________.

解:(1) 0.8.

因为 $X\sim b(n,p)$,所以 $E(X)=np=8,D(X)=np(1-p)=1.6$,解得 $p=0.8$.

(2) 3.

$$E(X)=\mu=3.$$

(3) 1.

$$E(X^2)=D(X)+[E(X)]^2=1+0^2=1.$$

(4) $\frac{16}{3}$.

$$D(2X-3)=4D(X)=4\times\frac{(6-2)^2}{12}=\frac{16}{3}.$$

(5) $D(X)+4D(Y)$.

$$D(X-2Y)=D(X)+4D(Y).$$

(6) $\mu,\frac{\sigma^2}{n}$.

$$E\left(\frac{1}{n}\sum_{i=1}^{n}X_i\right)=\frac{1}{n}\sum_{i=1}^{n}E(X_i)=\frac{1}{n}\cdot n\cdot E(X_i)=\mu,$$

$$D\left(\frac{1}{n}\sum_{i=1}^{n}X_i\right)=\frac{1}{n^2}\sum_{i=1}^{n}D(X_i)=\frac{1}{n^2}\cdot n\cdot D(X_i)=\frac{\sigma^2}{n}.$$

(7) $\frac{1}{\mathrm{e}}$.

$$P\{Z\geqslant\sqrt{D(Z)}\}=P\left\{Z\geqslant\frac{1}{\lambda}\right\}=\int_{\frac{1}{\lambda}}^{+\infty}\lambda\mathrm{e}^{-\lambda x}\mathrm{d}x=\frac{1}{\mathrm{e}}.$$

2. 是非判断题:

(1) 若随机变量 X,Y 相互独立,则 $D(X\pm Y)=D(X)\pm D(Y)$.　(　　)

(2) 对于任意随机变量 X,都有等式 $E(X^2)=D(X)+[E(X)]^2$.　(　　)

(3) 若 X 与 Y 都是标准正态随机变量,则 $X+Y\sim N(0,2)$.　(　　)

解:(1)错误.

因为若随机变量 X 与 Y 相互独立,则 $D(X\pm Y)=D(X)+D(Y)$.

(2) 正确.

(3) 错误.

若 X 与 Y 都是标准正态随机变量,仅当 X 与 Y 相互独立时,才有 $X+Y\sim N(0,2)$.

3. 设随机变量 X 的概率密度为 $f(x)=\frac{1}{2}\mathrm{e}^{-|x|}\ (-\infty<x<+\infty)$,求 $E(X),D(X)$.

解：$E(X)=\int_{-\infty}^{+\infty}xf(x)\mathrm{d}x=\int_{-\infty}^{+\infty}x\frac{1}{2}\mathrm{e}^{-|x|}\mathrm{d}x=0$，

$$E(X^2)=\int_{-\infty}^{+\infty}x^2f(x)\mathrm{d}x=2\int_0^{+\infty}x^2\frac{1}{2}\mathrm{e}^{-x}\mathrm{d}x=-\int_0^{+\infty}x^2\mathrm{d}\mathrm{e}^{-x}=-\left[(x^2\mathrm{e}^{-x})\Big|_0^{+\infty}-\int_0^{+\infty}\mathrm{e}^{-x}\mathrm{d}x^2\right]$$
$$=2\int_0^{+\infty}x\mathrm{e}^{-x}\mathrm{d}x=-2\int_0^{+\infty}x\mathrm{d}\mathrm{e}^{-x}=-2\left[(x\mathrm{e}^{-x})\Big|_0^{+\infty}-\int_0^{+\infty}\mathrm{e}^{-x}\mathrm{d}x\right]=2,$$
$$D(X)=E(X^2)-[E(X)]^2=2-0^2=2.$$

4. 设随机变量 X 与 Y 独立同分布，$E(X)=E(Y)=\mu$，$D(X)=D(Y)=\sigma^2$，随机变量 $\xi=\alpha X+\beta Y$，$\zeta=\alpha X-\beta Y$，求：$E(\xi)$，$E(\zeta)$，$D(\xi)$，$D(\zeta)$.

解：
$$E(\xi)=E(\alpha X+\beta Y)=\alpha E(X)+\beta E(Y)=\alpha\mu+\beta\mu=(\alpha+\beta)\mu,$$
$$E(\zeta)=E(\alpha X-\beta Y)=\alpha E(X)-\beta E(Y)=\alpha\mu-\beta\mu=(\alpha-\beta)\mu,$$
$$D(\xi)=D(\alpha X+\beta Y)=\alpha^2D(X)+\beta^2D(Y)=\alpha^2\sigma^2+\beta^2\sigma^2=(\alpha^2+\beta^2)\sigma^2,$$
$$D(\zeta)=D(\alpha X-\beta Y)=\alpha^2D(X)+\beta^2D(Y)=\alpha^2\sigma^2+\beta^2\sigma^2=(\alpha^2+\beta^2)\sigma^2.$$

5. 若已知随机变量 X 的概率密度为

$$f(x)=\begin{cases}1-|1-x|, & 0<x<2,\\ 0, & \text{其他}.\end{cases}$$

(1) 求 $E(X)$，$D(X)$；

(2) 写出标准化随机变量 X^*.

解：(1) $f(x)=\begin{cases}x, & 0<x<1,\\ 2-x, & 1\leqslant x<2,\\ 0, & \text{其他}.\end{cases}$

$$E(X)=\int_{-\infty}^{+\infty}xf(x)\mathrm{d}x=\int_0^1x\cdot x\mathrm{d}x+\int_1^2x\cdot(2-x)\mathrm{d}x=1,$$

$$D(X)=E(X^2)-[E(X)]^2=\int_0^1x^2\cdot x\mathrm{d}x+\int_1^2x^2\cdot(2-x)\mathrm{d}x-1^2=\frac{7}{6}-1=\frac{1}{6}.$$

(2) $X^*=\dfrac{X-E(X)}{\sqrt{D(X)}}=\sqrt{6}(X-1)$.

6. 设有一大批种子，其中良种占$\frac{1}{6}$，试估计在任选的 6000 粒种子中，良种所占的比例与$\frac{1}{6}$比较，上下不超过 1%的概率.

解：假设 6000 粒种子良种数为 X，则 $X\sim b\left(6000,\frac{1}{6}\right)$，由题意可知

$$E(X)=np=6000\times\frac{1}{6}=1000,D(X)=np(1-p)=6000\times\frac{1}{6}\times\frac{5}{6}=1000\times\frac{5}{6},$$
$$P\left\{\left|\frac{X}{6000}-\frac{1}{6}\right|\leqslant 0.01\right\}=P\{|X-1000|\leqslant 60\},$$

由切比雪夫不等式知

$$P\left\{\left|\frac{X}{6000}-\frac{1}{6}\right|\leqslant 0.01\right\}\geqslant 1-\frac{D(X)}{\varepsilon^2}=1-\frac{1000\times\frac{5}{6}}{60^2}\approx 0.7685=76.85\%.$$

4.3 协方差和相关系数

1. 填空题：

(1) 设随机变量 X，Y 相互独立，则 X，Y 的相关系数 $\rho_{XY}=$__________.

(2) 若(X,Y)服从二维正态分布时，X与Y不相关和__________是等价的.

解：(1) 0.

(2) X与Y相互独立.

2. 是非判断题：

(1) 若随机变量X和Y不相互独立，则X与Y必定相关. ( )

(2) 若随机变量X和Y不相关，则X与Y必相互独立. ( )

(3) 若随机变量X和Y不相互独立，则X与Y也不相关. ( )

(4) 若随机变量X和Y相互独立，则X与Y一定不相关. ( )

解：(1) 错误．若随机变量X与Y不相互独立，则X与Y未必必定相关，还可能为非线性关系.

(2) 错误．若随机变量X与Y不相关，则X与Y还可能为非线性关系，从而不一定相互独立.

(3) 错误．若随机变量X与Y不相互独立，则X与Y既可能不相关，还可能为非线性关系.

(4) 正确.

3. 设三个随机变量X_1,X_2,X_3中，$E(X_1)=E(X_2)=1,E(X_3)=-1,D(X_1)=D(X_2)=D(X_3)=1,\rho_{X_1X_2}=0,\rho_{X_1X_3}=\frac{1}{2},\rho_{X_2X_3}=-\frac{1}{2}$，设$X=\sum\limits_{i=1}^{3}X_i$，求$E(X),D(X)$.

解：
$$E(X)=E\Big(\sum_{i=1}^{3}X_i\Big)=E(X_1)+E(X_2)+E(X_3)=1+1-1=1;$$

$$\begin{aligned}D(X)&=D\Big(\sum_{i=1}^{3}X_i\Big)\\&=D(X_1)+D(X_2)+D(X_3)+2\mathrm{Cov}(X_1,X_2)+2\mathrm{Cov}(X_1,X_3)+2\mathrm{Cov}(X_2,X_3)\\&=3+2\rho_{X_1X_2}\sqrt{D(X_1)}\sqrt{D(X_2)}+2\rho_{X_1X_3}\sqrt{D(X_1)}\sqrt{D(X_3)}+2\rho_{X_2X_3}\sqrt{D(X_2)}\sqrt{D(X_3)}\\&=3.\end{aligned}$$

4. 设随机变量(X,Y)的概率密度为

$$f(x,y)=\begin{cases}\frac{1}{8}(x+y), & 0\leqslant x\leqslant 2,0\leqslant y\leqslant 2,\\0, & \text{其他}.\end{cases}$$

求$E(X),E(Y),\mathrm{Cov}(X,Y)$及$\rho_{XY}$.

解：$E(X)=\int_{-\infty}^{+\infty}\int_{-\infty}^{+\infty}xf(x,y)\mathrm{d}x\mathrm{d}y=\frac{1}{8}\int_0^2x\mathrm{d}x\int_0^2(x+y)\mathrm{d}y=\frac{1}{8}\int_0^2(2x^2+2x)\mathrm{d}x=\frac{7}{6}$,

$$E(Y)=\int_{-\infty}^{+\infty}\int_{-\infty}^{+\infty}yf(x,y)\mathrm{d}x\mathrm{d}y=\frac{1}{8}\int_0^2y\mathrm{d}y\int_0^2(x+y)\mathrm{d}x=\frac{7}{6},$$

$$E(XY)=\int_{-\infty}^{+\infty}\int_{-\infty}^{+\infty}xyf(x,y)\mathrm{d}x\mathrm{d}y=\frac{1}{8}\int_0^2x\mathrm{d}x\int_0^2y(x+y)\mathrm{d}y=\frac{1}{8}\int_0^2\Big(2x^2+\frac{8}{3}x\Big)\mathrm{d}x=\frac{4}{3},$$

$$\mathrm{Cov}(X,Y)=E(XY)-E(X)E(Y)=\frac{4}{3}-\frac{49}{36}=-\frac{1}{36},$$

$$\begin{aligned}E(X^2)&=\int_{-\infty}^{+\infty}\int_{-\infty}^{+\infty}x^2f(x,y)\mathrm{d}x\mathrm{d}y=\frac{1}{8}\int_0^2x^2\mathrm{d}x\int_0^2(x+y)\mathrm{d}y\\&=\frac{1}{8}\int_0^2(2x^3+2x^2)\mathrm{d}x=\frac{5}{3}=E(Y^2),\end{aligned}$$

$$D(X)=E(X^2)-[E(X)]^2=\frac{5}{3}-\frac{49}{36}=\frac{11}{36}=D(Y),$$

$$\rho_{XY}=\frac{\mathrm{Cov}(X,Y)}{\sqrt{D(X)}\sqrt{D(Y)}}=\frac{-\frac{1}{36}}{\frac{11}{36}}=-\frac{1}{11}.$$

第4章总习题

1. 填空题：

(1) 设随机变量 $X\sim\pi(\lambda)$，则 $E(X)=$__________，$D(X)=$__________.

(2) 随机变量 X 的方差为 2，则 $P\{|X-E(X)|\geqslant 2\}\leqslant$__________.

(3) 随机变量 X 与 Y 相互独立，且服从参数为 λ 的泊松分布，则 $E(X+Y)=$________，$E(XY)=$________，$D(X+Y)=$__________.

(4) 随机变量 X 与 Y 的方差 $D(X)=4,D(Y)=1$，相关系数 $\rho_{XY}=0.6$，则方差 $D(3X-2Y)=$__________.

(5) 设 X 与 Y 相互独立，且 $E(X)=10,E(Y)=8,D(X)=D(Y)=2$，则 $E[(X+Y)^2]=$________.

解：(1) λ,λ.

(2) $\frac{1}{2}$.

因为 $P\{|X-E(X)|\geqslant 2\}\leqslant\frac{D(X)}{\varepsilon^2}=\frac{2}{2^2}=\frac{1}{2}$.

(3) $2\lambda;\lambda^2;2\lambda$.

因为随机变量 X 与 Y 相互独立，且服从参数为 λ 的泊松分布，有

$$E(X)=D(X)=E(Y)=D(Y)=\lambda,$$

从而有

$$E(X+Y)=E(X)+E(Y)=\lambda+\lambda=2\lambda;$$
$$E(XY)=E(X)E(Y)=\lambda\cdot\lambda=\lambda^2;$$
$$D(X+Y)=D(X)+D(Y)=\lambda+\lambda=2\lambda.$$

(4) 25.6.

$$\begin{aligned}D(3X-2Y)&=9D(X)+4D(Y)-2\mathrm{Cov}(3X,2Y)\\&=36+4-2\times3\times2\times\rho_{XY}\cdot\sqrt{D(X)}\cdot\sqrt{D(Y)}=25.6.\end{aligned}$$

(5) 328.

$$\begin{aligned}E[(X+Y)^2]&=E(X^2+2XY+Y^2)=E(X^2)+2E(XY)+E(Y^2)\\&=D(X)+[E(X)]^2+2E(X)E(Y)+D(Y)+[E(Y)]^2=328.\end{aligned}$$

2. 选择题：

(1) 设 X 与 Y 的相关系数为 0，则(　　).

(A) X 与 Y 相互独立；　(B) X 与 Y 不一定相关；

(C) X 与 Y 必不相关；　(D) X 与 Y 必相关.

(2) 已知离散型随机变量 X 的可能值为 $x_1=-1, x_2=0, x_3=1$，且 $E(X)=0.1$，$D(X)=0.89$，则对应于 x_1, x_2, x_3 的概率 p_1, p_2, p_3 为(　　).

(A) $p_1=0.4, p_2=0.1, p_3=0.5$；　　(B) $p_1=0.1, p_2=0.4, p_3=0.5$；

(C) $p_1=0.5, p_2=0.1, p_3=0.4$；　　(D) $p_1=0.4, p_2=0.5, p_3=0.1$.

(3) 设 10 个电子管的寿命 $X_i(i=1\sim10)$ 独立同分布，且 $D(X_i)=A(i=1\sim10)$，则 10 个电子管的平均寿命 Y 的方差 $D(Y)=($　　$)$.

(A) A；　　(B) $0.1A$；　　(C) $0.2A$；　　(D) $10A$.

解：(1) 选择(C).

(2) 选择(A).

由题意知 $\begin{cases} p_1+p_2+p_3=1, \\ E(X)=-1\times p_1+0\times p_2+1\times p_3=0.1, \\ D(X)=E(X^2)-[E(X)]^2=p_1+p_3-0.1^2=0.89, \end{cases}$ 解得 $\begin{cases} p_1=0.4, \\ p_2=0.1, \\ p_3=0.5. \end{cases}$

(3) 选择(B).

$$D(Y)=D\left(\frac{1}{10}\sum_{i=1}^{10}X_i\right)=\frac{1}{100}\sum_{i=1}^{10}D(X_i)=\frac{1}{100}\cdot 10\cdot A=0.1A.$$

3. 设随机变量 (X,Y) 的概率密度为

$$f(x,y)=\begin{cases} 6xy, & 0<x<1, 0<y<2(1-x), \\ 0, & \text{其他}. \end{cases}$$

求 $E(X)$ 及 $E(XY)$.

解：
$$E(X)=\int_{-\infty}^{+\infty}\int_{-\infty}^{+\infty}xf(x,y)\mathrm{d}x\mathrm{d}y=6\int_0^1 x^2\mathrm{d}x\int_0^{2(1-x)}y\mathrm{d}y=\frac{2}{5},$$
$$E(XY)=\int_{-\infty}^{+\infty}\int_{-\infty}^{+\infty}xyf(x,y)\mathrm{d}x\mathrm{d}y=6\int_0^1 x^2\mathrm{d}x\int_0^{2(1-x)}y^2\mathrm{d}y=\frac{4}{15}.$$

4. 设随机变量 X 与 Y 相互独立，且 $D(X), D(Y)$ 存在，证明：
$$D(XY)=D(X)D(Y)+D(Y)[E(X)]^2+D(X)[E(Y)]^2.$$

证明：因为 $D(X)=E(X^2)-[E(X)]^2, D(Y)=E(Y^2)-[E(Y)]^2$，

所以 $D(X)D(Y)=E(X^2)E(Y^2)-E(X^2)[E(Y)]^2-[E(X)]^2E(Y^2)+[E(X)]^2[E(Y)]^2$，

$D(Y)[E(X)]^2=E(Y^2)[E(X)]^2-[E(Y)]^2[E(X)]^2$，

$D(X)[E(Y)]^2=E(X^2)[E(Y)]^2-[E(X)]^2[E(Y)]^2$，

故右边 $=E(X^2)E(Y^2)-[E(X)]^2[E(Y)]^2$，

左边 $=D(XY)=E(XY)^2-[E(XY)]^2=E(X^2)E(Y^2)-[E(X)]^2[E(Y)]^2=$ 右边.

5. 设随机变量 X 与 Y 相互独立，且 $X\sim N(1,2), Y\sim N(0,1)$，试求 $Z=2X-Y+3$ 的概率密度.

解：因为 $E(Z)=E(2X-Y+3)=2E(X)-E(Y)+3=2-0+3=5$，
$$D(Z)=D(2X-Y+3)=4D(X)+E(Y)+0=9,$$

所以 $Z\sim N(5,9)$，故 $f_Z(z)=\dfrac{1}{\sqrt{2\pi}\cdot 3}\mathrm{e}^{-\frac{(z-5)^2}{2\times 9}}=\dfrac{1}{3\sqrt{2\pi}}\mathrm{e}^{-\frac{(z-5)^2}{18}}\quad(-\infty<z<+\infty)$.

6. (1) 设随机变量 $X\sim b(n,p)$，求 $\mathrm{Cov}(X, n-X)$；

(2) 设随机变量 X 与 Y 的联合概率密度为

$$f(x,y)=\begin{cases}\dfrac{1}{4}[1+xy(x^2-y^2)], & |x|<1,|y|<1,\\ 0, & \text{其他},\end{cases}$$

问 X 与 Y 是否相互独立？是否不相关？

解：(1) $\mathrm{Cov}(X,n-X)=-\mathrm{Cov}(X,X)=-D(X)=-np(1-p)$.

(2) $$f_X(x)=\int_{-\infty}^{+\infty}f(x,y)\mathrm{d}y=\begin{cases}\displaystyle\int_{-1}^{1}\frac{1}{4}[1+xy(x^2-y^2)]\mathrm{d}y, & -1<x<1,\\ 0, & \text{其他},\end{cases}$$

$$=\begin{cases}\dfrac{1}{2}, & -1<x<1,\\ 0, & \text{其他}.\end{cases}$$

$$f_Y(y)=\int_{-\infty}^{+\infty}f(x,y)\mathrm{d}x=\begin{cases}\displaystyle\int_{-1}^{1}\frac{1}{4}[1+xy(x^2-y^2)]\mathrm{d}x, & -1<y<1,\\ 0, & \text{其他},\end{cases}$$

$$=\begin{cases}\dfrac{1}{2}, & -1<y<1,\\ 0, & \text{其他}.\end{cases}$$

因为 $f_X(x)\cdot f_Y(y)\neq f(x,y)$，所以 X 与 Y 不相互独立.

又因为
$$\begin{aligned}\mathrm{Cov}(X,Y)&=E(XY)-E(X)E(Y)\\&=\iint_D xy\cdot\frac{1}{4}[1+xy(x^2-y^2)]\mathrm{d}x\mathrm{d}y\\&\quad-\frac{1}{4}\left[\iint_D x[1+xy(x^2-y^2)]\mathrm{d}x\mathrm{d}y\right]^2\\&=0,\end{aligned}$$

所以 X 与 Y 不相关.

第 5 章　大数定律及中心极限定理

1. 填空题：

(1) 设 $X_1,X_2,\cdots,X_n,\cdots$ 是独立且均服从同一分布的随机变量序列，且均值为 μ，方差为 σ^2，$\overline{X}=\dfrac{1}{n}\sum\limits_{i=1}^{n}X_i$，那么当 n 充分大时，近似有 $\overline{X}\sim$________或$\dfrac{\overline{X}-\mu}{\sigma/\sqrt{n}}\sim$________.

(2) 设 $X_1,X_2,\cdots$ 是独立同分布的随机变量序列，且 X_i 的概率密度为 $f(x)=\begin{cases}\lambda e^{-\lambda x} & x>0,\\ 0 & x\leqslant 0,\end{cases}$ 则 $\lim\limits_{n\to\infty}P\left\{\dfrac{\lambda\sum\limits_{i=1}^{n}X_i-n}{\sqrt{n}}\leqslant x\right\}=$________.

(3) 若随机变量 X 在区间 $(-1,b)$ 上服从均匀分布，且由切比雪夫不等式得 $p\{|X-1|<\varepsilon\}\geqslant\dfrac{2}{3}$，则 $b=$________，$\varepsilon=$________.

解：(1) $N\left(\mu,\dfrac{\sigma^2}{n}\right)$，$N(0,1)$.

(2) $\Phi(x)$.

这是因为$E(X_i)=\frac{1}{\lambda}$，$D(X_i)=\frac{1}{\lambda^2}$，从而$E\left(\sum_{i=1}^{n}X_i\right)=\frac{n}{\lambda}$，$D\left(\sum_{i=1}^{n}X_i\right)=\frac{n}{\lambda^2}$，

$$\lim_{n\to\infty}P\left\{\frac{\lambda\sum_{i=1}^{n}X_i-n}{\sqrt{n}}\leqslant x\right\}=\lim_{n\to\infty}P\left\{\frac{\sum_{i=1}^{n}X_i-\frac{n}{\lambda}}{\sqrt{\frac{n}{\lambda^2}}}\leqslant x\right\}=\Phi(x).$$

(3) 3;2.

这是因为由$X\sim U(-1,b)$，知$\mu=E(X)=\frac{-1+b}{2}$，$\sigma^2=D(X)=\frac{(b+1)^2}{12}$；由$P\{|X-1|<\varepsilon\}\geqslant\frac{2}{3}$与切比雪夫不等式对比得$\mu=E(X)=\frac{-1+b}{2}=1$，$1-\frac{\sigma^2}{\varepsilon^2}=\frac{2}{3}$，解得$b=3$，$\varepsilon=\sqrt{3\sigma^2}=2$.

2. 设各零件的重量都是随机变量，它们相互独立，且服从相同的分布，其数学期望为0.5kg，均方差为0.1kg，问5000只零件的总重量超过2510kg的概率是多少？

解：设X为5000只零件总重量，$X=\sum_{i=1}^{5000}X_i$，由题设有$E(X_i)=0.5$，$\sqrt{D(X_i)}=0.1$，所以$E(X)=5000E(X_i)=2500$，$D(X)=5000D(X_i)=5000\times0.1^2=50$，故

$$P\{X>2510\}=1-P\{X\leqslant2510\}\approx1-\Phi\left(\frac{2510-2500}{\sqrt{50}}\right)=0.0793.$$

3. 按以往规律某一谷物种子中良种所占比例为$\frac{1}{6}$，现从这批种子中随机地取出6000粒，试问在这些种子中，良种所占比例与$\frac{1}{6}$比较大小相差不超过$\frac{1}{1000}$的概率是多少？（$\Phi(0.208)=0.5832$）

解：设X为良种数，则$X\sim b\left(6000,\frac{1}{6}\right)$，知

$$E(X)=6000\times\frac{1}{6}=1000,D(X)=6000\times\frac{1}{6}\times\frac{5}{6}=\frac{2500}{3},$$

则由中心极限定理得

$$P\left\{\left|\frac{X}{6000}-\frac{1}{6}\right|<\frac{1}{1000}\right\}=P\{|X-1000|<6\}\approx\Phi\left(\frac{6}{\sqrt{\frac{2500}{3}}}\right)-\Phi\left(-\frac{6}{\sqrt{\frac{2500}{3}}}\right)$$

$$=2\Phi\left(\frac{6}{\sqrt{\frac{2500}{3}}}\right)-1=2\Phi(0.208)-1=0.1664.$$

4. 一生产线生产的产品成箱包装，每箱的重量是随机的．假设每箱平均重50kg，标准差为5kg. 若用最大载重量为5t的汽车承运，试利用中心极限定理说明每辆汽车最多可以装多少箱，才能保障不超载的概率大于0.977[$\Phi(2)=0.977$，其中$\Phi(x)$是标准正态分布函数].

解：设最多可装n箱，并设X为汽车载重量，故由题意知$P\{X<5000\}>0.977$，

设$X=\sum_{i=1}^{n}X_i$，由题意知$E(X_i)=50$，$D(X_i)=5^2=25$，

故$E(X)=50n$，$D(X)=25n$，

$$P\{X<5000\}\approx\Phi\left(\frac{5000-50n}{\sqrt{25n}}\right)>0.977=\Phi(2),$$

所以$\dfrac{5000-50n}{\sqrt{25n}}=2$,解得 $n\approx 98.02$,故取 $n=98$.

第 5 章总习题

1. 随机地选取 80 名学生在实验室测量某种化合物的 pH 值,各人测量的结果是随机变量,它们相互独立,服从同一分布,数学期望为 5,方差为 0.3,求它们结果的算术平均值介于 4.9～5.1 的概率的近似值.[$\Phi(1.63)\approx 0.9484$,其中 $\Phi(x)$是标准正态分布函数]

解:设 X_i为第 i 名学生测量结果,$i=1,2,\cdots,80$,由题意知 $E(X_i)=5,D(X_i)=0.3$,令 $\overline{X}=\dfrac{1}{80}\sum\limits_{i=1}^{80}X_i$,则 $E(\overline{X})=\dfrac{1}{80}\times 80\times 5=5,D(\overline{X})=\left(\dfrac{1}{80}\right)^2\times 80\times 0.3=\dfrac{3}{800}$,则

$$P\{4.9<\overline{X}<5.1\}\approx\Phi\left(\frac{5.1-5}{\sqrt{\frac{3}{800}}}\right)-\Phi\left(\frac{4.9-5}{\sqrt{\frac{3}{800}}}\right)$$

$$=2\Phi\left(\frac{0.1}{0.0612}\right)-1=2\Phi(1.63)-1=0.8968.$$

2. 在次品率为$\dfrac{1}{6}$的一批产品中,任意抽取 300 件,试计算在抽取的产品中次品件数在 40～60 之间的概率.[$\Phi(1.55)\approx 0.9394$]

解:设 X 为抽取的产品中次品件数,$X\sim b\left(300,\dfrac{1}{6}\right)$,故

$$E(X)=300\times\frac{1}{6}=50,D(X)=300\times\frac{1}{6}\times\frac{5}{6}=\frac{125}{3},$$

$$P\{40<X<60\}\approx\Phi\left(\frac{60-50}{\sqrt{\frac{125}{3}}}\right)-\Phi\left(\frac{40-50}{\sqrt{\frac{125}{3}}}\right)=2\Phi\left(\frac{10}{\sqrt{\frac{125}{3}}}\right)-1$$

$$\approx 2\Phi(1.55)-1=0.8788.$$

3. 一公寓有 200 个住户,每个住户拥有汽车辆数 X 是一个随机变量,其数学期望为 1.2,方差为 0.36,设各住户拥有汽车辆数是相互独立的,问需要多少车位,才能使每辆汽车都具有一个车位的概率至少为 0.95?

解:设 Y 为公寓共有汽车数,X_i为第 i 个住户拥有汽车辆数,$i=1,2,\cdots,200$,则 $Y=\sum\limits_{i=1}^{200}X_i$,$E(X_i)=1.2=E(X),D(X_i)=0.36=D(X)$,故

$$E(Y)=200\times 1.2=240,D(Y)=200\times 0.36=72,$$

设需要 n 个车位,则 $P\{Y\leqslant n\}\geqslant 0.95$ 为所求,即 $\Phi\left(\dfrac{n-240}{\sqrt{72}}\right)\geqslant 0.95=\Phi(1.645)$,

从而$\dfrac{n-240}{\sqrt{72}}\geqslant 1.645$,解得 $n\geqslant 253.96$,所以取 $n=254$,即至少需要 254 个车位才能满足要求.

4. 对敌阵地进行 100 次炮击,每次炮击命中颗数的数学期望为 4,方差为 2.25,求在这 100 次炮击中有 380～420 颗炮弹击中目标的概率.[$\Phi(1.333)\approx 0.9082$]

解：设在100次炮击中击中目标的炮弹数为X，$X=\sum_{i=1}^{100}X_i$，其中X_i为第i次炮击的命中颗数，$i=1,2,\cdots,100$，由题意知$E(X_i)=4$，$D(X_i)=2.25$，则$E(X)=400$，$D(X)=225$，

$$P\{380\leqslant X\leqslant 420\}\approx\Phi\left(\frac{420-400}{\sqrt{225}}\right)-\Phi\left(\frac{380-400}{\sqrt{225}}\right)=2\Phi\left(\frac{4}{3}\right)-1=0.8164.$$

第6章 样本及抽样分布

1. 填空题：

(1) 设$X\sim N(\mu,\sigma^2)$，$Y\sim\chi^2(10)$，且X与Y相互独立，则$\frac{X-\mu}{\sigma}\Big/\sqrt{\frac{Y}{10}}\sim$______.

(2) 设总体$X\sim N(\mu,\sigma^2)$，$\overline{X}$与S^2分别是容量为n的样本均值与样本方差，则

1) $\sum_{i=1}^{n}\left(\frac{X_i-\mu}{\sigma}\right)^2\sim$______；

2) $\sum_{i=1}^{n}\left(\frac{X_i-\overline{X}}{\sigma}\right)^2$______.

(3) 设$X_1,X_2,\cdots,X_n$为来自总体$X\sim N(\mu,\sigma^2)$的样本，则

1) $\overline{X}=\frac{1}{n}\sum_{i=1}^{n}X_i\sim$______；

2) $\left(\frac{1}{n}\sum_{i=1}^{n}X_i-\mu\right)\Big/\frac{\sigma}{\sqrt{n}}\sim$______.

解：(1) $t(10)$.

(2)1) $\chi^2(n)$；2) $\chi^2(n-1)$.

(3)1) $N\left(\mu,\frac{\sigma^2}{n}\right)$；2) $N(0,1)$.

2. 求来自同一总体$N(20,3)$的容量分别为10，15的两独立样本均值差的绝对值大于0.3的概率.[$\Phi(0.4242)\approx0.6628$]

解：由于$\overline{X}-\overline{Y}\sim N\left(\mu_1-\mu_2,\frac{\sigma_1^2}{n_1}+\frac{\sigma_2^2}{n_2}\right)$，则$\overline{X}-\overline{Y}\sim N\left(0,\frac{1}{2}\right)$，故

$$P\{|\overline{X}-\overline{Y}|>0.3\}\approx1-\left[\Phi\left(\frac{0.3-0}{\sqrt{\frac{1}{2}}}\right)-\Phi\left(\frac{-0.3-0}{\sqrt{\frac{1}{2}}}\right)\right]$$
$$=1-[2\Phi(0.4242)-1]=2-1.3256=0.6744.$$

3. 设$X_1,X_2,\cdots,X_{10}$为来自$N(0,0.3^2)$的一个样本，求$P\left\{\sum_{i=1}^{10}X_i^2>1.44\right\}$.

解：因为$X_i\sim N(0,0.3^2)(i=1,2,\cdots,10)$，所以

$$\frac{X_i-0}{0.3}\sim N(0,1)，故\sum_{i=1}^{10}\left(\frac{X_i}{0.3}\right)^2\sim\chi^2(10),$$

$$P\left\{\sum_{i=1}^{10}X_i^2>1.44\right\}=P\left\{\frac{\sum_{i=1}^{10}X_i^2}{0.09}>\frac{1.44}{0.09}\right\}=P\{\chi^2(10)>16\}\approx0.1.$$

4. 已知T服从自由度为n的t分布，证明：$T^2\sim F(1,n)$.

证明：由题意知 $T\sim t(n)$，令 $T=\dfrac{X}{\sqrt{\dfrac{Y}{n}}}$，其中 $X\sim N(0,1)$，$Y\sim\chi^2(n)$，则

$T^2=\dfrac{X^2}{\dfrac{Y}{n}}$，其中 $X^2\sim\chi^2(1)$，X 与 Y 相互独立，所以 $T^2=\dfrac{X^2/1}{Y/n}\sim F(1,n)$.

第 6 章总习题

1. 填空题：

(1) 设 $X_1,X_2,\cdots,X_n$ 是来自正态总体 $N(\mu,\sigma^2)$ 的样本，$\overline{X}$ 为样本均值，S^2 为样本方差，则统计量 $T=\dfrac{\overline{X}-\mu}{S/\sqrt{n}}$ 服从的分布为________.

(2) 设 $X_1,X_2,\cdots,X_8$ 和 $Y_1,Y_2,\cdots,Y_{10}$ 是分别来自于两个正态总体 $N(-1,4)$ 和 $N(2,5)$ 的样本，且相互独立，S_1^2 和 S_2^2 分别为两个样本的样本方差，则 $F=\dfrac{5S_1^2}{4S_2^2}$ 服从________.

(3) $Z_1,Z_2,\cdots,Z_{16}$ 是来自总体 $Z\sim N(2,\sigma^2)$ 的一个样本，$\overline{Z}=\dfrac{1}{16}\sum\limits_{i=1}^{16}Z_i$，则 $\dfrac{4\overline{Z}-8}{\sigma}$ 服从分布________________.

(4) 设 $\overline{X}$ 和 S^2 分别为来自正态总体 $N(0,\sigma^2)$ 的样本均值和样本方差，样本容量为 n，则 $\dfrac{n(\overline{X})^2}{S^2}$ 服从____________分布.

解：(1) $t(n-1)$.

(2) $F(7,9)$.

(3) $N(0,1)$.

因为 $\overline{X}\sim N\left(2,\dfrac{\sigma^2}{16}\right)$，所以 $\dfrac{\overline{X}-2}{\sigma/4}=\dfrac{4\overline{X}-8}{\sigma}\sim N(0,1)$.

(4) $F(1,n-1)$.

因为 $\overline{X}\sim N\left(0,\dfrac{\sigma^2}{n}\right)$，标准化得 $\dfrac{\overline{X}-0}{\sigma/\sqrt{n}}\sim N(0,1)$，从而 $\dfrac{(\overline{X})^2}{\sigma^2/n}\sim\chi^2(1)$，

又因为 $\dfrac{(n-1)S^2}{\sigma^2}\sim\chi^2(n-1)$，故 $\dfrac{\dfrac{n(\overline{X})^2}{\sigma^2}}{1}\Bigg/\dfrac{\dfrac{(n-1)S^2}{\sigma^2}}{n-1}=\dfrac{n(\overline{X})^2}{S^2}\sim F(1,n-1)$.

2. 选择题：

(1) 设 $X_1,X_2,\cdots,X_n$ 是来自于总体 X 的简单随机样本，则 $X_1,X_2,\cdots,X_n$ 必然满足(　　).

(A)独立但与 X 分布不同；　　(B)与 X 分布相同但不相互独立；

(C)相互独立且与 X 同分布；　　(D)独立且分布相同但与 X 分布不同.

(2) 设 $X_1,X_2,\cdots,X_n$ 是来自正态总体 $N(\mu,\sigma^2)$ 的简单随机样本，其中 μ,σ^2 未知，则下面不是统计量的是(　　).

(A) $\hat{\mu}=X_i$；　　(B) $\overline{X}=\dfrac{1}{n}\sum\limits_{i=1}^{n}X_i$；

(C) $S^2=\frac{1}{n-1}\sum_{i=1}^{n}(X_i-\overline{X})^2$；　　　　(D) $\hat{\mu}=\frac{1}{n}\sum_{i=1}^{n}(X_i-\mu)^2$.

(3) 设随机变量 X 和 Y 相互独立，都服从 $N(0,4^2)$，而 $X_1,X_2,\cdots,X_{16}$ 和 $Y_1,Y_2,\cdots,Y_{16}$ 是分别来自总体 X 和 Y 的样本，则统计量 $V=\sum_{i=1}^{16}X_i\Big/\sqrt{\sum_{i=1}^{16}Y_i^2}$ 服从的分布为(　　).

(A)$t(15)$；　　(B)$t(16)$；　　(C)$\chi^2(15)$；　　(D)$\chi^2(16)$.

解：(1) (C).

(2) (D) .

(3) (B) .

由于 $\frac{1}{16}\sum_{i=1}^{16}X_i\sim N(0,1)$，$Y_i\sim N(0,16)$，

得 $\frac{Y_i-0}{4}\sim N(0,1)$，从而 $\sum_{i=1}^{16}\left(\frac{Y_i-0}{4}\right)^2\sim\chi^2(16)$，

所以 $\dfrac{\frac{1}{16}\sum_{i=1}^{16}X_i}{\sqrt{\dfrac{\sum_{i=1}^{16}\frac{Y_i^2}{16}}{16}}}=\sum_{i=1}^{16}X_i\Big/\sqrt{\sum_{i=1}^{16}Y_i^2}\sim t(16)$.

3. 设总体 $N(\mu,\sigma^2)$ 中抽取容量为 16 的样本，但 μ,σ^2 未知. (1)求：$p\{s^2/\sigma^2\leqslant 2.041\}$，其中 s^2 为样本方差；(2)证明：$D(s^2)=\frac{2}{15}\sigma^4$

解：(1)
$$\begin{aligned}p\left\{\frac{s^2}{\sigma^2}\leqslant 2.041\right\}&=p\left\{\frac{(n-1)s^2}{\sigma^2}\leqslant(n-1)\times 2.041\right\}\\&=1-p\{x^2(15)>15\times 2.041\}\\&=1-p\{x^2(15)>30.615\}\approx 1-0.01=0.99\end{aligned}$$

(2) $\because\frac{(n-1)s^2}{\sigma^2}\sim x^2(n-1)$

$\therefore D\left(\frac{(n-1)s^2}{\sigma^2}\right)=2(n-1)$，即$\frac{(n-1)^2}{\sigma^4}D(s^2)=2(n-1)$

$\therefore D(s^2)=\frac{2\sigma^4}{n-1}=\frac{2}{15}\sigma^4$.

4. 设 $x_1,x_2,\cdots,x_n,x_{n+1}$ 是来自正态总体 $X\sim N(\mu,\sigma^2)$ 的样本，记 $\overline{X}_n=\frac{1}{n}\sum_{i=1}^{n}x_i$，$S_n^2=\frac{1}{n}\sum_{i=1}^{n}(X_i-\overline{X}_n)^2$，求：统计量 $u=\sqrt{\frac{n-1}{n+1}}\frac{X_{n+1}-\overline{X}_n}{S_n}$所服从的分布.

解：$X_{n+1}\sim N(\mu,\sigma^2)$，$\overline{X}_n\sim N\left(\mu,\frac{\sigma^2}{n}\right)$，$X_{n+1}$与$\overline{X}_n$ 相互独立.

$\therefore$ $X_{n+1}-\overline{X}_n\sim N\left(0,\frac{n+1}{n}\sigma^2\right)$，故$\dfrac{X_{n+1}-\overline{X}_n}{\sqrt{\frac{n+1}{n}}\sigma}\sim N(0,1)$，又 $S^2=\frac{1}{n-1}\sum_{i=1}^{n}(X_i-\overline{X}_n)^2$，所以 $S_n^2=\frac{n-1}{n}S^2$，即$(n-1)S^2=nS_n^2$，从而$\frac{(n-1)S^2}{\sigma^2}=\frac{nS_n^2}{\sigma^2}\sim x^2_{(n-1)}$，$\therefore\dfrac{x_{n+1}-\overline{X}_n}{\sqrt{\frac{n+1}{n}}\sigma}\Big/\sqrt{\frac{nS_n^2}{\sigma^2}/n-1}=\sqrt{\frac{n-1}{n+1}}\cdot$

$\frac{\overline{X}_{n+1}-\overline{X}_n}{S_n}\sim t(n-1)$.

第7章　参数估计

7.1　点估计

1. 设 $X_1,X_2,\cdots,X_n$ 为总体 X 的一个样本，已知 X 的概率密度函数为

$$f(x)=\begin{cases}\sqrt{\theta}x^{\sqrt{\theta}-1}, & 0\leqslant x\leqslant 1,\\ 0, & \text{其他}.\end{cases}$$

其中 $\theta>0$ 为未知参数，求 θ 的矩估计量和极大似然估计量.

解：$\mu_1=E(X)=\int_{-\infty}^{+\infty}xf(x)\mathrm{d}x=\int_0^1 x\cdot\sqrt{\theta}x^{\sqrt{\theta}-1}\mathrm{d}x=\frac{\sqrt{\theta}}{\sqrt{\theta}+1}$,

令 $A_1=\mu_1,A_1=\overline{X}$，有 $\frac{\sqrt{\theta}}{\sqrt{\theta}+1}=\overline{X}$，解得 $\hat{\theta}=\left(\frac{\overline{X}}{1-\overline{X}}\right)^2$ 为所求矩估计量.

令 $L(\theta)=\prod_{i=1}^{n}\sqrt{\theta}x_i^{\sqrt{\theta}-1}=\theta^{\frac{n}{2}}\prod_{i=1}^{n}x_i^{\sqrt{\theta}-1}$，则 $\ln L(\theta)=\frac{n}{2}\ln\theta+(\sqrt{\theta}-1)\sum_{i=1}^{n}\ln x_i$,

令 $\frac{\mathrm{d}\ln L(\theta)}{\mathrm{d}\theta}=\frac{n}{2\theta}+\frac{\sum_{i=1}^{n}\ln x_i}{2\sqrt{\theta}}=0$，解得 $\hat{\theta}=\left(-\frac{n}{\sum_{i=1}^{n}\ln x_i}\right)^2$ 为极大似然估计值，

所以 $\hat{\theta}=\left(-\frac{n}{\sum_{i=1}^{n}\ln X_i}\right)^2=\frac{n^2}{\left(\sum_{i=1}^{n}\ln X_i\right)^2}$ 为所求极大似然估计量.

2. 设总体 $X\sim\pi(\lambda)$，$X_1,X_2,\cdots,X_n$ 是来自总体 X 的一个样本，求 λ 的矩估计量和极大似然估计量.

解：$\mu_1=E(X)=\lambda$，令 $A_1=\mu_1,A_1=\overline{X}$，解得 $\hat{\lambda}=\overline{X}$ 为所求矩估计量.

令 $L(\lambda)=\prod_{i=1}^{n}P\{X=x_i\}=\prod_{i=1}^{n}\frac{\lambda^{x_i}\mathrm{e}^{-\lambda}}{x_i!}=\mathrm{e}^{-n\lambda}\frac{\lambda^{\sum_{i=1}^{n}x_i}}{\prod_{i=1}^{n}x_i!}$，则

$$\ln L(\lambda)=-n\lambda+\ln\lambda\sum_{i=1}^{n}x_i-\sum_{i=1}^{n}\ln x_i!,$$

令 $\frac{\mathrm{d}\ln L(\lambda)}{\mathrm{d}\lambda}=-n+\frac{1}{\lambda}\sum_{i=1}^{n}x_i=0$，解得 $\hat{\lambda}=\frac{1}{n}\sum_{i=1}^{n}x_i=\bar{x}$ 为极大似然估计值，

所以 $\hat{\lambda}=\overline{X}$ 为所求极大似然估计量.

3. 设 $X_1,X_2,\cdots,X_n$ 是来自总体 X 的简单随机样本，总体 X 的分布函数为

$$F(x,\beta)=\begin{cases}1-\frac{1}{x^{\beta}}, & x>1,\\ 0, & x\leqslant 1.\end{cases}$$

其中未知参数 $\beta>1$，求 β 的矩估计量和极大似然估计量.

解：易求得概率密度为 $f(x,\beta)=\begin{cases}\beta x^{-\beta-1}, & x>1,\\ 0, & x\leqslant 1.\end{cases}$

$$\mu_1=E(X)=\int_{-\infty}^{+\infty}xf(x)\mathrm{d}x=\int_{1}^{+\infty}x\cdot\beta x^{-\beta-1}\mathrm{d}x=\frac{\beta}{\beta-1},$$

令 $A_1=\mu_1, A_1=\overline{X}$，有$\frac{\beta}{\beta-1}=\overline{X}$，解得 $\hat{\beta}=\frac{\overline{X}}{\overline{X}-1}$为所求矩估计量.

令 $L(\beta)=\prod_{i=1}^{n}\beta x_i^{-\beta-1}=\beta^n\prod_{i=1}^{n}x_i^{-\beta-1}$，则 $\ln L(\theta)=n\ln\beta+(-\beta-1)\sum_{i=1}^{n}\ln x_i$，

令 $\frac{\mathrm{d}\ln L(\beta)}{\mathrm{d}\beta}=\frac{n}{\beta}-\sum_{i=1}^{n}\ln x_i=0$，解得 $\hat{\beta}=\frac{n}{\sum_{i=1}^{n}\ln x_i}$ 为极大似然估计值，

所以 $\hat{\beta}=\frac{n}{\sum_{i=1}^{n}\ln X_i}$ 为所求极大似然估计量.

4. 设总体 X 的概率密度为 $f(x;\lambda)=\begin{cases}\lambda^2xe^{-\lambda x}, & x\geqslant 0,\\ 0, & x<0,\end{cases}$，其中 $\lambda(\lambda>0)$是未知参数，X_1，X_2，…，X_n是来自总体 X 的简单随机样本，求 λ 的矩估计量及极大似然估计量.

解：$\mu_1=E(X)=\int_{-\infty}^{+\infty}xf(x)\mathrm{d}x=\int_{0}^{+\infty}x\cdot\lambda^2xe^{-\lambda x}\mathrm{d}x=\frac{2}{\lambda}$，

令 $A_1=\mu_1, A_1=\overline{X}$，有$\frac{2}{\lambda}=\overline{X}$，解得 $\hat{\lambda}=\frac{2}{\overline{X}}$为所求矩估计量.

令 $L(\lambda)=\prod_{i=1}^{n}\lambda^2x_ie^{-\lambda x_i}=\lambda^{2n}\prod_{i=1}^{n}x_i\cdot e^{-\lambda\sum_{i=1}^{n}x_i}$，则 $\ln L(\lambda)=2n\ln\lambda+\sum_{i=1}^{n}\ln x_i-\lambda\sum_{i=1}^{n}x_i$，

令 $\frac{\mathrm{d}\ln L(\lambda)}{\mathrm{d}\lambda}=\frac{2n}{\lambda}-\sum_{i=1}^{n}x_i=0$，解得 $\hat{\lambda}=\frac{2n}{\sum_{i=1}^{n}x_i}=\frac{2}{\overline{x}}$ 为极大似然估计值，

所以 $\hat{\lambda}=\frac{2}{\overline{X}}$为所求极大似然估计量.

7.2 估计量的评选标准

1. 填空题：

(1) 设 $X_1,X_2,\cdots,X_n$是总体$N(\mu,\sigma^2)$的样本，则样本均值 $\overline{X}=\frac{1}{n}\sum_{i=1}^{n}X_i$ 是总体均值$E(X)$的__________估计量，$\hat{\sigma}^2=\frac{1}{n}\sum_{i=1}^{n}(X_i-\mu)^2$ 是 σ^2 的________估计量，$B_2=\frac{1}{n}\sum_{i=1}^{n}(X_i-\overline{X})^2$ 是 σ^2 的__________估计量；

(2) 设总体 $X\sim N(\mu,\sigma^2)$，其中 μ 未知，X_1,X_2,X_3 为其样本，则 $\mu_1=\frac{1}{4}X_1+\frac{1}{2}X_2+\frac{1}{4}X_3$，$\mu_2=\frac{1}{6}X_1+\frac{5}{6}X_3$是 μ 的______估计量，其中______较______有效.

解：(1) 无偏；无偏；有偏.

这是因为 $E(\overline{X})=\mu=E(X)$，所以$\overline{X}$是 $E(X)$的无偏估计量；

$E(\hat{\sigma}^2)=\frac{1}{n}\cdot nE(X_i-\mu)^2=D(X_i-\mu)+[E(X_i-\mu)]^2=\sigma^2$，所以 $\hat{\sigma}^2$是 σ^2 的无偏估计量；

$E(B_2) = \frac{1}{n}E\left(\sum_{i=1}^{n} X_i^2 - n\overline{X}^2\right) \neq \sigma^2$，所以 B_2 是 σ^2 的有偏估计量.

(2) 无偏；μ_1；μ_2.

这是因为 $E(\mu_1)=\frac{1}{4}E(X_1)+\frac{1}{2}E(X_2)+\frac{1}{4}E(X_3)=\frac{1}{4}\mu+\frac{1}{2}\mu+\frac{1}{4}\mu=\mu$，

$E(\mu_2)=\frac{1}{6}E(X_1)+\frac{5}{6}E(X_3)=\frac{1}{6}\mu+\frac{5}{6}\mu=\mu$，所以 μ_1，μ_2 是 μ 的无偏估计量；

又因为 $D(\mu_1)=\frac{1}{16}D(X_1)+\frac{1}{4}D(X_2)+\frac{1}{16}D(X_3)=\frac{1}{16}\sigma^2+\frac{1}{4}\sigma^2+\frac{1}{16}\sigma^2=\frac{3}{8}\sigma^2=\frac{27}{72}\sigma^2$，

$$D(\mu_2)=\frac{1}{36}D(X_1)+\frac{25}{36}D(X_3)=\frac{1}{36}\sigma^2+\frac{25}{36}\sigma^2=\frac{13}{18}\sigma^2=\frac{52}{72}\sigma^2>D(\mu_1),$$

从而 μ_1 较 μ_2 有效.

2. 设总体 $X\sim N(\mu,\sigma^2)$，$X_1,X_2,\cdots,X_n$ 是 X 的样本，试确定常数 C，使 $T = C\sum_{i=1}^{n-1}(X_{i+1} - X_i)^2$ 为 σ^2 的无偏估计量.

解：因为 T 是 σ^2 的无偏估计量，所以

$$\begin{aligned} E(T) &= C\sum_{i=1}^{n-1}[E(X_{i+1})^2 - 2E(X_{i+1})E(X_i) + E(X_i)^2] \\ &= (n-1)C\cdot[(\mu^2+\sigma^2) - 2\mu\cdot\mu + (\mu^2+\sigma^2)] = (n-1)C\cdot 2\sigma^2 = \sigma^2, \end{aligned}$$

解得 $C=\frac{1}{2(n-1)}$.

3. 设 $X_1,X_2,\cdots,X_n$ 是来自二项分布总体 $X\sim b(n,p)$ 的简单随机样本，$\overline{X}$ 为样本均值，S^2 为样本方差，试确定常数 k，使 $\overline{X}+kS^2$ 为 np^2 的无偏估计量.

解：因为 $\overline{X}+kS^2$ 是 np^2 的无偏估计量，所以

$E(\overline{X}+kS^2)=E(\overline{X})+kE(S^2)=np+knp(1-p)=(1+k)np-nkp^2=np^2$，解得 $k=-1$.

4. 设 $\hat{\theta}$ 是 θ 的无偏估计，且 $D(\hat{\theta})>0$，证明 $\hat{\theta}^2=(\hat{\theta})^2$ 不是 θ^2 的无偏估计.

证明：因为 $\hat{\theta}$ 是 θ 的无偏估计，且 $D(\hat{\theta})>0$，所以

$$E(\hat{\theta}^2)=E^2(\hat{\theta})+D(\hat{\theta})=\theta^2+D(\hat{\theta})>\theta^2,$$

所以 $\hat{\theta}^2=(\hat{\theta})^2$ 不是 θ^2 的无偏估计.

5. 设 $S^2 = \frac{1}{n-1}\sum_{i=1}^{n}(X_i - \overline{X})^2$ 为样本方差，σ^2 为总体方差，证明：S^2 是 σ^2 的无偏估计.

证明：因为 $S^2 = \frac{1}{n-1}\left(\sum_{i=1}^{n} X_i^2 - n\overline{X}^2\right)$，所以

$$\begin{aligned} E(S^2) &= \frac{1}{n-1}[nE(X_i^2)-nE(\overline{X}^2)]=\frac{1}{n-1}\{n[E^2(X_i)+D(X_i)]-n[E^2(\overline{X})+D(\overline{X})]\} \\ &= \frac{1}{n-1}\left[n(\mu^2+\sigma^2)-n\left(\mu^2+\frac{\sigma^2}{n}\right)\right]=\sigma^2, \end{aligned}$$

所以 S^2 是 σ^2 的无偏估计.

7.3 区间估计

7.4 正态总体的均值与方差的区间估计

1. 填空题：

(1) 设 $X_1,X_2,\cdots,X_n$ 为总体 $N(\mu,\sigma^2)$ 的样本，对 $\alpha\in(0,1)$，则当 σ^2 已知时，μ 的 $1-\alpha$ 置信区间为__________；当 σ^2 未知时，μ 的 $1-\alpha$ 置信区间为______________；区间唯一吗？________.

(2) 参数 θ 的置信度为 $1-\alpha$ 的置信区间 (θ_1,θ_2) 的统计意义是____________.

解：(1) $\left(\overline{X}\pm\frac{\sigma}{\sqrt{n}}Z_{\frac{\alpha}{2}}\right)$；$\left(\overline{X}\pm\frac{S}{\sqrt{n}}t_{\frac{\alpha}{2}}(n-1)\right)$；不唯一.

(2) $P\{\theta_1<\theta<\theta_2\}=1-\alpha$.

2. 设某种油漆的 9 个样品，其干燥时间（以 h 计）分别测得如下：

6.0　5.7　5.8　6.5　7.0　6.3　5.6　6.1　5.0

设干燥时间服从 $N(\mu,\sigma^2)$，求下面两种情况下 μ 的置信度为 0.95 的置信区间.

(1) $\sigma=0.6$(h)；(2) σ 未知.

解：(1) 所求置信区间为 $(\overline{X}\pm\frac{\sigma}{\sqrt{n}}Z_{\frac{\alpha}{2}})$，由题意可知 $n=9,\overline{x}=6,\sigma=0.6,1-\alpha=0.95$，

则 $\alpha=0.05$，查表得 $Z_{0.025}=1.96$，代入数据，计算得所求置信区间为 $\left(6\pm\frac{0.6}{3}\times1.96\right)$，即 $(5.608,6.392)$.

(2) 所求置信区间为 $\left[\overline{X}\pm\frac{S}{\sqrt{n}}t_{\frac{\alpha}{2}}(n-1)\right]$，由题意可知 $n=9,\overline{x}=6,\sigma=0.6,1-\alpha=0.95$，则 $\alpha=0.05$，查表得 $t_{0.025}(8)=2.306$，

$S^2=\frac{1}{8}\sum_{i=1}^{9}(x_i-\overline{x})=0.33$，解得 $S\approx0.5745$，代入数据，计算得所求置信区间为 $(5.558,6.442)$.

3. 设总体 X 服从正态分布 $N(\mu,\sigma^2)$，μ 未知，对于 12 个样本，测得 $S^2=1.356$，求总体方差 σ^2 的置信度为 0.98 的置信区间.

解：所求置信区间为 $\left[\frac{(n-1)S^2}{\chi^2_{\frac{\alpha}{2}}(n-1)},\frac{(n-1)S^2}{\chi^2_{1-\frac{\alpha}{2}}(n-1)}\right]$，

由题意可知 $n=12,S^2=1.356,1-\alpha=0.98$，则 $\alpha=0.02$，

查表得 $\chi^2_{0.01}(11)=24.725,\chi^2_{0.99}(11)=3.053$，代入数据，计算得所求置信区间为 $(0.603,4.886)$.

4. 试验农场在 20 块大小相同，条件一致的试验田上种植花生，其中 10 块田施钾肥，10 块未施钾肥，其他耕种措施一样，结果产量（公斤/亩）如下：

施钾肥 X：62,57,58,65,60,63,58,57,60,60

未施钾肥 Y：55,56,56,57,59,58,57,55,57,60

假设 $X\sim N(\mu_1,\sigma^2),Y\sim N(\mu_2,\sigma^2)$，且相互独立，求置信度为 0.95 的 $\mu_1-\mu_2$ 的置信区间.

解：由题意可知 $n_1=10,\overline{x}=60,S_1^2=\frac{1}{9}\sum_{i=1}^{10}(x_i-\overline{x})=\frac{64}{9},n_2=10,\overline{y}=57,S_2^2=\frac{24}{9}$，

$S_w^2=\frac{(10-1)S_1^2+(10-1)S_2^2}{10+10-2}$，$1-\alpha=0.95$，则 $\alpha=0.05$，查表得 $t_{0.025}(18)=2.1009$，

所求置信区间为$\left[\overline{X}-\overline{Y}\pm t_{\frac{\alpha}{2}}(n_1+n_2-2)S_w\sqrt{\frac{1}{n_1}+\frac{1}{n_2}}\right]$,即(0.923,5.077).

5. 设$X\sim N(\mu_1,\sigma_1^2)$,$Y\sim N(\mu_2,\sigma_2^2)$,且相互独立,分别在$X$,$Y$中取容量为16,31的样本,算得$S_1^2=5.15$,$S_2^2=6.18$,求方差比$\frac{\sigma_1^2}{\sigma_2^2}$的置信区间($\alpha=0.05$).

解:所求置信区间为$\left[\frac{S_1^2}{S_2^2}\cdot\frac{1}{F_{\frac{\alpha}{2}}(n_1-1,n_2-1)},\frac{S_1^2}{S_2^2}\cdot\frac{1}{F_{1-\frac{\alpha}{2}}(n_1-1,n_2-1)}\right]$,

由题意知$n_1=16$,$n_2=31$,$S_1^2=5.15$,$S_2^2=6.18$,$\alpha=0.05$,查表得

$$F_{0.025}(15,30)=2.31,F_{0.975}(15,30)=\frac{1}{F_{0.025}(30,15)}=\frac{1}{2.64},$$

所求置信区间为(0.361,2.199).

6. 设总体$X\sim N(\mu,10^2)$,若使μ的置信度为0.95的置信区间长为5,试问样本容量n至小应为多少?又置信度为0.99时,n应为多少?

解:(1) 置信区间长度$L=2\frac{\sigma}{\sqrt{n}}Z_{\frac{\alpha}{2}}$,解得$n=\frac{4\sigma^2Z_{\frac{\alpha}{2}}^2}{L^2}$,由题意知$L=5$,$\sigma^2=10^2$,

$1-\alpha=0.95$,则$\alpha=0.05$,查表得$Z_{0.025}=1.96$,解得$n=61.46$,故取$n=61$.

(2) 若$1-\alpha=0.99$,则$\alpha=0.01$,查表得$Z_{0.005}\approx2.58$,解得$n\approx106.5$,故取$n=107$.

第7章总习题

1. 填空题:

(1) 设总体X服从正态分布$N(\mu,\sigma^2)$,σ^2已知,则总体均值μ的置信度为$1-\alpha$的置信区间的长度与样本容量________,与样本观察值________.

(2) 设总体X服从正态分布$N(\mu,\sigma^2)$,μ未知,则总体方差σ^2的置信度为$1-\alpha$的置信区间为________.

(3) 求$C=$________,使$\overline{X}^2-CS^2$是μ^2的无偏估计(其中$\overline{X}$为样本均值,S^2为样本方差).

(4) 设S_1^2,S_2^2分别是正态总体$X\sim N(\mu_1,\sigma_1^2)$,$Y\sim N(\mu_2,\sigma_2^2)$的容量分别为$n_1$,$n_2$的样本方差,且$X$与$Y$相互独立,$\mu_1$与$\mu_2$未知,则两个总体方差比$\frac{\sigma_1^2}{\sigma_2^2}$的置信度为$1-\alpha$的置信区间为____________________.

解:(1) 有关;无关.

这是因为此时置信区间的长度为$L=2\frac{\sigma}{\sqrt{n}}Z_{\frac{\alpha}{2}}$,故与样本容量$n$有关,与样本观察值$x_i$无关.

(2) $\left[\frac{(n-1)S^2}{\chi_{\frac{\alpha}{2}}^2(n-1)},\frac{(n-1)S^2}{\chi_{1-\frac{\alpha}{2}}^2(n-1)}\right]$.

(3) $\frac{1}{n}$.

因为由无偏估计的定义可知

$$E(\overline{X}^2-CS^2)=E(\overline{X}^2)-CE(S^2)=\mu^2+\frac{\sigma^2}{n}-C\cdot\sigma^2=\mu^2,\text{解得 }C=\frac{1}{n}.$$

(4) $\left[\frac{S_1^2}{S_2^2}\cdot\frac{1}{F_{\frac{\alpha}{2}}(n_1-1,n_2-1)},\frac{S_1^2}{S_2^2}\cdot\frac{1}{F_{1-\frac{\alpha}{2}}(n_1-1,n_2-1)}\right]$.

2. 选择题：

(1)正态总体方差未知，对给定的$\alpha\in(0,1)$，求总体均值μ的$1-\alpha$置信区间所使用的统计量是(　　).

(A)服从标准正态分布的；　　(B)服从t分布的；

(C)服从χ^2分布的；　　(D)服从F分布的.

(2) 设X_1,X_2,X_3是来自正态总体$N(\mu,\sigma^2)$的一个样本，则统计量$\hat{\mu}=\frac{1}{5}X_1+\frac{2}{5}X_2+\frac{2}{5}X_3$是总体均值$\mu$的(　　).

(A)矩估计量；　(B)极大似然估计量；　(C)无偏估计量；　(D)不是统计量.

(3) 设总体X服从正态分布$N(\mu,\sigma^2)$，σ^2已知，则当置信度$1-\alpha$缩小时，总体均值μ的置信度为$1-\alpha$的置信区间的长度(　　).

(A)不变；　(B)增大；　(C)缩小；　(D)不能确定.

解：(1) (B).

(2) (C).

因为$E(\hat{\mu})=\frac{1}{5}E(X_1)+\frac{2}{5}E(X_2)+\frac{2}{5}E(X_3)=\frac{1}{5}\mu+\frac{2}{5}\mu+\frac{2}{5}\mu=\mu$.

(3) (C).

因为此时置信区间长度为$L=2\frac{\sigma}{\sqrt{n}}Z_{\frac{\alpha}{2}}$，随着$1-\alpha$的减小，$\alpha$增加，从而$Z_{\frac{\alpha}{2}}$减小，$L$缩小.

3. 设总体X的概率密度为$f(x;\theta)=\begin{cases}\frac{\theta^2}{x^3}e^{-\frac{\theta}{x}}, & x>0,\\ 0, & x\leqslant 0,\end{cases}$其中$\theta>0$是未知参数，$X_1,X_2,\cdots,X_n$是来自总体$X$的一个简单随机样本，求$\theta$的矩估计量及极大似然估计量.

解：$\mu_1=E(X)=\int_{-\infty}^{+\infty}xf(x)dx=\int_0^{+\infty}x\cdot\frac{\theta^2}{x^3}e^{-\frac{\theta}{x}}dx=\theta\int_0^{+\infty}e^{-\frac{\theta}{x}}d\left(-\frac{\theta}{x}\right)=\theta$，

令$A_1=\mu_1$，$A_1=\overline{X}$，解得$\hat{\theta}=\overline{X}$为所求矩估计量.

令$L(\theta)=\prod_{i=1}^{n}\frac{\theta^2}{x_i^3}e^{-\frac{\theta}{x_i}}=\theta^{2n}\frac{1}{\prod_{i=1}^{n}x_i^3}\cdot e^{-\theta\sum_{i=1}^{n}\frac{1}{x_i}}$，则$\ln L(\theta)=2n\ln\theta-3\sum_{i=1}^{n}\ln x_i-\theta\sum_{i=1}^{n}\frac{1}{x_i}$，

令$\frac{d\ln L(\theta)}{d\theta}=\frac{2n}{\theta}-\sum_{i=1}^{n}\frac{1}{x_i}=0$，解得$\hat{\theta}=\frac{2n}{\sum_{i=1}^{n}\frac{1}{x_i}}$为极大似然估计值，

所以$\hat{\theta}=\frac{2n}{\sum_{i=1}^{n}\frac{1}{X_i}}$为所求极大似然估计量.

4. 设$X_1,X_2,\cdots,X_n$是总体为$N(\mu,\sigma^2)$的简单随机样本．记$\overline{X}=\frac{1}{n}\sum_{i=1}^{n}X_i$，$S^2=\frac{1}{n-1}\sum_{i=1}^{n}(X_i-\overline{X})^2$为样本方差，$T=\overline{X}^2-\frac{1}{n}S^2$. (1)证明$T$是$\mu^2$的无偏估计量；(2)当$\mu=0,\sigma=1$时，求$D(T)$.

(1) 证明：$E(T)=E\left(\overline{X}^2-\frac{S^2}{n}\right)=E(\overline{X}^2)-\frac{1}{n}E(S^2)$

$$=[E(\overline{X})]^2+D(\overline{X})-\frac{1}{n}E(S^2)=\mu^2+\frac{\sigma^2}{n}-\frac{\sigma^2}{n}=\mu^2.$$

故 T 是 μ^2 的无偏估计量.

(2) 解：$D(T)=D\left(\overline{X}^2-\frac{S^2}{n}\right)=D(\overline{X}^2)+\frac{1}{n^2}D(S^2)$，当 $\mu=0,\sigma=1$ 时，$\overline{X}\sim N\left(0,\frac{1}{n}\right)$，

则 $\frac{\overline{X}-0}{\sqrt{\frac{1}{n}}}\sim N(0,1)$，所以 $\left(\frac{\overline{X}-0}{\sqrt{\frac{1}{n}}}\right)^2=n\overline{X}^2\sim\chi^2(1)$，从而 $D(n\overline{X}^2)=2$，故 $D(\overline{X}^2)=\frac{2}{n^2}$，

又因为 $\frac{(n-1)S^2}{\sigma^2}\sim\chi^2(n-1)$，故 $D\left[\frac{(n-1)S^2}{\sigma^2}\right]=\frac{(n-1)^2}{(\sigma^2)^2}D(S^2)=2(n-1)$，

解得 $D(S^2)=\frac{2}{n-1}$，所以 $D(T)=\frac{2}{n^2}+\frac{1}{n^2}\frac{2}{n-1}=\frac{2}{n(n-1)}$.

5. 已知总体 X 是离散型随机变量，X 的可能取值为 0，1，2，且 $P\{X=2\}=(1-\theta)^2$，$E(X)=2(1-\theta)$（θ 为未知参数）.(1) 试求 X 的分布律；(2) 对 X 抽取容量为 10 的样本，其中 5 个取 1，3 个取 2，2 个取 0. 求 θ 的矩估计值、极大似然估计值.

解：(1) 设 X 的分布律为

X	0	1	2
p_k	p_1	p_2	$(1-\theta)^2$

由题意可知 $E(X)=p_2+2(1-\theta)^2=2(1-\theta)$，解得 $p_2=2\theta(1-\theta)$；

$p_1+p_2+(1-\theta)^2=1$，解得 $p_1=\theta^2$，则 X 的分布律为

X	0	1	2
p_k	θ^2	$2\theta(1-\theta)$	$(1-\theta)^2$

(2) $\mu_1=E(X)=2(1-\theta)$，令 $A_1=\mu_1$，$A_1=\overline{X}$，解得 $\hat{\theta}=1-\frac{\overline{X}}{2}$ 为所求矩估计量.

$\hat{\theta}=1-\frac{\overline{x}}{2}$ 为所求矩估计值，由题意知 $\overline{x}=\frac{5\times1+3\times2+2\times0}{10}=\frac{11}{10}$，解得 $\hat{\theta}=\frac{9}{20}$ 为所求矩估计值.

令 $L(\theta)=P^5\{X=1\}P^3\{X=2\}P^2\{X=0\}$

$$=2^5\theta^5(1-\theta)^5\cdot(1-\theta)^6\cdot\theta^4=2^5\theta^9(1-\theta)^{11},$$

则 $\ln L(\theta)=5\ln2+9\ln\theta+11\ln(1-\theta)$，

令 $\frac{\mathrm{d}\ln L(\theta)}{\mathrm{d}\theta}=\frac{9}{\theta}-\frac{11}{1-\theta}=\frac{9-20\theta}{\theta(1-\theta)}=0$，解得 $\hat{\theta}=\frac{9}{20}$ 为所求极大似然估计值.

6. 设甲、乙两台机器生产的钢管的内径分别服从正态分布 $N(\mu_1,\sigma_1^2)$，$N(\mu_2,\sigma_2^2)$，现从甲机器生产的钢管中抽取 8 只，从乙机器生产的钢管中抽取 9 只，测得其内径值（单位：cm）如下：

甲机器：14.8，15.2，15.1，14.9，15.4，15.2，14.8，15.0；

乙机器：15.0，14.5，15.1，14.8，14.6，15.1，14.8，15.0，15.2.

若 μ_1,μ_2 未知，求方差比 $\frac{\sigma_1^2}{\sigma_2^2}$ 的置信水平为 0.90 的置信区间.

解：所求置信区间为$\left[\frac{S_1^2}{S_2^2}\cdot\frac{1}{F_{\frac{\alpha}{2}}(n_1-1,n_2-1)},\frac{S_1^2}{S_2^2}\cdot\frac{1}{F_{1-\frac{\alpha}{2}}(n_1-1,n_2-1)}\right]$，

由题意知 $n_1=8,n_2=9,S_1^2\approx0.0457,S_2^2\approx0.0575,1-\alpha=0.9$，则 $\alpha=0.1$，查表得

$$F_{0.05}(7,8)=3.5,F_{0.95}(7,8)=\frac{1}{F_{0.05}(8,7)}=\frac{1}{3.73},$$

所求置信区间为(0.227,2.965).

参 考 文 献

[1] 孙国红,张海燕. 概率论与数理统计攻关[M]. 天津:南开大学出版社,2007.
[2] 黄先开,曹显兵. 2018年考研数学高分复习全书(数学三)[M]. 北京:中国人民大学出版社,2017.
[3] 阎国辉. 最新概率论与数理统计教与学参考[M]. 北京:中国致公出版社,2008.
[4] 龚冬保,王宁. 概率论与数理统计要点与解题[M]. 西安:西安交通大学出版社,2006.
[5] 靖新. 概率论与数理统计[M]. 2版. 大连:大连理工大学出版社,2008.
[6] 李汉龙,缪淑贤,王金宝. 考研数学辅导全书(数学一)[M]. 北京:国防工业出版社,2014.
[7] 杨萍,田玉敏,汪志宏. 概率论与数理统计学考指要[M]. 西安:西北工业大学出版社,2006.
[8] 靖新. 概率论与数理统计学习指导[M]. 大连:大连理工大学出版社,2008.
[9] 盛骤,谢式千,潘承毅. 概率论与数理统计[M]. 3版. 北京:高等教育出版社,2003.

THE FORBIDDEN CITY PUBLISHING HOUSE